R语言实战

机器学习与数据分析

左飞 著

電子工業出版社
Publishing House of Electronics Industry
北京•BEIJING

内 容 简 介

经典统计理论和机器学习方法为数据挖掘提供了必要的分析技术。本书系统地介绍统计分析和机器学习领域中最为重要和流行的多种技术及其基本原理，在详解有关算法的基础上，结合大量R语言实例演示了这些理论在实践中的使用方法。具体内容被分成三个部分，即R语言编程基础、基于统计的数据分析方法以及机器学习理论。统计分析与机器学习部分又具体介绍了参数估计、假设检验、极大似然估计、非参数检验方法（包括列联分析、符号检验、符号秩检验等）、方差分析、线性回归（包括岭回归和Lasso方法）、逻辑回归、支持向量机、聚类分析（包括K均值算法和EM算法）和人工神经网络等内容。同时，统计理论的介绍也为深化读者对于后续机器学习部分的理解提供了很大助益。知识结构和阅读进度的安排上既兼顾了循序渐进的学习规律，亦统筹考虑了夯实基础的必要性。本书内容与实际应用结合紧密，又力求突出深入浅出、系统翔实之特色，对算法原理的解释更是细致入微。

本书非常适合大专院校相关专业师生自学研究之用，亦可作为数据分析和数据挖掘相关领域从业人员的参考指导用书。

图书在版编目（CIP）数据

R 语言实战：机器学习与数据分析 / 左飞著. —北京：电子工业出版社，2016.5

ISBN 978-7-121-28669-8

Ⅰ. ①R… Ⅱ. ①左… Ⅲ. ①程序语言－程序设计 Ⅳ. ①TP312

中国版本图书馆 CIP 数据核字(2016)第 089328 号

策划编辑：付　睿
责任编辑：李云静
印　　刷：三河市双峰印刷装订有限公司
装　　订：三河市双峰印刷装订有限公司
出版发行：电子工业出版社
　　　　　北京市海淀区万寿路 173 信箱　　邮编：100036
开　　本：787×980　1/16　印张：24.5　字数：560 千字
版　　次：2016 年 5 月第 1 版
印　　次：2016 年 5 月第 1 次印刷
印　　数：3000 册　定价：79.00 元

凡所购买电子工业出版社图书有缺损问题，请向购买书店调换。若书店售缺，请与本社发行部联系，联系及邮购电话：（010）88254888，88258888。

质量投诉请发邮件至 zlts@phei.com.cn，盗版侵权举报请发邮件至 dbqq@phei.com.cn。

本书咨询联系方式：010-51260888-819　faq@phei.com.cn。

前言

数据——蕴藏巨大财富的宝藏

19 世纪中叶，英国伦敦曾经爆发过一场规模很大的霍乱。由于彼时人们对霍乱的致病机理还不甚了解，因此疫情在很长一段时间内都无法得到有效的控制。英国医师约翰·斯诺用标点地图的方法研究了当地水井分布和霍乱患者分布之间的关系，发现有一口水井周围，霍乱患病率明显较高，借此找到了霍乱暴发的原因：一口被污染的水井。关闭这口水井之后，霍乱的发病率明显下降。这便是数据分析在历史上展示其威力的一次成功案例。

毋庸置疑，数据是一座巨大的宝藏，而我们要做的恰恰就是挖掘这座宝藏。特别是进入信息时代以来，“大数据”这个概念更是越来越多地被人们提及。很多国家甚至把大数据提升到国家战略的高度。例如，我国的“十三五”规划建议中就提出：“实施国家大数据战略，推进数据资源开放共享。”

尽管“大数据”这个名词听起来很时髦，但是由此反映出来的对于数据本身的重视却并不是一个多么新鲜的现象。中国古代的施政治国观念中就非常强调掌握数据的重要性。例如商鞅变法中就提出，“强国知十三数……欲强国，不知国十三数，地虽利，民虽众，国愈弱至削”。

随着时代的进步，人们对于数据的重视程度更是有增无减，世界各国，概莫能外。列宁就曾经说过：“有许多问题，而且是涉及现代国家经济制度和这种制度之发展的最根本问题……如果不根据某个一定的纲要收集并经统计专家综合的关于某一国家全国情况的浩繁材料，就无法加以比较并认真地研究。”毛主席也曾指出：“胸中有‘数’。就是说，对情况和问题一定要注意到它们的数量方面，要有基本的数量分析。任何质量都表现为一定的数量，没有数量也就没有质量。”

“大数据时代，统计学依然是数据分析灵魂。”

人民网在 2015 年 7 月曾经以《大数据时代，统计学依然是数据分析灵魂》为题刊发了一篇对某位知名专家的访谈。其间，这位专家就形象地说道：“大数据是‘原油’而不是‘汽油’，不能被直接拿来使用。就像股票市场，即使把所有的数据都公布出来，不懂的人依然不知道数据代表的信息。”同时该篇文章也引用了美国加州大学伯克利分校迈克尔·乔丹教授的观点：“没有系统的数据科学作为指导的大数据研究，就如同不利用工程科学的知识来建造桥梁，很多桥梁可能会坍塌，并带来严重的后果。”

面对大数据，现在很多人可能会时常把数据挖掘这样时髦又深奥的词汇挂在嘴边，而认为或许传统的统计学此时已经不合时宜。这种观点在我看来至少有两个致命的问题。首先，传统的统计学方法仍然在各个领域扮演着不可取代的重要作用。包括生命科学、经济学、管理学等在内的诸多学科都涉及大量的数据分析工作，并从中汲取推进各自领域进步的动力。这里所谓的数据分析工作，更多的是基于传统统计分析方法来完成的。其次，很多数据挖掘的技术又是建立在传统的统计理论基础之上的。例如，期望最大化算法中就用到了极大似然估计。不仅如此，像计量经济中常常用到的“回归”，它既是一种数据挖掘方法，同时又是传统的统计学中必不可少的重要组成部分。

机器学习 VS 数据挖掘

在大量数据背后很可能隐藏了某些有用的信息或知识，而数据挖掘就是指通过一定方法探寻这些信息或知识的过程。另一方面，数据挖掘同时受到很多学科和领域的影响，大体上看，数据挖掘可以被视为数据库、机器学习和统计学三者的交叉。简单来说，对数据挖掘而言，数据库提供了数据管理技术，而机器学习和统计学则提供了数据分析技术。而本书所关注的重点，恰恰在于以机器学习和统计学为基础的数据分析方法。

从名字中就不难看出，机器学习最初的研究动机是为了让计算机具有人类一样的学习能力以便实现人工智能。显然，没有学习能力的系统很难被认为是智能的。而这个所谓的学习，就是指基于一定的“经验”而构筑起属于自己之“知识”的过程。小蝌蚪找妈妈的故事很好地说明了这一过程。小蝌蚪们没有见过自己的妈妈，它们向鸭子请教。鸭子告诉它们：“你们的妈妈有两只大眼睛。”看到金鱼有两只大眼睛，小蝌蚪们便把金鱼误认为是自己的妈妈。于是金鱼告诉它们：“你们妈妈的肚皮是白色的。”小蝌蚪们看见螃蟹是白肚皮，又把螃蟹误认为是自己的妈妈。螃蟹便告诉它们：“你们的妈妈有四条腿。”小蝌蚪们看见一只乌龟摆动着四条腿在水里游，就把乌龟误认为是自己的妈妈。于是乌龟又说：“你们的妈妈披着绿衣裳，走起路来一蹦一跳。”在这个学习过程中，小蝌蚪们的“经验”包括鸭子、金鱼、螃蟹和乌龟的话，以及“长得像上述四种动物的都不是妈妈”这样一条隐含的结论。最终，它们学到的“知识”就是“两只大眼睛、白肚皮、绿衣裳、四条腿，一蹦一跳的就是自己的妈妈”。当然，故事的结局，小蝌蚪们就是靠着学到的这些知识成功地找到了妈妈。反观机器学习，由于“经验”在计算机中主要是以“数据”的形式存在的，所以机器学习需要设法对数据进行分析，然后以此为基础构建一个“模型”，这个模型就是机器最终学到的“知识”。可见，小蝌蚪学习的过程是从“经验”学到“知识”的过程。相对应地，机器学习的过程则是从“数据”学到“模型”的过程。正是因为机器学习能够从数据中学到“模型”，而数据挖掘的目的恰恰是找出数据背后的“信息或知识”，二者不谋而合，所以机器学习才逐渐成为数据挖掘最为重要的智能技术供应者而备受重视。

正如前面所说的，机器学习和统计学为数据挖掘提供了数据分析技术。而另一方面，统计学也是机器学习得以建立的一个重要基础。所以，统计学本身就是一种数据分析技术的同时，它也为以机器学习为主要手段的智能数据分析提供了理论基础。可见统计学、机器学习和数据挖掘之间是紧密联系的。基于这样的认识，我们可以说本书的副标题“机器学习与数据分析”主要包含了下面几层意思。首先，如果把数据分析看作狭义上的以数理统计为基础的统计分析方法，那么本书就涵盖了为数据挖掘提供分析技术的两部分内容，即以机器学习为基础的和以统计学为基础的数据分析方法。其次，如果你把数据分析看作更为宏观的包含了数据挖掘在内的广义数据分析技术，那么为了引入以机器学习为出发点的智能分析技术，前期的统计分析知识则是帮助读者夯实数据分析基础的必要准备。

关于本书

R 语言是当今最为流行的统计分析语言和数据分析环境之一。它是属于 GNU 系统的一个自由、免费、源代码开放的软件，并拥有媲美于商业软件的强大统计分析和绘图功能。此外，R 语言还拥有数以万计贡献者在为其开发各种功能包，配合这些包的使用，R 的功能得到了极大拓展，几乎可以完成任何你想要的数据分析与挖掘任务。本书选择 R 语言作为描述语言和开发环境，不仅通过诸多详尽的实例来演示 R 的使用，更为那些新近接触 R 语言的读者提供了很好的入门指导。我们相信，无论你属于何种程度的 R 语言使用者，都可以很好地利用本书来增进数据分析和挖掘的技术和能力。

经典统计理论和机器学习方法为数据挖掘提供了必要的分析技术。本书系统地介绍统计分析和机器学习领域中最为重要和流行的多种技术及其基本原理，在详解有关算法的基础上，结合大量 R 语言实例演示了这些理论在实践中的使用方法。具体内容被分成三个部分，即 R 语言编程基础、基于统计的数据分析方法以及机器学习理论。统计分析与机器学习部分又具体介绍了参数估计、假设检验、极大似然估计、非参数检验方法（包括列联分析、符号检验、符号秩检验等）、方差分析、线性回归（包括岭回归和 Lasso 方法）、逻辑回归、支持向量机、聚类分析（包括 K 均值算法和 EM 算法）和人工神经网络等内容。同时，统计理论的介绍也为深化读者对于后续机器学习部分的理解提供了很大助益。知识结构和阅读进度的安排上既兼顾了循序渐进的学习规律，亦统筹考虑了夯实基础的必要性。尽管作为一个非常宏大的话题，在有限的篇幅内我们不能将机器学习的所有方法尽述，但循着本书所提供的自学路线图，却可以建立一个十分扎实的基础以及对数据分析技术相当清晰的认识和理解。

统计学大师乔治·博克斯曾经是统计学家埃贡·皮尔逊的学生，而埃贡·皮尔逊则是统计学之父卡尔·皮尔逊的儿子。此外，乔治·博克斯还是统计学界的另一位巨擘罗纳德·费希尔的女婿。从这个角度来说，乔治·博克斯无疑集成了两位统计学宗师的学术思想，他有一句广为人们提及的名言说道："所有的模型都是错的，但其中一些是有用的。"所以，无论是基于统计的方法，还是基于机器学习的方法，最终的模型都是对现实世界的抽象，而非毫无偏差的精准描述。相关理论只有与具体分析实例相结合才有意义。而在这个所谓的结合过程中，你既不能期待一种模型（或者算法）能够解决所有的（尽管是相同类型的）问题，也不能在面对一组数据时就能（非常准确地）预先知道哪种模型（或者算法）才是最适用的。或许你该记住另外一句话："No clear reason to prefer one over another. Choice is task dependent（没有明确的原因表明一种方法胜于另外一种方法，选择通常是依赖于具体任务的）"。这也就突出了数据挖掘领域中实践的重要性，或者说由实践而来的经验之重要性。

为了力求让读者"知其然，更知其所以然"，对于晦涩的数据挖掘算法，本书都配合有完整详尽的推导过程。而包括统计数据分析在内的部分，我们更是借助 R 语言的强大能力，抽丝剥茧，逐条演示了各种检验方法、估计方法和分析方法的执行步骤，让读者深刻领悟到每一条简单函数背后所蕴藏的复杂机制。

"纸上得来终觉浅，绝知此事要躬行"，深化统计分析的基本思想，并锤炼运用 R 语言进行数据挖掘的能力，很大程度上有赖于编程实践活动。本书涉及的所有源代码，读者都可以从在线支持资源"http://blog.csdn.net/baimafujinji"中下载得到，勘误表也将实时发布到此博客上。同时欢迎读者就本书中的问题和不足与笔者展开讨论，有关问题请在上述博客中留言。

本书由左飞统稿并执笔。此外刘航、吴凯、姜萌、何鹏、胡俊、李召恒、初甲林、薛佟佟等人也参与了本书编写工作，笔者在此表示由衷的感谢。

自知论道须思量，几度无眠一文章。由于时间和能力有限，书中纰漏在所难免，真诚地希望各位读者和专家不吝批评、斧正。

目录

第 1 章 初识 R 语言

欢迎学习 R 语言！作为当今最流行的统计分析语言之一，R 语言在科学研究、生物医药、市场营销、经济分析等涉及数据统计的领域都有非常广泛而重要的应用。本章是全书的导引部分，它将帮助大家建立对 R 语言的初步认识，并通过一些简单的例子使读者熟悉 R 语言开发环境。

1.1 R 语言简介

说到 R 的起源，便不得不提及上世纪 80 年代诞生于贝尔实验室的 S 语言。彼时正专注于现代统计模型和数据分析方法研究的三位科学家——约翰·钱伯斯（John Chambers）、瑞克·柏克（Rick Becker）以及后来加入的艾兰·威克斯（Allan Wilks）成功地开发了一种用来进行数据处理、统计分析和作图的解释型语言，也就是 S 语言。而曾与他们三位共事过的华盛顿大学统计学教授道格拉斯·马丁（Douglas Martin）开发了一个 S 语言的实现版本，也就是 S-PLUS 的最初版本。

马丁很快发现了 S 的潜在商业价值，但是贝尔实验室当时却没有将 S 语言商业化的设想。于是马丁便创立了 Statistical Sciences 公司，以 S-PLUS 的形式将 S 语言推向市场。所以，S-PLUS 其实就是基于 S 语言的一款商业软件，后来在 1993 年，马丁将 Statistical Sciences 卖给了 MathSoft 公司，而 S-PLUS 在 MathSoft 公司也得到了长足的发展并在商业上取得了成功。2001 年，MathSoft 公司更名为 Insightful，并将公司总部迁往西雅图。2008 年，TIBCO 公司成功将 Insightful 公司收购。

S 语言的另外一种实现版本就是本书要介绍的 R。R 最初是由新西兰奥克兰大学的罗斯·艾卡（Ross Ihaka）和罗伯特·杰特曼（Robert Gentleman）两位教授实现的，现在由“R 开发核心团队”负责开发以及维护。现在 R 是属于 GNU 系统的一个自由、免费、开源的软件。R 可以被认为是当前最为流行的一种用于数据分析和统计制图的语言及操作环境。所以当提到 R 时，既是指一种计算机语言也是指一种软件环境。本书后面主要使用 R 这个称谓，有时也会使用 R 软件、R 语言或 R 系统来称呼它。读者应该明白尽管这些称谓各异，但是它们所指代的事物其实是统一的。

当前数据分析已经成为非常热门的话题，各行各业每天都在进行着数据分析活动。而可以用于数据分析的软件也是林林总总，例如我们所熟知的 MATLAB、Excel、SPSS、SAS、Stata、EViews 和 S-PLUS 等。那么为什么选择 R 呢？总的来说，R 具有如下一些主要特点：

- R 是一个完全免费的自由软件。尽管 S-PLUS 也是一款非常优秀的统计分析软件，但使用它需要支付一笔费用，而 R 则是一个免费的统计分析软件。
- R 支持多种操作系统。它有 UNIX、Mac OS 和 Windows 等多个版本，都是可以免费下载和使用的。它们的安装文件以及安装说明可以通过 CRAN 获得。
- R 是开放源代码的。它的源代码可自由下载使用，因此它有来自全球的热心用户为其编写软件包。借由这些软件包，R 的功能被极大地扩展，针对某些具体领域的统计分析功能被不断完善和加强。例如像经济计量、财经分析功能等就是通过扩展包实现的。
- R 具有突出的统计分析能力。R 内嵌了许多实用的统计分析功能，统计分析的结果也能被直接显示出来；一些中间结果既可保存到专门的文件中， 也可以直接用于进一步的分析。R 的功能也可以通过安装包来增强。
- R 拥有强大的绘图功能。数据分析结果可以通过专业的统计图形来呈现。内嵌的作图函数能将产生的图片展示在一个独立的窗口中，并能将之保存为各种形式的文件。如图 1-1 所示就为利用 R 绘制的统计图形。

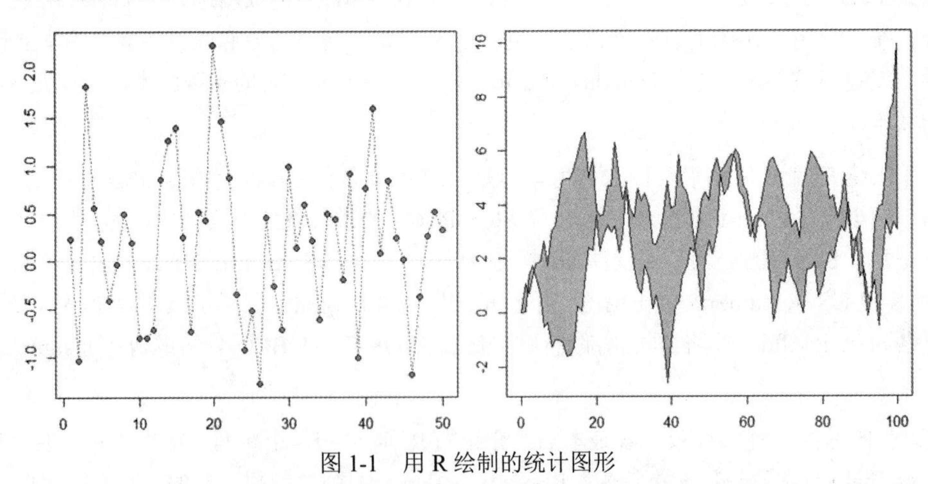

图 1-1　用 R 绘制的统计图形

- R 是面向对象的编程语言。R 比其他统计学或数学专用的编程语言有更强的面向对象功能，它提供了包括继承、多态和封装等在内的面向对象特性。

- R 是一种解释性语言。因为 R 是一种解释性语言（而不是编译语言），也就意味着输入的命令能够直接被执行，而无须像其他语言那样需要编译和连接等操作。

1.2 安装与运行

读者可以在 CRAN 社区网站“http://cran.r-project.org”上免费下载最新版本的封装好的 R 安装程序到本地计算机。正如前面所讲的，CRAN 网站上提供了可在 UNIX、Mac OS X 和 Windows 等不同平台下运行的 R 版本。读者可根据自己所使用的平台来选择不同的安装程序。本书以在 Windows 平台下运行的版本为例进行介绍。

运行可执行的安装文件，选择默认或自定义的安装目录进行安装。读者也可以在安装过程中选择程序界面所采用的基本语言。安装完成后单击桌面上的 R 程序图标就可启动 R 的交互式用户窗口，如图 1-2 所示。

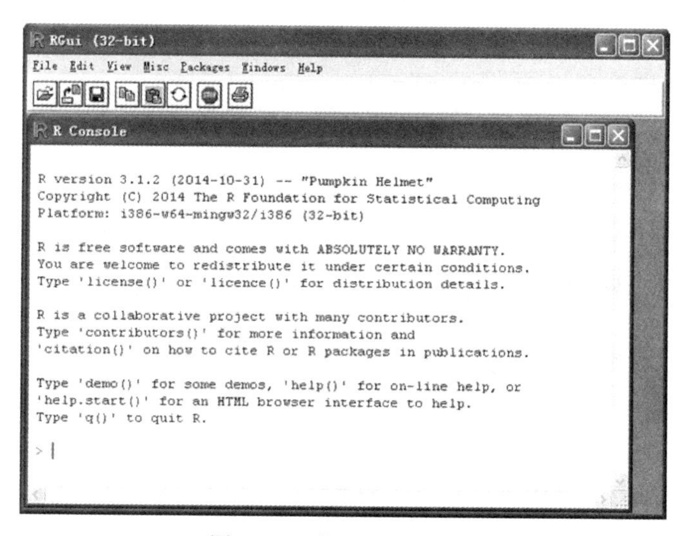

图 1-2 R 的图形用户界面

工作目录是 R 读写文件的默认位置。如果我们想从不同的路径进行读写操作，那么必须显式地告知程序。为一个新的工作项目设定一个单独的文件夹以存放所需的数据及编码文件是一个明智的选择。用户可以在命令行模式下使用 getwd()函数来获取当前工作目录的信息。例如：

```
> getwd()
[1] "c:/My Documents"
```

函数 setwd()用以设定新的工作目录，此时该函数需要一个参数来指定新的工作路径。例如：

```
> setwd("d:/Chapter01")
```

需要说明的是括号中的参数所指定的路径必须是已经存在的。换句话说，该命令并不会为用户重新创建文件夹。另外，函数 setwd()的功能也可以通过单击“File”菜单中的“Change dir”项目来实现。

当要退出 R 时，可在命令行输入 q()或者在“File”菜单中选择“Exit”项来结束程序。此时，程序会提醒用户是否选择保存工作空间。对于已经保存的工作空间，用户下次使用 R 时，可以通过输入命令 load()或在“File”菜单中选择“Load Workspace”来加载，进而继续以往的工作。

除了在R的默认开发环境中编写代码以外，我们也可以在R的集成开发环境(IDE，Integrated Development Environment）中进行 R 程序编码。RStudio 是一款功能强劲而且免费的 R 语言集成开发环境。RStudio 提供了包括语法着色等在内的诸多实用功能，而且它还支持包括 Windows、Linux 和 Mac OS 等在内的诸多操作系统。如图 1-3 所示，读者可以访问 RStudio 的项目主页 www.rstudio.com 来获取它的安装包。软件的安装过程也相当智能化，包括选择安装路径等步骤，这里不再赘言。

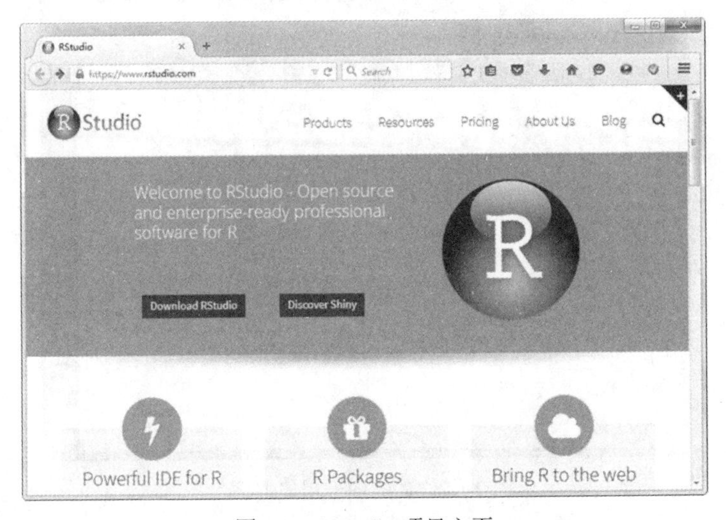

图 1-3　RStudio 项目主页

安装成功后，运行 RStudio 程序，其界面如图 1-4 所示。我们一方面可以使用其中的控制台来逐条执行 R 语言，另一方面也可以编辑完整的 R 语言脚本。RStudio 会将执行过的命令记录下来，用户亦可直观地检视到系统中已经存在的数据或变量，这一点与 MATLAB 非常相像。由于 RStudio 的使用非常简单，本书后面不打算对此做过多介绍，读者可自由选择开发环境来执行本书中所涉及之代码，这并不会导致执行结果上的差异。

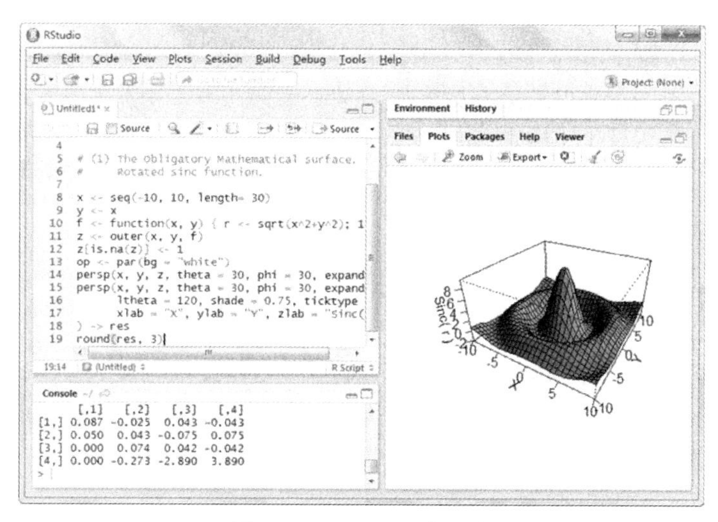

图 1-4　RStudio 开发环境

1.3　开始使用 R

R 的使用其实和 MATLAB 有很多相似之处。如果 R 已经安装在你的计算机中，它就能立即运行一些可执行的命令。从这个角度来说 R 的语法是非常简单和直观的。R 默认的命令提示符是“>”，它表示正在等待输入命令。如果一个语句在一行中输不完，按回车键，系统会自动产生一个续行符“+”，语句或命令输完后系统又会回到命令提示符。在同一行中输入多个命令语句，则须使用分号来作为间隔。当我们在命令提示符后面直接输入一个算式并按下“Enter”键时，R 就会直接给出答案。此时 R 就相当于一个计算器。例如，下面的例子说明了 R 中的算术运算符（加、减、乘、除、开方、指数）的使用方法。

```
> ((5+6)*10-100)/2
[1] 5
> sqrt(25)
[1] 5
> exp(1)
[1] 2.718282
```

其中，函数 exp()用来计算以自然常数e为底的指数函数值。而且也可以看出合法的 R 函数总是带有圆括号的形式，即使括号内没有内容。如果直接输入函数名而不输入圆括号，那么 R 则会自动显示该函数的一些具体信息。因此在 R 中所有的函数后都带有圆括号以区别于对象。有时，运行一个 R 函数可能不需要设定任何参数，原因是所有的参数都可以被默认为缺省值，当然也有可能该函数本身就不含任何参数，例如前面用过的 getwd()。

当 R 运行时，所有变量、数据、函数及结果都以对象的形式存入计算机内存中，并以相应的名字标识来加以区别。对象的名字必须以字母开头，中间可以包含字母、数字、点“.”及下画线“_”。而且因为R对对象的名字区分大小写，所以a和A所表示的就是两个完全不同的对象。在R中的所有操作都是针对存储在内存中的对象进行的。用户可以通过一些运算符或一些函数（函数本身亦是对象）来对这些对象进行操作。例如，可以创建一个（几乎所有编程书籍都会用来作为开篇的）“Hello World”程序：

```
> hi.world <- function() {
+ cat("Hello World!\n")
+ }
```

函数也是对象，而“hi.world”就是我们创建的函数对象的名字（对象名以字母开头，其后可以包含点“.”），function()的作用是告诉 R 我们创建了一个函数，符号“<-”是赋值运算符（后面我们马上就会讲到）。运行上述函数，其结果如下：

```
> hi.world()
Hello World!
```

所有能使用的R函数都被包含在一个库（library）中，该库存放在R安装文件夹的library目录下。这个目录下含有具有各种功能的包（package），各个包也是按照目录的方式组织起来的。例如，在library目录下可以看到一个名为base的文件夹，这个文件夹就是base包，它是R的核心，因为其中内嵌了R语言中所有像数据读写与操作这些最基本的函数。在library目录下的每个子文件夹（即每个包）内，都有一个子目录R，这个目录里又都含有一个与此包同名的文件，这个文件就是存放该包内所有函数的地方。用户还可以通过自定义安装各种功能包的方式来扩展R的功能，具体方法本章后面将会详细介绍。

一个对象可以通过赋值操作来产生，R 语言中的赋值符号一般为一个尖括号与一个减号组成的箭头形标志，该符号可以是从左到右的方向，也可以相反。在R语言中，可以通过输入一个对象的名字来显示该对象的内容，亦可以使用函数print( )来完成类似功能，例如：

```
> n <- 10
> n
[1] 10
> 10 -> n
> print(n)
[1] 10
```

其中，方括号中的数字1表示从n的第一个元素开始显示。

此外，R中的赋值也可以用函数assign()实现或者等号“=”来实现，但这种用法并不常见。例如：

```
> assign("n", 10)
> n
[1] 10
```

```
> n=10
> n
[1] 10
```

关于其他更为常用的对象（向量、矩阵、数组等）的赋值与运算，本书将在后续章节中进行介绍。

如同其他计算机语言一样，R 中也可以使用注释语句。R 中使用“#”来表示注释的开始，而在“#”之后出现的任何文本都会被 R 解释器忽略。例如：

```
> getwd() # Prints the working directory
> setwd("C:/Temp") # Set "C:/Temp" to be the working directory
```

1.4 包的使用

由于 R 是开源的，因此，它为用户根据自己的需求自定义地对系统本身进行功能扩展提供了可能。当某些用户为了实现某些特殊功能而自行编写了一个功能模块时，他可以在对该功能模块进行封装后发布，这些所谓的功能模块就是包。包是 R 函数、数据、预编译代码以一种定义完善的格式组成的集合。全球范围内为数众多的富有热情的贡献者无私地将他们的劳动成果发布到网络上与他人共享，这既是开源的精神所在，亦成为 R 中最激动人心的一部分功能。这些功能包提供了横跨各种领域、数量惊人的新功能，包括分析地理数据、处理蛋白质质谱、经济计量方法，甚至是心理测验等功能。R 中所有的包都可以从 CRAN 网站上下载得到。

在初次安装完成 R 时，系统中已经默认加载了一些包（例如前面提过的 base 包等），它们提供了种类繁多的默认函数和数据集。其他提供特殊功能的包则需要用户自行下载并安装。R 中提供了许多函数用来帮助用户管理包。其中，函数 install.packages()可以用来完成包的安装。不使用参数的情况下，在 R 命令行中输入此函数后，系统将显示一个 CRAN 镜像站点的列表，选中一个镜像站点后，将看到所有可用包的列表，再从中选择一个包即可进行下载并自动安装。如果用户已经知道欲安装的包名，则可以直接将包名作为参数提供给这个函数。一个包仅须安装一次。但和其他软件类似，包经常被其作者更新。使用命令 update.packages()可以更新已经安装的包。要查看已安装包的描述，可以使用 installed.packages()命令，这将列出安装的包，以及它们的版本号、依赖关系等信息。上述命令行函数的功能亦可通过点选“Packages”菜单下面的项目来实现，如图 1-5 所示。

包安装好后，它们必须被加载到会话中才能使用。函数 search()可以用来显示哪些包已加载并可使用。我们还可以使用 library()函数在会话中加载指定的包，该函数的参数是要载入的包的名称。例如，假设已经安装了用于经济计量分析的 AER 包，则可通过下列语句将其载入：

```
> library(AER)
```

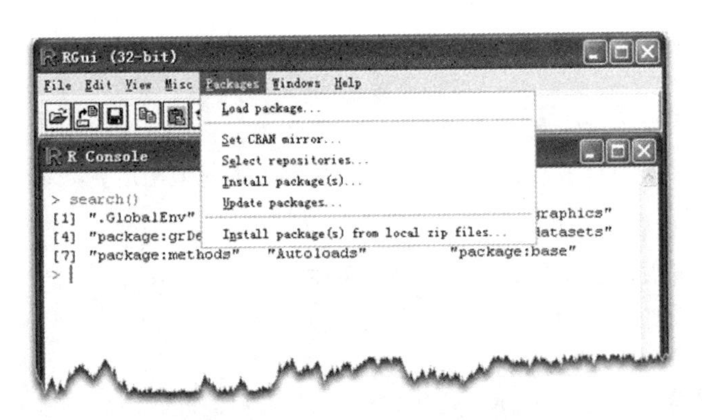

图 1-5　在图形界面上操作包

当然，在加载一个包前必须已经安装了这个包。在一个会话中，包只须载入一次。如果需要，也可自定义启动环境以自动载入会频繁使用的那些包。

载入一个包之后，就可以使用一系列新的函数和数据集了。通常，包中往往提供了演示性的小型数据集和示例代码，它们可以帮助用户快速熟悉包中所提供的新功能。此外，命令 help(package="package_name")可以输出某个包的简短描述以及包中的函数名称和数据集名称的列表。使用函数 help()可以查看其中任意函数或数据集的更多细节。这些信息也能以 PDF 帮助手册的形式从 CRAN 网站上下载得到。

1.5　使用帮助

学习一门编程语言不仅要掌握其语法规则，还要熟练使用系统库中提供的常用函数。R 的程序包中含有大量进行统计分析的函数，如若可以熟练掌握这些函数的意义和使用方法，势必会使用户在利用 R 进行数据分析时得心应手、事半功倍。现在有很多资源可以帮助读者更好地使用 R，这其中不乏系统自身提供的一些工具，当然也包括浩如烟海的网络资源。幸运的是，R 的开发者们在 R 帮助文档自动化方面已经做了大量工作，本节就向读者介绍如何使用 R 的帮助系统。

使用 help()函数无疑是在 R 中获取帮助资源的最常用方法。要获取一个函数的信息，则直接将函数对象名作为 help()函数参数即可，例如：

```
> help(exp)
```

另外调用 help()函数的一种快捷方式是使用问号“?”，例如：

```
> ?exp
```

在使用 help()函数时，特殊字符和一些保留字符则必须用括号括起来以同对象名进行区别。例如要查看关于 for 循环的一些介绍，需要输入：

```
> help("for")
```

执行上述函数时读者会发现系统返回的是一个弹开的网页文档。而且在查阅由上述操作获取的网页信息时，读者一定会注意到每个条目中都附带有一些例子。如果你想直接查看这些示例代码，则可以使用 example()函数，例如：

```
> example(exp)
```

如果你甚至还不太清楚要查询的内容是什么，例如你只是想知道 R 中是否提供关于 Poisson 分布的函数，那么可以使用下面的方法：

```
> help.search("poisson")
```

函数 help.search()的作用是在 R 的文档中进行类似关键词搜索的功能。此外，help.search() 还有一个快捷方式，即使用符号“??”，例如：

```
> ??"poisson"
```

R 的帮助文档不仅局限于具体的函数信息。在安装了一个新的包之后，为了熟悉这个包的使用，也可通过命令行操作来获取这个包的帮助信息。例如在 1.4 节中，我们安装并载入了 AER 包，则可以使用下面的语句来获取关于该包的帮助信息：

```
> help(package=AER)
```

此外，你还可以通过 help()函数获取更为一般的帮助主题。例如，假设你想了解 R 中关于文件操作方面的知识，就可以输入系列语句：

```
> help(files)
```

本书后面还会介绍很多关于 R 的话题，如果你对其中某个话题感兴趣，也不妨试试利用上述方法查询一下 R 的帮助文档中给出的关于该话题的具体内容。显然，有的放矢地进行帮助信息查询才是更为明智的选择。

第 2 章 探索 R 数据

R 是用以进行数据分析的语言。数据就是有待后续加工的原材料。所以，正确认识 R 中的数据是非常有必要的。与其他编程语言（例如 C 语言）有很大不同的是，R 中是没有严格意义上的原子型数据的，R 中所有的数据都是以结构型数据的形式存在的。这里所说的原子型数据就是指单个的数值，在 R 中所有单个的数值都是以结构化数据的一种特例的形式存在的。

2.1 向量的创建

向量（vector）是 R 语言中最基本的数据类型。向量是由众多个体元素有序组织而成的数据集合，同一向量中的所有元素必须是相同模式的。R 中的模式主要有四种，即数值型（包括整型和双精度实数型两种）、字符型、逻辑型和复数型等。若要在程序中查看某个变量的模式，则可以通过调用函数 mode()来完成。例如：

```
> value <- 999; string <- "Language R"
> indicator <- FALSE; complex_num <- 1+1i
> mode(value); mode(string); mode(indicator); mode(complex_num)
[1] "numeric"
[1] "character"
[1] "logical"
[1] "complex"
```

R 语言中的模式也有点类似于其他语言中的数据类型，但是可以看到的是 R 语言对模式又进行了划分，因为数值型的模式被分成了整型和双精度实数型两种。划分到这一层后看起来就更像其他计算机语言中的数据类型了，这时可以使用函数 typeof()来查看数据的类型。例如：

```
> n <- 1
> typeof(n)
[1] "double"
> n <- 1L
> typeof(n)
```

```
[1] "integer"
```

读者可以自行用 typeof()函数测试前面例子中给出的字符型、逻辑型和复数型的数据，所得结果与 mode()函数无异。所以，typeof()函数也仅仅只有用在数值型模式的数据上时才会看到与 mode()函数的区别。另外，在 R 中数值型的数据默认都是双精度实数型的，若是要限定为整型数据，则需要在赋值时用字母“L”来显式地表示。

无论什么类型的数据，缺失数据总是用 NA（Not Available 的意思）来表示（后面在创建空矩阵的时候就会遇到）；对很大的数值则可用科学计数法的形式来表示。例如：

```
> light_speed <- 3.0e8
> light_speed
[1] 3e+08
```

R 中使用 Inf 和−Inf 来表示数学上正负无穷（∞和−∞）的概念，还可以用 NaN（Not a Number 的意思）来表示不是数字的值。例如：

```
> 5/0
[1] Inf
> log(0)
[1] -Inf
> 0/0
[1] NaN
> sqrt(-2)
[1] NaN
Warning message:
In sqrt(-2) : NaNs produced
> sqrt(-2+0i)     # 按照复数进行运算
[1] 0+1.414214i
```

字符型的值输入时须加上双引号（也可以使用单引号），后面我们还会用到，此处不再给出例子。

统计分析中最为常用的是数值型的向量，在此我们就以数值型向量为例来介绍向量的使用。向量的最简单生成方式为：

```
> 1:10
[1]  1  2  3  4  5  6  7  8  9 10
> 10:1
[1] 10  9  8  7  6  5  4  3  2  1
> 1:10-1
[1]  0  1  2  3  4  5  6  7  8  9
> z <- 1:(10-1)  #请注意有无括号的区别
> z
[1]  1  2  3  4  5  6  7  8  9
```

其中，运算符“:”在创建向量时是非常有用的，它用以生成指定范围内数值构成的向量。另外，还要注意运算符的优先级。在表达式 1:10-1 中，冒号的优先级高于减号，因此要先计算 1:10，然后得到的向量中的每个元素再减 1。这还涉及一个循环补齐的问题，稍后我们还会介绍。在表达式 1:(10-1)中，括号的优先级又高于减号。也就是先计算 10-1，得到 9 之后，再计算 1:9，所以才得到上面最后给出的结果。

向量还可以由下面的三种函数建立：

- seq()　　#若向量（序列）具有较为简单的规律
- rep()　　#若向量（序列）具有较为复杂的规律
- c()　　#若向量（序列）没有什么规律

我们给出一些向量赋值的例子，请读者体会不同方法之间的区别：

```
> z <- seq(1, 5, by=0.5)      #等价于 seq(from=1, to=5, by=0.5)
> z
[1] 1.0 1.5 2.0 2.5 3.0 3.5 4.0 4.5 5.0
> z <- seq(10,100,length=10)
> z
[1]  10  20  30  40  50  60  70  80  90  100
> z <- rep(1:5,2)     # 等价于 rep(1:5, times=2)
> z
[1] 1 2 3 4 5 1 2 3 4 5
> rep(1:4, each = 2, times = 3)
[1] 1 1 2 2 3 3 4 4 1 1 2 2 3 3 4 4 1 1 2 2 3 3 4 4
> rep(1:4, each = 2, len = 4)     #因为长度是 4，所以仅取前 4 项
[1] 1 1 2 2
> z <- c(11, 13, 17, 19)
> z
[1] 11 13 17 19
```

因为 R 语言里向量中的元素是连续存储的，R 中也没有类似 C 语言中指针的概念，所以不能随意插入或者删除其中的元素。而且向量的大小在创建时已经确定，因此要想添加或删除元素，便需要重新给向量赋值。例如，请读者观察下面这段示例代码：

```
> z <- c(11, 13, 19, 23)
> z <- c(z[1:2],17,z[3:4])
> z
[1] 11 13 17 19 23
```

尽管上述代码的确实现了向既有向量中插入元素的作用，但读者也应该认识到为了实现这个目的，我们其实是对原向量进行了重新赋值。

可以使用函数 length()来获得向量的长度。例如：

```
> z <- c(11, 13, 17, 19)
> length(z)
[1] 4
```

当我们创建一个向量时，其实我们就已经获知了它的长度，这就导致上述获取向量长度的操作看似并不具有太大意义。但在实际编程中，向函数传递参数有时就需要预先知道向量参数的长度。有关函数的内容将在第 3 章中进行介绍，在此我们仅通过一个简单的例子来演示 length()函数在编写函数时的作用：

```
> x <- c(1:5)
> print_fun <- function(x){
+   for(i in 1:length(x)){
+       print(x[i])
+   }
+ }
```

这个例子演示了将向量中的元素逐个输出的方法，通过 length()函数我们其实在循环体中获得了向量的索引，这是非常有用的。但是上述函数的实现仍然存在一个问题，即向量的长度有可能为 0，这时在循环过程中，变量 i 首先取值为 1，然后取值为 0，这显然不是我们所期望的。在 C 语言中，数组的下标是从 0 开始计的；而在 R 语言中，向量的下标则是从 1 开始计的（尽管向量的长度可以为 0）。因此像上例所示的这种情况在实际编程中应当多加注意。更多关于函数以及流程控制方面的话题将在第 3 章中进行讨论。

2.2　向量的运算

有人说："R 是一种函数式的语言。"这是因为在实际的 R 程序中，函数是无所不在的。所有的 R 程序都是依赖众多函数而完成的。更有甚者，我们平常所用的各种运算符，其实也是函数。所以，下面的示例代码会得到同样的结果：

```
> 1+2
[1] 3
> "+"(1,2)
[1] 3
```

前面我们讲过单个元素就是一元向量，单个元素可以相加，那么向量自然也可以相加，"+"运算符将对向量中的元素逐一加和。例如：

```
> x <- c(1,2,3)
> x + c(3,5,7)
[1]  4  7  10
```

对两个向量使用运算符时，如果要求两个向量具有相同的长度，则 R 会自动循环补齐，即重复较短的向量，直到它与另外一个向量长度相匹配。当然系统也会给出提示告知用户两个向量的长度不匹配，以防止由于用户疏忽而造成编码错误。例如：

```
> x <- c(1,2,3)
> y <- c(4,6,8,10,12)
> x + y
[1]  5  8  11  11  14
Warning message:
In x + y : longer object length is not a multiple of shorter object length
```

上例中较短的向量被循环补齐了，所以上述运算其实是以下面这种形式执行的：

```
> c(1,2,3,1,2) + c(4,6,8,10,12)
```

两个向量也可以相乘，但是不要同线性代数中的向量乘法相混淆。R 中两个向量相乘之结果为向量中对应元素分别相乘所得之向量，例如：

```
> x * c(0,5,8)
[1] 0 10 24
```

上述这种运算规则同样适用于其他数值运算符（也包括一些有计算功能的函数），例如：

```
> x <- c(4,25,81)
> x/c(2,5,9)
[1] 2 5 9
> sqrt(x)
[1] 2 5 9
```

关于向量的一个很重要也很常用的运算符就是索引，可以用索引来选择给定向量中特定几个元素所构成的子向量。索引向量的语法格式一般为：

```
向量1[向量2]
```

它所给出的结果是向量 1 中索引为向量 2 的那些元素。例如：

```
> x <- c(0.1,0.2,0.3,0.4,0.5,0.6)
> x[c(2,4)]
[1] 0.2 0.4
> x[3:5]
[1] 0.3 0.4 0.5
> y <- 3:6
> x[y]
[1] 0.3 0.4 0.5 0.6
> x[c(1,1,5)]
[1] 0.1 0.1 0.5
```

上面的例子也告诉我们，索引向量中的元素是可以重复的。

另外，负数的下标表示要把相应的元素剔除。例如：

```
> x[-1]
```

```
[1] 0.2 0.3 0.4 0.5 0.6
> x[-2:-4]
[1] 0.1 0.5 0.6
```

此时配合使用 length()函数也非常有用。比如我们希望从向量中选择除了最后某几位元素以外的其他元素，那么此时便可以很容易实现。例如：

```
> x[-length(x)]
[1] 0.1 0.2 0.3 0.4 0.5
> x[1:(length(x)-3)]
[1] 0.1 0.2 0.3
```

本节的最后我们还要介绍两个非常有用的函数 any()和 all()。它们分别给出其参数是否至少有一个或全部为 TRUE。

```
> x <- c(1,3,5,7,11,13,17,19,23,29)
> any(x>10)
[1] TRUE
> any(x>30)
[1] FALSE
> all(x>10)
[1] FALSE
> all(x>=1)
[1] TRUE
```

可见当函数 any()的参数向量中至少有一个元素符合条件时，函数就返回 TRUE。相对地，函数 all()只有在参数向量中的所有元素都符合条件时，函数才会返回 TRUE。

2.3　向量的筛选

筛选操作是 R 中十分常用的运算之一，也是 R 作为一种统计分析语言所特有的运算。对向量中的元素进行筛选就意味着从向量中提取满足一定条件的元素，这种操作现在是为了给统计分析提供便利所设置的操作类型。

首先来看一段示例代码：

```
> a <- c(-1, 1, -2, 4, -5, 9)
> b <- a[a<0]
> b
[1] -1 -2 -5
```

显然上述代码实现了从矩阵中提取负数元素这样一个简单的筛选任务。但是这个过程具体是如何实现的还值得我们探讨。如果单独执行下面的语句：

```
> a<0
[1]  TRUE FALSE  TRUE FALSE  TRUE FALSE
```

结果我们发现语句a < 0得出的是一个布尔向量。如果向量中的某个元素满足条件，那么在结果向量中，该元素对应位置处的新元素就是 TRUE；否则就是 FALSE。而且还有

```
> a[c(TRUE, FALSE, TRUE, FALSE, TRUE, FALSE)]
[1] -1 -2 -5
```

这就表明程序最终是在一个布尔向量的作用下，完成了对原向量中元素的筛选任务。如果布尔向量中某个元素值为 TRUE，那么原向量中对应位置的元素就会被选出，所有被选出的元素按照顺序排好就得到了筛选的结果向量，也就是一个子向量。

接下来给出的例子涉及了赋值操作，假设有一个向量，现在要将其中数值小于 0 的元素都置为 0，则有

```
> a
[1] -1  1 -2  4 -5  9
> a[a<0] <- 0
> a
[1] 0 1 0 4 0 9
```

最后介绍两个在筛选操作中非常有用的函数 subset()和 which()。当对向量使用 subset()函数时，它与前面介绍的筛选方法之间的区别主要体现在处理 NA 值的方式上。请读者观察下面这段示例代码：

```
> a <- c(-1, -2, 0, NA, 2)
> a[a>=0]
[1]  0 NA  2
> subset(a, a>=0)
[1] 0 2
```

在上述示例代码中，subset()函数的作用是一目了然的。在最原始的筛选方法中，NA 是未知的，所以它是否满足筛选条件也是未知的，因而它最终会出现在筛选的结果向量中。在实际编程过程中，很多时候可能都需要排除 NA 的干扰，这时就需要使用 subset()函数。

前面例子中的筛选，其最终结果都是从原向量中选择满足条件的元素生成一个新的子向量。但有时我们想要知道的可能仅仅是满足条件的元素所处的位置。这时就需要用到 which()函数了。例如：

```
> a <- c(-5, -3, 0, 3, 5)
> which(a<0)
[1] 1 2
```

程序运行的结果告知我们原向量中第一个和第二个元素是负数。

2.4　矩阵的创建

在线性代数中，我们已经学过矩阵（matrix）的概念了。R 中的矩阵是一种特殊的向量，它包含两个额外的属性：行数和列数。矩阵也同向量一样，有模式的概念，例如数值型或者字符型等。但须注意的是，向量并不能被看成只有一列或者一行的矩阵。R 提供了丰富的矩阵计算功能，而且有报告认为其分析速度可媲美专用于矩阵计算的商业软件 MATLAB。

在 R 中，矩阵的行与列下标都是从 1 开始的。例如矩阵 m 左上角的元素就记作 m[1, 1]，方括号里的第一个数字是行号的索引，第二个数字则是列号的索引。而且矩阵是按列存储的，也就是说先存储第一列，然后再顺序存储第二列，并依此类推。最常用的创建矩阵的方法之一就是使用 matrix()函数，例如：

```
> m <- matrix(c(1,2,3,4,5,6),nrow = 2, ncol = 3)
> m
     [,1] [,2] [,3]
[1,]    1    3    5
[2,]    2    4    6
```

正如前面所说的那样，当我们把向量 c(1,2,3,4,5,6)中的元素填入矩阵 m 时，是按顺序逐列填充的，而且我们也通过参数指定了行数和列数，所以就得到了上述样子的矩阵。但是如果我们所给的行数和列数之积（也就是矩阵中元素的个数）大于向量中元素的个数时，系统就会采用前面介绍过的循环补齐方式来对矩阵进行填充，例如：

```
> m <- matrix(c(1,2,3,4,5,6),nrow = 2, ncol = 4)
Warning message:
#此处略去具体警告信息内容，读者可输入以上代码来观察系统提示
> m
     [,1] [,2] [,3] [,4]
[1,]    1    3    5    1
[2,]    2    4    6    2
```

另外，当我们已经指定了要填充到矩阵中的向量元素时，行数或者列数也可以省略其一，例如：

```
> m <- matrix(c(1,2,3,4,5,6),nrow = 2)
> m
     [,1] [,2] [,3]
[1,]    1    3    5
[2,]    2    4    6
```

当我们需要使用矩阵中的元素时，可以使用下列语句：

```
> m[1,2]       #第 1 行第 2 列的对应元素
[1] 3
> m[2,]        #第 2 行的全部元素
```

```
[1] 2 4 6
> m[,3]       #第 3 列的全部元素
[1] 5 6
```

另外一种创建矩阵的方法是为矩阵中的每一个元素分别赋值。用这种方法需要预先声明要创建的是一个矩阵，并且给出它的行数和列数。在《射雕英雄传》中黄蓉曾给出了一个九宫格的结果，口诀：戴九履一，左三右七，二四有肩，八六为足，五居中央。下面我们就创建这样一个矩阵。

```
> m <- matrix(nrow = 3, ncol = 3)
> m[1,1]<-4;m[1,2]<-9;m[1,3]<-2
> m[2,1]<-3;m[2,2]<-5;m[2,3]<-7
> m[3,1]<-8;m[3,2]<-1;m[3,3]<-6
> m
     [,1] [,2] [,3]
[1,]    4    9    2
[2,]    3    5    7
[3,]    8    1    6
```

尽管矩阵是按列存储的，但在生成矩阵时，我们亦可通过设置 byrow 参数来使矩阵元素按行排列。例如：

```
> m <- matrix(c(1,2,3,4,5,6),nrow = 2, byrow = TRUE)
> m
     [,1] [,2] [,3]
[1,]    1    2    3
[2,]    4    5    6
```

但是我们仍然需要注意，上述这种做法仅仅只是改变了用向量生成矩阵时的填充顺序，矩阵本身仍然是按照列来存储的。

可以通过矩阵索引来提取矩阵中的某几行或列来组成新的子矩阵，仍然以前面的九宫格矩阵为例：

```
> m[,2:3]
     [,1] [,2]
[1,]    9    2
[2,]    5    7
[3,]    1    6
> m[2,2:3]
[1] 5 7
```

还可以对一个矩阵中的子矩阵进行赋值，例如下面这段示例代码就给原矩阵中的第一行和第三行赋了新值。

```
> m[c(1,3),]<-matrix(c(0,9,0,9,0,9),nrow = 2)
> m
```

```
     [,1] [,2] [,3]
[1,]    0    0    0
[2,]    3    5    7
[3,]    9    9    9
```

再举一例，如下：

```
> a <- matrix(nrow = 3, ncol = 3)
> b <- matrix(c(5,8,6,9), nrow = 2)
> b
     [,1] [,2]
[1,]    5    6
[2,]    8    9
> a[2:3,2:3] <- b
> a
     [,1] [,2] [,3]
[1,]   NA   NA   NA
[2,]   NA    5    6
[3,]   NA    8    9
```

向量的负值索引可以用来排除某些元素，这种操作对于矩阵来说同样适用，例如：

```
> m
     [,1] [,2] [,3]
[1,]    4    9    2
[2,]    3    5    7
[3,]    8    1    6
> m[-2,]
     [,1] [,2] [,3]
[1,]    4    9    2
[2,]    8    1    6
```

在前面的例子中，访问矩阵中的元素是通过使用行号和列号作为索引来实现的。除此之外，还可以给矩阵的行与列进行命名，并以行名和列名来作为访问的索引。例如：

```
> record <- matrix(c(98,75,86,92,78,95),nrow = 2)
> colnames(record) <- c("Math","Physics","Chemistry")
> rownames(record) <- c("John","Mary")
> record
     Math  Physics Chemistry
John   98       86        78
Mary   75       92        95
> record["John", "Physics"]
[1] 86
```

2.5 矩阵的使用

在掌握了矩阵的创建方法和其中元素的访问方法之后，本节要讨论一些更复杂的矩阵操作。

2.5.1 矩阵的代数运算

前面我们介绍过向量的代数运算，矩阵可以进行代数运算。比如进行矩阵加法的示例代码如下：

```
> a <- matrix(c(1,5,3,7),nrow = 2)
> b <- matrix(c(1,0,0,1),nrow = 2)
> a + b
     [,1] [,2]
[1,]    2    3
[2,]    5    8
```

向量也可以同矩阵做加法，运算规则是将向量中的每个元素按照创建矩阵时所采用的顺序生成一个矩阵，然后再与被加矩阵做和。如果向量的长度小于矩阵中元素的个数，系统会用循环补齐的方式填满。下面给出一些矩阵和向量求和的例子。

```
> c(1,2,3)+b
     [,1] [,2]
[1,]    2    3
[2,]    2    2
Warning message:
In c(1, 2, 3) + b :
  longer object length is not a multiple of shorter object length
```

另外，请读者注意如果向量的长度大于矩阵中元素的个数，程序则无法执行，读者应该避免这种错误。

向量与矩阵的其他代数计算也遵循上述计算规则，下面以乘法为例来说明：

```
> z
     [,1] [,2]
[1,]    1    4
[2,]    2    5
[3,]    3    6
> z*c(1,2)
     [,1] [,2]
[1,]    1    8
[2,]    4    5
[3,]    3   12
```

分析上述计算，不难看出最后的结果是这样得出的：

$$\begin{bmatrix} 1*1 & 4*2 \\ 2*2 & 5*1 \\ 3*1 & 6*2 \end{bmatrix} = \begin{bmatrix} 1 & 8 \\ 4 & 5 \\ 3 & 12 \end{bmatrix}$$

同理，还可以得到下面的计算结果：

```
> z*c(1,2,3)
     [,1] [,2]
[1,]    1    4
[2,]    4   10
[3,]    9   18
> z*c(1,2,3,4)
     [,1] [,2]
[1,]    1   16
[2,]    4    5
[3,]    9   12
Warning message:
In z * c(1, 2, 3, 4) :
  longer object length is not a multiple of shorter object length
```

易见，当向量的长度与矩阵行数相等的时候，我们其实完成了对矩阵中的每行分别进行代数计算这样的效果，下面的例子更好地演示了这个技巧的作用。

```
> m
     [,1] [,2] [,3]
[1,]   10   10   80
[2,]   20   30   50
[3,]   10   70   20
> m/rowSums(m)
     [,1] [,2] [,3]
[1,]  0.1  0.1  0.8
[2,]  0.2  0.3  0.5
[3,]  0.1  0.7  0.2
```

其中，函数 rowSums()的作用是对矩阵中的每一行分别求和；相应的还有函数 colSums()，即对矩阵中的每一列分别求和。读者可以查阅 R 的帮助文档以获取更多有关这两个函数的内容。最终上述程序计算出了每个元素于其所在行中的比重，这个方法在统计分析时将会非常有用。

矩阵同单独的一个元素进行相加或者相乘，就相当于矩阵中的每个元素分别与这个加数或者乘数做运算，例如：

```
> 3+b
     [,1] [,2]
[1,]    4    3
[2,]    3    4
> 3*b
     [,1] [,2]
```

```
[1,]    3    0
[2,]    0    3
```

最后，我们还要指出的是，在做数学意义上的矩阵乘法时，需要使用运算符“%*%”，而非“*”。例如，若要进行下列矩阵乘法运算：

$$\begin{bmatrix}1 & 3\\5 & 7\end{bmatrix}\begin{bmatrix}1 & 0\\0 & 1\end{bmatrix}=\begin{bmatrix}1 & 3\\5 & 7\end{bmatrix}$$

可采用如下代码：

```
> a <- matrix(c(1,5,3,7),nrow = 2)
> b <- matrix(c(1,0,0,1),nrow = 2)
> a %*% b
     [,1] [,2]
[1,]    1    3
[2,]    5    7
```

2.5.2 修改矩阵的行列

与向量的情况类似，矩阵的长度和维数都是固定的，因此不能随意增加或删除矩阵中的行或者列。但是我们可以给矩阵重新赋值，如此即实现了对于矩阵行列的修改。这时就需要用到函数 rbind()和 cbind()，它们分别表示 row bind 和 column bind，即按行组合与按列组合。例如，下面这段程序：

```
> new_col <- c(0, 0, 0, 0)
> m <- matrix(rep(1:4, times = 3), nrow = 4 )
> new_m <- cbind(new_col, m)
> new_m
     new_col
[1,]       0 1 1 1
[2,]       0 2 2 2
[3,]       0 3 3 3
[4,]       0 4 4 4
```

可见，函数 cbind()把一列由 0 组成的向量同矩阵 z 组合到了一起，创建了一个新矩阵。而且我们还可以看到原来的向量名变成了矩阵中的列名。

如果被组合的向量长度不足时，也会用到循环补齐。例如：

```
> cbind(c(0,0), m)
     [,1] [,2] [,3] [,4]
[1,]    0    1    1    1
[2,]    0    2    2    2
[3,]    0    3    3    3
[4,]    0    4    4    4
```

显然，rbind()和 cbind()的另外一个作用是在生成一些小矩阵时使用，例如：

```
> m <- rbind(c(1,2,3),c(4,5,6))
> m
     [,1] [,2] [,3]
[1,]    1    2    3
[2,]    4    5    6
```

这种方法看起来非常方便，但是请记住创建矩阵是非常耗时的任务。特别是当这种新建活动被写在一个循环体中反复执行时，这种消耗可能是无法忽视的。所以从效率角度考虑，其实还有很多需要注意和值得商榷的地方。

通过赋值操作同样还可以实现删除矩阵中的某些行或者列，比如：

```
> m
     [,1] [,2] [,3]
[1,]    1    2    3
[2,]    4    5    6
> new_m <- m[ ,c(1,3)]
> new_m
     [,1] [,2]
[1,]    1    3
[2,]    4    6
```

2.5.3　对行列调用函数

本小节主要介绍在矩阵中使用 apply()函数，它的作用是让用户能够在矩阵的各行或者各列上调用指定的函数。首先给出该函数的语法形式：

```
apply(m, dimcode, f, fargs)
```

其中，m表示一个矩阵；如果 dimcode 取值为 1，则代表对矩阵中的每一行应用函数，若 dimcode 取值为 2，则代表对矩阵中的每一列应用函数；f则是应用在行或列上的函数名（注意此时函数名后面无须加括号）；fargs 表示可选参数集。

例如，下列代码实现了求矩阵中每一列的最大值这样一个功能。

```
> m
     [,1] [,2] [,3]
[1,]    4    9    2
[2,]    3    5    7
[3,]    8    1    6
> apply(m, 2, max)
[1] 8 9 7
```

函数 apply()中亦可以使用用户自己编写的函数，使用时同样只需把函数名作为参数传给apply()即可，例如：

```
> z
```

```
     [,1] [,2]
[1,]   20   80
[2,]   40   60
[3,]   90   10
> f <- function(x) {x/sum(x)}
> y <- apply(z,1,f)
> y
     [,1] [,2] [,3]
[1,]  0.2  0.4  0.9
[2,]  0.8  0.6  0.1
```

上述程序的作用是求解矩阵中的某个元素于其所在行中占据的权重，这个程序前面已经实现过，但彼时用到的是 rowSums()函数，而非此处的 sum()函数。这是因为 rowSums()函数的参数必须是一个矩阵，而 apply()函数的作用是对矩阵中的行或者列（也就是向量）应用其参数所指定的函数，所以这里需要使用 sum()函数。

最后，读者可能还会对程序的输出结果感到困惑。因为此处的y是一个 2 行 3 列的矩阵，而非是一个 3 行 2 列的矩阵（或许这才是我们所期待的）。显而易见的是第一行的计算结果构成了 apply()函数输出结果的第一列，而不是第一行。这是 apply()函数处理的默认方式。如果所调用的函数返回的是一个包含n个元素的 ，那么函数 apply()的执行结果就会有n行。如果用户希望结果矩阵保持与原矩阵相同的结构，则需要使用转置函数 t()，例如：

```
> y <- t(apply(z,1,f))
> y
     [,1] [,2]
[1,]  0.2  0.8
[2,]  0.4  0.6
[3,]  0.9  0.1
```

如果所调用的函数只返回了一个单元素的向量，那么 apply()函数的输出结果就是一个向量，而非一个矩阵。

最后，我们要指出，在使用 apply()函数时，待调用的函数至少需要一个参数。在上面的例子中，函数 f()的形式参数在被 apply()调用时所对应的实际参数就是矩阵的一行或者一列，这时在 apply()的参数列表中我们无须显式地指明。有时，待调用函数需要多个参数，用 apply()调用这类函数时，需要把这些额外的参数列举在函数名的后面，并用逗号隔开。下面给出一个例子来说明这种语法：

```
> m
     [,1] [,2] [,3] [,4]
[1,]   99   46   31   11
[2,]   83   10   45   22
[3,]   23   15   66   98
```

```
[4,]   31   66   15   94

> outlier_value <- function(matrix_row, method_opt){
+ if(method_opt==1){return(max(matrix_row))}
+ if(method_opt==0){return(min(matrix_row))}
+ }

> apply(m,1,outlier_value,1)
[1] 99 83 98 94
> apply(m,1,outlier_value,0)
[1] 11 10 15 15
```

在上述代码中函数 outlier_value()通过参数 method_opt 来控制是检测最大值还是检测最小值。当使用 apply()函数时，我们也将该参数加在了参数列表中，最后的演示结果分别给出了每行中的最大值和最小值。本章的重点在于讨论 R 中的基本数据，更多有关函数的话题将在第 3 章中介绍。

2.6　矩阵的筛选

矩阵中的元素可以根据一定的条件进行筛选，但这个语法多少有点令人感到迷惑，为了加以说明，请读者先来看下面这段示例代码：

```
> x = rbind(c(11,13,15),c(12,14,16),c(17,19,21))
> x
     [,1] [,2] [,3]
[1,]   11   13   15
[2,]   12   14   16
[3,]   17   19   21
> x[x[,3]%%3==0,]
     [,1] [,2] [,3]
[1,]   11   13   15
[2,]   17   19   21
```

其中，运算符“%%“执行的是取模操作，所以语句 x[,3]%%3==0 其实是用来判断矩阵 x 中第三列里的每个元素是否能够被 3 整除。于是，如果单独执行下列语句便会得到其中所示的结果：

```
> result <- x[,3]%%3==0
> result
[1]  TRUE FALSE  TRUE
```

上述语句把结果赋给布尔向量 result，若是将此向量应用到矩阵 x 中，则可得：

```
> x[result,]
     [,1] [,2] [,3]
[1,]   11   13   15
```

```
[2,]   17   19   21
```

可见，x[result,]的行与向量 result 中取值为 TRUE 的行相对应，于是我们便实现了从矩阵中提取满足条件的行这样一个功能，在本例中这个所谓的特定条件就是指“第三列元素可被 3 整除”。

因为矩阵也是向量，所以向量的运算对于矩阵也同样适用，例如：

```
> m
     [,1] [,2] [,3]
[1,]    4    9    2
[2,]    3    5    7
[3,]    8    1    6
> which(m%%2==0)
[1] 1 3 7 9
```

上述输出结果说明，从向量索引的角度来看，m 的第 1、3、7、9 个元素都是偶数。注意矩阵是按列存储的，所以索引为 7 的元素指的是第 1 行第 3 列的元素，也就是数值 2，显然它也确实是一个偶数。

下面这个例子中使用了更为复杂的筛选条件。该段程序旨在筛选出元素全为奇数的行。

```
> m
     [,1] [,2] [,3]
[1,]    4    9    2
[2,]    3    5    7
[3,]    8    1    6
> m[m[,1]%%2==1 & m[,2]%%2==1 & m[,3]%%2==1,]
[1] 3 5 7
```

需要注意的是这里使用的是“&”运算符，而非“&&”，其中前者是向量的逻辑“与”计算，后者则是用于条件判断语句中原子型变量的逻辑“与”运算。更多关于运算符的内容将在第 3 章中进行介绍。

此外，上述示例代码中还有一个问题值得斟酌。对一个矩阵进行筛选，期望得到的应该仍然是一个矩阵（即使这个子矩阵的行数为 1），但上例最后所得结果却是一个向量。就算元素是正确的，但数据类型已经发生了改变，如果这个返回值直接被用于其他矩阵函数的输入就很有可能导致程序错误。为了防止意外发生的降维，我们需要用到另外一个技巧，即使用参数 drop。仍然以上述代码片段为例：

```
> m[m[,1]%%2==1 & m[,2]%%2==1 & m[,3]%%2==1,,drop=FALSE]
     [,1] [,2] [,3]
[1,]    3    5    7
```

通过将 drop 置为 FALSE，我们最终得到了一个矩阵，而非向量。

此外，drop 还有一个需要我们仔细品味的地方，那就是它的参数性。前面已经讲过，R 是一个函数式的语言，其中的运算符本质上也是函数（例如之前说过的“+”）。据此不难想到其实方括号“[”也是函数，所以参与“[”执行的操作数自然就可以被看成函数的参数。于是，上述代码还可以改写为如下这种形式：

```
> "["(m, m[,1]%%2==1 & m[,2]%%2==1 & m[,3]%%2==1,,drop=FALSE)
     [,1] [,2] [,3]
[1,]    3    5    7
```

至于那些原本就是向量的对象，为了让其参与矩阵运算，可以通过函数 as.matrix()来将其转化为矩阵，例如：

```
> x <- c(10, 20, 30)
> y <-as.matrix(x)
> y
     [,1]
[1,]   10
[2,]   20
[3,]   30
```

上例也说明，将一个向量通过函数 as.matrix()转化成矩阵，所得结果是一个列数为 1 的矩阵，而非一个行数为 1 的矩阵。

第 3 章 编写 R 程序

如果仅仅是在命令行逐条输入指令进行操作，显然较难应对流程复杂的任务或项目。基于冯·诺依曼（John von Neumann）提出的“程序存储，顺序执行”理念，现代计算机编程语言中都提供了关于流程控制方面的语法，从而使得程序在按顺序逐条执行计算机指令的原则下，全自动化地完成更加复杂的任务。本章就介绍在使用 R 语言编写计算机程序时所需的一些基本要素。

3.1 流程的控制

尽管现代计算机已经能够完成非常复杂的任务，但归根结底，计算机本质上所能做的事情仍然仅仅是重复执行简单的计算任务。要实现这一个过程，计算机在执行指令时就必须能够通过条件选择和循环操作来进行流程控制。在这一点上 R 和所有其他计算机编程语言是一致的，但 R 有一些特性使得非专业人士也可以很简单地编写程序。

3.1.1 条件选择结构的概念

条件选择结构（或称分支结构）就是通过一个判断，在两个可选的语句序列之间进行选择执行。例如，根据判断条件是否成立选择执行A操作或者B操作，如图 3-1 所示。

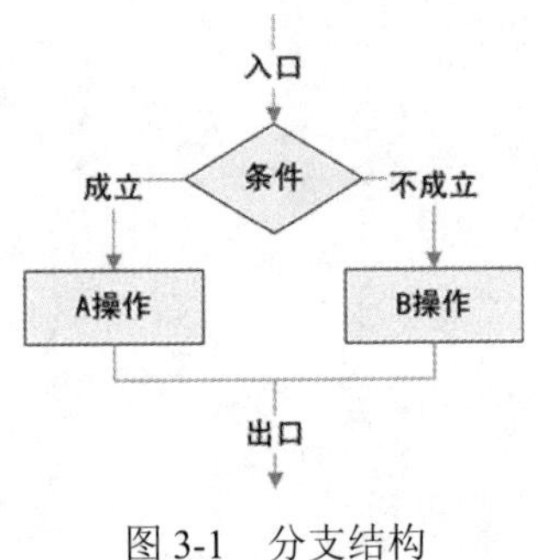

图 3-1 分支结构

分支结构依赖于一些没有先后顺序的分句和判断条件，例如：

- 人的正常体温是 36℃~37℃。
- 体温在 37.1℃~38℃之间叫低烧。
- 体温在 38.1℃~40℃之间叫高烧。

现在来分析一下这三个分句：第一个分句说明了一种正常的情况；第二个和第三个分句中的条件就不同于第一个分句，并且这两个分句的条件也不同。不难看出，组合后的句子为：人的正常体温是 36℃~37℃，当高于这个温度时通常就是发烧了。发烧分为两类，体温在 37.1℃~38℃之间叫低烧，体温在 38.1℃~40℃之间叫高烧，如图 3-2 所示。

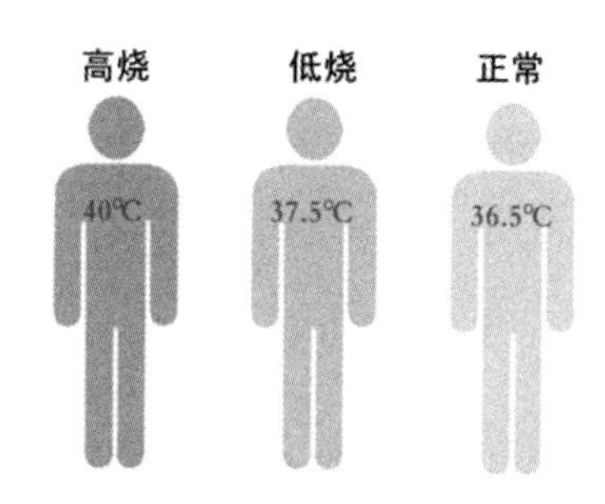

图 3-2　不同的体温

按照这种思路，计算机语言的分支结构就是先对某种条件进行判断，然后按照是否满足条件去执行顺序相同的两个语句中的一个。当然，按照分支结构组合语句后，形成的可以是一个完整的程序，也可以是程序段。

在具体实现方式上，R 语言分支结构中的选择过程是通过某种选择语句来实现的，选择条件一般就是逻辑表达式或条件表达式；选择后执行的语句可以是单条语句，也可以是复合语句。

3.1.2　条件选择结构的语法

我们已经知道，条件选择的作用在于当指令执行过程中，遇到不同情况时根据既定原则选择其中一条路径继续执行任务。这就相当于一个人面对一条交叉路口时要选择是向左转还是向右转一样。R 中的条件语句主要有两种形式，第一种形式为：

```
if(表达式){
        代码段 1
}else{
        代码段 2
}
```

现在来看下面这段示例代码：

```
> if(length(x) == 0) {
```

```
+   cat("Empty vector!\n")
+ } else {
+   m = mean(x)
+   s = sum(x)
+}
```

与 C/C++、Python 等主流编程语言类似，R 也是一种块（block）状结构程序语言。块是由花括号划分的若干条语句的集合，程序语句由换行符或分号分隔。在 C 语言中，当块中只包含一条语句时，花括号可以省略。但在 R 中，情况发生了变换。你也许会猜想语句 cat("Empty vector!\n")前后的花括号或许是可省略的。然而，这是必需的。所以，上述代码中该条语句前后的花括号并不能省略。R 的语法分析器用 else 前的右括号来推断这是一个 if-else 结构，而不只是 if 结构。在交互式模式中，如果没有了花括号，语法分析器会错误地认为这是 if 结构而进行相关的操作，这显然不是我们想要的结果。

不过当 else 块中的语句也比较简单（只有一句）时，你可以把整个分支结构写在一行内，这时花括号便可以省略。例如：

```
> if (x>=0) sqrt(x) else NA
```

此外，if-else 语句与函数调用的相似之处在于，它会返回最后的赋值。从这个角度来看，R 语言吸纳了很多函数式语言的特点。例如：

```
> y <- if (x>=0) sqrt(x) else NA
```

在 R 中使用条件选择语句的第二种格式如下，事实上，ifelse()是一个函数：

```
ifelse(b, u, v)
```

此处的b是一个布尔值向量，而u和v是向量。该函数返回的值也是向量。如果b[i]为真，则返回值的第i个元素为u[i]；如果b[i]为假，则返回值的第i个元素为v[i]。

上面的例子可以改写为：

```
> ifelse(x >= 0, sqrt(x), NA)
```

再来看一个处理向量的例子：

```
> x <- 1:10
> y <- ifelse(x%%2 == 0, 0, 1)
> y
 [1] 1 0 1 0 1 0 1 0 1 0
```

上述代码旨在产生一个向量，该结果向量在x中对应元素为偶数的位置取值是0，且在x中对应元素为奇数的位置取值是1。

3.1.3 循环结构的基本概念

循环结构就是在满足某个条件之前反复执行一个语句序列。这个语句序列叫作循环体，如

图3-3所示。

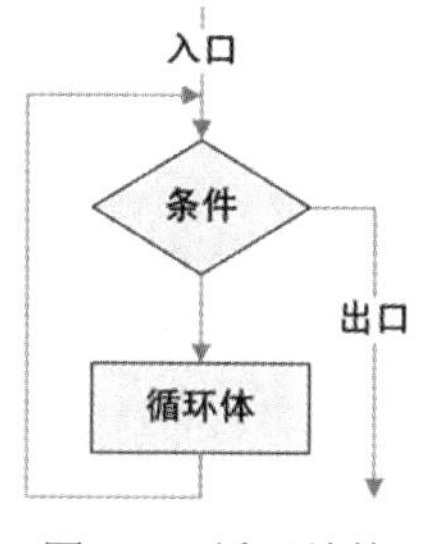

图3-3　循环结构

要理解循环结构，不妨来思考下面这个句子组合练习。不过，此处的组合练习中，存在一些做重复事情的分句，我们需要将这些分句进行总结和提炼，最终组成一个简练并能够总结所有分句意思的句子。

- 新影片叫《阿甘正传》。
- 电影院周一在放映新影片。
- 电影院周二在放映新影片。
- 电影院周三在放映新影片。

现在分析一下这四个分句。第一个分句说明了新影片的名字，后面的三个分句其实说的都是一件事：电影院放映新影片，只不过三个分句中的时间不同。不难看出，组合的句子应该为：周一到周三这段时间，电影院都在放映新影片《阿甘正传》。这个句子中周一到周三是放映影片的时间段，也可以看作循环地做放映新影片这件事的条件；放映新影片是具体做的事情，即循环的主体。

在具体实现方式上，R 语言循环结构中的循环过程是通过某种循环语句来实现的，循环条件一般就是逻辑表达式或条件表达式；循环体可以是单条语句，也可以是复合语句。

3.1.4　循环结构的基本语法

和C语言类似，R中也可以使用while语句来实现循环。它的基本调用格式为：

```
while(条件) {
   代码段
}
```

通常在无法确定运行次数的情况下，使用while语句会比较方便。例如：

```
> while(i <= 5) {
+ cat(i," ")
+    i = i+1
+ }
```

和 while 语句功能类似的还有 repeat 语句，但是它通常需要同条件选择语句和 break 语句来配合。看看下面这段示例代码：

```
>  repeat{
+ cat(i, " ")
+   i <- i+1
+   if(i>5) {
+       cat("\n")
+       break
+   }
+ }
```

R 语言中另外一种更为常用的实现循环的方式是使用 for 语句。将该语句与向量配合使用，可以更方便地指定循环执行的次数。它的基本调用格式为：

```
for (变量 in 向量) {
       代码段
}
```

看看下面这段示例代码：

```
> for(i in 1:5){
+   cat(i, " ")
+ }
```

同样可以将条件选择语句和 break 语句的组合放在 if 的循环体内来实现在某些条件下结束循环的操作。例如：

```
>  for(i in 1:10){
+   cat(i, " ")
+   if( i >= 5){
+       cat("\n")
+       break
+   }
+ }
```

现在利用前面学习的内容，求三位数的水仙花数。水仙花数是指一个n位数（$n \geqslant 3$），其每个位上的数字的n次幂之和等于它本身。例如，$1^3 + 5^3 + 3^3 = 153$。

```
> for(i in 100:999){
+   a = floor(i/100)
+   b = floor((i-a*100)/10)
+   c = i-a*100-b*10
+
+   if(a^3+b^3+c^3==i) cat(i,"\n")
+ }
```

3.2　算术与逻辑

本书前面的例子中已经多次使用到了 R 中的运算符。运算符是告诉程序执行特定算术或逻辑操作的符号。我们可以将 R 语言中的运算符大致划分为三类，如表 3-1 所示。

表 3-1　运算符

数学运算		比较运算		逻辑运算	
+	加法	<	小于	!	逻辑非
−	减法	>	大于	&	逻辑与
*	乘法	<=	小于或等于	&&	逻辑与
/	除法	>=	大于或等于	|	逻辑或
^	乘方	==	等于	||	逻辑或
%%	模除	! =	不等于	xor	异或
%/%	整除				

细心的读者可能发现了表 3-1 中的不寻常之处。“逻辑与”和“逻辑或”分别有两个符号。事实上，尽管&和&&都执行逻辑与运算，但是二者并不完全相同。其中&的作用是执行两个向量之间的逻辑与，而&&是执行两个标量之间的逻辑与。符号|与||的关系也是这样的，前者处理向量，后者处理标量。但这似乎是一个很令人困惑的设计。R 语言表面上没有标量的类型，因为标量可以被看作含有一个元素的向量，但逻辑运算符对标量和向量又有着不同的形式，貌似有些画蛇添足。我们应该相信 R 中做这样的设计绝对有它的道理。来看下面这段示例代码：

```
> x <- c(TRUE, FALSE, TRUE)
> y <- c(TRUE, TRUE, FALSE)
> if(x[1] && y[1]) cat("both TRUE\n")
both TRUE
> if(x & y) cat("both TRUE\n")
both TRUE
Warning message:
In if (x & y) cat("both TRUE\n") :
  the condition has length > 1 and only the first element will be used
```

显然微妙之处就在于，if 语句的条件判断语句之取值，只能是一个逻辑值，而不是逻辑值的向量。这也是以上代码的输出中会出现警告提示的原因，因此 R 语言中逻辑运算符有标量和向量之分是有必要的。

最后，需要说明的是，逻辑值 TRUE 和 FALSE 可以缩写为 T 和 F，但两者都必须是大写的。在本书后面的示例代码中，尤其是向函数中传递的参数，更多地使用了缩写的形式。

3.3 使用函数

函数是模块化编程的基础，是封装思想的最朴素体现。要想更大程度地发挥 R 的能力，掌握 R 中函数的编写和使用技巧尤为重要。我们平常所调用的各种程序包，本质上说就是封装好的各种函数集合。

3.3.1 函数式语言

尽管 R 是一种命令式编程语言，但它仍然从函数式编程语言中汲取了许多特点。函数是 R 语言编程的核心，其大多数工作是通过函数来实现的。即使你对控制台的一些操作看似是通过单击鼠标来实现的，但它本质上仍然是在执行一系列函数。例如，当你要退出程序时，你可以在 File 的下拉菜单中选择 Exit 或者直接单击程序右上角的“×”，但这些操作本质上都是通过调用退出函数来完成的，如图 3-4 所示，其中的 q()就是退出函数。

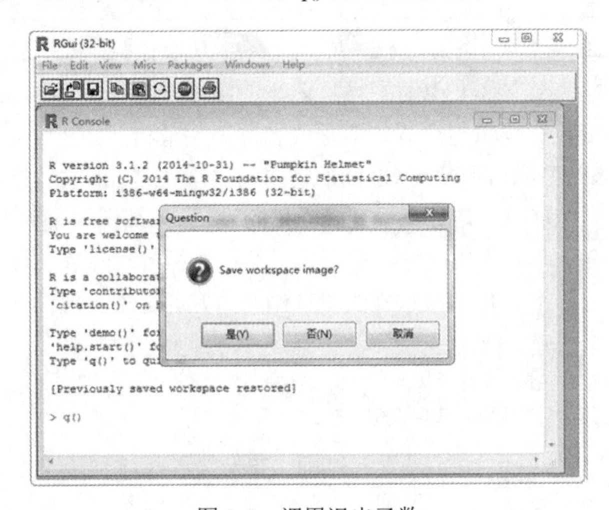

图 3-4　调用退出函数

另一方面，本书前面曾经讲过，R 中所用的各种运算符也都是函数。更准确地说，R 中根本就没有运算符，而只有函数。我们还给出了向“+”函数传递参数的例子，此处不再重复。

控制台提供了一种对 R 语言进行解释执行的方式，这为用户进行交互式操作提供了便利，而且本书后面的许多例子也都是通过在控制台输入代码来完成的。但是为了更充分地利用 R 语言，并更深入地认识它，讨论如何在 R 中编写自定义的函数仍然很有必要。

函数其实就是一个相对独立的能够完成一定具体任务的代码段。我们甚至可以简单地把函数比喻成一个“黑盒子”，如图 3-5 所示。这个黑盒子对外只有两个接口，一个用来接收数据，另一个用来输出数据。我们只要把数据送进黑盒子，就能得到计算结果。至于盒子内部究竟是如何工作的，都可不必关心。函数就是如此，外部程序所知道的仅限于给函数传入什么数据，以及函数输出什么数据，其他都无关紧要。

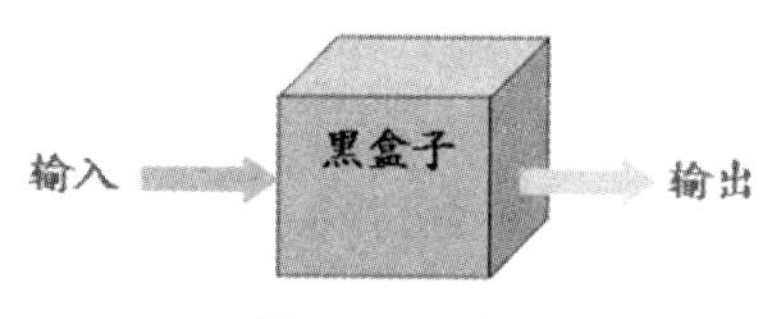

图 3-5　黑盒子

不同的函数可以接收不同的输入，给出不同的输出，当然这跟内部的实际工序有关，即函数所执行的功能各异。这就好比现实生活中的化学反应过程：氢气和氧气反应可以生成水，氯化钡溶液和硫酸混合可以生成硫酸钡沉淀，水也可以分解成氧气和氢气。化学反应的过程总是伴随着一定物质的输入和新物质的产出，至于什么物质生成什么新物质，除了跟输入有关以外，还跟反应进行的条件有关。例如：木炭在氧气中燃烧可以生成二氧化碳，但是在某些条件下也可能产生一氧化碳，如图 3-6 所示，这就取决于实际反应的条件。函数也是如此，同样的输入，也可以得到不同的结果，这就跟函数内部的实现有关。

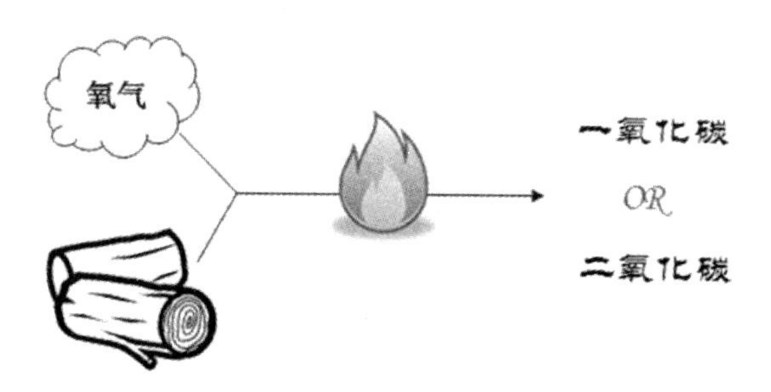

图 3-6　化学反应与其反应条件有关

经过上面的描述，读者应该对函数有了一个初步的认识，可以明确函数就是接收输入，并在其内部处理数据，最后再输出结果的一个独立的代码单元。本书前面已经用过很多 R 中的内置函数了，这些函数的输入参数都放在一个括号中。用户也可以编写自己的函数，并且这些函数和 R 语言中的其他函数都有一样的特性。

3.3.2　默认参数值

函数是 R 语言的核心。R 中的许多特殊设计令用户可以非常灵活地运用其中的函数。作为对比，不妨来看看下面这段 C++程序。

```
#include <iostream>
using namespace std;

minus(int x, int y = 1){
        return x-y;
}
```

```
int main(int argc, char** argv) {
        cout<< minus (1) <<endl;
        cout<< minus (1, 2) <<endl;
        cout<< minus (2, 1) <<endl;
        return 0;
}
```

上述代码实现的功能非常简单，函数 minus()接收x和y两个参数，然后返回x − y的值。参数y有一个默认值1，如果函数在调用时只收到一个参数，它会将 1 作为y的取值来使用。一个需要注意的地方是，x和y两个参数在调用时有先后顺序之分，根据函数的定义，前面一个是x的取值，后面一个是y的取值。函数调用时，如果调换x和y的赋值，将会得到不同的结果。

对于默认参数值，R 语言中有同样的设计。来看下面这个函数的定义，它的作用是返回正态分布函数的分位数。第 4 章中我们还会用到它。

```
qnorm(p, mean = 0, sd = 1, lower.tail = TRUE, log.p = FALSE)
```

函数中的p给出的是正态分布函数的概率值。参数 mean 给出正态分布函数是均值，它的默认值为 0；sd 给出正态分布函数是标准差，它的默认值为 1。这说明当我们不显式地给出参数 mean 和 sd 的值时，系统建立的就是一个标准正态分布函数。所以，下面两个语句所得之结果就是相同的。

```
> qnorm(0.975)
[1] 1.959964
> qnorm(0.975, 0, 1)
[1] 1.959964
```

但与 C++中的情况不一样的是，R 函数调用中的参数列表里参数顺序并不是固定的，在给定参数名的情况下，它们的顺序是无关紧要的。换句话说，函数在调用时，参数既可以按位置来调用，也可以按名字来调用。来看下面这段示例代码。

```
> qnorm(0.975, 1, 1.5)
[1] 3.939946
> qnorm(0.975, sd = 1.5, mean = 1)
[1] 3.939946
> qnorm(sd = 1.5, mean = 1, p = 0.975)
[1] 3.939946
```

可以看出，R 中函数的使用是非常灵活、非常简便的。

3.3.3 自定义函数

编写自定义的函数可以让开发人员更加有效、灵活、合理地使用 R。前面其实已经写过一个函数了，即“Hello World”程序。R 中的函数是一系列语句的组合，形式如下：

```
变量名 <- function(变量列表) {函数体}
```

作为例子，我们写了一个在 R 中显示 jpg 图像的函数 imgshow()，它读取一个图像文件地址作为参数，然后在屏幕上输出图像。

```
> library(jpeg)
> imgshow <- function(file){
+   img = readJPEG(file)
+   plot(c(0, dim(img)[1]), c(0, dim(img)[1]),
+         type = "n", xlab = "", ylab = "")
+   rasterImage(img, 0, 0, dim(img)[1], dim(img)[1])
+ }
```

执行时，这个函数必须载入内存。一旦函数载入后，我们就可以键入一条命令以读入文件并画出我们想要显示的图像。例如，下面语句的执行结果如图 3-7 所示。

```
> imgshow("C:/lena.jpg")
```

图 3-7　图像的显示

函数接收输入（参数），经一定计算处理后应当将结果输出（返回值）。我们上面定义的函数并没有提供返回值，或者可以认为其返回值为空。R 中函数的返回值可以是任何 R 对象。尽管返回值通常为列表形式，但其实返回值甚至可以是另一个函数。如果想让函数返回一定结果，通常需要显式地调用 return()，把一个值返回给主调函数。如果不使用这条语句，默认将会把最后执行的语句的值作为返回值。来看下面这段示例代码，函数 reverse.list()实现的作用是将向量中的元素逆序重排，并返回结果向量。

```
> reverse.list <- function(x){
+    for(i in 1:(length(x)/2)){
+       tmp = x[i]
```

```
+         x[i] = x[length(x)-i+1]
+         x[length(x)-i+1] = tmp
+     }
+     return (x)
+ }
```

前面已经介绍过，如果不显式地使用 return()函数，默认将会把最后执行的语句的值作为返回值。所以上面的函数还可以改写为如下形式。

```
> reverse.list <- function(x){
+     for(i in 1:(length(x)/2)){
+         tmp = x[i]
+         x[i] = x[length(x)-i+1]
+         x[length(x)-i+1] = tmp
+     }
+     x
+ }
```

现在 R 语言普遍的习惯用法是避免显式地调用 return()，尽管这样做的原因讳莫如深，或者我们可以认为这是一种约定俗成。

3.3.4 递归的实现

递归是强大的问题解决工具，是程序设计中的一种重要思想和机制。递归有助于写出清晰易懂的代码，能有效地提高程序的整体风格。什么是递归呢？在数学及程序设计方法学中为递归下的定义是这样的：若一个对象部分地包含它自己，或用它自己来定义自己，则称这个对象是递归的；若一个过程直接或间接地调用自己，则称这个过程为递归的过程。简而言之，递归方法就是直接或间接地调用其自身。递归方法可以用来将一些复杂的问题简化。R 也像其他语言一样支持递归，而且需要在 return()函数的配合下完成。

1904 年，瑞典数学家海里格·冯·科赫（Helge von Koch）提出了后来以他名字命名的分形曲线——科赫曲线，这也是最早被描述的分形曲线之一。设想一个边长为 1 的等边三角形，取每边中间的三分之一，接上去一个形状完全相似的但边长为其三分之一的等边三角形，结果是一个六角形。再取六角形的每条边做同样的变换，即在中间三分之一接上更小的等边三角形，以此重复，直至无穷，如图 3-8 所示。显然，每次变化后图形的面积和周长都会增加，但是总面积的极限却趋向一个有限值（图形的面积永远不会超过初始三角形的外接圆），而图形的周长却具有无限长度。相比于平常的几何图形，科赫曲线的这种特殊性质显得非常不可思议。此外，科赫曲线还具有极其复杂而精细的自相似结构，即某一个细节放大后将呈现出与整体的惊人相似。科赫曲线的生成方式就是一种递归。

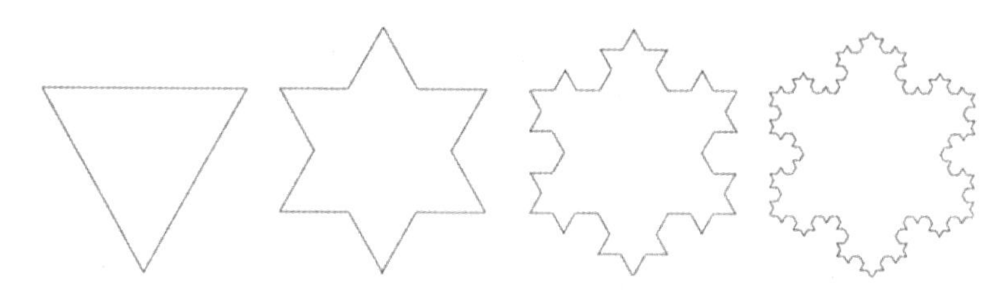

图 3-8　科赫曲线

在计算机程序中，递归有很多实现层面的意义。例如，递归定义的数据结构、递归实现的算法等。现在我们所关注的是递归调用的函数。例如，下面是递归实现的计算斐波那契数的函数。

```
> Fib <- function(n){
+   if(n<=1) return(n)
+   else return(Fib(n-1)+Fib(n-2))
+ }
```

在定义递归方法时务必谨慎，因为不适当的递归很可能产生一个方法永无止境地调用其自身。所以使用递归时，必须确保有一些“基本条件”（base case）能够采用非递归的方式计算得到，这是使用递归方法的重要前提。基本条件的满足意味着采用递归处理后的子问题可以直接解决时，就停止分解，而这些可以直接求解的问题就叫作递归的基本条件。为了使计算最终能够完结，任何递归调用都要朝着基本条件的方向进行。例如，代码中的“if(n<=1) return(n)”就是所谓的基本条件。

下面的代码调用了上述函数，它输出的是一个斐波那契数列。

```
> Fib.array <- function(n) {
+    for(i in 1:n) {
+       cat(Fib(i)," ")
+       if( i >= n) {
+          cat("\n")
+          break
+       }
+    }
+ }
> Fib.array(8)
1  1  2  3  5  8  13  21
```

递归是解决问题的一种很优雅的方法，用递归书写的函数都非常精简。但是递归也存在两个潜在缺点。首先，递归是非常抽象的。递归其实是数学归纳法证明的逆过程，对于那些缺乏相应的数学训练的初学者而言，递归的函数通常都是很难理解的。其次，递归很浪费内存，当用 R 处理大型问题时，这可能会是个难题。

常常被用来作为递归演示的另外一个著名的程序就是所谓的快速排序算法。英国计算机科学家安东尼·霍尔（Antony Hoare）在其 1962 年发表的论文中提出了一种高效的划分交换排序算法，即著名的快速排序算法。该算法也是一种平均性能非常好的排序方法。

快速排序算法采用了一种分治的策略，其基本思想是取待排序对象序列中的某个对象为基准（比如第一个对象），按照该关键码的大小，将整个对象序列划分为左右两个子序列：左侧子序列中所有对象的关键码都小于或等于基准对象的关键码，右侧子序列中所有对象的关键码都大于基准对象的关键码，基准对象排在这两个子序列中间，然后分别对这两个子序列重复施行上述方法，直到排序完成为止。

R 的向量筛选能力和 c()函数使实现 quicksort 变得相当容易。下面给出示例代码。请读者注意体会其中的基本条件设定。

```
> quicksort <- function(x) {
+   if(length(x) <=1 ) return(x)
+   pivot <- x[1]
+   rest <- x[-1]
+   sv1 <- rest[rest < pivot]
+   sv2 <- rest[rest >=pivot]
+   sv1 <- quicksort(sv1)
+   sv2 <- quicksort(sv2)
+   return(c(sv1, pivot, sv2))
+ }
```

3.4 编写代码

本书中的大部分例子都是基于控制台的交互式操作。但对于那些要重复好多次的程序片段，将其保存为一段R程序文件是一个不错的选择。通常，R程序以ASCII格式保存，扩展名为“.R”。

你可以在类似记事本、EditPlus 或 Sublime Text 等文本编辑器中编辑 R 语言的代码，然后用 source()函数将代码读入 R。例如，我们在文件“func.R”中编写一个利用欧几里得算法计算两个整数的最大公约数的函数 gcd()，源代码如下：

```
gcd <- function(a,b) {
        if (b == 0) return(a)
        else return(gcd(b, a %% b))
}
```

然后，在控制台中用下面的代码读入该文件，并调用 gcd()函数。

```
> source("C:/func.R")
> gcd(12,20)
[1] 4
```

函数都是对象，基于这一事实，在 R 的交互式模式下编辑函数应该也是可行的。事实确实如此。利用前面提到的那些文本编辑器来对 R 代码进行单独的编辑是大多数开发人员所青睐的做法。但是对于较小的改动，使用函数 edit()来处理会更方便。

例如，现在我们想修改函数 gcd()，可以键入下面这行命令：

```
> gcd <- edit(gcd)
```

这会为gcd()的代码打开默认编辑器，然后我们可以进行编辑并返回给gcd()函数，如图3-9所示。

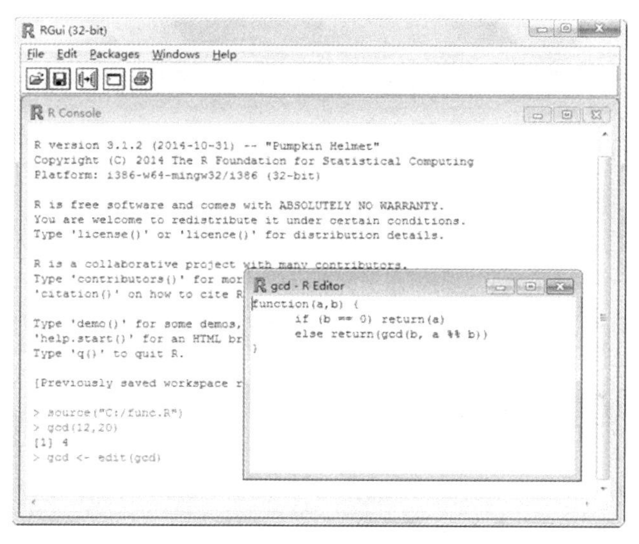

图 3-9　编辑函数

或者，你可能希望创建一个非常类似于 gcd()函数的 gcd2()，那么你可以使用下面的代码：

```
> gcd2 <- edit(gcd)
```

这样我们就获得了 gcd()的一份拷贝。可以在它的基础上进行修改并保存到 gcd2()。

第 4 章

概率统计基础

概率论是研究随机性或不确定性等现象的数学。统计学的研究对象是反映客观现象总体情况的统计数据，它是研究如何测定、收集、整理、归纳和分析这些数据，以便给出正确认识的方法论科学。概率论与统计学联系密切，前者也是后者的理论基础。R 语言是用于统计分析的语言，在使用它时不可避免地要接触到许多概率论或统计学方面的知识。本章介绍一些关于概率论与统计学方面的内容，它们将帮助读者更好地利用 R 语言进行数据分析工作。

4.1 概率论的基本概念

由随机实验E的全部可能结果所组成的集合被称为E的样本空间，记为S。例如，考虑将一枚均匀的硬币投掷三次，观察其正面（用H表示）、反面（用T表示）出现的情况。则上述掷硬币的实验之样本空间为：

$$S = \{(TTT),(TTH),(THT),(HTT),(THH),(HTH),(HHT),(HHH)\}$$

随机变量（Random Variable）是定义在样本空间之上的实验结果的实值函数。如果令Y表示投掷硬币三次后正面朝上出现的次数，那么Y就是一个随机变量，它的取值为0、1、2、3之一。显然Y是一个定义在样本空间S上的函数，它的取值范围就是集合S中的任何一种情况，而它的值域就是 0～3 范围内的一个整数。例如，$Y(TTT) = 0$。

因为随机变量的取值由实验结果决定，所以也将随机变量的可能取值赋予概率。例如，针对随机变量Y的不同可能取值，其对应的概率分别为：

$$P\{Y = 0\} = P\{(TTT)\} = \frac{1}{8}$$

$$P\{Y = 1\} = P\{(TTH),(THT),(HTT)\} = \frac{3}{8}$$

$$P\{Y = 2\} = P\{(THH),(HTH),(HHT)\} = \frac{3}{8}$$

$$P\{Y=3\}=P\{(HHH)\}=\frac{1}{8}$$

对于随机变量X，如下定义的函数F：

$$F(x)=P\{X\leqslant x\}, \qquad -\infty<x<\infty$$

称为X的累积分布函数（CDF，Cumulative Distribution Function），简称分布函数。因此，对任一给定的实数x，分布函数等于该随机变量小于或等于x的概率。

假设$a\leqslant b$，由于事件$\{X\leqslant a\}$包含于事件$\{X\leqslant b\}$，可知前者的概率$F(a)$要小于或等于后者的概率$F(b)$。换句话说，$F(x)$是x的非降函数。

如果一个随机变量最多有可数多个可能取值，则称这个随机变量为离散型的。对于一个离散型随机变量X，我们定义它在各特定取值上的概率为其概率质量函数（PMF，Probability Mass Function），即X的概率质量函数为：

$$p(a)=P\{X=a\}$$

概率质量函数$p(a)$在最多可数个a上取正值，也就是说，如果X的可能取值为$x_1,x_2,\cdots$，那么$p(x_i)\geqslant 0$，$i=1,2,\cdots$，对于所有其他x，则有$p(x)=0$。由于X必定取值于$\{x_1,x_2,\cdots\}$，因此有：

$$\sum_{i=1}^{\infty} p(x_i)=1$$

离散型随机变量的可能取值个数要么是有限的，要么是可数无限的。除此之外，还有一类随机变量，它们的可能取值是无限不可数的，这种随机变量就被称为连续型随机变量。

对于连续型随机变量X的累积分布函数$F(x)$，如果存在一个定义在实数轴上的非负函数$f(x)$，使得对于任意实数x，有下式成立：

$$F(x)=\int_{-\infty}^{x} f(t)\mathrm{d}t$$

则称$f(x)$为X的概率密度函数（PDF，Probability Density Function）。显然，当概率密度函数存在的时候，累积分布函数是概率密度函数的积分。

由定义知道，概率密度函数$f(x)$具有如下性质：

- $f(x)\geqslant 0$
- $\int_{-\infty}^{\infty} f(x)\mathrm{d}x=1$
- 对于任意实数a和b，且$a\leqslant b$，则根据牛顿-莱布尼茨公式有：

$$P\{a\leqslant X\leqslant b\}=F(b)-F(a)=\int_{a}^{b} f(x)\mathrm{d}x$$

在上式中令$a = b$，可以得到：

$$P\{X = a\} = \int_a^a f(x)\mathrm{d}x = 0$$

也就是说，对于一个连续型随机变量，它取任何固定值的概率都等于 0。因此，对于一个连续型随机变量，有：

$$P\{X < a\} = P\{X \leqslant a\} = F(a) = \int_{-\infty}^a f(x)\mathrm{d}x$$

概率质量函数和概率密度函数的不同之处就在于：概率质量函数是对离散随机变量定义的，其本身就代表该值的概率；而概率密度函数是对连续随机变量定义的，且它本身并不是概率，只有对连续随机变量的概率密度函数在某区间内进行积分后才能得到概率。

当随机变量X和Y相互独立时，从它们的联合分布求出$X + Y$的分布常常是十分重要的。假如X和Y是相互独立的连续型随机变量，其概率密度函数分别为f_X和f_Y，那么$X + Y$的分布函数可以如下得到：

$$F_{X+Y}(\alpha) = P\{X + Y \leqslant \alpha\} = \iint_{x+y \leqslant \alpha} f_X(x) f_Y(y)\mathrm{d}x\mathrm{d}y$$

$$= \int_{-\infty}^{\infty}\int_{-\infty}^{\alpha-y} f_X(x) f_Y(y)\mathrm{d}x\mathrm{d}y = \int_{-\infty}^{\infty}\int_{-\infty}^{\alpha-y} f_X(x)\mathrm{d}x f_Y(y)\mathrm{d}y$$

$$= \int_{-\infty}^{\infty} F_X(\alpha - y) f_Y(y)\mathrm{d}y$$

可见分布函数F_{X+Y}是分布函数F_X和F_Y（分别表示X和Y的分布函数）的卷积。通过对上式求导，我们还可以得到$X + Y$的概率密度函数f_{X+Y}如下：

$$f_{X+Y}(\alpha) = \frac{\mathrm{d}}{\mathrm{d}\alpha}\int_{-\infty}^{\infty} F_X(\alpha - y) f_Y(y)\mathrm{d}y = \int_{-\infty}^{\infty} \frac{\mathrm{d}}{\mathrm{d}\alpha} F_X(\alpha - y) f_Y(y)\mathrm{d}y$$

$$= \int_{-\infty}^{\infty} f_X(\alpha - y) f_Y(y)\mathrm{d}y$$

设随机变量X和Y相互独立，$X \sim N(\mu_1, \sigma_1^2)$，$Y \sim N(\mu_2, \sigma_2^2)$，则由上述结论还可以推得：$Z = X + Y$仍然服从正态分布，且有$Z \sim N(\mu_1 + \mu_2, \sigma_1^2 + \sigma_2^2)$。该结论还能推广到$n$个独立正态随机变量之和的情况。即如果$X_i \sim N(\mu_i, \sigma_i^2)$，其中$i = 1,2,\cdots,n$，且它们相互独立，则它们的和$Z = X_1 + X_2 + \cdots + X_n$仍然服从正态分布，且有$Z \sim N(\mu_1 + \mu_2 + \cdots + \mu_n, \sigma_1^2 + \sigma_2^2 + \cdots + \sigma_n^2)$。更一般地，可以证明有限个相互独立的正态随机变量的线性组合仍然服从正态分布。

4.2 随机变量数字特征

随机变量的累积分布函数、离散型随机变量的概率质量函数或者连续型随机变量的概率密度函数都可以较为完整地对随机变量加以描述。除此之外，一些常数也可以被用来描述随机变量的某一特征，而且在实际应用中，人们往往对这些常数更感兴趣。由随机变量的分布所确定的，能刻画随机变量某一方面特征的常数被称为随机变量的数字特征。本节主要介绍期望和方差这两个重要的数字特征。

4.2.1 期望

概率论中一个非常重要的概念就是随机变量的期望。如果X是一个离散型随机变量，并具有概率质量函数：

$$p(x_k) = P\{X = x_k\}, \qquad k = 1,2,\cdots$$

如果级数

$$\sum_{k=1}^{\infty} x_k p(x_k)$$

绝对收敛，则称上述级数的和为X的期望，记为$E[X]$，即：

$$E[X] = \sum_{k=1}^{\infty} x_k p(x_k)$$

换言之，X的期望就是X所有可能取值的一个加权平均，每个值的权重就是X取该值的概率。

如果X是一个连续型随机变量，其概率密度函数为$f(x)$，若积分

$$\int_{-\infty}^{\infty} x f(x)\mathrm{d}x$$

绝对收敛，则称上述积分的值为随机变量X的数学期望，记为$E(X)$。即：

$$E(X) = \int_{-\infty}^{\infty} x f(x)\mathrm{d}x$$

定理：设Y是随机变量X的函数：$Y = g(X)$，g是连续函数。如果X是离散型随机变量，它的概率质量函数为$p(x_k) = P\{X = x_k\}$，$k = 1,2,\cdots$，若

$$\sum_{k=1}^{\infty} g(x_k) p(x_k)$$

绝对收敛，则有：

$$E(Y) = E[g(X)] = \sum_{k=1}^{\infty} g(x_k)p(x_k)$$

如果X是连续型随机变量，它的概率密度函数为$f(x)$，若

$$\int_{-\infty}^{\infty} g(x)f(x)\mathrm{d}x$$

绝对收敛，则有：

$$E(Y) = E[g(X)] = \int_{-\infty}^{\infty} g(x)f(x)\mathrm{d}x$$

该定理的重要意义在于当求$E(Y)$时，不必算出Y的概率质量函数（或概率密度函数），而只需要利用X的概率质量函数（或概率密度函数）即可。我们不具体给出该定理的证明，但由此定理可得如下推论。

推论：若a和b是常数，则$E[aX + b] = aE[X] + b$。

证明：（此处仅证明离散的情况，连续的情况与此类似。）

$$E[aX + b] = \sum_{x:p(x)>0} (ax + b)p(x) =$$

$$a \sum_{x:p(x)>0} xp(x) + b \sum_{x:p(x)>0} p(x) = aE[X] + b$$

于是推论得证。

4.2.2 方差

方差（Variance）是用来度量随机变量和其数学期望之间偏离程度的量。

定义：设X是一个随机变量，X的期望$\mu = E(X)$，若$E[(X-\mu)^2]$存在，则称$E[(X-\mu)^2]$为X的方差，记为$D(X)$或$Var(X)$，即：

$$D(X) = Var(X) = E\{[X - E(X)]^2\}$$

在应用上还引入量$\sqrt{D(X)}$，记为$\sigma(X)$，称为标准差或均方差。

随机变量的方差是刻画随机变量相对于期望值的散布程度的一个度量。下面导出$Var(X)$的另一公式：

$$Var(X) = E[(X-\mu)^2] = \sum_x (x-\mu)^2 p(x) = \sum_x (x^2 - 2\mu x + \mu^2)p(x)$$

$$= \sum_x x^2 p(x) - 2\mu \sum_x x p(x) + \mu^2 \sum_x p(x)$$

$$= E[X^2] - 2\mu^2 + \mu^2 = E[X^2] - \mu^2$$

也即：

$$Var(X) = E[X^2] - (E[X])^2$$

可见，X的方差等于X^2的期望减去X期望的平方。这也是实际应用中最方便的计算方差的方法，而且上述结论对于连续型随机变量的方差也成立。

随机变量X的期望$E[X]$也被称为X的均值或者一阶矩（Moment），方差$D(X)$是X的二阶中心矩。更广泛地，我们有如下概念：

若$E[X^k]$存在，其中$k = 1,2,\cdots$，则称其为X的k阶原点矩，简称k阶矩。根据之前给出的定理，亦可知：

$$E[X^k] = \sum_{x:p(x)>0} x^k p(x)$$

若$E\{[X - E(X)]^k\}$存在，其中$k = 2,3,\cdots$，则称其为X的k阶中心矩。

最后，我们给出关于方差的几个重要性质。

- 设是C常数，则$D(C) = 0$；
- 设X是随机变量，C是常数，则有：

$$D(CX) = C^2 D(X)，D(X + C) = D(X);$$

- 设X、Y是两个随机变量，则有：

$$D(X + Y) = D(X) + D(Y) + 2E\{[X - E(X)][Y - E(Y)]\}$$

特别地，如果X、Y彼此独立，则有：

$$D(X + Y) = D(X) + D(Y)$$

这一性质还可以推广到任意有限多个相互独立的随机变量之和的情况。

- $D(X) = 0$的充要条件是X以概率 1 取常数$E(X)$，即：

$$P\{X = E(X)\} = 1$$

前三个性质请读者自行证明，最后一个性质的证明我们将在本章的后续篇幅中给出。

设随机变量X具有数学期望$E(X) = \mu$，方差$D(X) = \sigma^2 \neq 0$，记：

$$X^* = \frac{X - \mu}{\sigma}$$

则X^*的数学期望为 0，方差为 1，并称X^*为X的标准化变量。

证明：

$$E(X^*) = \frac{1}{\sigma}E(X - \mu) = \frac{1}{\sigma}[E(X) - \mu] = 0$$

$$D(X^*) = E\left(X^{*2}\right) - [E(X^*)]^2 = E\left[\left(\frac{X - \mu}{\sigma}\right)^2\right]$$

$$= \frac{1}{\sigma^2}E[(X - \mu)^2] = \frac{\sigma^2}{\sigma^2} = 1$$

根据 4.1 节所给出的结论，若$X_i \sim N(\mu_i, \sigma_i^2)$，其中$i = 1,2,\cdots,n$，且相互独立，则它们的线性组合：$C_1X_1 + C_2X_2 + \cdots + C_nX_n$，仍服从正态分布，其中$C_1, C_2, \cdots, C_n$是不全为 0 的常数。于是，由数学期望和方差的性质可知：

$$C_1X_1 + C_2X_2 + \cdots + C_nX_n \sim N\left(\sum_{i=1}^{n} C_i\mu_i, \sum_{i=1}^{n} C_i^2\sigma_i^2\right)$$

4.3 基本概率分布模型

概率分布是概率论的基本概念之一，它被用以表述随机变量取值的概率规律。广义上，概率分布是指称随机变量的概率性质；从狭义上来说，它是指随机变量的概率分布函数（PDF，Probability Distribution Function），或称累积分布函数。可以将概率分布大致分为离散和连续两种类型。

4.3.1 离散概率分布

- 伯努利分布

伯努利分布（Bernoulli）又称两点分布。设实验只有两个可能的结果：成功（记为 1）与失败（记为 0），则称此实验为伯努利实验。如果一次伯努利实验成功的概率为p，则其失败的概率就为$1 - p$，而一次伯努利实验成功的次数就服从一个参数为p的伯努利分布。伯努利分布的概率质量函数是：

$$P(X = k) = p^k(1 - p)^{1-k}, \quad k = 0,1$$

显然，对于一个随机实验，如果它的样本空间只包含两个元素，即$S = \{e_1, e_2\}$，我们总能在S上定义一个服从伯努利分布的随机变量

$$X = X(e) = \begin{cases} 0, & e = e_1 \\ 1, & e = e_2 \end{cases}$$

来描述这个随机实验的结果。满足伯努利分布的实验有很多，例如，投掷一枚硬币观察其结果是正面还是反面，或者对新生婴儿的性别进行登记，等等。

可以证明，如果随机变量X服从伯努利分布，那么它的期望等于p，方差等于$p(1-p)$。

- 二项分布

考察由n次独立实验组成的随机现象，它满足以下条件：重复n次随机实验，且这n次实验相互独立；每次实验中只有两种可能的结果，而且这两种结果发生与否互相对立，即每次实验成功的概率为p，失败的概率为$1-p$。事件发生与否的概率在每一次独立实验中都保持不变。显然，这一系列实验构成了一个n重伯努利实验。重复进行n次独立的伯努利实验，实验结果所满足的分布就被称为二项分布（Binomial Distribution）。当实验次数为 1 时，二项分布就是伯努利分布。

设X表示n次独立重复实验中成功出现的次数，显然X是可以取$0,1,\cdots,n$等$n+1$个值的离散随机变量，则当$X=k$时，它的概率质量函数表示为：

$$P(X=k) = \binom{n}{k} p^k (1-p)^{n-k}$$

在 R 中，可以使用下列语句绘制一幅二项分布的概率质量函数图，执行结果如图 4-1 中的左上图所示。其中函数的具体用法，本书将在后面进行介绍。

```
> curve(dbinom(x, p = 0.5, size = 10), from = 0, to = 10,
+ type = "s", main = "Binomial")
```

很容易证明，服从二项分布的随机变量X以np为期望，以$np(1-p)$为方差。

- 负二项分布

如果伯努利实验独立地重复进行，每次成功的概率为p，$0<p<1$，实验一直进行到一共累积出现了r次成功时停止实验，则实验失败的次数服从一个参数为(r,p)的负二项分布。可见，负二项分布与二项分布的区别在于：二项分布是固定实验总次数的独立实验中，成功次数k的分布；而负二项分布是累积到成功r次时即终止的独立实验中，实验总次数的分布。如果令X表示实验的总次数，则

$$P(X=n) = \binom{n-1}{r-1} p^r (1-p)^{n-r}, \qquad n = r, r+1, \cdots$$

上式之所以成立是因为，要使得第n次实验时正好是第r次成功，那么前$n-1$次实验中有$r-1$次成功，且第n次实验必然是成功的。前$n-1$次实验中有$r-1$次成功的概率是：

$$\binom{n-1}{r-1} p^{r-1} (1-p)^{n-r}$$

而第n次实验成功的概率为p。因为这两件事相互独立，将两个概率相乘就得到前面给出的概率质量函数。而且我们还可以证明如果实验一直进行下去，那么最终一定能得到r次成功，即有：

$$\sum_{n-1}^{\infty} P(X=n)=\sum_{n-1}^{\infty}\binom{n-1}{r-1}p^r(1-p)^{n-r}=1$$

若随机变量X的概率质量函数由前面的式子给出，那么称X为参数(r,p)的负二项随机变量。负二项分布又被称为帕斯卡分布。特别地，参数为$(1,p)$的负二项分布就是下面将要介绍的几何分布。

在 R 中，可以使用下列语句绘制一幅负二项分布的概率质量函数图，执行结果如图 4-1 中的右上图所示。

```
> curve(dnbinom(x, size = 10, prob = 0.75), from = 0, to = 10,
+ type = "s",main = "Negative Binomial")
```

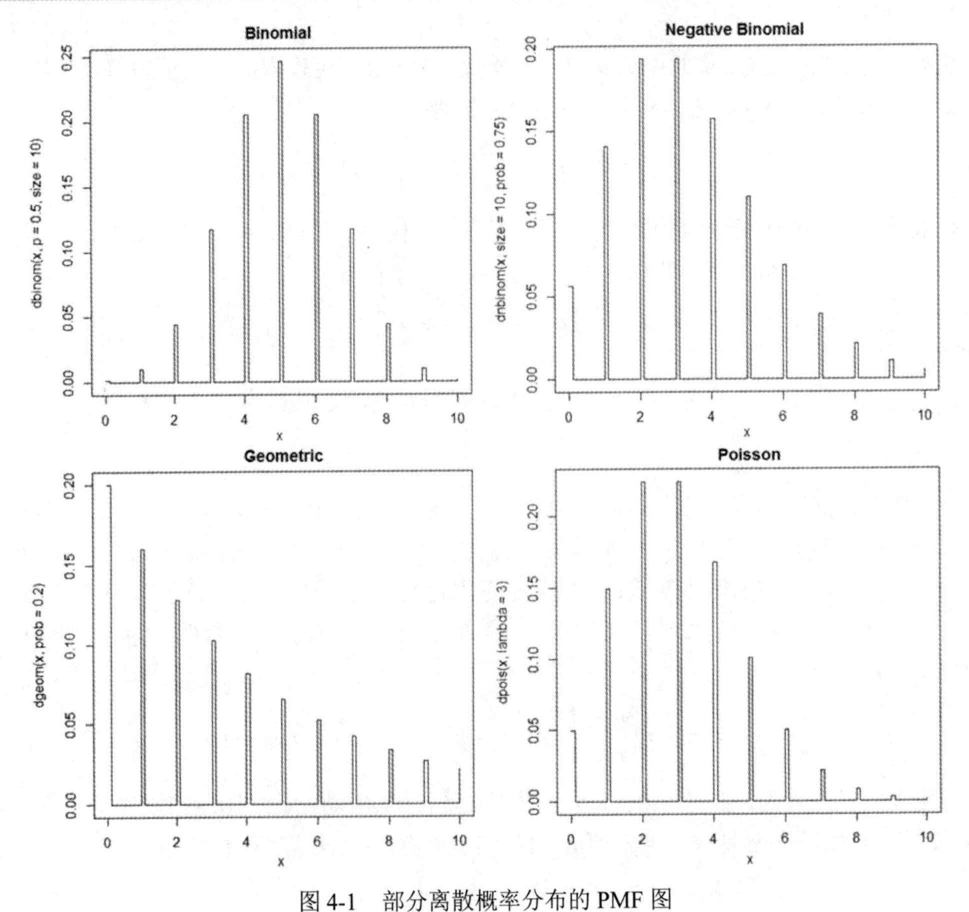

图 4-1　部分离散概率分布的 PMF 图

可以证明，服从负二项分布的随机变量X之期望等于r/p，而它的方差等于$r(1-p)/p^2$。

- 几何分布

考虑独立重复实验，每次的成功率为p，$0<p<1$，一直进行，直到实验成功。如果令X表示需要实验的次数，那么：

$$P(X=n)=(1-p)^{n-1}p, \qquad n=1,2,\cdots$$

上式成立是因为要使得X等于n，充分必要条件是前$n-1$次实验失败而第n次实验成功。又因为假定各次实验都是相互独立的，于是得到上式成立。

由于

$$\sum_{n-1}^{\infty}P(X=n)=p\sum_{n-1}^{\infty}(1-p)^{n-1}=\frac{p}{1-(1-p)}=1$$

这说明实验最终会出现成功的概率为 1。若随机变量的概率质量函数由前式给出，则称该随机变量是参数为p的几何随机变量。

在 R 中，可以使用下列语句绘制一幅几何分布的概率质量函数图，执行结果如图 4-1 中的左下图所示。

```
> curve(dgeom(x, prob = 0.2), from = 0, to = 10,
+ type = "s", main = "Geometric")
```

可以证明，服从几何分布的随机变量X之期望等于$1/p$，而它的方差等于$(1-p)/p^2$。

- 泊松分布

最后，我们来考虑另外一种重要的离散概率分布——泊松（Poisson）分布。单位时间、单位长度、单位面积、单位体积中发生某一事件的次数常可以用泊松分布来刻画，例如，可以认为某段高速公路上一年内的交通事故数和某办公室一天中收到的电话数近似服从泊松分布。泊松分布可以被看成二项分布的特殊情况。在二项分布的伯努利实验中，如果实验次数n很大，二项分布的概率p很小，且乘积$\lambda=np$比较适中，则事件出现的次数的概率可以用泊松分布来逼近。事实上，二项分布可以看作泊松分布在离散时间上的对应物。泊松分布的概率质量函数为：

$$P(X=k)=\frac{\mathrm{e}^{-\lambda}\lambda^k}{k!}$$

其中，参数λ是单位时间（或单位面积）内随机事件的平均发生率。

接下来就利用二项分布的概率质量函数以及微积分中一些关于数列极限的知识来证明上述公式。

$$\lim_{n\to\infty}P(X=k)=\lim_{n\to\infty}\binom{n}{k}p^k(1-p)^{n-k}$$

$$= \lim_{n\to\infty}\frac{n!}{(n-k)!\,k!}\left(\frac{\lambda}{n}\right)^{k}\left(1-\frac{\lambda}{n}\right)^{n-k}$$

$$= \lim_{n\to\infty}\left[\frac{n!}{n^{k}(n-k)!}\right]\left(\frac{\lambda^{k}}{k!}\right)\left(1-\frac{\lambda}{n}\right)^{n}\left(1-\frac{\lambda}{n}\right)^{-k}$$

$$= \lim_{n\to\infty}\underbrace{\left[\left(1-\frac{1}{n}\right)\left(1-\frac{2}{n}\right)\cdots\left(1-\frac{k-1}{n}\right)\right]}_{\to 1}\left(\frac{\lambda^{k}}{k!}\right)\underbrace{\left(1-\frac{\lambda}{n}\right)^{n}}_{\to \mathrm{e}^{-\lambda}}\underbrace{\left(1-\frac{\lambda}{n}\right)^{-k}}_{\to 1}$$

$$= \left(\frac{\lambda^{k}}{k!}\right)\mathrm{e}^{-\lambda}$$

结论得证。

在 R 中，可以使用下列语句绘制一幅几何分布的概率质量函数图，执行结果如图 4-1 中的右下图所示。

```
> curve(dpois(x, lambda = 3), from = 0, to = 10,
+ type = "s", main = "Poisson")
```

服从泊松分布的随机变量，其期望和方差都等于参数λ。

4.3.2 连续概率分布

- 均匀分布

均匀分布是最简单的连续概率分布。如果连续型随机变量X具有如下概率密度函数：

$$f(x)=\begin{cases}\dfrac{1}{a-b}, & a<x<b\\ 0, & 其他\end{cases}$$

则称X在区间(a,b)上服从均匀分布，记为$X\sim U(a,b)$。

在区间(a,b)上服从均匀分布的随机变量X，具有如下意义的等可能性，即它落在区间(a,b)中任意长度的子区间内的可能性是相同的。或者说它落在区间(a,b)的子区间内的概率只依赖于子区间的长度，而与子区间的位置无关。

由概率密度函数的定义式可得服从均匀分布的随机变量X的累积分布函数为：

$$F(x)=\begin{cases}0, & x<a\\ \dfrac{x-a}{b-a}, & a\leqslant x<b\\ 1, & x\geqslant b\end{cases}$$

如果随机变量X在(a,b)上服从均匀分布，那么它的期望就等于该区间的中点的值，即$(a+b)/2$。而它的方差则等于$(b-a)^2/12$。

- 指数分布

泊松过程的等待时间服从指数分布。若连续型随机变量X的概率密度函数为：

$$f(x)=\begin{cases}\lambda \mathrm{e}^{-\lambda x}, & x>0 \\ 0, & \text{其他}\end{cases}$$

其中，$\lambda>0$为常数，则称X服从参数为λ的指数分布。

在 R 中，可以使用下列语句绘制一幅指数分布的概率密度函数图，执行结果如图 4-2 所示。

```
> curve(dexp(x, rate = 1/2), from = 0, to = 5, ylim = c(0,1.5),
+ main = "Exponential",col = "red")
> curve(dexp(x, rate = 1), from = 0, to = 5,
+ add = TRUE, col ="blue")
> curve(dexp(x, rate = 2),from = 0, to = 5,
+ add = TRUE, col = "green")
> text.legend = c("lambda = 0.5","lambda = 1","lambda = 2")
> legend("topright",legend = text.legend, lty = c(1,1,1),
+ col = c("red","blue","green"))
```

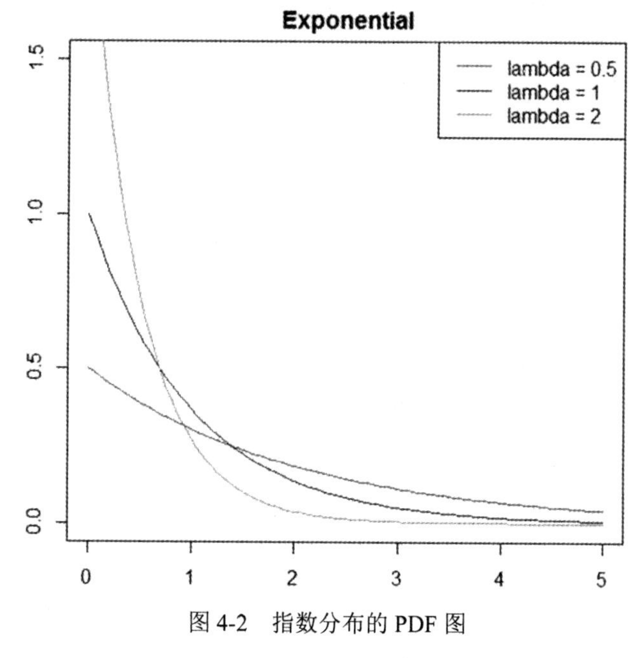

图 4-2　指数分布的 PDF 图

由前面给出的概率密度函数，易得满足指数分布的随机变量X的分布函数如下：

$$F(x)=\begin{cases}1-\mathrm{e}^{-\lambda x}, & x>0 \\ 0, & \text{其他}\end{cases}$$

特别地，服从指数分布的随机变量X具有以下这样一个特别的性质：对于任意$s,t>0$，有：

$$P\{X>s+t|X>s\}=P\{X>t\}$$

这是因为：

$$\begin{aligned}P\{X>s+t|X>s\}&=\frac{P\{(X>s+t)\cap(X>s)\}}{P\{X>s\}}\\&=\frac{P\{X>s+t\}}{P\{X>s\}}=\frac{1-F(s+t)}{1-F(s)}\\&=\frac{\mathrm{e}^{-\lambda(s+t)}}{\mathrm{e}^{-\lambda s}}=\mathrm{e}^{-\lambda t}=P\{X>t\}\end{aligned}$$

上述这个性质被称为无记忆性。如果X是某一元件的寿命，那么这个性质表明：已知元件使用了s小时，它总共能用至少$s+t$小时的条件概率，与从开始使用时算起它至少能使用t小时的概率相等。这就是说，元件对它已使用过s小时是没有记忆的。指数分布的这一特性也正是其应用广泛的原因所在。

如果随机变量X服从以λ为参数的指数分布，那么它的期望就等于$1/\lambda$，而方差等于期望的平方，即$1/\lambda^2$。

- 正态分布

高斯分布最早是由数学家棣莫弗在求二项分布的渐近公式中得到的。大数学家高斯在研究测量误差时从另一个角度导出了它。后来，拉普拉斯和高斯都对其性质进行过研究。一维高斯分布的概率密度函数为：

$$p(x)=\frac{1}{\sqrt{2\pi}\sigma}\mathrm{e}^{-\frac{(x-\mu)^2}{2\sigma^2}}\ (-\infty<x<+\infty)$$

上式中第一个参数μ是遵从高斯分布的随机变量的均值，第二个参数σ是此随机变量的标准差，所以高斯分布可以记作Gaussian(μ,σ)。高斯分布又称正态分布，但需要注意的是此时的记法应写作$N(\mu,\sigma^2)$，这里σ^2也就是随机变量的方差。

可以将正态分布函数简单理解为“计算一定误差出现概率的函数”，例如某工厂生产长度为L的钉子，然而由于制造工艺的原因，实际生产出来的钉子长度会存在一定的误差d，即钉子的长度在区间$(L-d,L+d)$中。那么如果想知道生产出的钉子中某特定长度钉子的概率是多少，就可以利用正态分布函数来计算。

设上例中生产出的钉子长度为L_1，则生产出长度为L_1的钉子的概率为$p(L_1)$，套用上述公式，其中μ取L，σ的取值与实际生产情况有关，则有：

$$p(L_1)=\frac{1}{\sqrt{2\pi}\sigma}\mathrm{e}^{-\frac{(L_1-L)^2}{2\sigma^2}}$$

设误差$x = L_1 - L$，则：

$$p(x) = \frac{1}{\sqrt{2\pi}\sigma} \mathrm{e}^{-\frac{x^2}{2\sigma^2}}$$

当参数σ 取不同值时，上式中$p(x)$的值曲线如图 4-3 所示。可见，正态分布描述了一种概率随误差量增加而逐渐递减的统计模型，正态分布是概率论中最重要的一种分布，经常用来描述测量误差、随机噪声等随机现象。遵从正态分布的随机变量的概率分布规律为：取μ邻近的值的概率大，而取离μ越远的值的概率越小；参数σ越小，分布越集中在μ附近，σ越大，分布越分散。通过前面的介绍可知，在高斯分布中，参数σ越小，曲线越高、越尖；σ越大，曲线越低、越平缓。

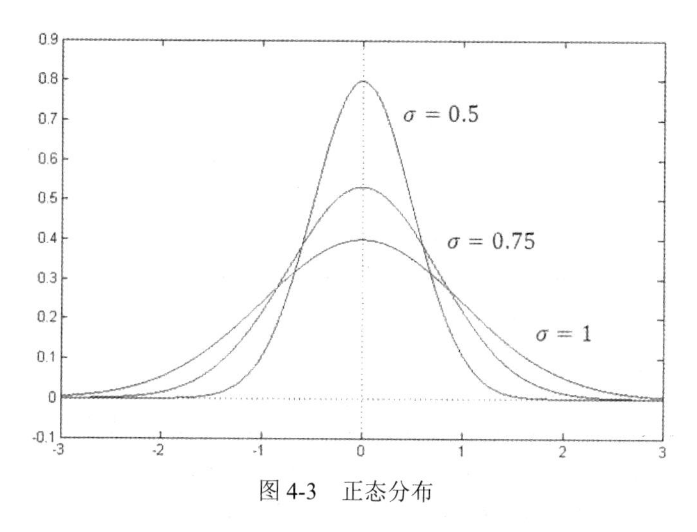

图 4-3　正态分布

从函数的图像中也很容易发现，正态分布的概率密度函数是关于μ对称的，且在μ处达到最大值，在正（负）无穷远处取值为 0。它的形状是中间高两边低的，图像是一条位于x轴上方的钟形曲线。当$\mu = 0$，$\sigma^2 = 1$时，称为标准正态分布，记作$N(0,1)$。

4.3.3　使用内嵌分布

R 已经为常用的概率分布模型提供了强有力的支持，掌握这些方法可以使用户在进行统计分析时事半功倍，得心应手。

总的来说，R 中提供了四类有关统计分布的函数：密度函数、（累积）分布函数、分位数函数、随机数函数（或称随机数产生函数）。它们都与分布的英文名称（或其缩写）相对应。表 4-1 中列举了 R 中常用的 15 种分布的中英文名称、R 中的函数名和函数中的参数选项。我们在前面的某些例子中已经体验过了 R 中为这些分布所提供的函数。对于所给的分布函数名，加前缀“d”（代表分布）就得到相应的分布函数（如果是连续函数，则指 PDF；对于离散分布，则指 PMF)；加前缀“p”（代表累积分布函数或概率）就得到相应的 CDF；加前缀“q”（代表分位数函数）就得到相应的分位数函数；加前缀“r”（代表随机模拟）就得到相应的随机数产生函数。而且这四类函数的第一个参数是有规律的。

表 4-1　R 中常用的分布类型举例

分布名称	函 数 名	参数选项
贝塔分布（beta）	beta	shape1，shape2
二项分布（binomial）	binom	size，prob
柯西分布（cauchy）	cauchy	location=0，scale=1
指数分布（exponential）	exp	rate
珈马分布（gamma）	gamma	shape，scale=1
几何分布（geometric）	geom	prob
超几何分布（hypergeometric）	hyper	m，n，k
对数正态分布（lognormal）	lnorm	meanlog=0，sdlog=1
多项分布（multinomial）	multinom	size，prob
正态分布（normal）	norm	mean=0，sd=1
负二项分布（negative binomial）	nbinom	size，prob
泊松分布（poisson）	pois	lambda
均匀分布（uniform）	unif	min=0，max=1
卡方分布（chi-squared）	chisp	df，ncp
虫口分布（logistic）	logis	location=0 ，scale=1

具体来说，如果 R 中分布的函数名为 func，则形如 dfunc 的函数就提供了相应的概率分布函数，而且它的第一个参数一般为x，x是一个数值向量。此类函数的调用格式如下：

```
dfunc(x, p1, p2, ...)
```

类似地，形如 pfunc 的函数提供了相应的累积分布函数，它的第一个参数一般为q，q是一个数值向量。此类函数的调用格式为：

```
pfunc(q, p1, p2, ...)
```

形如 qfunc 的函数提供了相应的分位数函数，其第一个参数一般为p，p为由概率构成的向量，此类函数的调用格式为：

```
qfunc(p, p1, p2, ...)
```

形如 rfunc 的函数提供了相应的随机数产生函数，其第一个参数一般为n，用以指示生成数据的个数。但也有特例，例如 rhyper 和 rwilcox 的第一个参数为nn，这两个分布类型在表 4-1 中并未列出。此类函数的调用格式为：

```
rfunc(n, p1, p2, ...)
```

上述各表达式中的p1, p2, …对应于具体分布的参数值，即表 4-1 中所列的各参数选项。在实践中，读者可查阅 R 帮助文档中的说明来了解更多细节。

最后我们通过几个例子来简单演示一下它们的使用。首先模拟生成 10 个服从标准正态分布的随机数可以使用如下语句：

```
> rnorm(10)
 [1]  0.23478908 -1.04106797  1.83878341  0.56621874  0.21183802
 [6] -0.41287121 -0.03715736  0.49791239  0.19461168 -0.80418611
```

在下面这段示例代码中，我们模拟生成 1000 个服从标准正态分布的随机数，并通过这些数据点绘制出相应的概率密度函数图。显然其结果应当是一个类似钟形的图案。然后再通过标准正态分布的概率密度函数直接做图，并将两个结果并列显示在窗口中。

```
> normal.pop <- rnorm(1000)
> par(mfrow = c(1,2))      #准备在一行中绘制两个并列的图
> plot(density(normal.pop), xlim = c(-4,4), main = "标准正态分布(模拟)")
> curve(dnorm(x), from = -4, to = 4, main = "标准正态分布(标准)")
```

执行上述代码，其运行结果如图 4-4 所示。

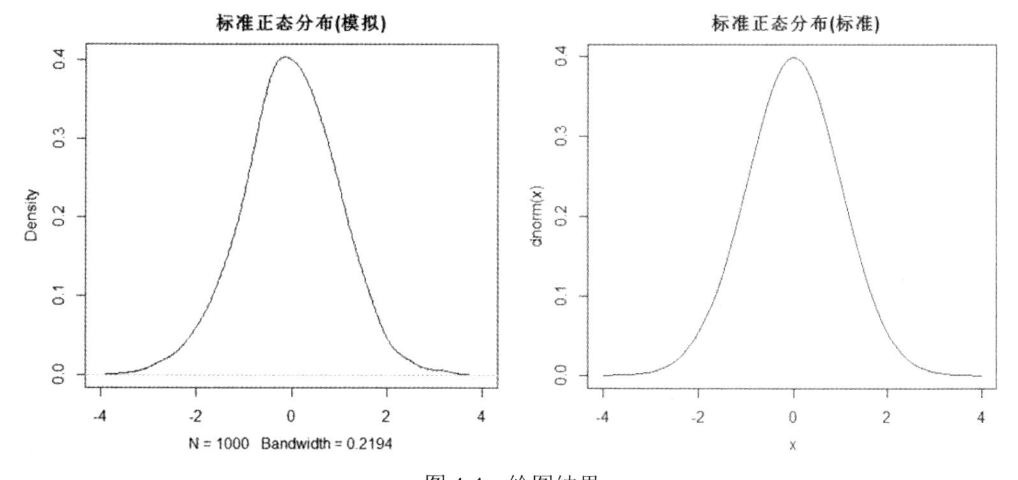

图 4-4　绘图结果

累积分布函数通常是可逆的，这一点非常有用。前面介绍的形如 qfunc 的分位数函数其实就可以理解成相应累积分布函数的反函数。分位数的意义在本章后面还有更详细的介绍。此处我们仅就分位数函数是累积分布函数的反函数这一点帮助读者建立一个初步的感性认识。为了说明这一点，不妨以二项分布为例，如下在随机变量从 0 到 10 取值的情况下，绘制其概率质量函数，结果如图 4-5 中的左图所示。

```
> x1 <- 0:10
> pmf <- dbinom(x1, 10, 0.5)
```

```
> pmf
 [1] 0.0009765625 0.0097656250 0.0439453125 0.1171875000 0.2050781250
 [6] 0.2460937500 0.2050781250 0.1171875000 0.0439453125 0.0097656250
[11] 0.0009765625
> plot(pmf ~ x1, type = "h")
```

然后再生成其相应的累积分布函数，并绘制出图形，其结果如图 4-5 中的右图所示。

```
> cdf <- pbinom(x1, 10, 0.5)
> cdf
 [1] 0.0009765625 0.0107421875 0.0546875000 0.1718750000 0.3769531250
 [6] 0.6230468750 0.8281250000 0.9453125000 0.9892578125 0.9990234375
[11] 1.0000000000
> plot(cdf ~ x1, type = "s")
```

最后将生成的累积分布函数的函数值作为输入参数传递给相应的分位数函数，易见所得之结果为累积分布函数的自变量取值，即证明分位数函数本质上就是相应累积分布函数的反函数。

```
> inverse_cdf <- qbinom(cdf, 10, 0.5)
> inverse_cdf
 [1]  0  1  2  3  4  5  6  7  8  9 10
```

有兴趣的读者也可尝试用图形来表达上述函数关系，结果将更加显性化。

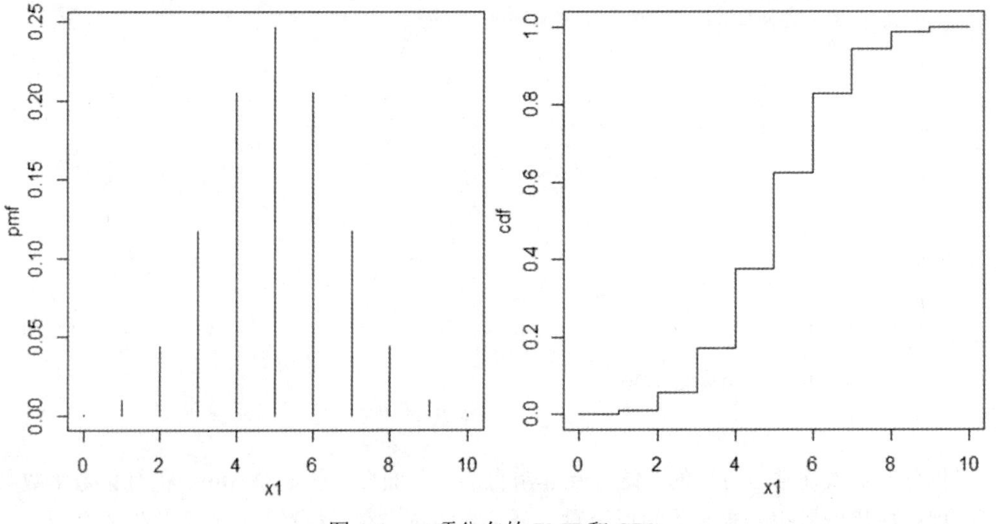

图 4-5　二项分布的 PMF 和 CDF

概率分布是对现实世界中客观规律的高度抽象和数学表达，它们在统计分析中无处不在。R 中所提供的这些用以实现和模拟概率分布的函数在实际应用中发挥了极大的作用，本书的后续内容中我们还将频繁地使用它们。

4.4　大数定理及其意义

法国数学家蒲丰曾经做过一个非常著名的掷硬币实验，发现硬币正面出现的次数与反面出现的次数总是十分相近的，投掷的次数愈多，正反面出现的次数便愈接近。其实，历史上很多数学家都做过类似的实验，如表 4-2 所示。从中不难发现，实验次数愈多，其结果便愈接近在一个常数附近摆动。

表 4-2　掷硬币实验

实 验 者	投掷次数(n)	正面朝上次数(m)	频数(m/n)
德摩根	2048	1061	0.5181
蒲丰	4040	2048	0.5069
费勒	10000	4979	0.4979
皮尔逊	24000	12012	0.5005

正如恩格斯所说的：“表面上是偶然性在起作用的地方，这种偶然性始终是受内部的隐藏着的规律支配的，而问题只是在于发现这些规律。”掷硬币这个实验所反映出来的规律在概率论中被称为大数定理，又被称为大数法则。它是描述相当多次数重复实验结果的定律。根据这个定律知道，样本数量越多，则其平均就越趋近期望值。

定理：（马尔可夫不等式）设X为取非负值的随机变量，则对于任何常数$a \geqslant 0$，有：

$$P\{X \geqslant a\} \leqslant \frac{E[X]}{a}$$

证明：对于$a \geqslant 0$，令

$$I = \begin{cases} 1, & X \geqslant a \\ 0, & \text{其他} \end{cases}$$

由于$X \geqslant 0$，所以有：

$$I \leqslant \frac{X}{a}$$

两边求期望，得：

$$E[I] \leqslant \frac{1}{a} E[X]$$

上式说明$E[X]/a \geqslant E[I] = P\{X \geqslant a\}$，即定理得证。

作为推论，可得下述定理。

定理：（切比雪夫不等式）设X是一随机变量，它的期望$E(X) = \mu$，方差$D(X) = \sigma^2$，则对任意$k > 0$，有：

$$P\{|X-\mu|\geqslant k\}\leqslant\frac{\sigma^2}{k^2}$$

证明：由于$(X-\mu)^2$为非负随机变量，利用马尔可夫不等式，得：

$$P\{(X-\mu)^2\geqslant k^2\}\leqslant\frac{E[(X-\mu)^2]}{k^2}$$

由于$(X-\mu)^2\geqslant k^2$与$|X-\mu|\leqslant|k|$是等价的，因此：

$$P\{|X-\mu|\geqslant|k|\}\leqslant\frac{E[(X-\mu)^2]}{k^2}=\frac{\sigma^2}{k^2}$$

所以结论得证。

马尔可夫不等式和切比雪夫不等式的重要性在于：在只知道随机变量的期望，或期望和方差都知道的情况下，可以导出概率的上界。当然，如果概率分布已知，就可以直接计算概率的值而无须计算概率的上界。所以切比雪夫不等式的用途更多的是证明理论结果（例如下面这个定理），更重要的是它可以被用来证明大数定理。

定理：$\mathrm{Var}(X)=0$，则$P\{X=E[X]\}=1$，也就是说，一个随机变量的方差为 0 的充要条件是这个随机变量的概率为 1 地等于常数。

证明：利用切比雪夫不等式，对任何$n\geqslant 1$

$$P\left\{|X-\mu|>\frac{1}{n}\right\}=0$$

令$n\to\infty$，得：

$$0=\lim_{n\to\infty}P\left\{|X-\mu|>\frac{1}{n}\right\}=P\left\{\lim_{n\to\infty}\left[|X-\mu|>\frac{1}{n}\right]\right\}=P\{X\neq\mu\}$$

结论得证。

弱大数定理：（辛钦大数定理）设$X_1,X_2,\cdots,X_n,\cdots$是独立同分布的随机变量序列，它们具有公共的有限的数学期望$E(X_i)=\mu$，其中$i=1,2,\cdots$，做前n个变量的算术平均：

$$\frac{1}{n}\sum_{k=1}^{n}X_k=\frac{X_1+X_2+\cdots+X_n}{n}$$

则对于任意$\varepsilon>0$，有：

$$\lim_{n\to\infty}P\left\{\left|\frac{1}{n}\sum_{k=1}^{n}X_k-\mu\right|<\varepsilon\right\}=1$$

证明：此处我们只证明大数定理的一种特殊情形，即在上述定理所列条件的基础上，再假设$\mathrm{Var}(X_i)$为有限值，即原随机变量序列具有公共的有限的方差上界。不妨设这个公共上界为常数C，则$\mathrm{Var}(X_i)\leqslant C$。这种特殊形式的大数定理也被称为切比雪夫大数定理。此时

$$E\left[\frac{1}{n}\sum_{k=1}^{n}X_k\right]=\mu$$

$$D\left[\frac{1}{n}\sum_{k=1}^{n}X_k\right]=\frac{1}{n^2}\sum_{k=1}^{n}D(X_k)\leqslant\frac{C}{n}$$

利用切比雪夫不等式，得：

$$P\left\{\left|\frac{1}{n}\sum_{k=1}^{n}X_k-\mu\right|\geqslant\varepsilon\right\}\leqslant D\left[\frac{1}{n}\sum_{k=1}^{n}X_k\right]/\varepsilon^2=\frac{C}{n\varepsilon^2}$$

由上式看出，定理显然成立。

设$Y_1,Y_2,\cdots,Y_n,\cdots$是一个随机变量序列，$a$是一个常数。若对任意$\varepsilon>0$，有：

$$\lim_{n\to\infty}P\{|Y_n-a|<\varepsilon\}=1$$

则称序列$Y_1,Y_2,\cdots,Y_n,\cdots$依概率收敛于$a$，记为：

$$Y_n\xrightarrow{P}a$$

依概率收敛的序列有以下性质：设$X_n\xrightarrow{P}a$，$Y_n\xrightarrow{P}b$，又设函数$g(x,y)$在点(a,b)处连续，则有：

$$g(X_n,Y_n)\xrightarrow{P}g(a,b)$$

如此一来，上述弱大数定理又可表述如下。

设随机变量$X_1,X_2,\cdots,X_n,\cdots$独立同分布，并且具有公共的数学期望$E(X_i)=\mu$，其中$i=1,2,\cdots$，则序列

$$\bar{X}=\frac{1}{n}\sum_{k=1}^{n}X_k$$

依概率收敛于μ。

弱大数定理最早是由雅各布·伯努利证明的，而且他所证明的其实是大数定理的一种特殊情况，其中X_i只取 0 或 1，即X为伯努利随机变量。他对该定理的陈述和证明收录在 1713 年出版的巨著《猜度术》一书中。而切比雪夫是在伯努利逝世一百多年后才出生的；换句话说，在伯努利生活的时代，切比雪夫不等式还不为人所知。伯努利必须借助十分巧妙的方法来证明其结果。上述弱大数定理是独立同分布序列的大数定理的最一般形式，它是由苏联数学家辛钦所证明的。

与弱大数定理相对应的，还有强大数定理。强大数定理是概率论中最著名的结果。它表明，独立同分布的随机变量序列，前n个观察值的平均值以概率为 1 地收敛到分布的平均值。

定理：（强大数定理）设$X_1, X_2, \cdots$为独立同分布的随机变量序列，其公共期望值$E(X_i) = \mu$为有限，其中$i = 1,2,\cdots$，则有下式成立：

$$\lim_{n\to\infty} P\left\{\frac{1}{n}\sum_{k=1}^{n} X_k = \mu\right\} = 1$$

法国数学家波莱尔最早在伯努利随机变量的特殊情况下证明了强大数定理。而上述这个一般情况下的强大数定理则是由苏联数学家柯尔莫哥洛夫证明的。限于篇幅，本书对此不做详细证明，有兴趣的读者可以参阅相关资料以了解更多细节。但有必要分析一下强、弱大数定理的区别所在。弱大数定理只能保证对于充分大的n^*，随机变量$(X_1 + \cdots + X_{n^*})/n^*$趋近于$\mu$。但它不能保证对一切$n > n^*$，$(X_1 + \cdots + X_n)/n$也一定在$\mu$的附近。这样，$|(X_1 + \cdots + X_n)/n - \mu|$就可以无限多次偏离 0（尽管出现较大偏离的频率不会很高）。而强大数定理则恰恰能保证这种情况不会出现，强大数定理能够以概率为 1 地保证，对于任意正数$\varepsilon > 0$，有：

$$\left|\frac{1}{n}\sum_{k=1}^{n} X_k - \mu\right| > \varepsilon$$

只可能出现有限次。

大数定理保证了一些随机事件的均值具有长期稳定性。在重复实验中，随着实验次数的增加，事件发生的频率趋于一个稳定值；人们同时也发现，在对物理量的测量实践中，测定值的算术平均也具有稳定性。比如，向上抛一枚硬币，硬币落下后哪一面朝上本来是偶然的，但当上抛硬币的次数足够多后，达到上万次甚至几十万、几百万次以后，我们就会发现，硬币每一面向上的次数约占总次数的二分之一。偶然中包含着必然。

4.5 中央极限定理

中央极限定理是概率论中最著名的结果之一。中心极限定理说明，大量相互独立的随机变量之和的分布以正态分布为极限。准确来说，中心极限定理是概率论中的一组定理，这组定理是数理统计学和误差分析的理论基础，它同时为现实世界中许多实际的总体分布情况提供了理论解释。下面给出最简版本的中央极限定理。

定理：（中央极限定理）设$X_1, X_2, \cdots$为独立同分布的随机变量序列，其公共分布的期望为μ，方差为σ^2，则随机变量

$$\frac{X_1 + \cdots + X_n - n\mu}{\sigma\sqrt{n}}$$

的分布当$n \to \infty$时趋向于标准正态分布。即对任何$a \in (-\infty, \infty)$，

$$\lim_{n\to\infty} P\left\{\frac{X_1 + \cdots + X_n - n\mu}{\sigma\sqrt{n}} \leqslant a\right\} \to \frac{1}{\sqrt{2\pi}}\int_{-\infty}^{a} \mathrm{e}^{-\frac{x^2}{2}}\mathrm{d}x$$

上述定理的证明关键在于下面这样一条引理，由于其中牵涉太多数学上的细节，此处我们不打算给出该引理的详细证明，而仅仅将其作为一个结论来帮助证明中央极限定理。

引理：设$Z_1, Z_2, \cdots$为一随机变量序列，其分布函数为F_{Z_n}，相应的矩母函数为M_{Z_n}，$n \geqslant 1$。又设Z的分布为F_Z，矩母函数为M_Z，若$M_{Z_n}(t) \to M_Z(t)$对一切t成立，则$F_{Z_n}(t) \to F_Z(t)$对$F_Z(t)$所有的连续点成立。

若Z为标准正态分布，则$M_Z(t) = \mathrm{e}^{t^2/2}$，利用上述引理可知，若

$$\lim_{n\to\infty} M_{Z_n}(t) \to \mathrm{e}^{\frac{t^2}{2}}$$

则有（其中Φ是标准正态分布的分布函数）：

$$\lim_{n\to\infty} F_{Z_n}(t) \to \Phi(t)$$

下面我们就基于上述结论给出中央极限定理的证明。

证明：首先，假定$\mu = 0$，$\sigma^2 = 1$，我们只在X_i的矩母函数$M(t)$存在且有限的假定下证明定理。现在，$X_i/\sqrt{n}$的矩母函数为：

$$E\left[\mathrm{e}^{tX_i/\sqrt{n}}\right] = M\left(\frac{t}{\sqrt{n}}\right)$$

由此可知，$\sum_{i=1}^{n} X_i/\sqrt{n}$的矩母函数为：

$$\left[M\left(\frac{t}{\sqrt{n}}\right)\right]^n$$

记$L(t) = \ln M(t)$。对于$L(t)$，有：

$$L(0) = 0, \qquad L'(0) = M'(0)/M(0) = \mu = 0$$

$$L''(0) = \frac{M(0)M''(0) - [M'(0)]^2}{[M(0)]^2} = E[X]^2 = 1$$

要证明定理，由上述引理，则必须证明：

$$\lim_{n\to\infty}\left[M\left(t/\sqrt{n}\right)\right]^n \to \mathrm{e}^{\frac{t^2}{2}}$$

或等价地

$$\lim_{n\to\infty} nL\left(t/\sqrt{n}\right) \to t^2/2$$

下面的一系列等式说明这个极限式成立（其中使用了洛必达法则）。

$$\lim_{n\to\infty} nL(t/\sqrt{n}) = \lim_{n\to\infty} \frac{-L'(t/\sqrt{n})n^{-3/2}t}{-2n^{-2}}$$
$$= \lim_{n\to\infty} \frac{L'(t/\sqrt{n})t}{2n^{-1/2}} = \lim_{n\to\infty}\left[-\frac{L''(t/\sqrt{n})n^{-3/2}t^2}{-2n^{-3/2}}\right]$$
$$= \lim_{n\to\infty}\left[L''\left(\frac{t}{\sqrt{n}}\right)\frac{t^2}{2}\right] = \frac{t^2}{2}$$

如此便在$\mu = 0$，$\sigma^2 = 1$的情况下，证明了定理。对于一般情况，只须考虑标准化随机变量序列，$X_i^* = (X_i - \mu)/\sigma$，由于$E[X_i^*] = 0$，$Var(X_i^*) = 1$，将已经证得的结果应用于序列$X_i^*$，便可得到一般情况下的结论。

需要说明的是，虽然上述中央极限定理只说对每一个常数a，有：

$$\lim_{n\to\infty} P\left\{\frac{X_1 + \cdots + X_n - n\mu}{\sigma\sqrt{n}} \leqslant a\right\} \to \Phi(a)$$

事实上，这个收敛是对a一致的。当$n \to \infty$时，$f_n(a) \to f(a)$对a一致，是说对任何$\varepsilon > 0$，存在N，使得当$n \geqslant N$时，不等式$|f_n(a) - f(a)| < \varepsilon$对所有的$a$都成立。

最后，我们给出相互独立随机变量序列的中心极限定理。注意与前面的情况不一样的地方在于，这里不再强调“同分布”，即不要求有共同的期望和一致的方差。

定理：设$X_1, X_2, \cdots$为相互独立的随机变量序列，相应的期望和方差分别为$\mu_i = E[X_i]$，$\sigma_i^2 = Var(X_i)$。若X_i为一致有界的，即存在M，使得$P\{|X_i| < M\} = 1$对一切i成立；且$\sum_{i=1}^{\infty} \sigma_i^2 = +\infty$，则对一切$a$，有：

$$\lim_{n\to\infty} P\left\{\frac{\sum_{i=1}^{n}(X_i - \mu_i)}{\sqrt{\sum_{i=1}^{n}\sigma_i^2}} \leqslant a\right\} \to \Phi(a)$$

中央极限定理的证明牵涉内容较多，也非常复杂。对于实际应用而言，记住它的结论可能要比深挖它的数学细节更为重要。

中央极限定理告诉我们，若有独立同分布的随机变量序列$X_1, X_2, \cdots X_n$，它们的公共期望和方差分别为$\mu = E[X_i]$，$\sigma^2 = D(X_i)$。不管其分布如何，只要n足够大，则随机变量之和服从正态分布：

$$\sum_{i=1}^{n} X_i \to N(n\mu, n\sigma^2), \qquad \frac{\sum_{i=1}^{n} X_i - n\mu}{\sqrt{n}\sigma} \to N(0,1)$$

另外一个事实是如果$Y_i \sim N(\mu_i, \sigma_i^2)$，并且$Y_i$相互独立，其中$i = 1,2,\cdots,m$，则它们的线性组合$C_1Y_1 + C_2Y_2 + \cdots + C_mY_m$仍服从正态分布，其中$C_1, C_2, \cdots, C_m$是不全为0的常数。于是，由数学期

望和方差的性质可知：

$$C_1Y_1 + C_2Y_2 + \cdots + C_mY_m \sim N\left(\sum_{i=1}^{m} C_i\mu_i, \sum_{i=1}^{m} C_i^2\sigma_i^2\right)$$

如果令上式中的$C_2, \cdots, C_m$为0，令$Y_1 = \bar{X}$，$C_1 = 1/n$，则进一步可知随机变量的均值也服从正态分布：

$$\frac{1}{n}\sum_{i=1}^{n} X_i \to N\left(\mu, \frac{\sigma^2}{n}\right), \qquad \frac{\frac{1}{n}\sum_{i=1}^{n} X_i - \mu}{\sigma/\sqrt{n}} \to N(0,1)$$

于是便可以得到下面这个结论：设$X_1, X_2, \cdots, X_n$是来自正态总体$N(\mu, \sigma^2)$的一个样本，$\bar{X}$是样本的均值，则有：

$$\bar{X} \sim N\left(\mu, \frac{\sigma^2}{n}\right)$$

第一个版本的中央极限定理最早是由法国数学家棣莫弗于 1733 年左右给出的。他在论文中使用正态分布去估计大量抛掷硬币出现正面次数的分布。这个超越时代的成果险些被历史所遗忘，所幸的是，法国著名数学家拉普拉斯在 1812 年发表的著作中拯救了这个默默无闻的理论。拉普拉斯扩展了棣莫弗的理论，指出二项分布可用正态分布逼近。但同棣莫弗一样，拉普拉斯的发现在当时并未引起很大反响。而且，拉普拉斯对于更一般化形式的中央极限定理所给出之证明并不严格。事实上，沿用他的方法也不可能严格化。直到 19 世纪末中央极限定理的重要性才被世人所知。1901 年，切比雪夫的学生——俄国数学家李雅普诺夫用更普通的随机变量定义中心极限定理，并在数学上进行了精确的证明。

4.6　随机采样分布

在数理统计中，我们往往对有关对象的某一项数量指标感兴趣。为此，考虑开展与这一数量指标相联系的随机实验，并对这一数量指标进行实验或者观察。通常将实验的全部可能的观察值称为总体，并将每一个可能的观察值称为个体。总体中包含的个体数目被称为总体的容量。容量有限的被称为有限总体，容量为无限的则被称为无限总体。

总体中的每一个个体是随机实验的一个观察值，因此它对应于某一随机变量X的值。如此，一个总体对应于一个随机变量X。于是对总体的研究就变成了对一个随机变量X的研究，X的分布函数和数字特征就被称为总体的分布函数和数字特征。这里我们将总体和相应的随机变量统一看待。

在实际中，总体的分布一般是未知的，或者只知道它具有某种形式而其中包含着未知参数。

在数理统计中，人们都是通过从总体中抽取一部分个体，然后根据获得的数据来对总体分布做出推断。被抽出的部分个体被称为总体的一个样本。

所谓从总体抽取一个个体，就是对总体X进行一次观察并记录其结果。在相同的条件下对总体X进行n次重复的、独立的观察，并将n次观察结果按照实验的次序记为$X_1, X_2, \cdots, X_n$。由于$X_1, X_2, \cdots, X_n$是对随机变量X观察的结果，且各次观察是在相同的条件下独立完成的，所以可以认为$X_1, X_2, \cdots, X_n$是相互独立的，且都是与X具有相同分布的随机变量。这样得到的$X_1, X_2, \cdots, X_n$被称为来自总体X的一个简单随机样本，n被称为这个样本的容量。如无特定说明，则我们所提到的样本都是指简单随机样本。当n次观察一经完成，我们便得到一组实数$x_1, x_2, \cdots, x_n$，它们依次是随机变量$X_1, X_2, \cdots, X_n$的观察值，称为样本值。

设X是具有分布函数F的随机变量，若$X_1, X_2, \cdots, X_n$是具有同一分布函数F的、相互独立的随机变量，则称$X_1, X_2, \cdots, X_n$为从分布函数F（或总体F，或总体X）得到的容量为n的简单随机样本，简称样本，它们的观察值$x_1, x_2, \cdots, x_n$称为样本值，又称为X的n个独立的观察值。

也可以将样本看成一个随机向量，写成$(X_1, X_2, \cdots, X_n)$，此时样本值相应地写成$(x_1, x_2, \cdots, x_n)$。若$(x_1, x_2, \cdots, x_n)$与$(y_1, y_2, \cdots, y_n)$都是相应于样本$(X_1, X_2, \cdots, X_n)$的样本值，一般来说它们是不相同的。

样本是进行统计推断的依据。在应用时，往往不是直接使用样本本身，而是针对不同的问题构造样本的适当函数，利用这些样本的函数进行统计推断。

在统计学中，抽样（Sampling）是一种推论统计方法，它是指从目标总体（Population）中抽取一部分个体作为样本（Sample），通过观察样本的某一或某些属性，依据所获得的数据对总体的数量特征得出具有一定可靠性的估计判断，从而达到对总体的认识。

在 R 中可以通过函数 sample()来实现对总体的采样。首先，对于等可能的不放回的随机抽样可采用下列语法形式：

```
sample(x, n)
```

其中x为要抽取的向量，n为样本容量。例如，从 52 张扑克牌中抽取 5 张对应的 R 语句为：

```
> sample(1:52, 5)
[1] 31 23 8 39 47
```

其次，对于等可能的有放回的随机抽样，可使用下列语法形式：

```
sample(x, n, replace=TRUE)
```

其中，选项 replace=TRUE 表示抽样是有放回的，此选项省略或将其置为 FALSE 则表示抽样是不放回的。例如，抛一枚均匀的硬币 3 次，在 R 中可使用如下语句：

```
> sample(c("H", "T"), 3, replace=TRUE)
[1] "H" "T" "T"
```

再比如掷一颗骰子 10 次可表示为：

```
> sample(1:6, 10, replace=TRUE)
[1] 4 3 3 1 3 3 5 3 4 1
```

在某些情况下，不等可能的随机抽样也可能被用到，其语法形式为：

```
sample(x, n, replace=TRUE, prob=y)
```

其中，选项 prob = y 用于指定x中元素出现的概率，向量y与x等长度。例如，一名运动员投篮命中的概率为 0.80，那么他投篮 10 次在 R 中可以表示为（其中以 1 表示命中，0 表示失败）：

```
> sample(c(1, 0), 10, replace=TRUE, prob=c(0.8,0.2))
[1] 0 1 1 1 1 1 0 1 1 1 1
```

设$X_1,X_2,\cdots,X_n$是来自总体X的一个样本，$g(X_1,X_2,\cdots,X_n)$是$X_1,X_2,\cdots,X_n$的函数，若g中不含未知参数，则称$g(X_1,X_2,\cdots,X_n)$是统计量。

因为$X_1,X_2,\cdots,X_n$都是随机变量，而统计量$g(X_1,X_2,\cdots,X_n)$是随机变量的函数，因此统计量是一个随机变量。设$x_1,x_2,\cdots,x_n$是相应于样本$X_1,X_2,\cdots,X_n$的样本值，则称$g(x_1,x_2,\cdots,x_n)$是$g(X_1,X_2,\cdots,X_n)$的观察值。

样本均值和样本方差是两个最常用的统计量。设$X_1,X_2,\cdots,X_n$是来自总体X的一个样本，$x_1,x_2,\cdots,x_n$是这一样本的观察值。定义样本均值如下：

$$\bar{X}=\frac{1}{n}\sum_{i=1}^{n}X_i$$

样本方差为：

$$S^2=\frac{1}{n-1}\sum_{i=1}^{n}(X_i-\bar{X})^2=\frac{1}{n-1}\sum_{i=1}^{n}X_i^2-n\bar{X}^2$$

很多人会对上面的公式感到困惑，疑问之处就在于为什么样本方差计算公式里分母为$n-1$？简单地说，这样做的目的是为了让方差的估计无偏。无偏估计（unbiased estimator）的意思是指估计量的数学期望等于被估计参数的真实值，否则就是有偏估计（biased estimator）。那为什么分母必须是$n-1$而不是n才能使得该估计无偏呢？这是令很多人倍感迷惑的地方。

首先，我们假定随机变量X的数学期望μ是已知的，然而方差σ^2未知。在这个条件下，根据方差的定义有：

$$E[(X_i-\mu)^2]=\sigma^2,\qquad \forall i=1,2,\cdots,n$$

由此可得：

$$E\left[\frac{1}{n}\sum_{i=1}^{n}(X_i-\mu)^2\right]=\sigma^2$$

因此

$$\frac{1}{n}\sum_{i=1}^{n}(X_i-\mu)^2$$

是方差σ^2的一个无偏估计，注意式中的分母n。这个结果符合直觉，并且在数学上也是显而易见的。

现在，我们考虑随机变量X的数学期望μ是未知的情形。这时，我们会倾向于直接用样本均值$\bar{X}$来替换掉上面式子中的μ。这样做有什么后果呢？后果就是如果直接使用

$$\frac{1}{n}\sum_{i=1}^{n}(X_i-\bar{X})^2$$

作为估计，将会倾向于低估方差。这是因为：

$$\begin{aligned}\frac{1}{n}\sum_{i=1}^{n}(X_i-\bar{X})^2&=\frac{1}{n}\sum_{i=1}^{n}[(X_i-\mu)+(\mu-\bar{X})]^2\\&=\frac{1}{n}\sum_{i=1}^{n}(X_i-\mu)^2+\frac{2}{n}\sum_{i=1}^{n}(X_i-\mu)(\mu-\bar{X})+\frac{1}{n}\sum_{i=1}^{n}(\mu-\bar{X})^2\\&=\frac{1}{n}\sum_{i=1}^{n}(X_i-\mu)^2+2(\bar{X}-\mu)(\mu-\bar{X})+(\mu-\bar{X})^2\\&=\frac{1}{n}\sum_{i=1}^{n}(X_i-\mu)^2-(\mu-\bar{X})^2\end{aligned}$$

换言之，除非正好$\bar{X}=\mu$，否则一定有：

$$\frac{1}{n}\sum_{i=1}^{n}(X_i-\bar{X})^2<\frac{1}{n}\sum_{i=1}^{n}(X_i-\mu)^2$$

而不等式右边的才是对方差的“无偏”估计。这个不等式说明了，为什么直接使用

$$\frac{1}{n}\sum_{i=1}^{n}(X_i-\bar{X})^2$$

会导致对方差的低估。那么，在不知道随机变量真实数学期望的前提下，如何“正确”地估计方差呢？答案是把上式中的分母n换成$n-1$，通过这种方法把原来的偏小的估计“放大”一点

儿，我们就能获得对方差的正确估计了。而且这个结论也是可以被证明的。

下面我们就来证明：

$$E\left[\frac{1}{n-1}\sum_{i=1}^{n}(X_i-\bar{X})^2\right]=\sigma^2$$

记$D(X_i),E(X_i)$为X_i的方差和期望，显然有$D(X_i)=\sigma^2$、$E(X_i)=\mu$。

$$D(\bar{X})=D\left(\frac{1}{n}\sum_{i=1}^{n}X_i\right)=\frac{1}{n^2}D\left(\sum_{i=1}^{n}X_i\right)=\frac{1}{n^2}\left[\sum_{i=1}^{n}D(X_i)\right]=\frac{\sigma^2}{n}$$

$$E(\bar{X}^2)=D(\bar{X})+E^2(\bar{X})=\frac{\sigma^2}{n}+\mu^2$$

而且有：

$$E\left[\sum_{i=1}^{n}X_i^2\right]=\sum_{i=1}^{n}E[X_i^2]=\sum_{i=1}^{n}[D(X_i)+E^2(X_i)]=n(\sigma^2+\mu^2)$$

$$E\left[\sum_{i=1}^{n}X_i\bar{X}\right]=E\left[\bar{X}\sum_{i=1}^{n}X_i\right]=nE(\bar{X}^2)=n\left(\frac{\sigma^2}{n}+\mu^2\right)$$

所以可得：

$$E\left[\frac{1}{n-1}\sum_{i=1}^{n}(X_i-\bar{X})^2\right]=\frac{1}{n-1}E\left[\sum_{i=1}^{n}(X_i-\bar{X})^2\right]$$

$$=\frac{1}{n-1}E\left[\sum_{i=1}^{n}(X_i^2-2X_i\bar{X}+\bar{X}^2)\right]$$

$$=\frac{1}{n-1}\left[n(\sigma^2+\mu^2)-2n\left(\frac{\sigma^2}{n}+\mu^2\right)+n\left(\frac{\sigma^2}{n}+\mu^2\right)\right]=\sigma^2$$

结论得证。

设总体X（无论服从什么分布，只要均值和方差存在）的均值为μ，方差为σ^2，$X_1,X_2,\cdots X_n$是来自总体X的一个样本，$\bar{X}$和S^2分别是样本均值和样本方差，则有：

$$E(\bar{X})=\mu,\qquad D(\bar{X})=\sigma^2/n$$

而

$$E(S^2)=E\left[\frac{1}{n-1}\sum_{i=1}^{n}(X_i^2-n\bar{X}^2)\right]=\frac{1}{n-1}\sum_{i=1}^{n}[E(X_i^2)-nE(\bar{X}^2)]$$

$$=\frac{1}{n-1}\sum_{i=1}^{n}\left[(\sigma^2+\mu^2)-n\left(\frac{\sigma^2}{n}+\mu^2\right)\right]=\sigma^2$$

即$E(S^2)=\sigma^2$。

回忆 4.5 节最后给出的一个结论：设$X_1,X_2,\cdots,X_n$是来自正态总体$N(\mu,\sigma^2)$的一个样本，$\bar{X}$是样本的均值，则有：

$$\bar{X}\sim N\left(\mu,\frac{\sigma^2}{n}\right)$$

如果将其转换为标准正态分布的形式就会得出：

$$\frac{\bar{X}-\mu}{\sigma/\sqrt{n}}\sim N(0,1)$$

很多情况下，我们无法得知总体方差σ^2，此时我们就需要使用样本方差S^2来替代。但这样做的结果就是，上式将发生些许变化。最终的形式由下面这个定理给出。这也是本书后面将多次用到的一个重要结论。

定理：设$X_1,X_2,\cdots X_n$是来自正态总体$N(\mu,\sigma^2)$的一个样本，样本均值和样本方差分别是$\bar{X}$和S^2，则有：

$$\frac{\bar{X}-\mu}{S/\sqrt{n}}\sim t(n-1)$$

其中，$t(n-1)$表示自由度为$n-1$的t分布。当n足够大时，t分布近似于标准正态分布（此时即变成中央极限定理所描述的情况）。但对于较小的n而言，t分布与标准正态分布有较大差别。

第 5 章 实用统计图形

当用户对数据进行统计分析时，图形无疑是对统计分析结果的最显性化展示，恰当地使用统计图形，可以使数据分布特性或者发展趋势一目了然。R 语言的一个显著特色就是具有强大的统计制图功能。本章介绍如何利用 R 语言来绘制统计图形。

5.1 饼状图

饼状图在商业领域和大众媒体中几乎无处不在。直观上，它是一个划分为几个扇形的圆形统计图表，而这些扇区拼成了一个被切开的饼状图案。饼状图通常用于描述量、频率或百分比之间的相对关系。在饼状图中，每个扇区的弧长（以及圆心角和面积）大小为其所表示的数量的比例。这些扇区合在一起刚好是一个完全的圆形。

已知最早的饼状图是由苏格兰工程师、经济学家威廉·普莱费尔（William Playfair）在其 1801 年出版的著作《统计学摘要》中提出的。普莱费尔还是最早使用柱状图和线形图来表达数据的人，因此他也被认为是信息可视化的先驱。如图 5-1 所示是普莱费尔当时所使用的一张饼状图，描述了 1789 年以前土耳其帝国在亚洲、欧洲及非洲中所占的比例。

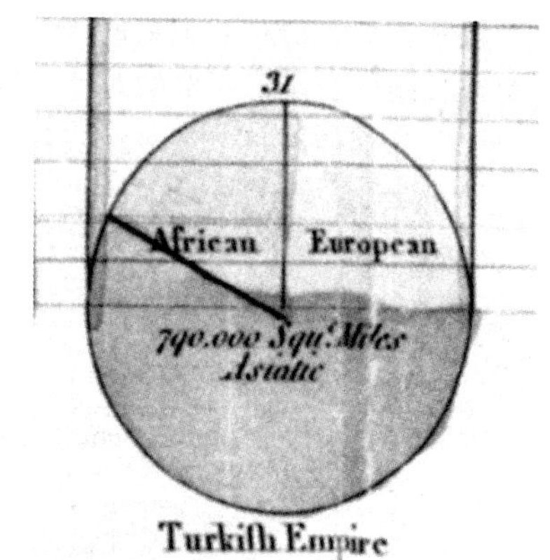

图 5-1　普莱费尔使用的一张饼状图

尽管饼状图在商业领域和杂志中的使用很广泛，但统计学家普遍认为饼状图表达信息的效果很差，因为在饼状图中很难对不同扇区的大小进行比较，或对不同饼状图之间的数据进行比较。所以饼状图也是饱受批评的图表之一，目前它也较少用于科技出版物。鉴于这个原因，R 中提供的涉及饼状图的操作相比于其他统计图形要少很多。

根据世界银行发布的数据，下面的代码用饼状图展示了 2013 年各金砖国家 GDP 占全部五国总量比重的情况。默认情况下，数据按逆时针显示，如图 5-2 中的左图所示。当将参数 clockwise 置为 TRUE 时，数据将按顺时针显示，如图 5-2 中的右图所示。

```
> countries <- c("Brazil","Russia","India","China","South Africa")
> GDP <- c(23920, 20790, 18618, 94906, 3660)
> pie(GDP, labels = countries, main = "GDP of BRICS countries (2013)")
> pie(GDP, labels = countries, clockwise = TRUE,
+   main = "GDP of BRICS countries (2013)")
```

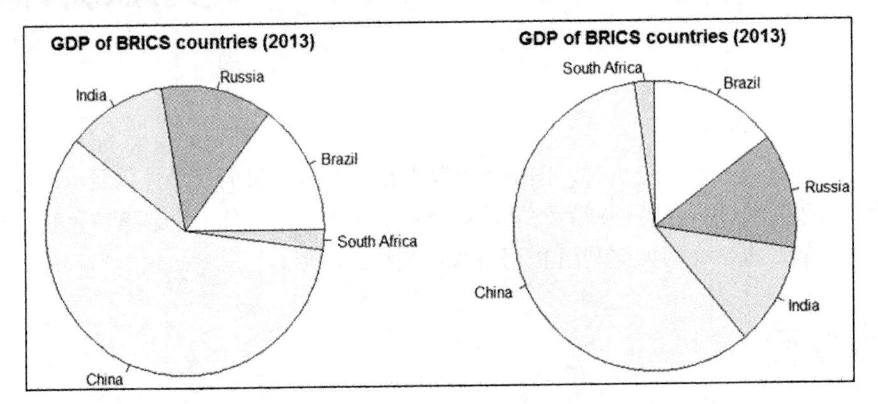

图 5-2　饼状图示例

除了定制饼状图中数据显示的方向次序（逆时针或顺时针）以外，我们还可以个性化地指定饼状图中各扇形区域的颜色。这主要是通过给参数 col 赋新值的方法来实现。例如下面的两段代码分别使用彩色和灰度两种方案对扇形块进行着色，结果如图 5-3 所示。

```
> pie(GDP, labels = countries, col = c("purple", "violetred1",
+ "green3", "cornsilk", "cyan"), main = "GDP of BRICS countries (2013)")
> pie(GDP, labels = countries, col =  gray(seq(0.4, 1.0, length = 5)),
+ main = "GDP of BRICS countries (2013)")
```

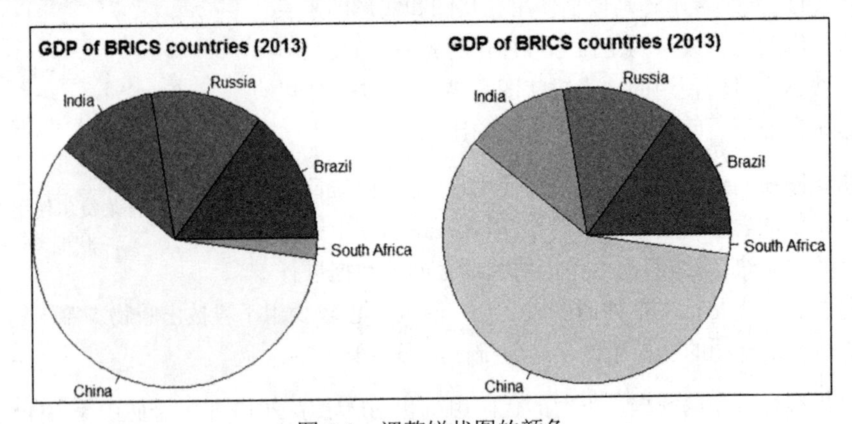

图 5-3　调整饼状图的颜色

有些时候我们更希望在饼状图上直接将各区域所占的比例值标识出来。下面这段示例代码先将样本数据转化为比例值，再将这些比例信息添加到各个扇形的标签上。其中还使用了rainbow()函数来定义各扇形的颜色。其执行结果如图 5-4 所示。

```
> percentage = round(GDP/sum(GDP)*100, 2)
> index <- paste(countries, " ", percentage, "%", sep="")
> pie(GDP, labels = index, col = rainbow(length(index)),
+ main= "Pie Chart with Percentages")
```

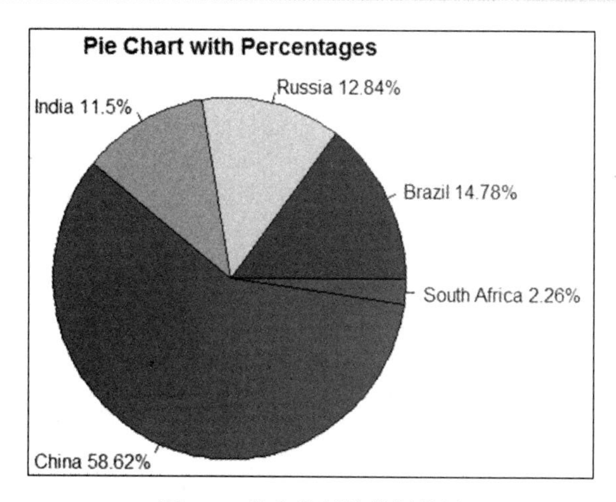

图 5-4　带有比例值的饼状图

在 R 中绘制三维的饼状图也并非难事，借助 plotrix 包中的 pie3D()函数即可轻松实现，示例代码如下，绘制结果见图 5-5。注意在第一次使用 plotrix 包之前，需要先下载并安装该包。

```
> library(plotrix)
> pie3D(GDP, labels = countries, explode = 0.1,
+ main = "3D Pie Chart")
```

正像统计学家们不喜欢饼状图一样，三维的饼状图同样被认为是华而不实的，因为它对于增进数据的理解毫无功用。前面我们提到，饼状图最受诟病的地方在于直观上，人们很难对不同的扇形区域的大小进行比较。例如在前面给出的几幅饼状图中，判别 India 和 Russia 的 GDP 比重谁大谁小就并非是一件易事。为了改善这种情况，人们设计了一种被称为扇形图的饼状图变种。在扇形图中，相对数量的差异更易于识别。在 R 中，借助 plotrix 包中的 fan.plot()函数可以实现对扇形图的绘制，示例代码如下。

```
> fan.plot(GDP, labels = countries, main = "Fan Plot")
```

上述代码的执行结果如图 5-6 所示，易见扇形图将不同扇区根据各自大小进行了层层铺叠。如此一来，不同区块所展示的相对数量之差异便可以被有效辨识了。

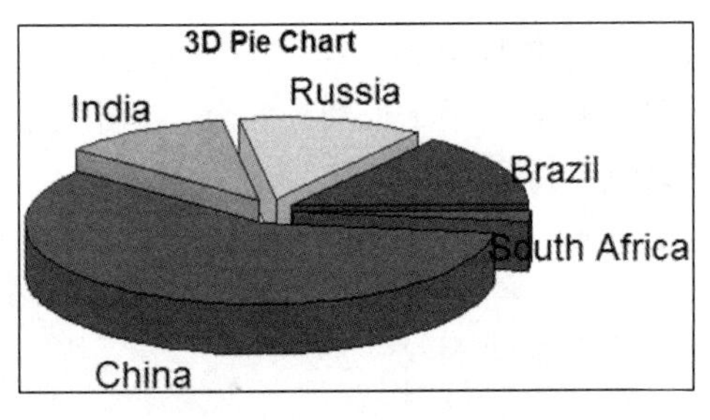

图 5-5　三维饼状图

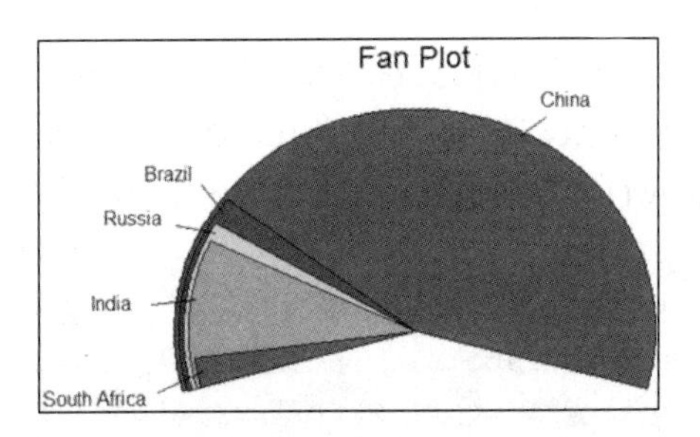

图 5-6　扇形图

5.2 直方图

直方图这一概念最早由英国统计学家卡尔·皮尔逊（Karl Pearson）于 1895 年创立。在统计学中，直方图是一种用于对数据分布情况进行展示的二维统计图形。它的横轴将值域划分成一定数量的组别，纵轴上则显示相应值出现的频数。如果把直方图上每个组别的计数除以所有组别的计数之和，就得到了归一化直方图。之所以称为"归一"，是因为归一化直方图的所有属性的计数之和为1。也就是说，每个属性对应计数都是0～1之间的一个数，即百分比。直方图在品质管理和图像处理领域亦有重要应用。此外，直方图与后面将要介绍的条形图是不同的，读者在学习时应当注意体会二者的区别。

下面通过一个具体的例子来向读者说明直方图的用法，此处使用 R 内嵌的数据集 mtcars，它位于 datasets 包中，此包像 base 一样随 R 的启动会被自行加载。这个数据集给出的是由美国 Motor Trend 收集的 1973—1974 年期间总共 32 辆汽车的 11 个指标（包括油耗及 10 个设计及性能方面的指标）。更多关于该数据集的信息请读者查阅 R 的帮助文档。

尽管我们在 R 中可以浏览与编辑数据集 mtcars，但还不能直接对此数据集进行操作（分析）。为此，我们通过如下函数来激活该数据集：

```
> attach(mtcars)
```

由此 mtcars 便成为当前数据集了。这时就可以方便地操作其中的数据了，比如输入下列语句便可查看数据集中的油耗这一项指标。

```
> mpg
```

通过查阅帮助文档可知 mpg 是数据表中第一列的列名，它的意思是指 Miles/(US) gallon，即一辆车消耗1加仑油可以跑的里程数。使用下面的语句可以在 R 中生成最简单形式的直方图，结果如图 5-7 所示。图中将一辆车消耗1加仑油可以跑的里程数平均地划分为5个档次，纵轴则给出了每个档次所对应的频数。

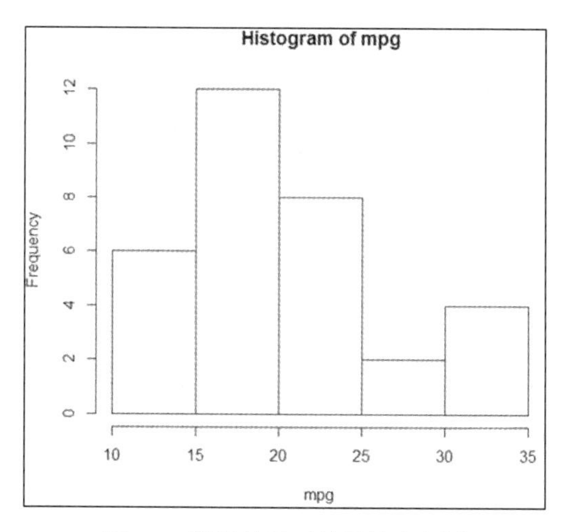

图 5-7　默认情况下的最简直方图

```
> hist(mpg)
```

我们还可以通过对参数的调整，丰富直方图的显示形式。下面的两段代码给出了可供参考的样例。它们不仅修改了矩形条的颜色，还增加了图形的标题和标签。第二段代码还重新调整了横坐标轴的刻度范围。结果如图 5-8 所示。

```
> hist(mpg, breaks = 12, col = "lightblue", border = "pink",
+ xlab = "Miles/Gallon", main = "Colored Histogram Example.1")
> hist(mpg, breaks = 12, col = "blue1", xlim = c(10, 35),
+ xlab = "Miles/Gallon", main = "Colored Histogram Example.2")
```

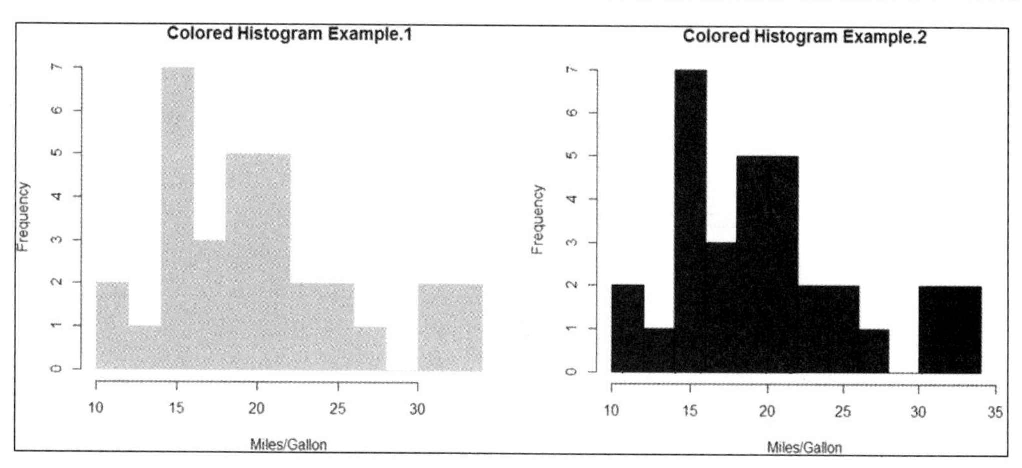

图 5-8　自定义颜色的直方图示例

此外，我们在上述代码中将参数 breaks 的值赋为12后，矩形条也同时被等分为12个档次，可见参数 breaks 的作用是控制分组的数量。然而，这个参数的使用其实并不像我们想象的那样可以随心所欲。来看下面一段示例代码。

```
>  hist(mpg, breaks = 15, xlim = c(10, 35),
+ xlab = "Miles/Gallon", main = "Histogram Example (breaks = 15)")
>  hist(mpg, breaks = 10, xlim = c(10, 35),
+ xlab = "Miles/Gallon", main = "Histogram Example (breaks = 10)")
```

上述代码的执行结果如图 5-9 所示。不难发现，当参数 breaks 的值被修改成 10 或者 15 之后，直方图并没有发生改变，分组数仍然是 12。这里需要提醒读者注意的是，当参数 breaks 接收一个数值类型的值作为输入时，函数其实调用了 pretty()函数来对分组进行划分。下面这段示例代码表明，当输入的参数为 10、12 或者 15 时，R 最终都会将取值区间等分为 12 段。关于 pretty()函数的使用，笔者在此不打算做过多的解释，有兴趣的读者可以参阅 R 的帮助文档以了解更多细节。

```
> pretty(min(mpg):max(mpg),12)
 [1] 10 12 14 16 18 20 22 24 26 28 30 32 34
> pretty(min(mpg):max(mpg),10)
 [1] 10 12 14 16 18 20 22 24 26 28 30 32 34
> pretty(min(mpg):max(mpg),15)
 [1] 10 12 14 16 18 20 22 24 26 28 30 32 34
```

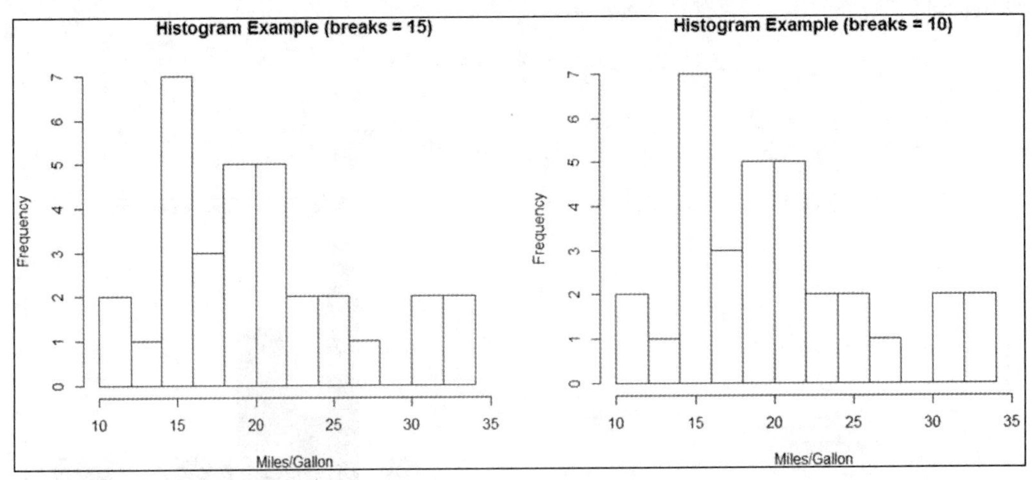

图 5-9　调整分组数量

参数 breaks 接收的值不仅可以是一个单一的数值，而且还可以是一个由多个数值组成的向量类型数据。该方法可以用来实现矩形条的不等距分组，来看下面这段示例代码。

```
> hist(mpg, breaks = c(2*5:9, 5*4:7), col = "blue1",
+ ylim = c(0, 0.12), xlab = "Miles/Gallon",
+ main = "Example with Non-equidistant Breaks")
```

上述代码的执行结果如图 5-10 中的左图所示。可见直方图中的矩形条按照我们设想的样子被不等距地划分了。另外，还有一个地方需要引起我们的注意。采用上述代码的一个附带作用是，所绘制的直方图是归一化的，即纵轴不再是各分组所对应的绝对频数，而是相对的占比。

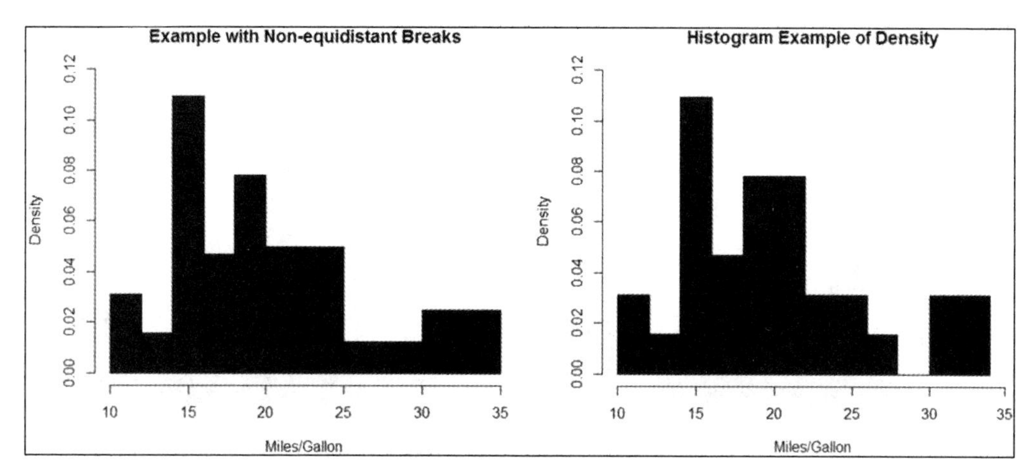

图 5-10　归一化直方图

当然，正常情况下绘制归一化直方图应该是通过将参数 freq 的值置为 FALSE 来实现的，此时系统会根据概率密度而不是频数来绘制图形。下面给出一段示例代码，其执行结果如图 5-10 中的右图所示。

```
> hist(mpg, breaks = 12, col = "blue1", ylim = c(0, 0.12),
+ xlim = c(10, 35), freq = FALSE, xlab = "Miles/Gallon",
+ main = "Histogram Example of Density ")
```

绘制归一化直方图后，再为其添加一条密度曲线是常见的做法。密度曲线为数据的分布提供了一种更加平滑的描述。下面这段代码中使用 line()函数在归一化的直方图上叠加了一条红色、双倍默认线宽的曲线，其执行结果如图 5-11 中的左图所示。

```
> hist(mpg, breaks = 12, col = "blue1", ylim = c(0, 0.12),
+ xlim = c(10, 35), freq = FALSE, xlab = "Miles/Gallon",
+ main = "Histogram Example with Density Curve")
> lines(density(mpg), col = 'red', lwd = 2)
```

下面这段代码输出的结果与上述代码类似。区别在于图中叠加的曲线是根据原始数据的均值和标准差估算而得的正态分布曲线。最后我们还用 box()函数来为图形加上了一个框。代码的输出结果如图 5-11 中的右图所示。注意为了添加这条正态曲线，纵轴需要被调整为频数。

```
> h <- hist(mpg, breaks = 12, col = "blue", xlim = c(10, 35),
+  xlab = "Miles/Gallon", main = "Histogram Example with Normal Curve")
> xfit <- seq(min(mpg), max(mpg), length = length(mpg))
> yfit <- dnorm(xfit, mean=mean(mpg), sd=sd(mpg))
> yfit <- yfit*diff(h$mids[1:2])*length(mpg)
```

```
> lines(xfit, yfit, col = "red", lwd = 2)
> box()
```

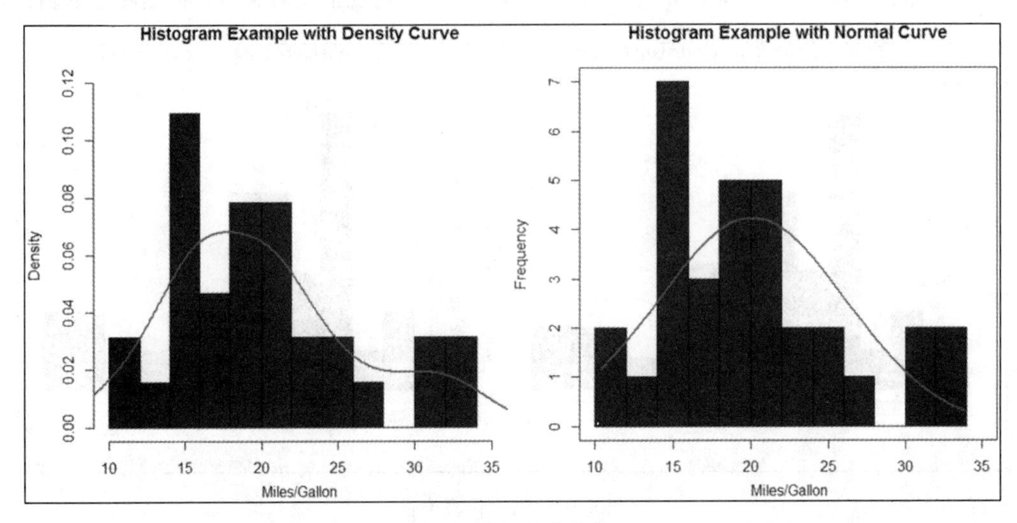

5-11 添加密度曲线

5.3 核密图

我们已经学习了绘制指定分布类型的概率密度函数图形的方法，而对于未明确知晓分布类型的随机变量，也已多次使用核密度曲线对其进行描述。核密度估计是用于估计随机变量概率密度函数的一种非参数方法。本书并不打算对其中涉及的数学原理进行深挖，但仍须指出，核密图是一种值得推荐的用以观察连续型变量分布的有效方法。

下面的代码用于绘制 mtcars 数据集中 mpg 数据的核密图，这也是最简形式的核密图绘制方法，代码执行结果如图 5-12 中的上图所示。

```
> d <- density (mpg)
> plot(d)
```

由下面这段代码绘制的核密图要复杂一些。首先，我们为图表增加了一个标题。然后设置了图形的填充颜色和边界颜色。代码的执行结果如图 5-12 中的下图所示。

```
> plot(d, main = "Density of Miles/Gallon")
> polygon(d, col = "wheat", border = "blue")
> rug(jitter(mpg, amount = 0.01), col = "brown")
```

上述代码的最后一行旨在为显示结果添上一幅轴须图（rug plot）。轴须图是实际数据值的一种一维呈现方式。图 5-12 中横轴上的每一个小线段都表示了一个样本值。样本数据中出现相同的值是在所难免的，尤其是在数据量较大的时候，通常也将这些相同的数据值称为“结”（tie）。

如果数据中存在很多结，就可以使用上述示例代码所提供的写法来将轴须图的数据打散。示例代码的做法是将为每个数据点添加一个小的随机值，即一个在±amount之间均匀分布的随机数，以避免重叠的点产生影响。如果不刻意做这样的处理，轴须图的一般语法如下。

```
> rug(mpg, col = "brown")
```

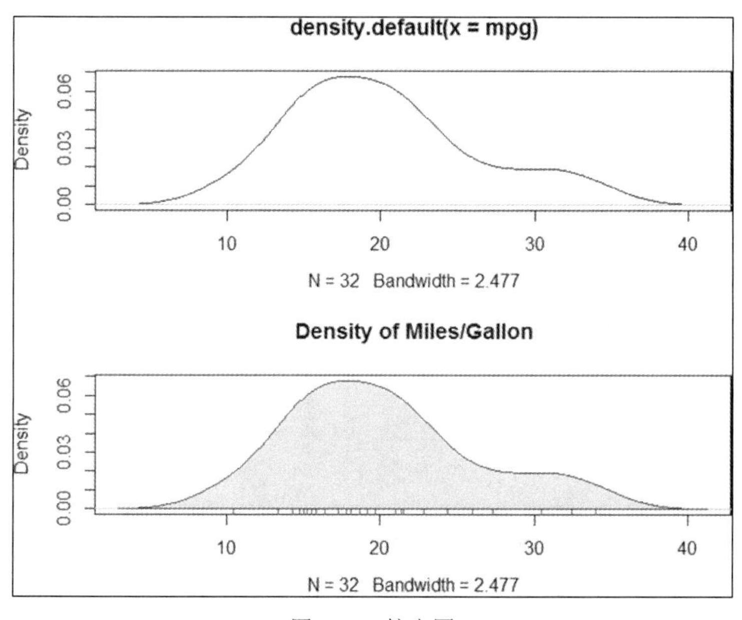

图 5-12 核密图

另外，读者应该已经注意到在 5.2 节最后给出的示例代码也试图向绘制好的直方图中添加核密图，但彼时所采用的函数是 lines()。这是因为 plot()函数会创建一幅新的图形，所以要在一幅现成的图形上叠加一条密度曲线，就需要使用函数 lines()。

核密图还可以用于比较组间差异，另外一个常用于进行组间差异比较的统计图形是 5.4 节将要介绍的箱线图。在下面这段示例代码中，我们将不同的车型按照气缸的数量分为三类，即 4 个、6 个或者 8 个气缸，然后分别绘制了这三类汽车之 mpg 数据的核密图。代码执行结果如图 5-13 中的左图所示，其中三种线条分别对应三种不同气缸车型的 mpg 核密图。在核密图的叠加图中，不同组所含值的分布形状，以及不同组之间的重叠程度都显而易见。所以这种方式确实为跨组比较观测提供了便利。

```
> plot(density(mtcars[mtcars$cyl==4, ]$mpg), col = "red", lty = 1,
+ xlim = c(5, 40), ylim = c(0, 0.25), xlab = "", main = "")
> par(new = TRUE)
> plot(density(mtcars[mtcars$cyl==6, ]$mpg), col = "blue", lty = 2,
+ xlim = c(5, 40), ylim = c(0, 0.25), xlab = "", main = "")
> par(new = TRUE)
```

```
> plot(density(mtcars[mtcars$cyl==8, ]$mpg), col = "green", lty = 3,
+ xlim = c(5, 40), ylim = c(0, 0.25),
+ xlab = "Miles/Gallon", main = "MPG Distribution by Cylinders")
> text.legend = c("cyl=4","cyl=6", "cyl=8")
> legend("topright", legend = text.legend, lty=c(1, 2, 3),
+ col = c("red", "blue", "green"))
```

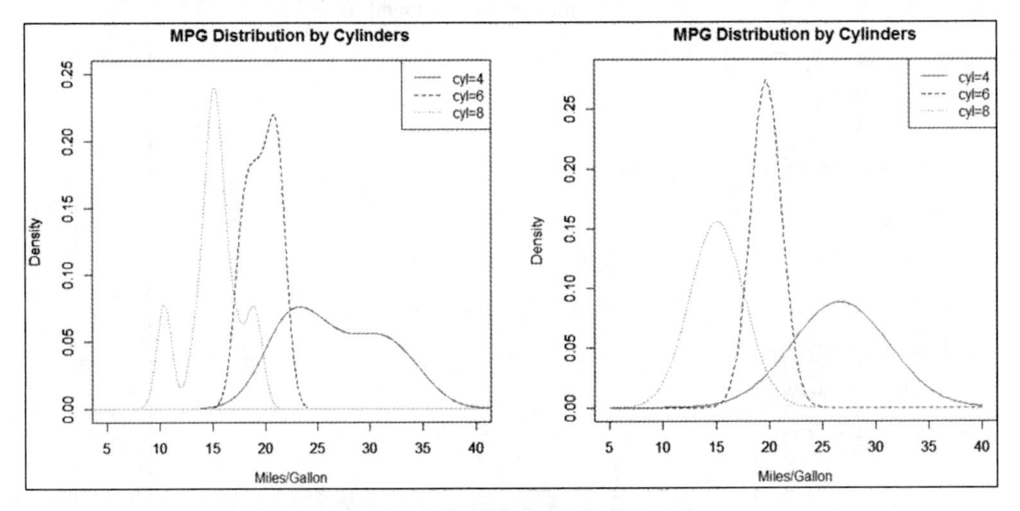

图 5-13 将核密图用于组间差异对比

如果你对组内分布情况兴趣不大，而更关注于组间差异以及不同组之间的重叠程度，那么在假设样本满足某种分布（一般会认为近似正态分布）的前提下，可以根据指定分布类型来绘制叠加的概率密度曲线。尽管概率密度曲线并不与本节讨论的核密度完全等同，但二者仍有诸多相似、相通之处。特别是针对我们当前的需求，即比较不同组之间的差异及重叠程度，绘制叠加的概率密度曲线也会取得同样的效果。下面给出示例代码，其执行结果如图 5-13 中的右图所示。

```
> curve(dnorm(x,mean(mtcars[mtcars$cyl==4, ]$mpg),
+ sd(mtcars[mtcars$cyl==4, ]$mpg)), from = 5, to = 40,
+ ylim=c(0,0.28),col = "red", lty = 1, xlab = "", ylab="",main="")
> par(new=TRUE)
> curve(dnorm(x,mean(mtcars[mtcars$cyl==6, ]$mpg),
+ sd(mtcars[mtcars$cyl==6, ]$mpg)), from = 5, to = 40,
+ ylim=c(0,0.28),col = "blue", lty = 2, xlab = "", ylab="",main="")
> par(new=TRUE)
> curve(dnorm(x,mean(mtcars[mtcars$cyl==8, ]$mpg),
+ sd(mtcars[mtcars$cyl==8, ]$mpg)), from = 5, to = 40,
+ ylim=c(0,0.28),col = "green", lty = 3, xlab = "Miles/Gallon",
+ ylab = "Density", main="MPG Distribution by Cylinders")
> text.legend = c("cyl=4","cyl=6", "cyl=8")
```

```
> legend("topright", legend = text.legend, lty=c(1,2,3),
+ col = c("red", "blue", "green"))
```

5.4　箱线图

箱线图由美国著名统计学家约翰·图基（John Tukey）于 20 世纪 70 年代发明，并因形状如箱子而得名。箱线图通过绘制一组数据的“最大值、最小值、中位数、下四分位数及上四分位数”这五个指标来显示该组数据的分散情况。它在诸多领域有着广泛应用。

5.4.1　箱线图与分位数

我们结合一组样本数据来对箱线图进行解释，这里仍然以数据集 mtcars 中的 mpg 数据为例，对这一指标画出箱线图，语句如下。

```
boxplot(mpg, main="Box plot", ylab="Miles per Gallon")
```

由上述语句生成的图形如图 5-14 所示，其中的中文标注是为了便于读者理解而手工加上去的。该图表明，在所提供的 32 个车型样本中，每加仑汽油行驶里程数的中位数是 19.2，最小值为 10.4，最大值为 33.9，上四分位数值是 22.8，下四分位数值是 15.35，即 50%的值都落在了 15.35 和 22.8 之间。

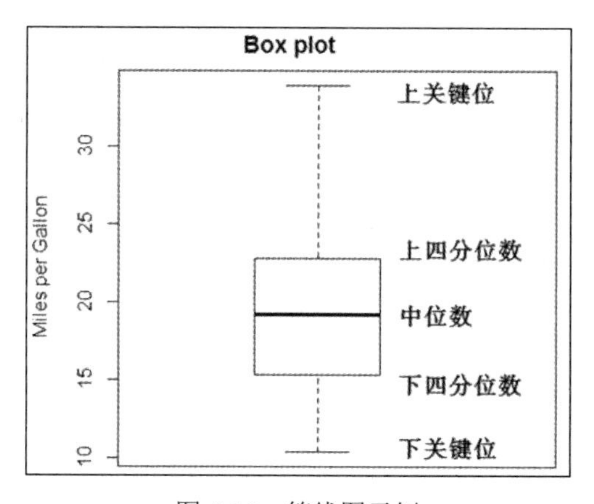

图 5-14　箱线图示例

读者一定会好奇这些数值如何才能从图中精确地读出。其实，只要执行函数 boxplot.stats()，即可输出用于构建图形的统计量。boxplot.stats()的语法格式如下：

```
boxplot.stats(x, coef = 1.5, do.conf = TRUE, do.out = TRUE)
```

其中x表示输入的数据集，后三个是可选参数，上述声明中已经给出了它们的默认值，稍后我们再来分析它们的意义。下面给出利用 boxplot.stats()得到绘制上述箱线图统计量的代码，如下：

```
> boxplot.stats(mpg)
$stats
[1] 10.40 15.35 19.20 22.80 33.90
$n
[1] 32
$conf
[1] 17.11916 21.28084
$out
numeric(0)
```

可见 stats 后面所列的就是“下关键位、下四分位数、中位数、上四分位数及上关键位”这五个指标。在 boxplot.stats()的输出结果中，n表示数据集中元素的个数。out 给出了离群点的个数，上述结果中不存在离群点，后续的例子中读者将会看到出现离群点的情况。

函数声明式中的参数 coef 指定了“须”的长度的极限值，须就是指图中盒子上下两侧的延伸线。它的默认值为1.5，这表示两条须的延伸极限不会超过盒型各端加1.5倍四分位距的范围。此范围以外的值就是离群点，它们将以圆点的形式来标出。如果数据集中所有元素的取值范围都不超过这对上、下极限，那么首先不会出现离群点，其次图中的上关键位和下关键位就分别对应数据集中的最大值和最小值。如果在上关键位之上出现离群点，那么数据集的最大值就位于这些上离群点中，此时上关键位就是离上四分位1.5倍四分位距的位置（如果参数 coef 取默认值的话）。相对应地，如果在下关键位之下出现离群点，那么数据集的最小值就位于这些下离群点中，此时下关键位就是离下四分位1.5倍四分位距的位置（如果参数 coef 取默认值的话）。

如果参数 coef 被置为0，那么两条须的延伸极限就会一直达到数据集中元素的极限位置，彼时图中将不会出现任何离群点。此时，上关键位就对应于最大值，下关键位就对应于最小值。最后需要指出的是，参数 do.conf 和 do.out 是两个布尔型变量，默认值为 TRUE。如果 do.conf 被置为 FALSE，那么结果中的 conf 就会为 NULL。同理，如果我们将 do.out 置为 FALSE，那么结果中的 out 也会为 NULL。

事实上，在 R 中获取一组数据的“最大值、最小值、中位数、下四分位数及上四分位数”这五个统计指标的最常用方法是使用 fivenum()函数，例如：

```
> fivenum(mpg)
[1] 10.40 15.35 19.20 22.80 33.90
```

需要说明的是，函数 fivenum()和 boxplot.stats()计算中位数、下四分位数及上四分位数的方法都是以中位数计算为基础的。在统计学中，四分位数是把所有数值由小到大排列并分成四等份，处于三个分割点位置的数值就是四分位数，包括下四分位数、中位数和上四分位数。当一组元素按从小到大的顺序进行排列时，我们用$\{x_1, x_2, \cdots, x_n\}$来表示，若元素的个数$n$为奇数时，中位数为$x_{[(n+1)/2]}$；若$n$为偶数时，中位数为$x_{[n/2]}$与$x_{[(n/2)+1]}$的平均值。当使用函数 fivenum()或者 boxplot.stats()来计算上、下四分位数时，原来有序的元素集将被一分为二，并用上面计算中位数的算法分别对两个子集进行处理。下面这个例子很好地说明了这种算法：

```
> x
[1]  2  5 10 11 13 20 30 35    #共有 8 个数值，中位数是(11+13)/2=12
> fivenum(x)
[1]  2.0  7.5 12.0 25.0 35.0 #第一子集：2  5 10 11；第二子集：13 20 30 35
> y
[1]  2  5 10 11 13 20 30       #共有 7 个数值，注意划分子集时不能有元素遗漏
> fivenum(y)
[1]  2.0  7.5 11.0 16.5 30.0 #第一子集：2  5 10 11；第二子集：11 13 20 30
```

根据上述原理，笔者自行实现了一个与 fivenum()功能相同的函数，如下：

```
> my.fivenum<-function(x){
+    x<-sort(x)
+    n <- length(x)
+    n4 <- floor((n + 3)/2)/2
+    d <- c(1, n4, (n + 1)/2, n + 1 - n4, n)
+    return(0.5 * (x[floor(d)] + x[ceiling(d)]))
+ }
```

除了 fivenum()以外，在 R 中，还有另外两个函数也常常用来计算“最大值、最小值、中位数、下四分位数及上四分位数”这五个统计指标。它们就是函数 summary()和 quantile()。但是它们在计算四分位数时所采用的方法与函数 fivenum()略有不同。

函数 summary()是一种从大量数据中直接获取描述统计的方法，对于数值型向量，它所得之结果包括了上述五个指标，外加一个平均值。例如：

```
> summary(mpg)
   Min. 1st Qu.  Median    Mean 3rd Qu.    Max.
  10.40   15.42   19.20   20.09   22.80   33.90
```

函数 quantile()的作用是基于给定的分位数对原数据集进行采样，它的函数声明如下：

```
quantile(x, probs = seq(0, 1, 0.25), na.rm = FALSE,
        names = TRUE, type = 7, …)
```

这里x表示待采样的数据集，其余均为可选参数。其中，参数 probs 指明了采样间隔，也就是分位数，它的默认值是 seq(0, 1, 0.25)，即表明此时分位数是(0.00, 0.25, 0.50, 0.75, 1.00)。参数 na.rm 的默认值是一个布尔值，如果将其置为 TRUE，则表示在计算分位数前，所有的无效值（NA 或者 NaN）都会被剔除。参数 names 也是一个布尔值，如果它被置为 TRUE，那么输出结果就会有一个 names 属性。最后，参数 type 是一个介于 1～9 之间的整数，它指示了具体计算过程中分位数计算的 9 种不同算法（其中 1～3 都属于离散采样分位法，其余则是连续采样分位法）。具体每种算法有何不同，限于篇幅这里不再一一详述，有兴趣的读者可以参阅 R 的帮助文档以了解更多细节。下面给出一个使用 quantile()的例子。

```
> quantile(mpg)
    0%    25%    50%    75%   100%
10.400 15.425 19.200 22.800 33.900
```

易见，函数 summary()和 quantile()所得之结果基本一致（只是保存精度上有些微差异），但二者所得之结果与前面 fivenum()函数的计算结果在四分位上有明显出入。这主要源于默认情况下（即参数 type = 7），函数 quantile()是基于分位数这个概念来计算四分位数的，而 fivenum()函数在计算四分位数时仅仅是迭代使用了计算中位数的算法。在此给出一个自行实现的与默认情况下之 quantile()功能相同的函数，供有兴趣的读者研究使用，代码如下：

```
> my.quantile <- function(x) {
+   n <- length(x)
+   probs = seq(0, 1, 0.25)
+   index <- 1 + (n - 1) * probs
+
+   lo <- floor(index)
+   hi <- ceiling(index)
+
+   x <- sort(x, partial = unique(c(lo, hi)))
+   qs <- x[lo]
+   i <- which(index > lo)
+   h <- (index - lo)[i]
+   qs[i] <- (1 - h) * qs[i] + h * x[hi[i]]
+   return(qs)
+ }
```

5.4.2 使用并列箱线图

箱线图不仅可以展示单个变量（如 5.4.1 节所示之范例），还可以展示分组变量。此时，箱线图就变成了展示组间差异的绝佳手段。当我们将函数 boxplot()中的数据参数由之前使用的向量替换成形如$y \sim A$一样的公式时，这将为类别型变量A的每个值并列地生成数值型变量y的箱线图。公式$y \sim A * B$则将为类别型变量A和B所有水平的两两组合生成数值型变量y的箱线图。此外，将参数 varwidth 的值置为 TRUE 将使箱线图的宽度与其样本大小的平方根成正比。将参数 horizontal 的值置为 TRUE 可以达到反转坐标轴方向的目的。

基于在核密图中曾经使用过的例子，下面的代码将使用并列箱线图重新研究 4 缸、6 缸和 8 缸发动机对每加仑汽油行驶的英里数的影响。

```
> boxplot(mpg ~ cyl, data = mtcars, main = "Car Mileage Data",
+ xlab = "Number of Cylinders", ylab = "Miles/Gallon")
```

上述代码的执行结果如图 5-15 所示，从中可以看到不同组间油耗的区别非常明显。同时也可以发现，6 缸车型的每加仑汽油行驶的英里数分布较其他两类车型更为均匀。与 6 缸和 8 缸车型相比，4 缸车型的每加仑汽油行驶的英里数散布最广，而且是正偏的。另外，在 8 缸组中还有一个离群点。

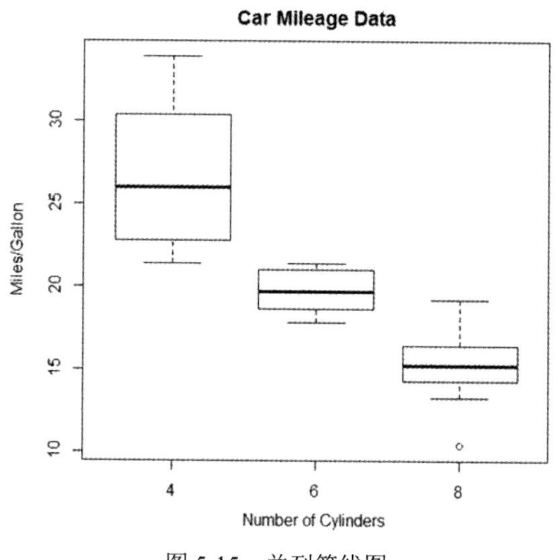

图 5-15　并列箱线图

箱线图的一个常用变种是所谓的凹槽箱线图，在 R 代码中可以通过将函数 boxplot()中的参数 notch 置为 TRUE 来获得。若两个箱的凹槽互不重叠，则表明它们的中位数有显著差异。以下代码将为车型油耗示例创建一幅含凹槽的箱线图。代码执行结果如图 5-16 所示，从中可以看到，4 缸、6 缸、8 缸车型的油耗中位数是不同的。随着汽缸数的减少，油耗明显降低。

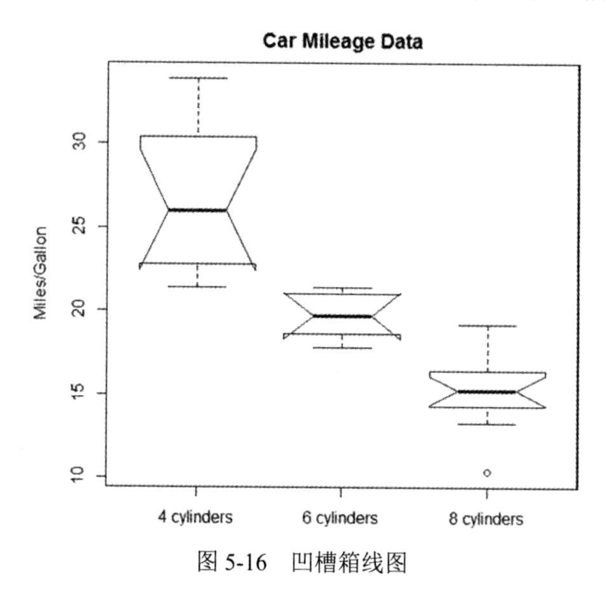

图 5-16　凹槽箱线图

```
> boxplot(mpg ~ cyl, data = mtcars, notch = TRUE,
+ main = "Car Mileage Data", ylab = "Miles/Gallon", xaxt = "n")
> axis(side = 1, at = c(1, 2, 3), labels = c("4 cylinders",
+ "6 cylinders", "8 cylinders"))
```

上述代码中另外一个值得留意的地方是我们设法对默认的横轴刻度标签进行替换，对于那些非数值类型的标签，这种方法更加灵活，而且使得结果更加易读。

正如在本小节最开始曾经谈到的，使用 boxplot()还可以实现为多个分组因子绘制箱线图的功能。下面这段示例代码为不同缸数和不同变速箱类型的车型绘制了每加仑汽油行驶英里数的箱线图。其中，我们通过修改参数 col 的值为箱线图进行了着色。由于颜色是循环使用的，因此达到了对自动变速箱和标准变速箱加以区分的目的。

```
> cyl.f <- factor (cyl, levels = c(4, 6, 8),
+ labels = c("4 cyls", "6 cyls", "8 cyls"))
> am.f <- factor(am, levels = c(0, 1), labels = c("auto","std"))
> boxplot(mpg ~ am.f*cyl.f, data = mtcars, varwidth = TRUE,
+ col = c("wheat", "orange"), xlab = "Types",
+ main = "MPG Distribution by Multi-types")
```

上述代码的执行结果如图 5-17 所示，该图再一次直观地反映出油耗随缸数的下降而减少这一统计结论。对于 4 缸和 6 缸车型，标准变速箱的油耗更高。但是对于 8 缸车型，油耗似乎没有差别。而且从箱线图的宽度看出，4 缸标准变速箱的车型和 8 缸自动变速箱的车型在数据集中最为常见。

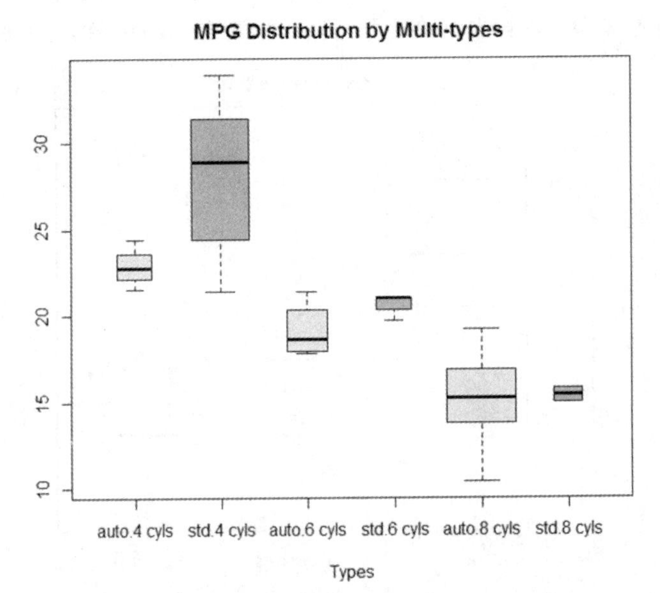

图 5-17　多因子复合的箱线图示例

5.5　条形图

条形图有时也称柱状图，是一种用长方形的长度来描述变量取值大小的统计图表。它通过垂直的或水平的条形展示了变量的取值分布，常用来比较两个或以上（不同时间或不同条件的）类别型数据的大小，对于小型数据集的分析比较适用。

5.5.1　基本条形图及调整

在 R 语言中，函数 barplot()用以绘制条形图。该函数接收的数据参数只能是一个向量或一个矩阵。现有一组来自世界银行《世界发展指标》的数据，该组数据反映了 2010 年美国、日本、中国、巴西和印度五国的 GDP 单位能源消耗情况。GDP 单位能源消耗是指平均每千克石油当量的能源消耗所产生的按购买力平价计算的 GDP。下面这段代码用条形图对该组数据进行了可视化表示，代码执行结果如图 5-18 中的左图所示。该图较为直观地反映了我国产业能耗高、产能严重落后的现状。

```
> my.data <- matrix(c(5.87, 7.94, 3.77, 7.41, 5.37), nrow = 1)
> colnames(my.data) <-c("US", "Japan", "China", "Brazil", "India")
> barplot(my.data, ylim = c(0, round(max(my.data))),
+  main = "Barplot Example (Vertical)",
+  xlab = "Countries", ylab = "GDP per Energy")
```

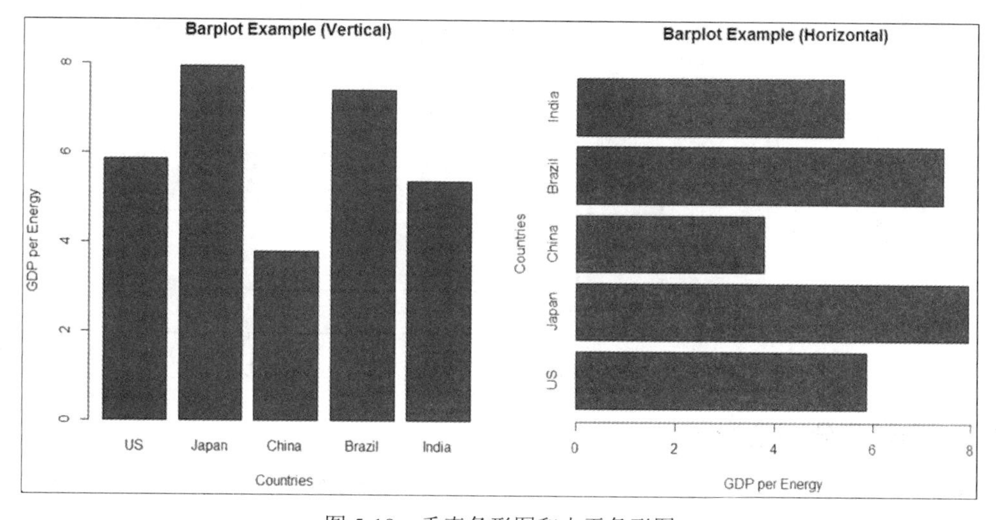

图 5-18　垂直条形图和水平条形图

如果修改参数 horiz 的默认值，将其置为 TRUE，那么将得到一幅水平展示的条形图。下面这段代码演示了水平条形图的绘制方法，其执行结果如图 5-18 中的右图所示。

```
> barplot(my.data, xlim = c(0, round(max(my.data))),
+ horiz = TRUE, main = "Barplot Example (Horizontal)",
```

```
+  xlab = "GDP per Energy", ylab = "Countries")
```

函数 barplot()中其他可选参数的用法，例如标题、横纵坐标轴标签等，都与之前其他图表绘制时的情况类似，这里不再赘述。但仍有一些可以对条形图的外观进行微调的方法值得我们在此稍加留意。一个比较常见的问题是随着条形数目的增多或者单独几个条形标签的内容过长时，条形的标签可能会开始重叠。此时，可以使用参数 cex.names 来减小字号。将其指定为小于1的值可以缩小标签的大小。另外一个可选的方法是调整标签显示的方向。在下面这段代码中，我们将 2010 年中国的 GDP 单位能源消耗情况与经合组织成员国家和中等收入国家进行对比。

```
> GDP.Energy <- c(3.77, 6.87, 4.56)
> par(mar=c(4,10,3,2))
> par(las = 1)
> barplot(GDP.Energy, horiz = TRUE, cex.names = 0.9,
+ names.arg = c("China", "OECD Countries","Middle Income Countries"))
> title(main = list("GDP per Unit Energy Consumption",
+ cex = 1.2, col = "brown", font = 3))
```

上述代码的执行结果如图 5-19 所示。其中，可选参数 names.arg 指定了一个字符向量作为条形的标签名。另外，通过将las的值置为2，该段代码还实现了对条形标签方向的旋转。为了让标签显示更加合适，我们还通过修改mar的值来增加了图形左侧边界的大小。最后代码还调整了标题的显示形式。

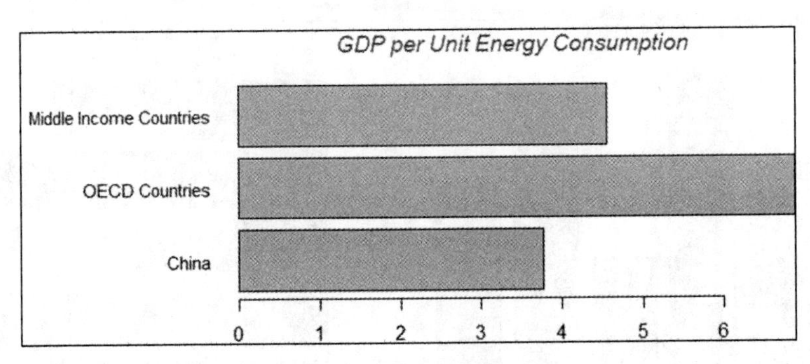

图 5-19　微调后的条形图

5.5.2　堆砌与分组条形图

现在有一组来自《中国统计年鉴》的数据，它反映了 2009 年中国和德国三种产业就业人员比重的对比情况。我们用下列代码将其录入一个矩阵中。

```
> my.data <- matrix(c(38.1, 1.7, 27.8, 28.7, 34.1, 69.6), nrow = 2)
> rownames(my.data) <- c("China", "Germany")
> colnames(my.data) <- c("primary","secondary","tertiary")
> my.data
        primary secondary tertiary
```

```
China      38.1      27.8      34.1
Germany     1.7      28.7      69.6
```

考虑如何用条形图来对该组数据进行可视化表示。这时我们就需要用到所谓的堆砌条形图与分组条形图。在 barplot()函数中，参数 beside 的默认值为 FALSE，此时矩阵中的每一列都将生成图中的一个条形，各列中的值将分别生成一段子条，并逐个堆砌起来，此时 R 将绘制一幅堆砌条形图。若将 beside 置为 TRUE，则矩阵中的每一列都表示一个分组，各列中的值将并列展示而不是逐个堆叠。

来看下面这段示例代码，它所绘制的就是一幅堆砌条形图。我们同时修改参数 col 的值来为绘制的条形添加了颜色。此外，该段代码还为最终的图表添加了图例标签。代码执行结果如图 5-20 所示。

```
> barplot(my.data, main = "Grouped Barplot", xlab = "Industries",
+ ylab = "Employment(%)",col = c("wheat", "orange"),
+ legend = rownames(my.data), args.legend = list(x = "top"))
```

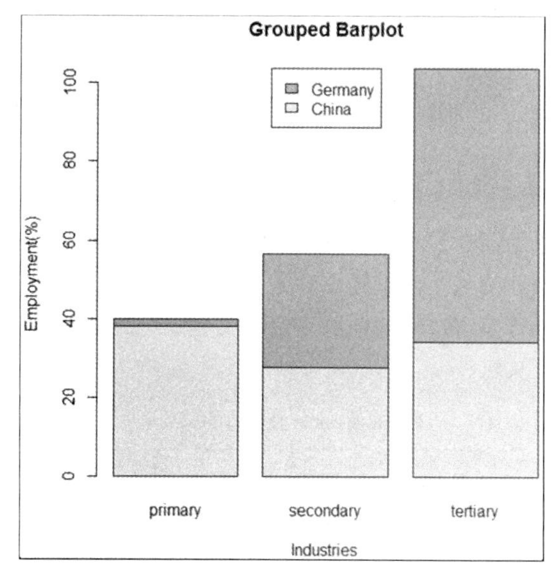

图 5-20　堆砌条形图

如果你感觉堆砌条形图对于数据展示的效果并不理想，那么分组条形图就将是不错的选择。下面这段示例代码绘制了一幅分组条形图，我们通过矩阵里的最大值来设法控制图表中纵轴刻度的取值范围，从而实现最佳展示效果。代码执行结果如图 5-21 所示。

```
> barplot(my.data, main = "Grouped Barplot",
+ ylim = c(0, round(max(my.data))), xlab = "Industries",
+ ylab = "Employment(%)",col = c("wheat", "orange"), beside=TRUE,
+ legend = rownames(my.data), args.legend = list(x = "top"))
```

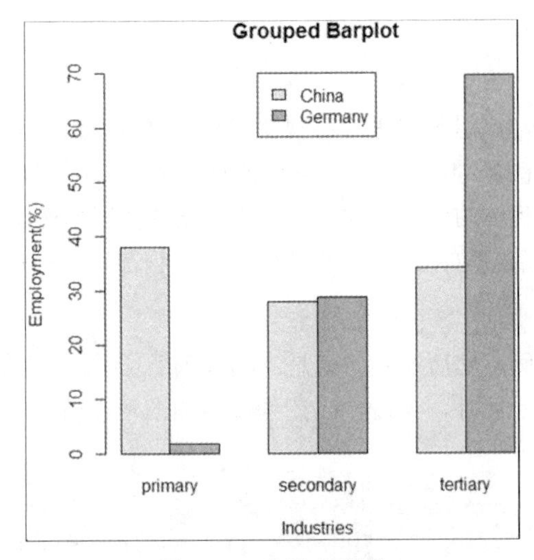

图 5-21　分组条形图

最后我们来考虑堆砌条形图的一个更为常用的变种——荆棘图。在棘状图中，条形块的高度不再表示绝对的数值，而是表示占比。为此，荆棘图中的条形块需要进行一定的缩放，从而保证每个条形的高度均为1。绘制棘状图需要用到 vcd 包中的 spine()函数。下面给出示例代码。

```
> library(vcd)
> spine(my.data, main="Employment in Three Industries")
```

上述代码的执行结果如图 5-22 所示，图中清晰地显示出德国的第三产业在吸纳就业方面具有绝对优势，从事第一产业的人员比重则非常低。而我国的第一、二、三产业就业人员比重则差异不大。另外我们也不难发现，荆棘图的作用其实更像是饼状图，它也是一种用于展示类别型变量分布占比的流行工具。

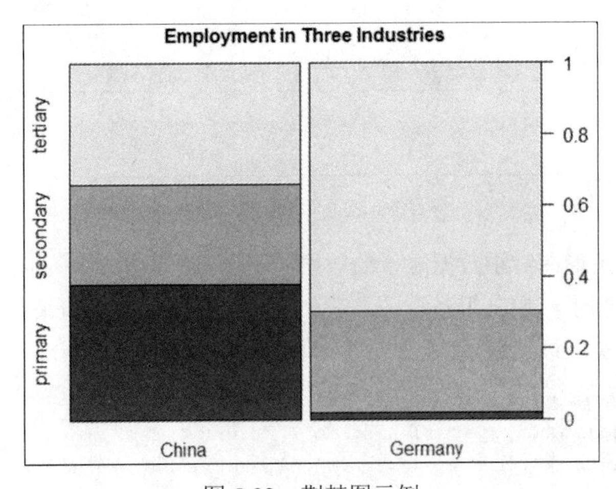

图 5-22　荆棘图示例

5.6　分位数与 QQ 图

设有容量为n的样本观察值$x_1,x_2,\cdots,x_n$，样本p分位数（$0<p<1$）记为x_p，它具有以下两个性质：(1)至少有np个观察值小于或等于x_p，或者说样本中小于或等于x_p的观察值占$p\times100\%$；（2）至少有$n(1-p)$个观察值大于或等于x_p，或者说样本中大于或等于x_p的观察值占$(1-p)\times100\%$。

样本p分位数可按以下法则求得，将$x_1,x_2,\cdots,x_n$按从小到大的顺序排列成$x_{(1)}\leqslant x_{(2)}\leqslant\cdots\leqslant x_{(n)}$。

（1）若np不是整数，则只有一个数据满足定义中的两点要求，该数据位于大于np的最小整数处，即位于$[np]+1$处的数。例如，$n=12,p=0.9$，则$np=10.8,n(1-p)=1.2$，那么x_p的位置应满足至少有 10.8 个数据小于或等于x_p，据此我们可以断定x_p应位于第 11 或者大于第 11 个顺序观察值的位置，并且至少有 1.2 个数据大于或等于x_p，即x_p应位于第 11 或者小于第 11 个顺序观察值的位置，最终x_p应该位于第 11 个顺序观察值的位置。

（2）如果np是整数，例如$n=20$，$p=0.95$，$np=19$，则x_p的位置应满足至少有 19 个数据小于或等于x_p，据此可知x_p应该位于第 19 个或者大于第 19 个顺序观察值的位置，并且至少有一个数据大于或等于x_p，所以x_p应该位于第 20 或者小于第 20 个顺序观察值的位置。因此，第 19 和第 20 个数据都符合要求，此时就取二者的平均数作为x_p的值。

综上所述，我们得到如下结论：

$$x_p=\begin{cases}x_{([np]+1)}, & np\text{非整数}\\ \dfrac{1}{2}\left[x_{(np)}+x_{(np+1)}\right], & np\text{是整数}\end{cases}$$

特别地，当$p=0.5$时，0.5 分位数$x_{0.5}$也记为Q_2或M，称为样本中位数，即有：

$$x_{0.5}=\begin{cases}x_{([n/2]+1)}, & n\text{是奇数}\\ \dfrac{1}{2}\left[x_{(n/2)}+x_{(n/2+1)}\right], & n\text{是偶数}\end{cases}$$

易知，当n是奇数时，中位数$x_{0.5}$就是$x_{(1)}\leqslant x_{(2)}\leqslant\cdots\leqslant x_{(n)}$这一顺序观察值中间的一个数；而当$n$是偶数时，中位数$x_{0.5}$就是$x_{(1)}\leqslant x_{(2)}\leqslant\cdots\leqslant x_{(n)}$中最中间的两个数的平均值。

此外，0.25 分位数$x_{0.25}$被称为下四分位数，又记为Q_1；0.75 分位数$x_{0.75}$被称为上四分位数，又记为Q_3。

前面已经介绍过，如果 R 中分布的函数名为 func，形如 qfunc 的函数提供了相应的分位数函数，这里的“q”即表示分位数（quantile）。前面曾经提到过分位数函数就是相应累积分布函数的反函数，本章前面所给出的示例代码也说明了这一点。本节便以此为基础展开讨论。

对于一个连续型随机变量而言，它取任何固定值的概率都等于 0，也就是说考察随机变量在某一点上的概率取值是没有意义的。因此，在考察连续型随机变量的分布时，我们看的是它在某个区间上的概率取值。这时就需要用到累积分布函数。以正态分布为例，做其累积分布函数。

```
> x <- seq(-3, 3, by = 0.1)
> cdf <- pnorm(x, 0, 1)
> plot(cdf ~ x, type = "o")
```

上述代码的执行结果如图 5-23 中的右图所示。对于连续型随机变量而言，累积分布函数是概率密度函数的积分。从几何意义上来解释，例如图 5-23 中右图横坐标等于 1.0 的点，它对应的函数值约为 0.8413（取值可以在 R 中通过函数来获取或者查表）。如果在图 5-23 的左图里过横坐标等于 1.0 的点做一条垂直于横轴的直线，（根据积分的几何意义）则该直线与其左侧的正态分布概率密度函数曲线所围成之面积就约等于 0.8413。

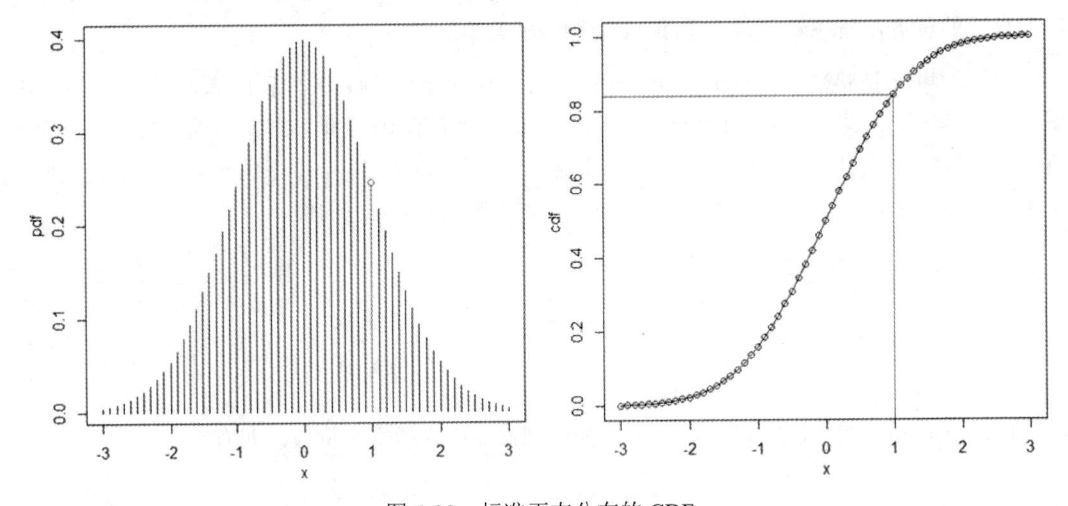

图 5-23　标准正态分布的 CDF

我们用数学公式来表达，则标准正态分布的概率密度函数为：

$$p(x) = \frac{1}{\sqrt{2\pi}} \mathrm{e}^{-\frac{x^2}{2}} \ (-\infty < x < +\infty)$$

所以有：

$$y = F(x_i) = P\{X \leqslant x_i\} = \int_{-\infty}^{x_i} \frac{1}{\sqrt{2\pi}} \mathrm{e}^{-\frac{x^2}{2}} \mathrm{d}x$$

这也符合前面所给出的结论，即累积分布函数$F(x_i)$是x_i的非降函数。

继续前面的例子，易得：

$$P\{X \leqslant 1.0\} = \int_{-\infty}^{1.0} \frac{1}{\sqrt{2\pi}} \mathrm{e}^{-\frac{x^2}{2}} \mathrm{d}x \approx 0.8413$$

上面这个公式可以解释为：在标准正态分布里，随机变量取值小于或等于1.0的概率是84.13%。这其实已经隐约看到分位数的影子了，而分位数的特性在累积分布函数里表现得更为突出。

分位数函数是相应累积分布函数的反函数，则有$x_i = F^{-1}(y)$。下面这段示例代码直接画出了累积分布函数的反函数（将自变量与因变量的位置对调）作为参照，结果如图 5-24 所示。根据反函数的基本性质，它的函数图形与原函数图形关于$x = y$对称，关于这一点，图 5-24 中所示的结果是显然的。

```
> plot(cdf ~ x, ylim = c(-3,3), type = "l", lty = 2, xlab="", ylab="")
> par(new=TRUE)
> plot(x ~ cdf, xlim = c(-3,3), type = "l")
```

然后请读者执行下列代码，并观察程序的输出结果。

```
> plot(qnorm(cdf) ~ cdf, type = "l")
> plot(x ~ cdf, type = "l")
```

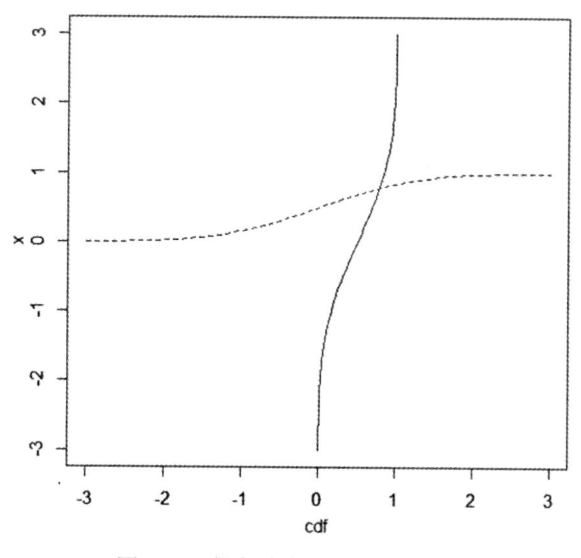

图 5-24　累积分布函数及其反函数

上述代码首先利用 R 中提供的正态分布相应的分位数函数 qnorm 来绘制图形，如图 5-25 中的左图所示。再与直接绘制的 CDF 反函数图形相对比，如图 5-25 中的右图所示。分位数函数 qnorm 的第一个参数是由概率构成的向量。由于分位数函数就是相应累积分布函数的反函数，因此图 5-25 中的左图和右图所示之结果是一样的。

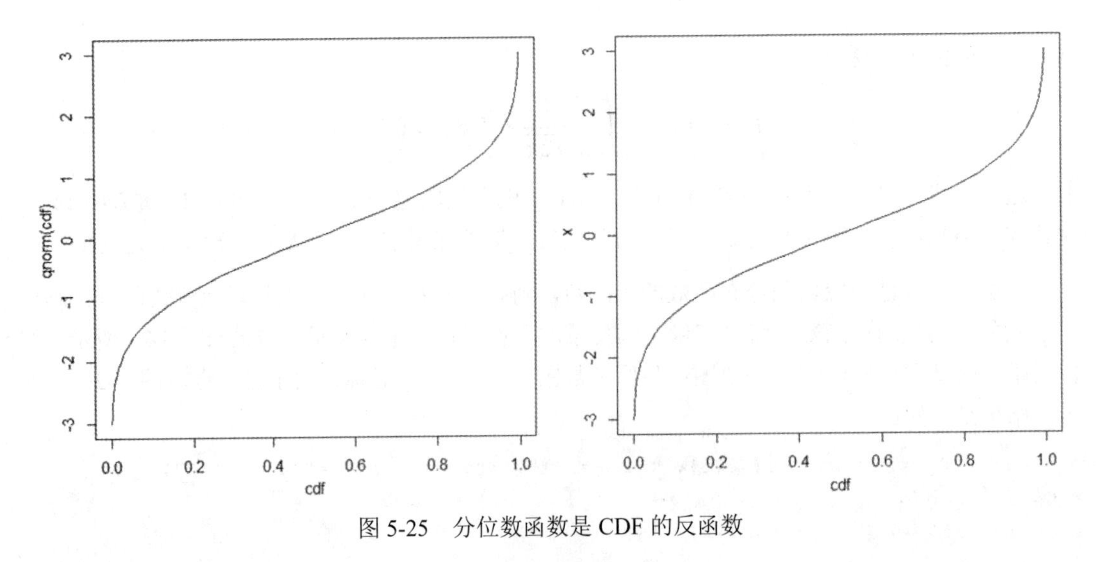

图 5-25　分位数函数是 CDF 的反函数

累积分布函数就是值到其在分布中百分等级的映射。如果累积分布函数CDF是x的函数，其中x是分布中的某个值，计算给定x的CDF(x)，就是计算样本中小于或等于x的值的比例。而分位数函数则是累积分布函数的反函数，它的自变量是一个百分等级，而它输出的值是该百分等级在分布中对应的值。这也就是分位数函数的意义。

在上述讨论的基础上，下面我们来研究另外一个重要的话题，亦即关于 QQ 图（Quantile-Quantile Plot）的一些知识。QQ 图用于直观地验证一组数据是否来自某个分布（最常见的情况是检验数据是否来自于正态分布），或者验证某两组数据是否来自同一分布。

若是检验一组数据是否来自某个分布，累积分布函数为$F(x)$，通常图的纵坐标为排好序的实际数据（次序统计量：$x_{(1)} \leqslant x_{(2)} \leqslant \cdots \leqslant x_{(n)}$），可以称之为采样分位点。横坐标为这些数据的理论分位点。理论分位点的计算要用到前面介绍的分位数函数。下面就以最常用的正态分布的 QQ 图来说明理论分位点该如何得到。例如，检验表 5-1 这样一组数据是否服从正态分布。

表 5-1　待检验数据

$x_{(01)}$	$x_{(02)}$	$x_{(03)}$	$x_{(04)}$	$x_{(05)}$
83.83	95.30	100.67	105.01	108.70
$x_{(06)}$	$x_{(07)}$	$x_{(08)}$	$x_{(09)}$	$x_{(10)}$
110.28	117.14	125.39	127.91	145.24

首先算出各个排好序的数据对应的百分比$p_{(i)}$，也就是第i个数据$x_{(i)}$为$p_{(i)}$分位数。这里$p_{(i)}$有很多种算法，例如有的定义为$p_{(i)} = i/(n+1)$等。我们这里取$p_{(i)} = (i-0.5)/n$，于是得到如表 5-2 所示之结果。

表 5-2　次序统计量之百分比

$p_{(01)}$	$p_{(02)}$	$p_{(03)}$	$p_{(04)}$	$p_{(05)}$	$p_{(06)}$	$p_{(07)}$	$p_{(08)}$	$p_{(09)}$	$p_{(10)}$
0.05	0.15	0.25	0.35	0.45	0.55	0.65	0.75	0.85	0.95

则$x_{(i)}$对应的理论分位点为$F^{-1}\left[p_{(i)}\right] = F^{-1}[(i-0.5)/n]$，亦即纵坐标的值。为什么不把$p_{(i)}$定义为$i/n$呢？若这样定义，则最大的那个数对应的$p_{(i)} = 1$，这样很多分布函数的$F^{-1}(1)$对应一个无穷大，这样无法在坐标上表示出来，所以稍加修改。在 R 中可由下列代码实现，注意其中用到了分位数函数：

```
> q.dset <- seq(0.05,0.95,by = 0.1)
> q.dset
 [1] 0.05 0.15 0.25 0.35 0.45 0.55 0.65 0.75 0.85 0.95
> q.norm <- qnorm (q.dset)
> round(q.norm, 2)
 [1] -1.64 -1.04 -0.67 -0.39 -0.13  0.13  0.39  0.67  1.04  1.64
```

在定义好 QQ 图的横纵坐标之后，就可以在图上做出散点图来，示例代码如下。程序执行结果如图 5-26 所示，其中左图是基于上述计算步骤所得之坐标自行绘制的 QQ 图，右图则是利用 R 中的函数自动绘制的 QQ 图，以用作对比，显然二者是一致的。

```
> par(mfrow = c(1,2))
> plot(dset ~ q.norm, main = "Normal Q-Q Plot (Manually)", col = "red")
> par(new = TRUE)
> qqline(dset)
> qqnorm(dset, main = "Normal Q-Q Plot (By R)", col = "blue")
> qqline(dset)
```

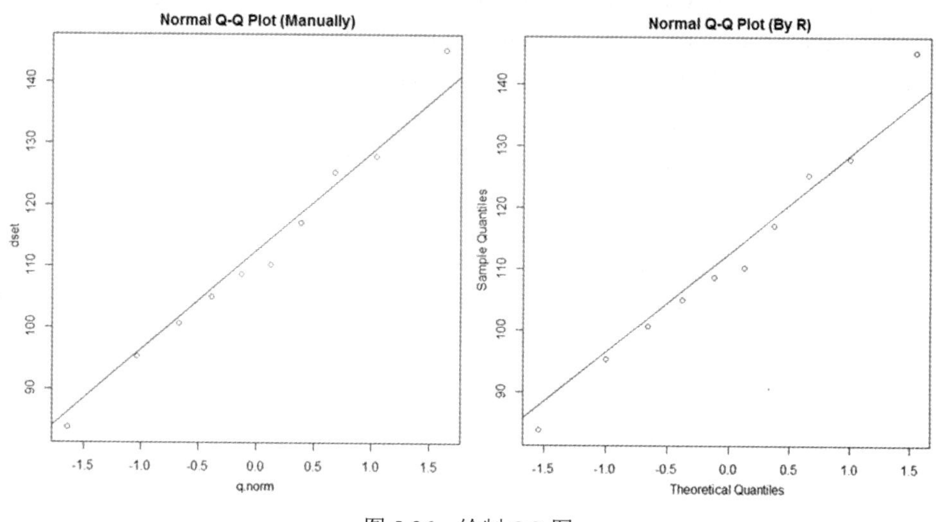

图 5-26　绘制 QQ 图

绘制完散点图之后，可以再在图上添加一条直线，这条直线就是用于做参考的，通过看散点是否落在这条线的附近即可得知数据集与指定分布的符合程度。直线由下四分位点和上四分位点这两点确定。下四分位点的坐标中横坐标为实际数据的下四分位点，纵坐标为理论分布的下四分位点，上四分位点与此类似，这两点就刚好确定了 QQ 图中的直线。

可以使用 R 中提供的 qqline()这个函数来实现上述功能。该函数的作用是向图中加入一条用于参考的直线，它给出了一个理论上的 QQ 图，也就是所有点都完美地排列在一条直线上的结果（默认情况下对应于正态分布 QQ 图的理论线），该函数的声明如下：

```
qqline(y, datax = FALSE, distribution = qnorm,
     probs = c(0.25, 0.75), qtype = 7, ...)
```

其中，y是包含n个单变量样本数据的向量，也就是函数要检验的数据集，这个参数在 qqnorm()函数里也会用到，它们的意义是相同的。参数 probs 是一个长度为 2 的向量，其中的两个元素分别表示两个分位，默认情况下对应了下四分位和上四分位。参数 distribution 给出了参考分布的类型，默认情况下是正态分布。最后一个可选参数是 qtype，其取值为一个介于 1～9 之间的整数（默认情况下等于 7），该参数指示了具体执行分位数计算的 9 种不同算法（其中 1～3 是离散采样分位法，其余是连续采样分位法）。每种算法的具体细节，限于篇幅这里不再详述，有兴趣的读者可以参阅 R 的帮助文档以了解更多细节。

函数 qqnorm() 的作用是为待检验数据生成一个正态分布的 QQ 图，该函数的声明形式如下：

```
qqnorm(y, ylim, main = "Normal Q-Q Plot",
     xlab = "Theoretical Quantiles", ylab = "Sample Quantiles",
     plot.it = TRUE, datax = FALSE, ...)
```

其中，与 qqline()函数中的情况相同，y是包含n个单变量样本数据的向量，也就是函数要检验的数据集。参数 main 给出的是图的名称，xlab 和 ylab 分别给出横轴和纵轴的标签。参数 plot.it 是一个布尔值，默认值为 TRUE，它表示系统将显示 QQ 图的绘制结果。如果它被置为 FALSE，则系统不会显示绘制结果。同样，datax 也是一个布尔值，默认情况下它等于 FALSE，如果把它置为 TRUE，那么 QQ 图中的横纵坐标将对调。ylim 是图形参数，控制纵坐标（如果 datax = FALSE 的话）的取值范围，后面我们在介绍 R 语言绘图的时候还会再介绍这个参数。

作为另外一个演示 qqnorm()和 qqline()使用的例子，下面这段示例程序验证了中央极限定理。

```
> exponential.pop <- rexp(1000, rate = 1)
> exp.means <- sapply(1:1000, function(x)
+       mean(sample(exponential.pop, size=15)))
> my.data <- exp.means[1:50]
> qqnorm(my.data)
> qqline(my.data)
```

程序执行结果如图 5-27 所示。

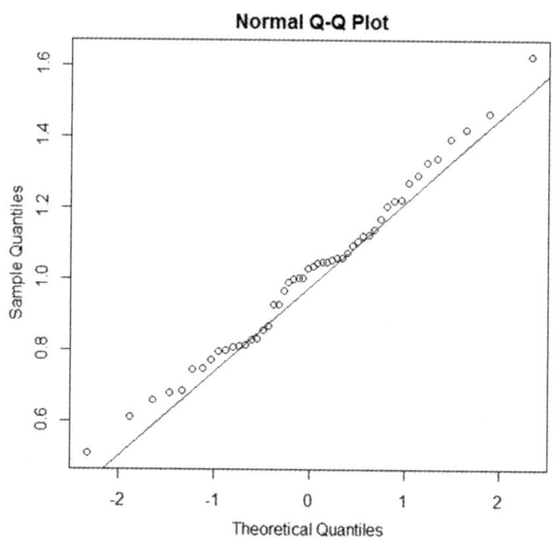

图 5-27　验证中央极限定理

若是检验两组数据是否来自同一个分布函数$F(x)$，则直接将两组数据各自的理论分位点当作横纵坐标，然后看是否在一条直线的附近。当被检验的两组数据中元素的个数不一致时，需要用插值法，将元素个数少的那组数据通过插值的方法补齐。

在 R 中，可以使用 qqplot()这个函数来完成上述功能。它的作用就是产生两组数据集的 QQ 图，其声明如下：

```
qqplot(x, y, plot.it = TRUE, xlab = deparse(substitute(x)),
      ylab = deparse(substitute(y)), ...)
```

其中参数x和y分别表示需要进行检验的两组数据，其他参数的意思前面已经讨论过，这里不再重复。

下面这段示例代码演示了该函数的使用。

```
> exp.pop <- rexp(100, rate = 1)
> par(mfrow = c(1,2))
> qqplot(exp.pop, exp.pop)
> qqplot(exp.pop, rexp(100, rate = 1))
```

上述程序的执行结果如图 5-28 所示。一组数据现在和其自身是来自同一分布的，所以图 5-28 左图中的所有点都在一条直线上。注意到函数 rexp()的作用是生成满足指数分布的随机数，所以每次执行它的结果都不可能是完全一样的。正如图 5-28 右图中所表现的那样，两组数据是来自同一分布的，因为图中的数据点近似在一条直线上，但这条直线显然不可能像左图中的那样完美。

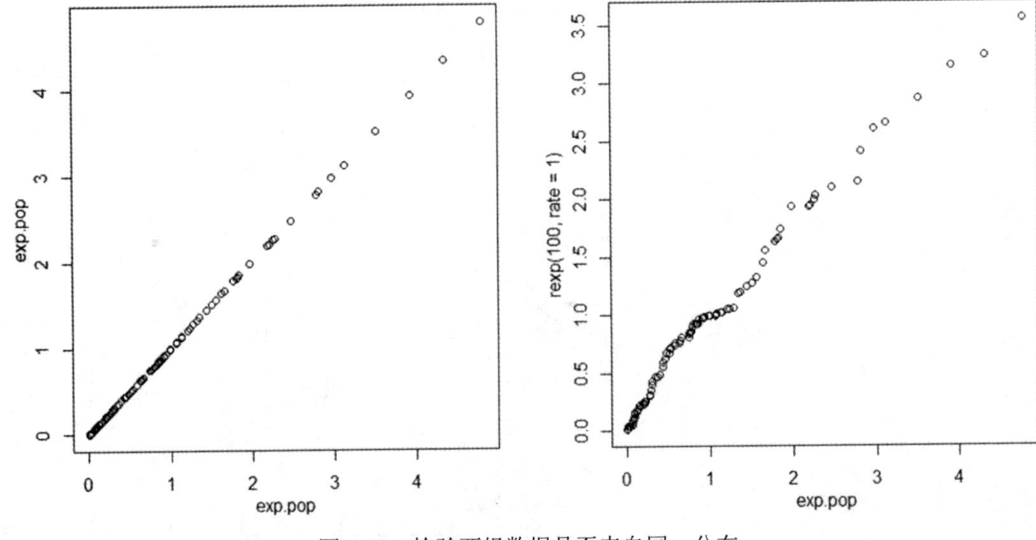

图 5-28　检验两组数据是否来自同一分布

第 6 章
数据输入/输出

数据分析的第一步应该是获取数据。正所谓“巧妇难为无米之炊”，没有数据而空谈分析显然是毫无意义的。我们要获取的原始数据，可能来自不同的渠道，或者具有多种多样的形式。正确地读取它们并进行一定的初步整理，无疑会为后续工作打下一个良好的基础。此外，对数据整理的结果进行保存也是一项非常重要的工作。本章将围绕这些话题展开讨论，并帮助读者进一步巩固使用 R 的能力。

6.1　数据的载入

任何一门高级计算机语言都必然提供了 I/O 相关的功能，例如 C 语言库函数中的 printf 和 scanf。对于为数据分析而生的 R 来说，输入与输出就具有了更加特殊的意义，所以当提及 R 中的数据 I/O 时，更多是针对文件而言的。

6.1.1　基本的数据导入方法

文件就是存储在外部存储器上的一组相关元素或数据的有序集合。由这个定义可知，文件通常都被存在外部存储器上。事实上，文件只有需要被使用的时候才会被调入内存。此外，从更加广义的角度来说，文件还可分为普通文件和设备文件两大类，如图 6-1 所示。

所谓普通文件就是指驻留在磁盘或其他外部介质上的一个有序数据集；而设备文件主要指与主机相联的各种外部设备，如显示器、打印机、键盘、扫描仪等。操作系统把外部设备也看作是一个文件来管理，它们与普通的数据文件不同，它们只是一种逻辑上的文件。操作系统为了方便处理，而对设备文件的输入、输出等同看作是对磁盘文件的读和写。通常情况下，显示器被定义为标准输出文件，键盘则被定义为标准输入文件。因此，在屏幕上显示信息就是向标准输出文件输出信息；从键盘上键入数据就意味着从标准输入文件上接收数据。

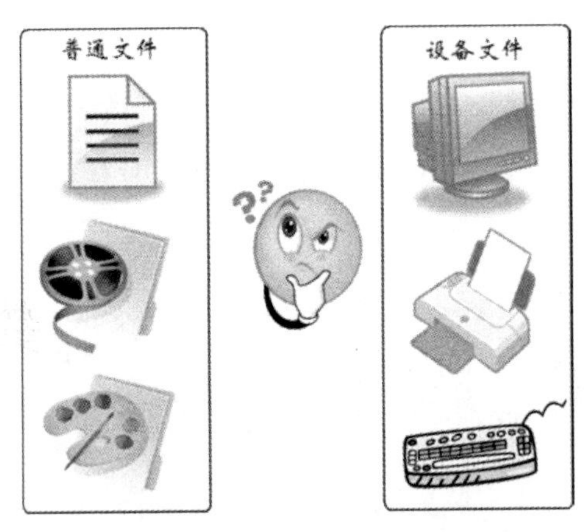

图 6-1 普通文件和设备文件

文件概念的引入使得所有的系统资源（普通文件或目录、磁盘、键盘、显示器、打印机等）有了统一的标识，操作系统对这些资源的访问和处理都是通过统一的字节序列的方式来实现的。标准输入/输出主要是面向设备文件的，但是数据分析所需要的原始数据量可能很大，依靠来自键盘的输入显然是很不现实的。所以，本章研究的文件主要是指除了设备文件以外的普通文件。如无特殊说明，本章后面所出现的文件即专指普通文件。我们在 R 中所处理的数据更多的正是来自其他通用格式所保存的文件。这里的“通用格式”可能是由其他数据处理软件（例如 Excel）保存的文件格式，也可能来自数据库管理系统，甚至可能来自网页。幸好 R 已经为读取各式各样的文件做足了准备。

实际上，R 本身已经提供了超过 50 个数据集，而在众多功能包中，出于演示用例的目的，也附带提供了更多的数据包。基本安装完成后，默认的数据集被存放于 datasets 程序包中。本书后续的许多例子都用到了该包的数据。

通过函数 data()可以查看系统提供的全部数据集，这包括 datasets 以及通过 library()加载之程序包中的数据。该函数亦可被用于载入指定的数据集。例如当我们想查看 geyser 数据集的内容时，系统表示无法识别它，而当用 data()函数做如下处理后，我们就可以正常使用 geyser 数据集了。

```
> geyser
Error: object 'geyser' not found
> data(geyser, package = "MASS")
> geyser
  waiting  duration
1       80 4.0166667
2       71 2.1500000
3       57 4.0000000
```

R 中最常用的读取文件的指令是 read.table()，它是读取矩形格子型数据最为简单的方式。

使用该函数读入数据后，我们将得到一个列表。该函数的调用格式如下：

```
read.table(file, header = FALSE, sep = "", quote = "\"'",
           dec = ".", numerals = c("allow.loss", "warn.loss", "no.loss"),
           row.names, col.names, na.strings = "NA", skip = 0,
           check.names = TRUE, strip.white = FALSE, blank.lines.skip = TRUE,
)
```

函数 read.table()中包含很多参数，上面我们也仅列出了比较常用的几个。表 6-1 对其中部分参数的意义进行了说明。现在来看一段示例代码。

```
> data = read.table("c:/car.txt", header=TRUE, quote="\"")
> data[1:2,]
        Make  lp100km  mass.kg  List.price
1 Alpha Romeo      9.5     1242       38500
2     Audi A3      8.8     1160       38700
```

表 6-1　主要参数说明

参数名	含　义
file	要读取的数据文件名称
header	逻辑值，TRUE 表示文件的第一行包含变量名，默认为 FALSE
sep	文件中的字段分隔符，默认为 sep=" "，即分隔符为空格
dec	设置用来表示小数点的字符
row.names	向量的行名，默认为 1，2，3……
col.names	向量的列名，默认为 *V*1，*V*2，*V*3……
na.strings	赋给缺失数据的值，默认值为 NA
skip	开始读取数据前跳过的数据文件的行数
strip.white	是否消除空白符
blank.lines.skip	是否跳过空白行

与 read.table()用法类似的还有 read.csv()和 read.delim()。函数 read.csv()用于读取逗号分隔文件，即 CSV（Comma-Separated Values）文件，所以该函数中 sep 的默认值为“,”。read.delim()针对使用其他分隔符的数据（并且不使用行号），sep 的默认值为制表符“\t”。这两个指令的其他参数设置与 read.table()基本无异，但应注意其中 header 的默认值是 TRUE。本书后续的例子更多使用 read.csv()函数。

读入数据后，可以通过一些简单的函数来查看数据的基本信息。此时，比较常用的函数有三个。首先是 mode()函数，它用来显示对象的类型。例如：

```
> mode(data)
[1] "list"
```

然后是用于显示对象中标签的函数 names()，在刚刚读取的数据中，就是列表中包含的变量名。

例如：

```
> names(data)
[1] "Make"   "lp100km"    "mass.kg"    "List.price"
```

第三个函数是 dim()，它用于显示对象的维数，例如刚刚读取的数据中共有 13 条记录和 4 个变量（也就是 13 行、4 列）。

```
> dim(data)
[1] 13  4
```

要显示列表中的变量，常常需要用到符号“$”，但在数据文件中变量很多时，多次使用该符号会比较麻烦。这时使用 attach()函数，便可以直接通过变量名来获取变量中的信息。函数 detach()用于执行相反的操作。

```
> data$lp100km
 [1]  9.5  8.8 12.9  7.3  6.9  8.9  7.3  7.9 10.2  8.3  9.1  8.3 10.8
> lp100km
Error: object 'lp100km' not found
> attach(data)
> lp100km
 [1]  9.5  8.8 12.9  7.3  6.9  8.9  7.3  7.9 10.2  8.3  9.1  8.3 10.8
> detach(data)
> lp100km
Error: object 'lp100km' not found
```

有些粗数据虽然具有非常规整的格式，但缺少分隔符，这就需要在读取这些文件时手动划分每个字段的长度，这时可以使用函数 read.fwf()，它逐行读入数据，通过调整参数 widths 可以实现对各个字段的宽度进行划分。

假设有一个名为 data.txt 的文本文件，其内容如下所示：

```
BeijingN116.42E39.92
GuiyangN106.72E26.56
KunmingN102.73E25.05
LanzhouN103.73E36.03
NanjingN118.78E32.05
QingdaoN120.33E36.07
```

通过如下命令可以将文本文件读入，widths 分别指定三个变量的宽度。注意文本文件每行行末都有一个换行符，尽管它不可见，但也要占一个字符的位置。此外，col.names 指定了三个变量的名称。

```
> data.fwf = read.fwf("c:/cities.txt", widths=c(7,7,7),
+            col.names=c("city","latitude","longitude"))
> data.fwf
     city latitude longitude
```

```
1 Beijing  N116.42   E39.92
2 Guiyang  N106.72   E26.56
3 Kunming  N102.73   E25.05
4 Lanzhou  N103.73   E36.03
5 Nanjing  N118.78   E32.05
6 Qingdao  N120.33   E36.07
```

6.1.2 处理其他软件的格式

数据分析时，将 R 与其他数据分析软件配合使用也是很正常的情况，特别是由于不同软件各有所专，若能取长补短，则必然事半功倍。下面我们就以 Excel 和 SPSS 两种软件的文件格式为例，介绍在 R 中读入其他软件格式文件的方法。

Excel 电子表格是我们平时最常用的一种表格数据，一些简单的数据分析工作完全可以用 Excel 来处理，所以在 R 中读取.xls 和.xlsx 格式的文件也时有发生。在 R 中读入 Excel 表格数据的方法有很多种，其中一种比较直接的方法就是选中 Excel 中的数据后，从剪贴板中读取数据。

首先，打开要访问的 Excel 表格文件，然后选中需要的数据后复制（在右键菜单中选择“复制”，或者使用快捷键“Ctrl+C”），如图 6-2 所示，这样所需之数据就被存入剪贴板了。

	A	B	C	D
1	Make	lp100km	mass.kg	List price
2	Alpha Romeo	9.5	1242	38500
3	Audi A3	8.8	1160	38700
4	BA Falcon Futura	12.9	1692	37750
5	Holden Barina	7.3	1062	13990
6	Hyundai Getz	6.9	980	13990
7	Hyundai LaVita	8.9	1248	23990
8	Kia Rio	7.3	1064	14990
9	Mazda 2	7.9	1068	17790
10	Mazda Premacy	10.2	1308	27690
11	Mini Cooper	8.3	1050	32650
12	Peugeot 307	9.1	1219	31490
13	Suzuki Liana	8.3	1140	19990
14	Toyota Avalon CSX	10.8	1520	34490

图 6-2 复制 Excel 中的数据

然后在 R 中输入下列代码，便可成功地将剪贴板中的数据导入 R。

```
> data.excel = read.delim("clipboard")
> data_excel[1:2,]
         Make  lp100km  mass.kg  List.price
1 Alpha Romeo      9.5    1242      38500
2     Audi A3      8.8    1160      38700
```

但一个问题是当数据量较大时，这种操作似乎还是有点麻烦，这时利用 RODBC 软件包所提供的方法便可实现对 Excel 数据的直接访问。假设我们已经正确安装并载入了该程序包。便可以使用下面这段示例代码来建立与 Excel 文件连接的通道。事实上，RODBC 提供了 R 和各类数据库的一个接口（例如 Access 和 SQL Server 等），显然它也把 Excel 看成一种数据库。该包提供的获取 Excel 连接的函数是 odbcConnectExcel()和 odbcConnectExcel2007()，这两个函数分别用于读取扩展名为.xls 和.xlsx 的文件。

```
> channel = odbcConnectExcel2007("c:/car.xlsx")
> sqlTables(channel)
   TABLE_CAT TABLE_SCHEM TABLE_NAME   TABLE_TYPE REMARKS
1 c:\\car.xlsx        <NA>    Sheet1$ SYSTEM TABLE    <NA>
2 c:\\car.xlsx        <NA>    Sheet2$ SYSTEM TABLE    <NA>
3 c:\\car.xlsx        <NA>    Sheet3$ SYSTEM TABLE    <NA>
```

获取 Sheet1 中的数据，下面示例代码的头两行提供两种等价的方法。其中 sqlFetch()直接读取 Excel 连接中的一个表到 R 数据框或列表中，sqlQuery()在 Excel 连接上执行 SQL 查询语句。

```
> data_excel2 = sqlFetch(channel, "Sheet1")
> data_excel2 = sqlQuery(channel, "select * from[Sheet1$]")
> close(channel)
> data_excel2[1:2,]
         Make   lp100km   mass.kg   List.price
1 Alpha Romeo       9.5    1242       38500
2     Audi A3       8.8    1160       38700
```

需要在 R 中读取由其他统计软件产生的数据文件时，使用 foreign 程序包是非常方便的。利用该程序包可以访问的统计软件数据包括 SPSS、SAS、Stata 和 Minitab 等。下面我们将以 SPSS 为例来演示具体的使用方法。

```
> data_spss = read.spss("c:/car.sav", to.data.frame = T)
> data_spss[1:2,]
         Make    lp100km   mass.kg    ListPrice
1 Alpha Romeo       9.5      1242       38500
2 Audi A3           8.8      1160       38700
```

注意此处省略了一些警告信息，这是由于 SPSS 文件中包含许多像变量类型和变量长度等这样的附加信息，而 R 在读入时不能全部识别，所以才会输出警告。但这并不影响我们对于 SPSS 中数据的读入。

此外，正如前面提到的，利用 foreign 程序包中的文件还可以对其他类型的统计软件文件进行访问。限于篇幅此处不再逐一介绍，建议有兴趣的读者参考相关帮助文档以了解更多细节。

6.1.3 读取来自网页的数据

在实际应用中，从网站上直接获取数据也是十分常见的，例如国家统计局官方网站发布的权威统计数据、中国人民银行网站发布的经济数据或其他专业财经网站提供的股市、期货、债券数据都是在进行宏观数据分析工作时常用的数据源。要在 R 中读取网页上的 HTML 表格数据，需要用到 XML 程序包提供的 readHTMLTable()函数，其调用格式如下：

```
readHTMLTable(doc, header = NA, colClasses = NULL,
              skip.rows = integer(), trim = TRUE, elFun = xmlValue,
              as.data.frame = TRUE, which = integer())
```

其中 doc 给出的是 HTML 文件或网页地址。若 hearder 是一个逻辑值，则用于指示是否包含列标签；若为字符向量，则其将为列名称赋值。colClasses 是一个列表或向量，指定表中的各列数据的类型。除了常用的"integer"、"numeric"、"logical"和"character"，还可以使用 FormattedNumber 引入一个新类。参数 skip.rows 指定要忽略的行。逻辑值 trim 指定是否要删除开头和结尾的空白单元格。最后，整数向量 which 表示返回网页中的哪几个表格。

假设读者已经正确安装并加载了 XML 程序包。现在我们设法从世界银行的网站上获取全球各个经济体（包括国家和地区）2011—2014 年的人均 GDP 数据（单位：美元）。注意，如果网页地址较长，而在输入时需要换行，那么最终的字符串中会被引入换行符。为此我们使用函数 gsub()将字符串中的换行符删去。

```
> baseURL = "http://data.worldbank.org/indicator/NY.GDP.PCAP.CD/
+ countries/1W?display=default"
> baseURL = gsub("\\n","",baseURL)
> table = readHTMLTable(baseURL, header = TRUE, which = 1)
> table = table[, 1:5]
> names(table) = c("country", "2011", "2012", "2013", "2014")
```

事实上，在获取数据之后，我们也对其进行了一定的预处理。关于数据预处理的内容，后面还会有专门的介绍。需要说明的是，使用 XML 程序包时，由于该包编码方式的问题，如果表格中的变量名出现中文，则读入后就有可能会出现乱码。此时，可以使用 names()函数来对表格中的变量名重新赋值。我们所访问的世界银行的英文网站，并不会出现乱码的问题。使用 names()函数主要是为了对列名重新进行整理以适应后续的处理任务。

我们是否已经成功地获取了想要的数据了呢？下面这段代码从已经获取的数据中筛选出了中国、日本、德国和澳大利亚四国 2011—2014 各年的人均 GDP 数据。可见，我们已经正确地获取到了相关数据。

```
> table[c(40,95,71,11),]
     country      2011      2012      2013      2014
40     China   5,574.2   6,264.6   6,991.9   7,593.9
95     Japan  46,203.7  46,679.3  38,633.7  36,194.4
71   Germany  45,867.8  43,931.7  46,255.0  47,627.4
11 Australia  62,133.6  67,511.8  67,473.0  61,887.0
```

浏览完整的数据列表时，不难发现表格中存在一些空数据，这主要是因为世界银行未能成功收集到相关国家（或地区）的数据。这也是实际的数据分析任务中十分常见的问题，后续我们在数据预处理部分还会对此做更为详细的讨论。

6.1.4 从数据库中读取数据

数据库管理系统是进行数据管理的重要手段，从数据库中读取数据可能更具实际意义。在R 中实现对数据库的访问可行的方法有很多种，例如前面曾经提及的 RODBC 软件包。众所周知，ODBC 是微软公司提出的数据库访问接口标准，通过 ODBC 连接，RODBC 软件包提供了从数据库中访问或写入数据等功能，更能方便地使用 SQL 语言。

该软件包中最基础的函数是 odbcConnect()，它可以直接返回一个 ODBC 连接。下面以对 Access 数据库的访问为例来演示该软件包的使用。获取 Access 连接的函数分别为 odbcConnectAccess()和 odbcConnectAccess2007()，这与前面介绍过的 Excel 访问连接是一致的。例如：

```
> channel = odbcConnectAccess2007("c:/car.accdb")
```

稍有差别的地方在于执行上述代码之后，有可能会被要求输入相应的数据库访问密码，如图 6-3 所示。

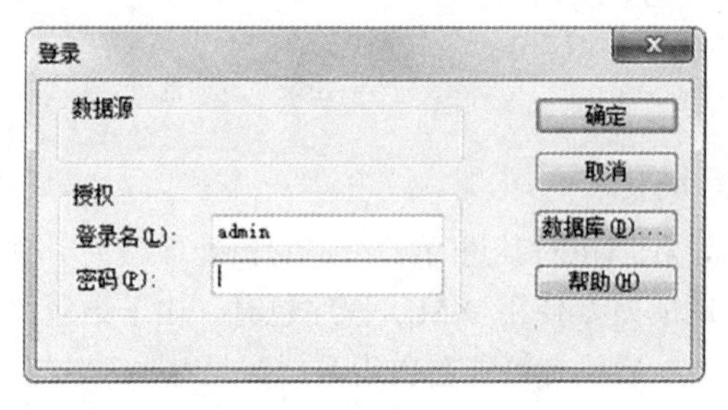

图 6-3　密码登录对话框

正确键入密码后，便可成功地建立数据库访问连接。在 R 中获取数据库连接后，可以进行一系列 SQL 语句的操作，如表 6-2 所示。来看下面一段示例代码：

```
> data_access = sqlFetch(channel, "racv")
> close(channel)
> data_access[1:2,]
         Make  lp100km  mass.kg  List.price
1 Alpha Romeo      9.5    1242      38500
2     Audi A3      8.8    1160      38700
```

表 6-2　RODBC 中与 SQL 相关的函数

函数名	功　能
sqlFetch	读取 ODBC 连接中的一个表到 R 的数据框中
sqlQuery	在 ODBC 连接上执行查询语句并返回结果
sqlTables	给出 ODBC 连接对应的数据库中的数据表
sqlCopy	复制 ODBC 连接中的查询结果到另一个 ODBC 连接中
sqlDrop	删除 ODBC 连接中的一个表
sqlClear	清空 ODBC 连接中的指定数据表内容

在 R 中实现数据库访问的另外一种方法是使用 RJDBC 程序包。JDBC 是一种用于执行 SQL 语句的 Java API，它由一组用 Java 语言编写的类和接口组成，可以为多种关系数据库提供统一访问。JDBC 提供了一种基准，据此可以构建更高级的工具和接口，使数据库开发人员能够编写数据库应用程序。

程序包 RJDBC 提供了基于 JDBC 接口的数据库连接功能，同时需要程序包 rJava 的支持，在安装 RJDBC 的同时，rJava 也会一并安装。RJDBC 调用 DBI 中的函数实现数据库连接，这也是一个驱动器的功能，不同的只是数据库接口变为 JDBC。通过函数 JDBC()可以创建一个新的 DBI 驱动程序，用于启动 JDBC 连接。

现在以 SQLite 为例演示在 R 中通过 JDBC 访问数据库的基本方法。SQLite 是一款轻量级的关系型数据库管理系统。它的设计目标是面向嵌入式的，而且目前已经在很多嵌入式产品中使用了它，它占用资源非常低，并能够支持 Windows/Linux/UNIX 等主流操作系统，同时能够跟很多程序语言相结合，处理速度也很快。图 6-4 是 SQLite 的操作界面，假设我们已经建立了一个名为 car 的数据库，其中还包括一张名为 racv 的数据表。下面的代码演示了在 R 中对其进行访问的方法，假设数据库文件存储在 C 盘根目录下。

```
> library(RJDBC)
> con <- dbConnect(RSQLite::SQLite(),"C:/car.db")
> dbListTables(con)
[1] "racv"
> data_SQLite <- dbGetQuery(con, "select * from racv")
> data_SQLite[1:2, ]
          Make  lp100km  mass.kg  List price
1 Alpha Romeo       9.5    1242      38500
2      Audi A3      8.8    1160      38700
```

作为演示之用，我们所选择的数据库都是一些较小规模的数据库管理系统。但是在 R 中访问像 Oracle、SQL Server 或 MySQL 等其他数据库的方法也是大同小异的，限于篇幅，此处不再逐一介绍。

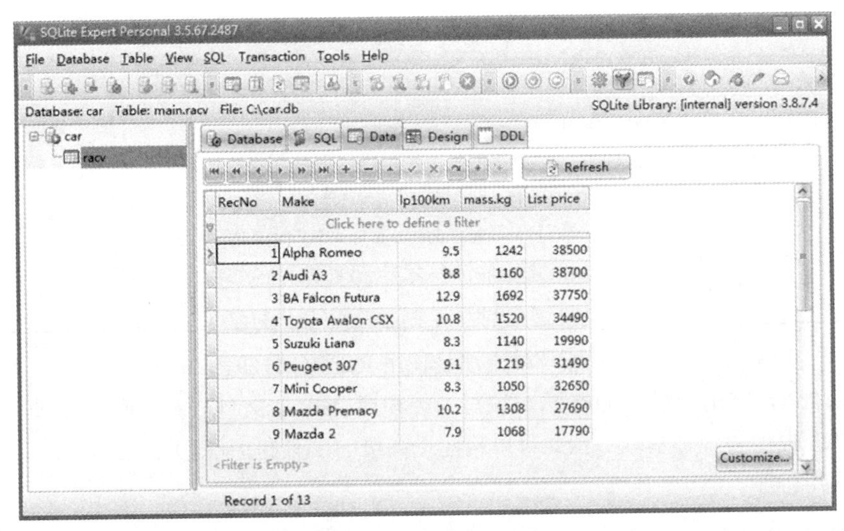

图 6-4 SQLite 数据库系统

6.2 数据的保存

数据处理的结果或中间结果应该被妥善保存，以方便日后继续使用。R 语言中执行数据保存工作的最基本函数为 cat()。本书第 1 章给出的 HelloWorld 程序就是使用该函数来实现的，彼时我们是将其作为一种标准输出操作（即向屏幕输出）来使用的。但该函数不仅可以用于标准输出操作，它还可以向磁盘设备中输出普通文件。此时，函数 cat()的基本调用格式为：

```
cat(file = "", sep = " ", fill = FALSE, labels = NULL, append = FALSE)
```

其中参数 file 指定了要输出的文件名，若指定的文件已经存在，则原来的内容将被覆盖。如果不想这样，则需要将参数 append 置为 TRUE，此时 cat()函数将在指定文件的末尾追加内容。

我们可以通过连续调用 cat()函数来实现对一个文本文件的写入操作。当需要多次这样操作时，更好的方法应该是首先为写入或添加文本打开一个文件连接，然后用 cat()函数执行写入，最后再关闭该连接。file()函数在创建文件连接的同时，也打开了它。函数 close()可用于显式地关闭连接。来看下面这段示例代码。

```
> car = file("d:/car.txt")
> cat("Make lp100km mass.kg List.price",
+ "\"Alpha Romeo\" 9.5 1242 38500",
+ "\"Audi A3\" 8.8 1160 38700", file = car, sep = "\n")
> close(car)
```

一种更常用的写文件方式是把一个矩阵或数据框以矩形块的形式整体写入文件。毕竟在 R 中处理的对象更多都是这些类型的结构化数据。write.table()函数可以帮我们完成这些工作。

write.table()可以把一个数据框或列表等对象以包含行列标签的方式写入文件，它的调用格式为：

```
write.table(x, file = "", append = FALSE, quote = TRUE,
         sep = " ", eol = "\n", na = "NA", dec = ".",
         row.names = TRUE, col.names = TRUE)
```

其中，x 表示要写入的对象，一般要求是矩阵或数据框；逻辑值 quote 为 TRUE 时表示变量名等字符、因子要用双引号括起来；sep 指定了所用的分隔符；参数 row.names 和 col.names 也是逻辑值，若为 TRUE 则表明要将行名和列名写入文件中。

来看下面这段示例代码，它把从系统数据集 USArrests 中读取的前 10 行数据所生成的矩阵写入了一个名为 data.txt 的文件中。

```
> data = USArrests[1:10,]
> write.table(data, file = "c:/data.txt", col.names = T, quote = F)
> read.table("c:/data.txt", header = T, row.names= 1)
            Murder  Assault  UrbanPop  Rape
Alabama       13.2    236      58      21.2
Alaska        10.0    263      48      44.5
Arizona        8.1    294      80      31.0
Arkansas       8.8    190      50      19.5
California     9.0    276      91      40.6
Colorado       7.9    204      78      38.7
Connecticut    3.3    110      77      11.1
Delaware       5.9    238      72      15.8
Florida       15.4    335      80      31.9
Georgia       17.4    211      60      25.8
```

同样，我们还可以使用 write.csv()函数将数据框或矩阵保存成逗号分隔文件，方法与 write.table()类似。默认情况下，参数 row.names 的值为 TRUE，这样便会在写入文件时把行名一并写入。下面这段示例代码所得之 data.csv 与上面代码中 read.table()函数所给出的结果是一致的。

```
> data2  =  read.table("c:/data.txt", header = T, row.names= 1)
> write.csv(data2, file = "c:/data.csv", row.names = T, quote = F)
> data.csv = read.csv("c:/data.csv", header = T, row.names = 1)
```

6.3　数据预处理

在对数据进行分析之前，为保证后续分析的准确性，有必要对初始数据进行一定的预处理。对于数据框和列表等的操作（例如数据的合并、拆分和筛选等）都是数据预处理时常用到的，但笔者打算留待下一章专门介绍 R 中的高级数据结构。本节所讲的预处理将专注于数学函数、数据标签和缺失值操作等方面的内容。

6.3.1 常用数学函数

显然并非所有的初始数据都可以被直接使用。实际中获取的数据往往都是量级各异、层次杂糅、参差不齐的，这些数据若是未经处理而直接使用，必然会为后续的分析工作带来很多麻烦，甚至会得出错误的结论。R 中提供了许多现成的数学函数，熟练掌握它们将对数据处理带来极大便利。表 6-3 中列出了最常用的一些基本数学函数，本书后面的例子将频繁地用到它们。

表 6-3 基本数学函数

函 数	功 能
sum(x)	对x中的元素求加和
prod(x)	对x中的元素求乘积
max(x)/min(x)	求x中元素的最大值/最小值
range(x)	返回取值范围，相当于[min(x), max(x)]
length(x)	返回x中元素的个数
mean(x)	返回x中元素的均值
median(x)	返回x中元素的中位数
var(x)	求x中元素的方差
sd(x)	求x中元素的标准差
cov(x, y)	求x和y的协方差
cor(x, y)	求x和y的相关系数

此外，表 6-4 列出了其他一些数学函数，虽然它们并不像之前给出的函数那样常用，但是在处理相应操作时，它们却能提供极大的便利。

表 6-4 高级数学函数

函 数	功 能
pmin(x, y, ...)	返回向量中的第i个元素是$x[i], y[i], \cdots$的最小值
pmax(x, y, ...)	返回向量中的第i个元素是$x[i], y[i], \cdots$的最大值
cumsum(x)	求累加，返回向量中的第i个元素是$x[1], \cdots, x[i]$的和
cumprod(x)	求累乘，返回向量中的第i个元素是$x[1], \cdots, x[i]$的积
round(x, n)	对x中的元素四舍五入，保留小数点后第n位
sort(x)/order(x)	排序，默认升序
rev(x)	对x中的元素取逆序
unique(x)	对x中重复的元素只取一个
table(x)	统计x中完全相同的数据个数

森林调查是用于了解木材资源存量与质量的一种重要手段。下面以美国爱达荷大学实验森林上平溪观测实验站收集的一组数据为例，来演示一下 R 中提供的部分数学函数的使用。首先

通过如下代码读入数据，并初步了解这组数据的基本结构。

```
> ufc <- read.csv("c:/ufc.csv")
> str(ufc)
'data.frame':   336 obs. of  5 variables:
 $ plot      : int  2 2 3 3 3 4 4 5 5 6 ...
 $ position  : int  1 2 2 5 8 1 2 2 4 1 ...
 $ species   : Factor w/ 4 levels "DF","GF","WC",..: 1 4 2 3 3 3 1 1 ...
 $ dbh.cm    : num  39 48 52 36 38 46 25 54.9 51.8 40.9 ...
 $ height.m  : num  20.5 33 30 20.7 22.5 18 17 29.3 29 26 ...
```

易见，该组数据共包括336条观测数据和5个变量，所有被记录的树木共可分为四个种类。

可以使用 table()函数来查看各种类型之树木出现的频数。下面的示例代码告诉我们，该实验森林中最常见的树木类型是WC，而数量最少的树木类型则是WL。

```
> table(ufc$species)

 DF  GF  WC  WL
 57 118 139  22
```

如果向table()函数传递两个参数，那么就将得到一个二维的交叉频数表。在当前讨论的例子中，每一个片区内的树木都被编了号。如果这些号码代表片区内的不同方位，那么若现在想知道各种类型的树木在不同方位上之分布情况，这时就可以使用下面这段代码来构建二维的交叉频数表。

```
> table(ufc$species,ufc$position)

      1   2   3   4   5   6   7   8   9   10
  DF 14  10  15   8   5   4   0   1   0   0
  GF 39  41  18  11   5   1   3   0   0   0
  WC 51  34  28   8   2   7   6   1   1   1
  WL 11  4    1   2   2   2   0   0   0   0
```

下面这段代码利用之前介绍的一些数学函数对观察样本的树干直径进行了分析，给出了平均数、中位数和标准差的计算结果。

```
> mean(ufc$dbh.cm)
[1] 37.41369
> median(ufc$dbh.cm)
[1] 35
> sd(ufc$dbh.cm)
[1] 17.31454
```

本书前面曾经介绍过apply()函数，它是（通过调用其他函数）对矩阵中的行或列进行特殊处理的函数。函数tapply()的功能与其类似。下面这段代码演示了分别对四种类型的树木计算树干直径之平均数、中位数和标准差的基本方法。

```
> tapply(ufc$dbh.cm, ufc$species, mean)
      DF       GF       WC       WL
39.90526 35.21186 38.84460 33.72727
> tapply(ufc$dbh.cm, ufc$species, median)
   DF    GF    WC    WL
40.00 32.60 37.70 29.05
> tapply(ufc$dbh.cm, ufc$species, sd)
      DF       GF       WC       WL
16.41194 16.66866 18.44310 14.45746
```

通过图形来对数据的总体情况进行可视化显示也是常用的方法。本书前面已经介绍过了多种常见统计图形的绘制方法，此处不再重复。下面我们将选用一个新的绘图软件包来针对本例中的数据绘制一些更有针对性的统计图形。这种图形也被称为条件散点图（见图 6-5）。

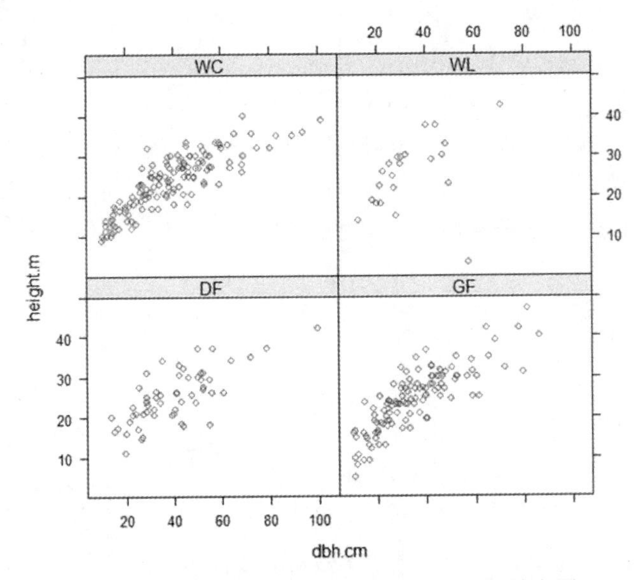

图 6-5　不同种类树木之高度对树干直径的散点图

下列代码首先加载了 lattice 软件包，然后利用函数 xyplot()来绘制不同种类树木之高度对树干直径的散点图。

```
> library(lattice)
> xyplot(height.m ~ dbh.cm | species, data = ufc)
```

另外一种可选的方式是将四种类型的散点图绘制在同一面板内，并通过不同的图例来加以区分。来看下面这段示例代码。

```
> xyplot(height.m ~ dbh.cm, groups = species,
+ auto.key = list(space="right"), data = ufc)
```

上述代码的执行结果如图 6-6 所示。

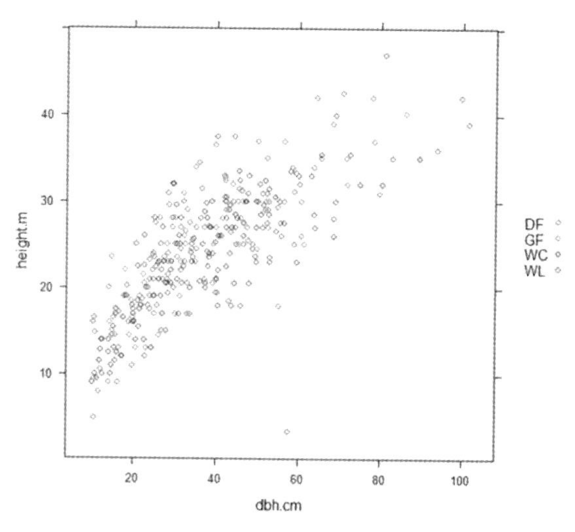

图 6-6　树高对树干直径的散点图

6.3.2　修改数据标签

在前面的例子中，我们已经演示过用 names()函数对数据标签进行修改的具体方法。修改标签的初衷可能是为了增强数据的可读性，也可能是因为初始数据本来就缺少具有明确意义的标签。如果我们所面对的是类似 A，B，C……这样的标签，显然它大大降低了数据本身的可读性。随着数据分析工作的进行，将两个变量弄混淆也不是不可能的。

下面的代码截取了系统数据集 USArrests 中的前 10 行作为例子来演示一些更进一步的数据标签修改技巧。

```
> US_data = USArrests[1:10,]
> US_data
            Murder  Assault  UrbanPop  Rape
Alabama       13.2     236       58    21.2
Alaska        10.0     263       48    44.5
Arizona        8.1     294       80    31.0
Arkansas       8.8     190       50    19.5
California     9.0     276       91    40.6
Colorado       7.9     204       78    38.7
Connecticut    3.3     110       77    11.1
Delaware       5.9     238       72    15.8
Florida       15.4     335       80    31.9
Georgia       17.4     211       60    25.8
```

现在我们用 names()函数来显示上述数据集的列标签。

```
> names(US_data)
[1] "Murder"   "Assault"  "UrbanPop" "Rape"
```

下面的代码对数据集的列标签进行了统一修改。

```
> names(US_data) = c("MURDER","ASSAULT","URBANPOP","RAPE")
> names(US_data)
[1] "MURDER"   "ASSAULT"  "URBANPOP" "RAPE"
```

如果仅仅是想修改众多列标签中的某一个，那么可以采用下面这种方式。

```
> names(US_data)[3] = "UrbanPop"
> names(US_data)
[1] "MURDER"   "ASSAULT"  "UrbanPop" "RAPE"
```

以上所做之调整都是针对列标签的。如果想对行标签进行修改，则需要使用函数 dimnames()。事实上，该函数既可以对行标签进行调整，也可以对列标签进行调整。可见示例代码中的第一条语句获取的就是数据集的列标签，此时它的作用就相当于 names()函数；第二条语句获取的则是数据集的行标签。

```
> dimnames(US_data)[[2]]
[1] "Murder"   "Assault"  "UrbanPop" "Rape"
> dimnames(US_data)[[1]]
[1] "Alabama"     "Alaska"      "Arizona"     "Arkansas"    "California"
[6] "Colorado"    "Connecticut" "Delaware"    "Florida"     "Georgia"
```

下面的代码演示了对部分行标签进行修改的方法，这个例子比较简单，我们不再做过多的解释。

```
> dimnames(US_data)[[1]][1:3] = c("Alb", "Als", "Arz")
> dimnames(US_data)[[1]][6:8] = c("Col", "Cnt", "Del")
> dimnames(US_data)[[1]]
[1] "Alb"        "Als"        "Arz"        "Arkansas"   "California"
[6] "Col"        "Cnt"        "Del"        "Florida"    "Georgia"
```

6.3.3 缺失值的处理

现实中所面对的数据集中包含缺失部分是很常见的。比如你发出的调查问卷中包含十个问题，在回收到的有效反馈中如有某份文件中只有九个问题被受访者回答，那么在这个数据条目中，就出现了一个空缺。再比如，世界银行对全球各经济体所做的统计调查中，如果某个国家正处于战乱中，那么该国的经济数据就可能无法获取，这也就造成了一条缺失数据。

数据缺失很常见，但是它的影响却不容忽视，缺失值可能对最终的分析结果产生重大影响，因此缺失值的处理往往是数据预处理中的重点。当我们获得一份数据时，首先应该判断它是否完整。R 中用来判断数据是否缺失的函数主要有两个。其中，最基本也常用的函数是 is.na()。该函数比较简单，下面通过一个例子来演示其使用方法。首先截取系统数据集 airquality 中五月份头七天的空气质量数据作为原始数据，然后用 is.na()来分析其中是否包含缺失值。

```
> air_data = airquality[1:7,1:4]
> is.na(air_data)
  Ozone Solar.R  Wind  Temp
1 FALSE   FALSE FALSE FALSE
2 FALSE   FALSE FALSE FALSE
3 FALSE   FALSE FALSE FALSE
4 FALSE   FALSE FALSE FALSE
5  TRUE    TRUE FALSE FALSE
6 FALSE    TRUE FALSE FALSE
7 FALSE   FALSE FALSE FALSE
```

对照原始数据来看，这个结果是非常明晰的。函数 is.na()作用于矩阵 air_data 之后，如果对应位置的数值是缺失的，则返回 TRUE；否则返回 FALSE。如果使用求和函数，则可知该组数据一共包含三个缺失值。

```
> sum(is.na(air_data))
[1] 3
```

另一个用来判断缺失数据的函数是 complete.cases()，其返回值为判定结果的逻辑向量，但取值却与 is.na()相反。缺失值位置所对应的结果是 FALSE，而正常数据位置所对应的结果是 TRUE。因此，利用它来选取无缺失的数据通常更为方便。注意，由于 complete.cases()函数返回的是一个向量，因此当输入的是一个矩阵时，它判定的是每一行是否完整。如果想判定单独某列是否完整，则要使用如下示例代码中的第二条语句。

```
> complete.cases(air_data)
[1]  TRUE  TRUE  TRUE  TRUE FALSE FALSE  TRUE
> complete.cases(air_data$Ozone)
[1]  TRUE  TRUE  TRUE  TRUE FALSE  TRUE  TRUE
```

当数据量变大时，像上面这样逐行检视判定结果显得很不灵便。功能强大的 R 为我们提供了其他选择。VIM 程序包提供了在 R 中探索数据缺失情形的新途径，它实现了对数据缺失情形的可视化。此处，我们截取了数据集 airquality 中五月份各天的空气质量数据作为原始数据，然后利用 VIM 程序包中的 aggr()函数进行可视化显示。

```
> library(VIM)
> air_data = airquality[1:31,1:4]
> aggr(air_data, las = 1, numbers = TRUE)
```

上述代码的执行结果如图 6-7 所示。其中左图由小长条的长度给出了各变量缺失数据的比例，可见 Wind 和 Temp 变量数据都是完整的。而 Ozone 和 Solar.R 变量分别缺失了 16.1%和 12.9%。

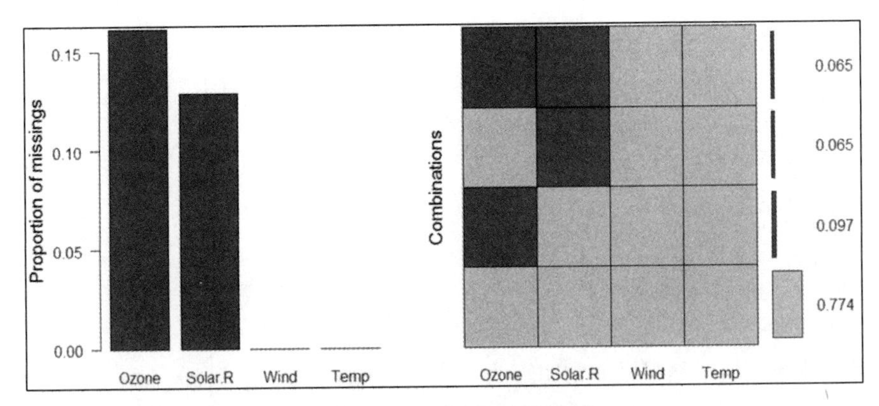

图 6-7　数据缺失情况的可视化

图 6-7 中的右图显示了组合缺失情况，右侧的标注显示了各种组合所占之比例。注意图 6-7 的右图中浅色部分表示数据完整，而深色部分表示数据缺失。由于在总共 31 条数据中，四个变量都齐全的条目共有 24 条，反映在图中，则有最下面一行全部为浅色。而且图 6-7 的右图中给出的完整数据占比为 24/31=77.4%。Ozone 变量残缺但其他三个变量都完整的条目共有三条，所以（从下往上数）第二行给出的占比为 3/31=9.7%。同理，变量 Solar.R 缺失但其他三个变量都完整的条目共有两条，所以第三行给出的占比为 2/31=6.5%。最后，变量 Ozone 和 Solar.R 同时缺失但其余两个变量都完整的条目共有两条，所以最上面一行给出的占比为 2/31=6.5%。

既然已经得知了数据有缺失，自然不能坐视不管。在有缺失数据的情况下进行数据分析是不可靠的。在此，介绍两种简单的处理缺失数据的方法。

- 删除缺失样本

滤除掉缺失样本是最简单的方法，当然选择这种策略的前提是缺失的数据占比较少，而且缺失数据是随机出现的。在满足这样的条件下，采用删除缺失样本的策略不会对分析结果造成很大影响。

在 R 中利用 complete.cases()函数来选取完整的样本记录是一种非常简便的方法，下面给出示例代码。已知在数据集 airquality 中五月份各天的空气质量数据都完整的记录共有 24 条，可见我们的处理是正确的。

```
> data1 = air_data[complete.cases(air_data),]
> dim(data1)
[1] 24  4
```

另外，用 is.na()函数也可以实现同样的滤除效果，但是写法上显然要比使用上面给出的方法复杂一些。这时函数 complete.cases()的优势就显现出来了。

```
> data2 = air_data[(!is.na(air_data$Ozone))
+              &(!is.na(air_data$Solar.R)),]
```

```
> dim(data2)
[1] 24  4
```

如果你在 R 中发现要实现一种功能貌似写法上很冗长、很烦琐，那一定是有简单的方法你没找到。R 是拒绝冗长和烦琐的，它永远会为我们提供最便捷和简单的方法。所以滤除缺失样本的一种更加简洁的方法是使用 na.omit()函数，它在面对有多个变量缺失的数据时，显得尤其方便。

```
> data3 = na.omit(air_data)
> dim(data3)
[1] 24  4
```

- 替换掉缺失值

缺失值也不一定非要完全删除，通过赋值来对其进行填补是最常见的一种处理手段。用均值或中位数来代替缺失值是用填补法时的通常处理策略。这样做并不会减少样本信息。但它也同样要求缺失数据是随机的，否则可能会出现较大偏差。下面的示例代码演示了这种处理方法。

```
> air_data2 = air_data
> air_data2$Ozone[is.na(air_data2$Ozone)] =
        median(air_data$Ozone[!is.na(air_data$Ozone)])
> air_data2$Solar.R[is.na(air_data2$Solar.R)] =
        round(mean(air_data$Solar.R[!is.na(air_data$Solar.R)]))
```

用平均值和中位数来取代缺失值仅仅只对数值型数据可行。如果是分类数据，则可用最多出现或者出现次数居中的类别来替换。

以上所介绍的方法仅仅是最基本、最简单的缺失数据处理方法。现今学术界在处理缺失数据方面也已经提出了很多其他更为复杂的方法，例如基于蒙特卡洛模拟的多重插补方法等。R 中也有很多软件包来支持这些复杂的缺失数据处理技术。建议有兴趣的读者参阅其他相关资料以了解更多细节。

第 7 章

高级数据结构

R 语言中常用的数据结构有向量、矩阵、列表、数据框、因子和表等，向量和矩阵已经在第 2 章中介绍过了，本章着重介绍后几种数据结构。前面我们曾经提过，R 中的基本数据类型有四种，也称之为四种模式（mode）：数值型（numeric）、字符型（character）、逻辑型（logical）和复数型（complex）。其中数值型又包含两种：整型（integer）和双精度浮点型（double）。不过 R 中并没有这些基本类型的原子数据，即使是最简单的数据也会被处理成长度为 1 的向量。所以向量被认为是 R 中最简单也最基本的数据结构。本章所介绍的均为结构型数据，但要比向量和矩阵更进一步。

7.1 列表

对于列表，熟悉其他编程语言的读者，可以类比 Python 中的字典，或是 C 语言里的结构体类型。额外提一句，虽然 Python 中也有列表，但二者在使用上有很大区别。R 中的列表在使用方式上反而更类似于 Python 中的字典。列表是 R 中十分基础且重要的数据类型，可以说列表是 R 的结构型数据中最为复杂的一种。数据框和面向对象编程很大程度上也都依赖于此。

7.1.1 列表的创建

列表其实就是向量的泛化，也就是一些对象（或组件，component）的有序集合。这一点和向量很像，不过向量是由相同类型之数据构成的序列，而列表可以将若干不同数据结构的对象整合在一起，比如：向量、矩阵、列表、数据框等。这就意味着列表中可以同时存在不同类型的数据。从这个意义上来说，列表比向量更复杂。

此外，第 2 章中讲述的向量，我们一般称之为“原子型”的向量，即指向量所包含的元素已经是最小单位，不可再分。而列表则被认为是“递归型”的向量，即列表的元素是可以再分的。

以超市货品数据为例，可以用列表 A 存储每一种货物，列表 A 中的每一个元素可被视为一种货物。对于每一种货物，可用另一种列表 B 存储其各方面的属性，比如名称、价格、生产日期等信息。创建一个列表来表示某种商品，比如 Cookie 饼干：

```
> goods <- list(name="Cookie", price=4.00, outdate=FALSE)
```

上述例子使用 list 函数创建了一个名为 goods 的列表，list 函数内部的参数由标签名和对应的值构成。此例中 name、price 和 outdate 就是标签，可以理解为列表的各个属性名称，指代一件商品的名称、价格和是否过期。而“Cookie”、4.00 和 FALSE 则是上述标签的对应取值。标签和取值均可由用户指定。下列代码将打印出 goods 列表以便查看。

```
> goods
$name
[1] "Cookie"

$price
[1] 4

$outdate
[1] FALSE
```

使用 typeof()函数，可以查看上述列表的三个元素类型。

```
> typeof(goods$name)
[1] "character"
> typeof(goods$price)
[1] "double"
> typeof(goods$outdate)
[1] "logical"
```

由此可发现列表已经被成功创建，并且可以包含不同的基本数据类型。事实上，标签是可以不指定的。不过为了便于阅读理解，减少犯错误的可能，建议读者指定标签名。若不指定标签名，结果将变成下面这样：

```
> goods2 <- list("Cookie", 4.00, FALSE)
> goods2
[[1]]
[1] "Cookie"

[[2]]
[1] 4

[[3]]
[1] FALSE
```

此种情况下，R 会采用默认的标签名即数值。数值虽然简洁，不过当标签数量过大时却难以理解、容易出错。另外，因为列表也算是特殊的向量，故而也可以使用 vector()函数创建。示例代码如下：

```
> temp <- vector(mode="list")
> temp[["name"]] <- "Cookie"
> temp
$name
[1] "Cookie"
```

7.1.2 列表元素的访问

列表元素的访问方式主要有两种，按名称索引或按数字索引。其中，按名称索引，顾名思义即使用列表元素的名称进行访问；按数字索引，即使用元素在列表中的位置信息进行访问，此处的位置信息是列表创建时 R 采用的默认标签名。比如，我们想访问 goods 列表中的 name 元素，具体方法如下：

```
> goods$name
[1] "Cookie"
> goods[["name"]]
[1] "Cookie"
> goods[[1]]
[1] "Cookie"
```

前两种方式是按名称索引，最后一种方式则是按数字索引。上述三种访问方式在不同的情况下各有优势。需要注意的是后两种写法是双方括号，而非单方括号。双方括号返回的是对应元素的取值，返回值本身的数据类型不会变化。而单方括号同样可以访问列表元素，不过返回的却是一个新的列表，即原列表的子列表。仍以 goods 列表为例，则有：

```
> h1 <- goods["name"]
> h2 <- goods[1]

> class(h1)       #查看 h1 的类型
[1] "list"        #类型为列表
> h1
$name
[1] "Cookie"

> class(h2)       #查看 h2 的类型
[1] "list"
> h2
$name
[1] "Cookie"

> class(goods[["name"]])
[1] "character"  #类型为字符
> class(goods[[1]])
```

```
[1] "character"
```

由此可以清楚地发现双方括号和单方括号之间的区别。因为上例中的“name”元素是字符串，所以双方括号返回的类型为字符型；若是数值型的，则返回的数据类型为“numeric”。而单方括号返回的则是一个新的列表。

因此，单方括号通常用来获取原列表的一段子列表。当然子列表在原列表中须是连续的一段，用户须指明开始与结束的数值下标。此处若使用双方括号，则会出错。

```
> goods[1:2]
$name
[1] "Cookie"

$price
[1] 4

> goods[[1:2]]
Error in goods[[1:2]] : subscript out of bounds
```

上例中，我们截取了 goods 列表的头两个元素，生成了一个新的列表。易见使用双方括号时，系统提示下标出界。这就是因为双方括号一次只能提取列表的一个元素，返回值是元素本身的类型而非列表。

最后介绍列表标签名的访问方式。当列表存在标签时，可通过 names()函数访问列表的标签名。如果标签名不存在，则返回空字符串。同样以 goods 列表为例，则有：

```
> names(goods)
[1] "name"    "price"    "outdate"
```

7.1.3　增删列表元素

在平常使用中，不论是单独的列表，还是由列表构成的更为复杂的数据结构，比如数据框和面向对象编程中的类（class），经常需要增加和删除列表的元素。根据元素访问方式的不同，增删元素的方式也不同。仍然以 goods 列表作为例子：

```
> goods
$name
[1] "Cookie"

$price
[1] 4

$outdate
[1] FALSE
```

```
> goods$producer <- "A Company"  #添加标签并初始化
> goods
$name
[1] "Cookie"

$price
[1] 4

$outdate
[1] FALSE

$producer
[1] "A Company"
```

查看一下 goods 列表中的元素，可以发现只有三个属性，对应的标签分别为：名称“name”、价格“price”和是否过期“outdate”。然后，通过“$”符号添加一个新的标签：生产厂家“producer”，并赋值为“A Company”。最后再次查看列表 goods，我们可以发现新的元素“producer”已经添加完毕。此处须注意，添加新标签须赋值初始化，否则元素不会被添加。

上述例子中使用“$”符号添加新标签。同样，我们可以使用另外两种访问列表元素的方式来添加新元素。示例如下：

```
> goods[["material"]] <- "flour"
> goods[[6]] <- 1
> goods
$name
[1] "Cookie"

$price
[1] 4

$outdate
[1] FALSE

$producer
[1] "A Company"

$material
[1] "flour"

[[6]]
[1] 1
```

删除列表元素的方法非常简单，直接将对应元素的值赋为 NULL 即可。须注意的是必须为大写，即 null 并不能用来删除元素。

```
> goods$material <- NULL
> goods
$name
[1] "Cookie"

$price
[1] 4

$outdate
[1] FALSE

$producer
[1] "A Company"

[[5]]
[1] 1
```

删掉“material”标签后，后面的元素数值索引自动减 1，由 goods[[6]]变为 goods[[5]]。当然，根据元素访问方式的不同，删除的写法也有些许不同，此处不再赘述。

7.1.4　拼接列表

R 中的 c()函数通常被用来拼接其参数。默认情况下返回值是一个向量，所以也常被用来创建向量。函数返回值类型会根据参数的类型决定，参数类型的具体优先级为：NULL < raw < logical < double < complex < character < list < expression。来看下面这段示例代码。

```
> c(list(A=1,c="C"),list(new="NEW"))
$A
[1] 1

$c
[1] "C"

$new
[1] "NEW"
```

函数 c()中还包含一个可选参数 recursive，默认情况下 recursive 参数为 FALSE。如果人为将其设为 TRUE，那么该函数会将待拼接的列表（包括递归列表）的所有元素取出，并返回由这些元素构成的向量。因此，使用 c()函数亦可将列表转化为向量。我们将在 7.1.5 节中详细介绍。

7.1.5　列表转化为向量

R 中的 unlist()函数可用来将列表转换为向量。若列表包含标签名，则转换后的向量同样包含元素名。

```
> unlist(goods)
      name        price       outdate      producer
   "Cookie"         "4"       "FALSE"   "A Company"          "1"
```

将元素名赋值为NULL可去掉元素名称，当然也可以使用unname()函数直接去掉元素名。例如：

```
> ngoods <- unlist(goods)
> names(ngoods)
[1] "name"     "price"    "outdate"    "producer" ""
> names(ngoods) <- NULL
> ngoods
[1] "Cookie"      "4"        "FALSE"     "A Company"   "1"

> mgoods <- unlist(goods)
> names(mgoods)
[1] "name"     "price"    "outdate"    "producer" ""
> unname(mgoods)
[1] "Cookie"      "4"        "FALSE"     "A Company"   "1"
```

函数 unname()返回的是去除元素名后的新向量，原来的向量 mgoods 并没有改变。另外，细心的读者应该可以发现经过 unlist()函数转化后，原来列表中的元素全部变成了字符串。这是因为在混合类型的情况下，R 会选择这些类型中能最大程度地保留其共同特性的数据类型。上例包含字符串类型和数值类型，所以 R 将其全部转换成了字符串类型。换言之，R 中的数据类型是存在优先级的，也就是 7.1.4 节中给出的优先级顺序。

此外，在 7.1.4 节中我们讲述过拼接函数 c()的可选参数 recursive。它真正的用处是在拼接列表时，将递归列表的“递归结构”打散，并将所有的元素取出组成一个向量。因此，除了 unlist()函数，我们还可以使用 c()函数将列表转化为向量。来看下面这段示例代码。

```
> c(goods,recursive=T)
     name       price     outdate    producer
  "Cookie"        "4"     "FALSE" "A Company"        "1"
```

需要注意的是，recursive 为真时得到的是向量；而 recursive 为假时得到的是递归的列表，切勿弄混。

7.1.6 列表上的运算

在列表的使用中，有时需要对列表的各个元素执行一些操作，比如求平均值。为了能够方便地对每个组件执行操作，我们需要使用 lapply()和 sapply()函数。其用法和 apply()函数类似，不过 lapply()函数返回的是一个列表。sapply()函数是 lapply()函数的封装，返回的可以是矩阵或者向量。当 sapply()中的参数 simplify 和 USE.NAMES 均为 FALSE 时，其功能和 lapply()一致。

```
> temp <- list(1:10,-2:-9)
> lapply(temp, mean)
[[1]]
[1] 5.5

[[2]]
[1] -5.5

> sapply(temp,mean)
[1]  5.5 -5.5

> sapply(temp,mean,simplify=FALSE,USE.NAMES=FALSE)
[[1]]
[1] 5.5

[[2]]
[1] -5.5
```

上例中我们先创建了一个列表 temp，列表的每一个元素均为一个数值型向量。然后使用 lapply()函数和 mean()函数对列表的每一个元素求取平均值。返回结果为一个列表，由原列表中每个元素的平均值构成。然后使用 sapply()函数求取列表每个元素的平均值，返回结果为一个向量。最后，将 sapply()函数的 simplify 和 USE.NAMES 参数设为 FALSE。再次运行，返回结果为列表，和 lapply()函数的功能一致。

7.1.7　列表的递归

前面曾经讲过普通向量的元素是原子型的数据，而列表是“递归型”的向量，即列表的元素可以是列表。以前面使用的超市商品数据为例，则有：

```
> a1 <- list(name="Cookie", price=4.0, outdate=FALSE)
> a2 <- list(name="Milk", price=2.0, outdate=TRUE)
> warehouse <- list(a1, a2)
> warehouse
[[1]]
[[1]]$name
[1] "Cookie"

[[1]]$price
[1] 4

[[1]]$outdate
[1] FALSE

[[2]]
```

```
[[2]]$name
[1] "Milk"

[[2]]$price
[1] 2

[[2]]$outdate
[1] TRUE
```

此例中，a1 和 a2 列表记录的是两件商品的信息，warehouse 列表则由这些记录商品信息的列表组成，从而构成一个递归列表。当然实际使用中的列表结构应该更为复杂，包含的元素属性也更为详尽。比如每件商品应该有一个唯一的 id 号；或者同类的商品放在一个列表中，如此一来，warehouse 列表中存放的是一堆类别列表，而每一类的列表下才存放具体的每一件商品，这就是一个典型的三层递归结构的列表。感兴趣的读者可以自己尝试，此处不再赘述。

7.2 数据框

从形式上看，数据框和矩阵其实十分相似，有行和列两个维度。不过在数据框中，“列”表示变量，而“行”表示变量的观测记录。并且不同于矩阵，数据框的每一列可以是不同的模式(mode)，即不同列包含的基本数据类型可以不同。从这一点上来看，数据框更像是列表的扩展。如果把数据框当成列表，那么数据框的每一个元素或组件（component，此处指每一列）都可以被看成一个向量，并且每一个向量的长度都一致。另外，数据框也可以嵌套，不过实际使用中每一个组件通常都是向量。

7.2.1 数据框的创建

按照上面的思路创建数据框其实非常简单，关键的函数是 data.frame()。比如，我们希望创建一个数据框显示某时某地不同近视程度的男女人数，则可以使用下面的代码：

```
> male <- c(124,88,200)
> female <- c(108,56,221)
> degree <- c("low","middle","high")
> myopia <- data.frame(degree,male,female)
> myopia
  degree male female
1    low  124    108
2 middle   88     56
3   high  200    221
```

上述代码首先创建了三个向量，分别存储数据框中每一列的数据，最后通过 data.frame()函数将三个向量整合成数据框。从生成的数据框可以发现，每一列的标签名就是向量的名称。如果在创建数据框时，里面的参数并没有相应的名称，那么生成的数据框将会以组件的取值命名标签。因此为了简洁易懂，建议参数带上相应的名称。示例如下：

```
> myopia2 <- data.frame(c("low","middle","high"),
+ c(124,88,200),c(108,56,221))
> myopia2
  c..low....middle....high.. c.124..88..200. c.108..56..221.
1                       low             124             108
2                    middle              88              56
3                      high             200             221
```

此外需要注意的是，假设我们在创建数据框时各个向量的长度不一致，那么相对较短的向量会按“循环补齐”的原则将数据框补充完整。即较短的向量会重复自身，直到长度与最长的向量相一致。

```
> weight <- c(50, 70.6, 80, 59.5)
> age <- c(20, 30)
> wag <- data.frame(weight, age)
> wag
  weight age
1   50.0  20
2   70.6  30
3   80.0  20
4   59.5  30
```

为了便于观察，我们可以使用 str()函数查看数据框的内部结构，例如：

```
> str(myopia)
'data.frame':   3 obs. of  3 variables:
 $ degree: Factor w/ 3 levels "high","low","middle": 2 3 1
 $ male  : num  124 88 200
 $ female: num  108 56 221
```

第一行结果告诉我们，数据框 myopia 有三个变量的三条观测记录。每个变量可以理解为数据框的一列，而每一个观测为数据框的每一行数据。之后三行输出点明了数据框中每一列的名称及取值。因此，我们在讨论数据框时将交替使用术语“列”和“变量”。

同时，可以发现数据库 myopia 的组件“degree”从向量变成了因子。这是因为 data.frame()函数的参数 stringsAsFactors 默认情况下为 TRUE，因此会将向量转化成因子。若是不希望向量变为因子，只需在创建数据框时将此参数设定为 FALSE 即可。我们会在本章后面详细介绍因子，不过此处“degree”组件是否为因子影响不大，读者可以忽略。

最后，我们再介绍另一种创建数据框的方式——读取数据文件。此处的数据文件指的是文本文件、Excel 文件等常见统计软件的数据文件。此处我们以 read.csv 函数为例，读取文件并建立数据框。示例如下：

```
> rat <- read.csv("F:/R/data/rat_fibres.csv")
> rat
  rat reticulated punctate both type_II
1   1           1       13    5      15
2   2           2        8    4      12
3   3           9       27   16      46
4   4           4        5    2      12
5   5           2       12    7      24
> class(rat)
[1] "data.frame"
```

7.2.2 数据框元素的访问

因为数据框与列表和矩阵存在不少相似性，所以在访问方式上也继承了二者的一些特性。首先，从列表的角度，我们可以通过组件的名称和数值索引值来访问数据库的组件。以 myopia 列表为例，则有：

```
> myopia$degree
[1] low    middle high
Levels: high low middle

> myopia[["degree"]]
[1] low    middle high
Levels: high low middle

> myopia[[1]]
[1] low    middle high
Levels: high low middle
```

当然，我们也可以用矩阵的方式访问数据框，例如：

```
> myopia[1,]
  degree male female
1    low  124    108
> myopia[,2]
[1] 124  88 200
> myopia[3,2]
[1] 200
```

通过这几种方式，我们可以访问每一行、每一列以至于数据框中的每一个元素。不过使用组件名访问的方式更为简明，同时也更为安全，在最大程度上减少了出错的可能性。毕竟比起单纯的数字，名字更有意义，也更易记忆。当然，在使用 R 编写比较复杂的程序时，数值索引访问的方式也不可或缺。

7.2.3　提取子数据框

在实际使用中，我们时常需要提取数据框的子数据框。提取子数据框的操作类似于按矩阵的方式访问数据框，不过行列可以用向量指定。

```
> (sub <- myopia[2:3,1:2])
  degree male
2 middle   88
3   high  200
> class(sub)
[1] "data.frame"
> (sub1 <- myopia[2:3,2])
[1]  88 200
> class(sub1)
[1] "numeric"
```

上述代码创建了原数据框的子数据框 sub，在赋值语句外加上括号会打印出赋值后变量的值。我们可以发现其类型的确是数据框，不过当我们只取数据框的某一列时，返回的结果就成为向量。注意，若我们取的是单独的一行，返回类型仍然是数据框。此时，将参数 drop 设定为 FALSE 即可得到数据框。

```
> (sub2 <- myopia[2:3,2,drop=F])
  male
2   88
3  200
> class(sub2)
[1] "data.frame"
```

如果我们只指定一个维度，那么默认指定的是数据框的列。并且，不论返回的列数多少，均为数据框。例如：

```
> myopia[1:2]
  degree male
1    low  124
2 middle   88
3   high  200
> myopia[1]
  degree
1    low
2 middle
3   high
```

除去上述类似于矩阵的访问方式外，同样可以使用列名提取子数据框。

```
> myopia[c("male", "female")]
  male female
1  124    108
```

```
2  88    56
3 200   221
```

另外，提取子数据框时，可以使用筛选语句。这就使得数据框的使用更为灵活了。比如，提取出男性近视人数大于 100 的观测组成的子数据框，可使用如下代码：

```
> myopia[myopia$male>100,]
  degree male female
1    low  124    108
3   high  200    221
```

注意，此处方括号中我们使用了“$”符号引用数据框中的 male 向量，当然其实此处直接使用变量 male，得到的结果也没有问题。

```
> myopia[male>100,]
  degree male female
1    low  124    108
3   high  200    221
```

不过此处括号中的 male 变量就不是数据框中的变量 male 了，而是在创建数据框时使用的向量 male。因为两者的取值一致，所以这样使用不会出错。然而，假设系统中维护的 male 变量取值发生了变化，那么这种写法产生的结果就会迥异于正确的结果。因此，我们还是推荐第一种规范的写法。假设此时我们修改 male 向量的取值，示例如下：

```
> male
[1] 124  88 200
> male <- c(1,2,3)
> myopia[male>100,]
[1] degree male   female
<0 行> (或 0-长度的 row.names)
> myopia[myopia$male>100,]
  degree male female
1    low  124    108
3   high  200    221
```

可以发现，此时偷懒的写法会出错，而规范的写法产生的结果仍然正确。

7.2.4 数据框行列的添加

与列表相同，也可以在数据框中添加行或列。数据框的删除可以直接通过提取子数据框实现，所以本小节主要介绍在数据框中添加行或列的方法。主要用到的函数是 rbind()和 cbind()，不过使用的前提是增添的数据需要和原数据框有相同的行数或者列数。比如，rbind()函数主要用来添加新行，那么要求添加的数据和原数据框拥有相同的列数；cbind()函数主要用来添加新列，那么新添加的数据需要和原数据框具有相同的列数。

rbind()函数添加的新行通常是数据框或者列表的形式，例如：

```
> names <- c("Jack", "Steven")
> ages <- c(15, 16)
> students <- data.frame(names, ages, stringsAsFactors=F)
> students
   names ages
1   Jack   15
2 Steven   16
> rbind(students, list("Sariah",15))
   names ages
1   Jack   15
2 Steven   16
3 Sariah   15
```

上述代码创建了一个新数据框，并将 stringsAsFactors 参数设置为 FALSE，防止字符串被转化为因子。若字符串数据被转化为因子，那么在添加数据的时候会和因子的水平（level）产生冲突，详细情况我们会在后面再做讨论。因此我们重新创建了一个不包含因子的数据框，以方便此处的介绍。

添加新列也是相同的道理，只不过函数换成了 cbind()。需要注意的是 rbind()和 cbind()都会返回一个新的数据框，并不会对原数据框做任何更改。

```
> cbind(students, gender=c("M","M"))
   names ages gender
1   Jack   15      M
2 Steven   16      M
```

除了使用 cbind()添加列以外，还可以使用类似于列表中新添加元素的方式添加新列，这种方式使用起来更为简单。

```
> students
   names ages
1   Jack   15
2 Steven   16
> students$gender <- c("M","M")
> students
   names   ages   gender
1   Jack     15        M
2 Steven     16        M
```

同样地，使用 students[["gender"]]和 students[[3]]替代 students$gender 也可以，此处不再赘述。细心的读者可以发现，这种方式不同于 cbind()函数，会对原数据框直接进行修改。既然可以使用列表的方式添加新列，同样也能使用列表的方式删除新列。

```
> students
   names   ages   gender
1   Jack     15        M
```

```
2 Steven     16       M
> students$gender <- NULL
> students
   names   ages
1   Jack     15
2 Steven     16
```

不过和上述添加新列的方法一样，这种方式本质上是对原数据框直接进行修改。所以，建议读者最好还是使用 7.2.3 节中提取子数据框的方式删除不想要的行列。

7.2.5 数据框的合并

有数据库基础的读者都明白将两个表基于相同的属性合并成一个表，在关系数据库中是十分重要的操作。同样地，对于数据框而言，合并数据框也是十分常用且重要的操作。正如前面所说，合并数据框的基础在于两个数据框有至少一个同名的列。之后，可以使用 merge()函数合并两个数据框。

```
> students
   names   ages
1   Jack     15
2 Steven     16
3  Sarah     14
> students2
   names   gender
1   Jack     M
2 Steven     M
> merge(students,students2)
   names   ages    gender
1   Jack     15       M
2 Steven     16       M
```

上述两个数据框 students 和 students2 有一个共同的列名——“names”。因此使用 merge()函数后，R 会将两个数据框中变量“names”取值相同的行（即 Jack 和 Steven 所在行）提出，然后综合两个数据框中的列生成一个新的数据框。两个数据框不共享“names”属性的行则被排除在外。

函数 merge()另外包含两个十分重要的参数 by.x 和 by.y，这两个参数用来指明两个数据框中名称不同但是包含相同内容的变量。来看下面的示例代码。

```
> students
   names   ages
1   Jack     15
2 Steven     16
3  Sarah     14
> students3
     na      add
```

```
1  Jack  Beijing
2 Conan  Chongqing
3   Gin  Shanghai
> merge(students,students3,by.x="names",by.y="na")
 names     ages     add
1  Jack       15   Beijing
```

上述代码将 students 数据框中的“names”列和 students3 中的“na”列合并，其中，x 对应的是 merge()函数中的第一个参数所指代的数据框，y 对应的是第二个参数所指代的数据框，切勿弄混。融合后的变量默认使用 by.x 的取值，此处为“names”。

此外，merge()函数还有两个比较重要的参数 all.x 和 all.y。这两个参数是逻辑变量，默认情况下为 FALSE。上例返回的新数据框中只包含了两个数据框共有的成员“Jack”，如果设定 all.x 为 TRUE，那么返回的结果会包含所有 students 数据框中的成员，而其对应的 students3 中的变量取值则为 NA。同理，若 all.y 为 TRUE，那么 students3 中的所有成员会被包含在结果中，其对应的 students 中的变量，取值为 NA。

```
> merge(students,students3,by.y="na",by.x="names",all.x=T)
  names      ages     add
1   Jack      15       Beijing
2  Sarah      14       <NA>
3 Steven      16       <NA>
> merge(students,students3,by.y="na",by.x="names",all.y=T)
  names      ages     add
1 Conan      NA       Chongqing
2   Gin      NA       Shanghai
3  Jack      15       Beijing
```

若想同时设定 all.x 和 all.y，可以直接设定参数 all，如下：

```
> merge(students,students3,by.y="na",by.x="names",all=T)
  names      ages     add
1  Conan     NA       Chongqing
2    Gin     NA       Shanghai
3   Jack     15       Beijing
4  Sarah     14       <NA>
5 Steven     16       <NA>
```

函数 merge()中还有不少参数，由于篇幅所限我们只详细介绍了其中最常用的几个，有兴趣的读者可以查看 R 中的帮助文档以了解更多细节。

最后，在使用 merge()函数时读者朋友需要注意重复匹配的问题，可能会产生错误的结果。来看下面这段示例代码。

```
> students4
    na       add
```

```
1  Jack      Beijing
2 Conan      Chongqing
3  Jack      Shanghai
> students
   names     ages
1   Jack     15
2 Steven     16
3  Sarah     14
> merge(students,students4,by.x="names",by.y="na")
  names      ages     add
1  Jack      15       Beijing
2  Jack      15       Shanghai
```

不能发现，students4 和 students3 只有第三个成员的“na”变量不一样，其他均一致。此处我们刻意使得 students4 数据框中包含两个重名的成员，都叫作“Jack”。其中一个 15 岁，而另一个年龄未知。之前 students3 合并后结果中只有一个成员，而现在使用 students4 合并后结果中产生了两个成员“Jack”，并且都被处理为 15 岁。也就是说 R 将 students 数据框中的“Jack”和 students4 数据框匹配了两次，因此在选择匹配变量时必须注意此类问题。

7.2.6 数据框的其他操作

本小节将介绍数据框的其他常用操作，主要集中在数据的处理上。首先介绍 apply 系列的一些函数。关于 apply()函数我们并不陌生，此函数主要包含三个参数：X、MARGIN 和 FUN。其中，X 代表将要处理的数据。MARGIN 是用于指明函数 FUN 的作用对象的一个向量。若以矩阵为例，则 1 代表行，2 代表列，c(1,2)代表行和列。如果 X 包含命名的维度，那么此处 MARGIN 也可以是字符串向量，指明被选的维度名称。FUN 则是对数据进行具体操作的函数，比如求平均值。来看下面这段示例代码。

```
> students
   names     ages
1   Jack     15
2 Steven     16
3  Sarah     14
> tt<-rbind(students,list("Kevin",30))
> tt$grade <- c(88,74,90,82)
> tt
   names     ages    grade
1   Jack     15      88
2 Steven     16      74
3  Sarah     14      90
4  Kevin     30      82
> apply(tt[,2:3,drop=F],2,mean)
 ages grade
```

```
18.75 83.50
```

上述代码在 students 数据框的基础上添加了一行数据，生成了一个新的数据框 tt，而后在 tt 上添加了一个变量 grade 记录每个人的考试成绩。因为新数据框并非所有列都是一个数据类型，所以提取出 tt 数据框的第二列和第三列，然后按列求取平均值。

因为数据框是列表的特例，即数据框的每一列是列表的一个组件，所以我们同样可以在数据框上使用 lapply()函数。不同于 apply()函数的是，我们指定的操作 FUN 会直接作用于数据框的每一列，不需要指定按行或按列操作，然后返回由结果构成的列表。用法和之前的一样。

```
> (s1 <- lapply(students,sort))
$names
[1] "Jack"   "Sarah"  "Steven"

$ages
[1] 14 15 16
> (s2 <- sapply(students,sort))
    names        ages
[1,] "Jack"      "14"
[2,] "Sarah"     "15"
[3,] "Steven"        "16"
```

上述代码对 students 数据框中的所有列进行了排序，然而排序之后数据框中两个变量的对应关系也就丢失了。lapply()返回的是列表，sapply()返回的是矩阵，可以使用 as.data.frame()函数将结果转化为数据框，不过随着对应关系的丢失其意义不大。

```
> as.data.frame(s1)
   names    ages
1   Jack     14
2  Sarah     15
3 Steven     16

> as.data.frame(s2)
   names    ages
1   Jack     14
2  Sarah     15
3 Steven     16
```

7.3　因子

本节将介绍 7.2 节中提到过的因子（factor），表格数据的运算很大程度上也依赖于因子。因子的设计思想来源于统计学中的名义变量（nominal variable），或称之为分类变量（categorical variable）。顾名思义，与数值变量（numerical variable）相对应，分类变量指代的是分类，比如：

男性和女性，一般并非数值。R 中的变量可以归结为三种类型：名义型、有序型和连续型。其中名义型变量和前文一致，并且类别之间没有顺序之分。有序型变量表示的也是分类，不过类别之间存在顺序关系，而非数量关系。一个很典型的例子是近视程度（不近视、轻微近视、严重近视）则可被看作有序型变量，类别之间的程度递增存在顺序，而具体的数量关系则难以衡量。最后的连续型变量则可以呈现为某个范围内的取值，同时存在顺序和数量上的区别，比如：年龄。其中名义型变量和有序型变量在 R 中被称为因子。

7.3.1 因子的创建

在 R 中，我们一般使用 factor()函数创建因子。说是“创建”因子，但实际上因子是“编码”（encode）而来的。factor()函数本质上是将一个向量重新编码成一个因子，因此可以把因子看成一个包含了更多信息的向量。此处的更多信息，指的是向量中不同值的分类，一般称之为“水平”（level）。因此，在创建因子之前，我们一般需要先创建一个向量。

```
> ssample <- c("BJ","SH","CQ","SH")
> (sf <- factor(ssample))
[1] BJ SH CQ SH
Levels: BJ CQ SH
> nsample <- c(2,3,3,5)
> (nf <- factor(nsample))
[1] 2 3 3 5
Levels: 2 3 5
```

上述代码先创建了向量，而后将其转化成了因子。仔细观察，可以发现不论是数值型的向量还是字符串型的向量，转化为因子后，都会有相应的“水平”信息，即“Levels”所在行，如(2,3,5)和(BJ,CQ,SH)。这些水平信息代表的就是这个向量中不同的取值分类，可以理解为不重复的取值种类。

为了帮助读者深化理解，下面使用 str()函数查看因子的内部结构：

```
> str(nf)
 Factor w/ 3 levels "2","3","5": 1 2 2 3
> unclass(nf)
[1] 1 2 2 3
attr(,"levels")
[1] "2" "3" "5"
> str(sf)
 Factor w/ 3 levels "BJ","CQ","SH": 1 3 2 3
> unclass(sf)
[1] 1 3 2 3
attr(,"levels")
[1] "BJ" "CQ" "SH"
```

此处 nf 因子的核心内容不是向量(2,3,3,5)而是转化后的(1,2,2,3)，其内部关联为1 = "2"，2 = "3"，3 = "5"；相应的 sf 因子的核心也被转化成了(1,3,2,3)，内部关联为1 = "BJ"，2 = "CQ"，3 = "SH"。这意味着因子对水平的相对分布关注更甚于对水平本身取值的关注。并且，水平本身的取值也都被转换成了字符，例如数值2变成了"2"。另外，上述因子都被默认当作名义型变量处理了，但有时变量之间存在明确的顺序，此时则希望创建的因子被当作有序型变量处理。比如说我们希望创建一个因子 assessment 来表示托福考试中成绩的四个分类，由高到低依次为：good、fair、limited 和 weak。

```
> assessment <- c("weak","good","limited","fair")
> assessment1 <- factor(assessment)
> assessment1
[1] weak    good    limited fair
Levels: fair good limited weak
> str(assessment1)
 Factor w/ 4 levels "fair","good",..: 4 2 3 1
```

然而，对于字符型向量，因子的水平默认按照字母表顺序创建；而数值型向量，因子的水平则仍然按照数值从小到大的顺序创建。所以此处创建的因子内在的关联为1 = "fair"，2 = "good"，3 = "limited"，4 = "weak"。可这并不是我们所期望的。如果想表示为有序型变量，那么在创建因子时，factor()函数中的 order 参数需要被设置为 TRUE，然后通过给参数 levels 赋值，来指定水平的排序。

```
> assessment1 <- factor(assessment, order=TRUE,
+ levels=c("good","fair","limited","weak"))
> assessment1
[1] weak    good    limited fair
Levels: good < fair < limited < weak
> str(assessment1)
 Ord.factor w/ 4 levels "good"<"fair"<..: 4 1 3 2
```

7.3.2 因子中插入水平

创建因子时，我们可以人为地插入一些新的水平。

```
> sample <- c(12,15,7,10)
> fsample <- factor(sample,levels=c(7,10,12,15,100))
> fsample
[1] 12 15 7  10
Levels: 7 10 12 15 100
> length(fsample)
[1] 4
```

注意，因子的长度指的是创建因子的向量的长度，即数据的长度，而非水平的长度。如果想向因子中添加数值，只有当新添加的值是因子的水平时，这个值才能添加进去。换言之，如果我们向因子中添加不存在的水平值，那么就是非法操作。例如：

```
> fsample[5]<-100
> fsample
[1] 12  15  7   10  100
Levels: 7 10 12 15 100

> fsample[6]<-99
Warning message:
In `[<-.factor`(`*tmp*`, 6, value = 99) :
  invalid factor level, NA generated
```

7.3.3 因子和常用函数

本小节将介绍三个常与因子配合使用的函数，熟练地掌握它们的使用将给我们的编程实践带来很大便利。

- tapply()函数

与列表和数据框类似，因子中也可以使用 apply 系列函数中的成员——tapply()函数。该函数有三个参数：X、INDEX 和 FUN。其中，X 代表原子型的对象，比如向量，注意数据框不行；INDEX 代表因子或因子列表，并且每个因子需要和 X 具有相同的长度，如果 INDEX 中有不是因子的元素，那么需要使用 as.factor()函数将其强制转化成因子；最后，FUN 代表的是我们希望应用的函数。

函数 tapply()的作用是将 X 根据因子水平进行分组，然后在每组数据上应用函数 FUN。需要注意的是，当 INDEX 是因子列表的时候，一个因子水平指的是一组因子水平的组合。举个例子，在一项实验中，我们希望知道分别食用饲料 A、B、C 的绵羊的平均重量，则有：

```
> wt <- c(46,39,35,42,43,43)
> group <- c("A","B","C","A","B","C")
> tapply(wt,as.factor(group),mean)
 A  B  C
44 41 39
```

上述代码中，因子 group 具有三个水平，即"A"、"B"和"C"。tapply()就根据因子 group 中的水平，将 wt 向量中的数据分为了三组，再对每组求一个平均值。可以验证，"A"水平在索引（即 INDEX）中的位置是 1 和 4，对应 wt 向量中的 46 和 42，故平均值为 44；"B"水平在索引中的位置是 2 和 5，对应 wt 中的 39 和 43，所以平均值为 41；同理，水平"C"亦是如此。

当索引中包含多个因子（即因子列表）的时候如何分组呢？之前其实已经提过，不过基于上面的例子，读者应该更容易理解。仍然用绵羊的例子，除了“饲料”这个因子外，现在另外添加一个因子“性别”。那么在使用 tapply()函数时，原始数据会被分为六组，即因子“饲料”

的所有水平和因子“性别”的所有水平的所有组合：

- 食用 A 饲料的公绵羊
- 食用 A 饲料的母绵羊
- 食用 B 饲料的公绵羊
- 食用 B 饲料的母绵羊
- 食用 C 饲料的公绵羊
- 食用 C 饲料的母绵羊

最后，对于所有六个分组，tapply()函数同样会在每一组数据上使用函数 FUN，此处即指 mean()函数。鉴于上例中的数据量太小，我们增加一些数据，示例如下。

```
> wt <- c(46,39,35,42,43,43,42,44,36,40,39,38)
> diet <- c("A","B","C","A","B","C","A","B","C","A","B","C")
> gender <- c("M","M","M","M","M","M","F","F","F","F","F","F")
> tapply(wt,list(as.factor(diet),as.factor(gender)),mean)
     F  M
A 41.0 44
B 41.5 41
C 37.0 39
```

- split()函数

函数 split()的主要作用就是形成分组。此函数主要涉及两个参数：待处理的数据（即 x），因子或因子列表（即 f）。此处的待处理数据可以是向量或数据框，而因子和因子列表则与 tapply()函数中的意义一致。分组结果将以列表形式返回。仍然使用绵羊的例子，则有：

```
> split(wt,list(diet,gender))
$A.F
[1] 42 40

$B.F
[1] 44 39

$C.F
[1] 36 38

$A.M
[1] 46 42

$B.M
[1] 39 43

$C.M
```

```
[1] 35 43
```

易见，返回列表的每一个元素名就是两个水平的组合，比如"A.F"就是“饲料”因子中的水平"A"结合“性别”因子中的水平"F"而成。可以通过“$”符号调用列表的每一个元素。细心的读者可以发现此处列表因子中我们并没有使用 as.factor()函数将向量转化为因子，其实 tapply()函数中的因子列表也可以省略 as.factor()，这是因为 tapply()函数和 split()函数都会自动将其转化为因子。所以在使用时可以省略 as.factor()函数。

- by()函数

函数 by()其实是 tapply()函数的变种，也是用来对不同的分组应用不同函数的方法。不过其和 tapply()函数最大的不同在于适用的数据对象。通过前面的章节，读者朋友应该发现了，tapply()函数的第一个参数必须是向量等原子型数据结构；而 by()函数的应用对象则更为广泛，可以是数据框和矩阵。这一点十分重要，因为有时我们需要对数据框等更为复杂的数据结构进行分组，所应用的函数需要的参数也不仅仅限于向量。彼时，只能处理向量的 tapply()函数就略显不足了。

下列代码以在介绍数据框时曾经使用过的记录男女不同近视程度人数的数据框 myopia 为例，使用 by()函数根据近视程度分组，并求得每组的人数。

```
> myopia
  degree male female
1    low  124    108
2 middle   88     56
3   high  200    221
> by(myopia,myopia$degree,function(frame) frame[,2]+frame[,3])
myopia$degree: high
[1] 421
------------------------------------------------------------
myopia$degree: low
[1] 232
------------------------------------------------------------
myopia$degree: middle
[1] 144
```

上例中 by()函数的第三个参数，即对分组应用的函数是由我们自己手动创建的。它实现了相当简单的功能，即将每个分组的第二列和第三列相加。相应地，函数 tapply()却没法对数据框进行这种操作。这也正是 by()函数优于 tapply()函数的地方。

7.4 表

本节介绍另一种十分重要的结构型数据类型——表。大家对“表”这个概念应该并不陌生。之所以这么说，是因为 R 中的表其实和矩阵、数据框都十分相似。因此，无论是在表元素的访问方式还是在对表进行更复杂的操作等方面，我们都可以类比矩阵和数据框。

7.4.1　表的创建

在 R 中创建表使用的函数是 table()，其原理是使用交叉分类因子创建一个列联表（contingency table），用以记录每一个因子水平组合的频数。此处的因子水平组合本质上和前面我们在介绍 tapply()函数和 split()函数时涉及的因子水平组合一样。因此，table()函数最重要的一个参数就是创建表所需要的因子或因子列表。仍然采用 7.3 节中绵羊的例子来进行演示说明。

```
> diet
 [1] "A" "B" "C" "A" "B" "C" "A" "B" "C" "A" "B" "C"
> gender
 [1] "M" "M" "M" "M" "M" "M" "F" "F" "F" "F" "F" "F"
> wt
 [1] 46 39 35 42 43 43 42 44 36 40 39 38
> table(list(diet,gender))
   .2
.1  F M
  A 2 2
  B 2 2
  C 2 2
```

上例中使用的因子列表包含了两个因子，共六种水平组合。表格中的数据是对应行列水平组合的频数，每种组合都有两个数据。因为上述表格记录的是相应水平组合的频数，所以我们更为关注因子，而具体的数据则被忽略了。

函数 table()的第一个参数除了因子或因子列表外，还常用的数据类型是数据框。假设有一份记录 110 个病人基本信息的数据，包括：年龄（Age）、性别（Gender）、是否有糖尿病（Diabetes）、是否吸烟（Ever_smoked）、是否有高血压（Hypertension）等信息。数据中的一行代表一个病人的基本信息。在这个例子中，“1”代表“是”，“0”代表“否”，以此记录了受访病人的身体情况。

下面的代码首先使用 read.csv()函数读入数据文件并存储到变量 artery 中。通常 csv 文件读入后会存储成数据框，我们可以直接查看文件信息如下（限于篇幅，此处仅列出了前 10 行的信息）。

```
> artery <- read.csv("C:/data/graft_arteries.csv")
> artery
   Age Gender Diabetes Ever_smoked PVD CVD Hypertension RAcalc
1   74      1        0           1   0   0            1      0
2   64      1        0           0   0   0            1      0
3   44      1        1           1   0   0            1      0
4   74      1        0           0   0   0            0      0
```

```
5    68     1       0          1  1  0          1     0
6    66     0       1          1  0  0          0     0
7    48     1       1          1  0  0          1     0
8    71     1       1          0  1  0          0     1
9    72     1       0          1  0  0          0     0
10   65     1       0          1  0  0          0     0
```

然后，使用此数据框中的“糖尿病”（Diabetes）和“高血压”（Hypertension）两个因子来创建表，则有：

```
> table(list(artery$Diabetes,artery$Hypertension))
   .2
.1   0  1
  0 41 42
  1 16 11
```

从中可知，没有糖尿病且没有高血压的病人数量为 41，同时患有糖尿病和高血压的病人数量为 11 等信息。因为创建表时使用了两个因子，所以上述频数表是二维的。当然，我们也可以得到一维的表。

```
> table(artery$Diabetes)

 0  1
83 27
```

我们还可以使用“糖尿病”、“高血压”和“吸烟”这三个因子创建三维的表，为了便于查看，我们为每个因子指定了名称。

```
> table(D=artery$Diabetes,H=artery$Hypertension,S=artery$Ever_smoked)
, , S = 0

   H
D    0  1
  0 11 22
  1  3  1

, , S = 1

   H
D    0  1
  0 30 20
  1 13 10
```

此处给出了“吸烟”因子水平分别为“0”和“1”时，“糖尿病”和“高血压”因子水平组合的频数。理论上创建的表的维度还可以更高，但是太高维度不便于直接查看。

7.4.2　表中元素的访问

类似于数据框，表也具有一些矩阵和数组的特性。因此，表中频数的访问同样可以采用矩阵符号。我们既能访问单个元素，也可以访问表中的某行或某列。仍然使用上述医院的例子，则有：

```
> dh_tab <- table(list(D=artery$Diabetes,H=artery$Hypertension))
> dh_tab
   H
D    0  1
  0 41 42
  1 16 11
> dh_tab[1,1]
[1] 41
> dh_tab[1,]
 0  1
41 42
> dh_tab[,2]
 0  1
42 11
```

因此，我们可以对表中的频数进行修改，例如：

```
> dh_tab[2,2]*4
[1] 44
> dh_tab[1,]*2
 0  1
82 84
> dh_tab/3
   H
D           0         1
  0 13.666667 14.000000
  1  5.333333  3.666667
```

7.4.3　表中变量的边际值

表中变量的边际值指的是，当某一个特定变量的取值不变时，其他所有变量求和得到的结果。以 7.4.2 节中的 dh_tab 表为例，变量 D（即糖尿病）的边际值有两个，分别是 D = 0 时（即无糖尿病），变量 H（即高血压）所有取值的和；以及 D = 1 时（即有糖尿病），变量 H 所有取值的和。故变量 D 的边际值为 41 + 42 = 83，以及 16 + 11 = 27。有两种方式获取表中变量的边际值。

第一种方式我们已经非常熟悉了，即使用 apply()函数分别对行列（即两个变量）求和。

```
> dh_tab
```

```
   H
D    0  1
  0 41 42
  1 16 11
> apply(dh_tab,1,sum)
 0  1
83 27
> apply(dh_tab,2,sum)
 0  1
57 53
```

第二种方式是使用 R 提供的 addmargins()函数求边际值。

```
> addmargins(dh_tab)
     H
D       0   1 Sum
  0    41  42  83
  1    16  11  27
  Sum  57  53 110
```

第二种方式一次性获得了两个变量的边际值，再与原表叠加在了一起，非常便于观察。不过需要注意的是上例中给出的表格都是二维的。当扩展到三维甚至更高维度的表格时，这两种方法仍然适用吗？来看下面的示例代码。

```
> dhs_tab <- table(D=artery$Diabetes,
+ H=artery$Hypertension,S=artery$Ever_smoked)
> dhs_tab
, , S = 0

   H
D    0  1
  0 11 22
  1  3  1

, , S = 1

   H
D    0  1
  0 30 20
  1 13 10

> addmargins(dhs_tab)
, , S = 0

     H
D       0   1 Sum
```

```
  0    11  22  33
  1     3   1   4
  Sum  14  23  37

, , S = 1

    H
D      0   1 Sum
  0    30  20  50
  1    13  10  23
  Sum  43  30  73

, , S = Sum

    H
D      0   1 Sum
  0    41  42  83
  1    16  11  27
  Sum  57  53 110
```

可以发现 addmargins()函数仍然适用，通过上述结果我们仍然可以识别出三个变量各自对应的边际值，只不过相对而言观察比较麻烦。相应地，第一种方式也能适用，只不过在函数的参数上会有些许变化。因为表的维度超出了二维的层面，所以此处使用维度名代替单纯的数值 1 或 2。当然，在创建表时最好指定相应的维度名称。

```
> apply(dhs_tab,"S",sum)
 0  1
37 73
> apply(dhs_tab,"D",sum)
 0  1
83 27
> apply(dhs_tab,"H",sum)
 0  1
57 53
```

由此观之，当表的维度较高时，使用 apply()函数求边际值会更为简明。此外，本节所讨论的列联表非常有用，本书后续章节还会针对它在统计分析中的应用做更深入的讨论。

第 8 章

统计推断

统计推断是以带有随机性的样本观测数据为基础，结合具体的问题条件和假定，而对未知事物做出的，以概率形式表述的推断。它是数理统计的主要任务。统计推断的基本问题可以分为两大类：一类是参数估计；另一类是假设检验。在参数估计部分，本章将着重关注点估计和区间估计这两类问题。

8.1　参数估计

如果想知道某所中学高三年级全体男生的平均身高，其实只要测定他们每个人的身高然后再取均值即可。但是若想知道中国成年男性的平均身高似乎就不那么简单了，因为这个研究的对象群体实在过于庞大，要想获得全体中国成年男性的身高数据显然有点不切实际。这时一种可以想到的办法就是对这个庞大的总体进行采样，然后根据样本参数来推断总体参数，于是便引出了参数估计（Parameter Estimation）的概念。参数估计就是用样本统计量去估计总体参数的方法。比如，可以用样本均值来估计总体均值，用样本方差来估计总体方差。如果把总体参数（均值、方差等）笼统地用一个符号θ来表示，而用于估计总体参数的统计量用$\hat{\theta}$来表示，那么参数估计也就是用$\hat{\theta}$来估计θ的过程，其中$\hat{\theta}$也被称为估计量（Estimator），而根据具体样本计算得出的估计量数值就是估计值（Estimated Value）。

8.1.1　参数估计的基本原理

点估计（Point Estimate）就是用样本统计量$\hat{\theta}$的某个取值直接作为总体参数θ的估计值。比如，可以用样本均值$\bar{x}$直接作为总体均值μ的估计值，用样本比例p直接作为总体比例的估计值等。这种方式的点估计也被称为矩估计，它的基本思路就是用样本矩估计总体矩，用样本矩的相应函数来估计总体矩的函数。由大数定理可知，如果总体X的k阶矩存在，则样本的k阶矩以概率收敛到总体的k阶矩，样本矩的连续函数收敛到总体矩的连续函数，这就启发我们可以用样本矩作为总体矩的估计量，这种用相应的样本矩去估计总体矩的估计方法就被称为矩估计法，这种方法最初是由英国统计学家卡尔·皮尔逊（Karl Pearson）提出的。

来看一个例子。2014 年 10 月 28 日，为了纪念美国实验医学家、病毒学家乔纳斯·爱德华·索尔克（Jonas Edward Salk）诞辰 100 周年，谷歌特别在其主页上刊出了一幅如图 8-1 所示的纪念画。二战以后，由于缺乏有效的防控手段，脊髓灰质炎逐渐成为美国公共健康的最大威胁之一。其中，1952 年的大流行是美国历史上最严重的爆发。那年报道的病例有 58000 人，3145 人死亡，另有 21269 人致残，且多数受害者是儿童。直到索尔克研制出首例安全有效的“脊髓灰质炎疫苗”，曾经让人闻之色变的脊髓灰质炎才开始得到有效的控制。

图 8-1　索尔克纪念画

索尔克在验证他发明的疫苗效果时，设计了一个随机双盲对照实验，实验结果是在全部200745名接种了疫苗的儿童中，最后患上脊髓灰质炎的一共有57例。那么采用点估计的办法，我们就可以推断该疫苗的整体失效率大约为：

$$\hat{p} = \frac{57}{200745} = 0.0284\%$$

或者在 R 中执行下面的代码来计算结果。

```
> 57/200745
[1] 0.0002839423
```

虽然在重复抽样下，点估计的均值可以期望等于总体的均值，但由于样本是随机抽取的，由某一个具体样本算出的估计值可能并不等同于总体均值。在用矩估计法对总体参数进行估计时，还应该给出点估计值与总体参数真实值间的接近程度。通常我们会围绕点估计值来构造总体参数的一个区间，并用这个区间来度量真实值与估计值之间的接近程度，这就是区间估计。

区间估计（Interval Estimate）是在点估计的基础上，给出总体参数估计的一个区间范围，而这个区间通常是由样本统计量加减估计误差得到的。与点估计不同，进行区间估计时，根据样本统计量的抽样分布，可以对样本统计量与总体参数的接近程度给出一个概率度量。

例如在以样本均值估计总体均值的过程中，由样本均值的抽样分布可知，在重复抽样或无限总体抽样的情况下，样本均值的数学期望等于总体均值，即$E(\bar{x}) = \mu$。回忆一下 4.6 节中给出的一些结论还可以知道，样本均值的标准差等于$\sigma_{\bar{x}} = \sigma/\sqrt{n}$，其中$\sigma$是总体的标准差，$n$是样本容量。根据中央极限定理可知样本均值的分布服从正态分布。这就意味着，样本均值$\bar{x}$落在总体均值μ的两侧各一个抽样标准差范围内的概率为 0.6827；落在两个抽样标准差范围内的概率为 0.9545；落在三个抽样标准差范围内的概率是 0.9973……下面是 R 中用于计算的代码。

```
> pnorm(1)-pnorm(-1)
[1] 0.6826895
> pnorm(2)-pnorm(-2)
[1] 0.9544997
> pnorm(3)-pnorm(-3)
[1] 0.9973002
```

事实上，我们完全可以求出样本均值落在总体均值两侧任何一个抽样标准差范围内的概率。但实际估计时，情况却是相反的。我们所知道的仅仅是样本均值$\bar{x}$，而总体均值μ未知，也正是需要估计的。由于$\bar{x}$与μ之间的距离是对称的，如果某个样本均值落在μ的两个标准差范围之内，反过来μ也就被包括在以$\bar{x}$为中心左右两个标准差的范围之内。因此，大约有 95%的样本均值会落在μ的两个标准差范围内。或者说，约有 95%的样本均值所构造的两个标准差区间会包括μ。图 8-2 给出了区间估计的示意图。

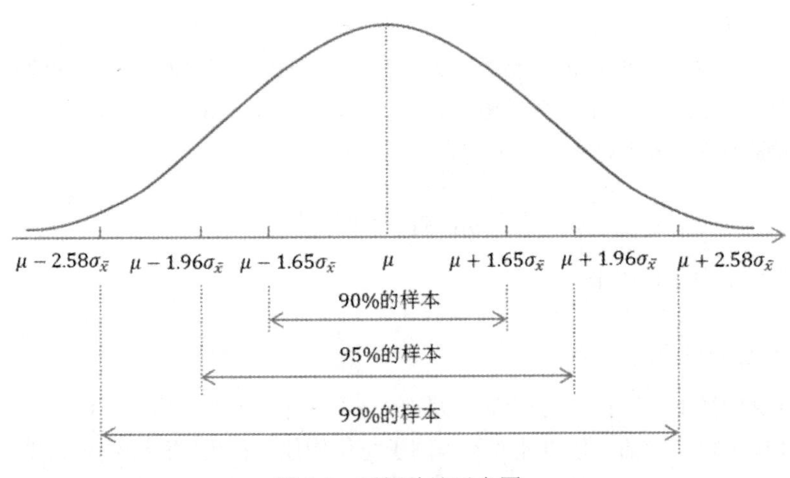

图 8-2 区间估计示意图

在区间估计中，由样本统计量所构造的总体参数之估计区间被称为置信区间（Confidence Interval），而且如果将构造置信区间的步骤重复多次，置信区间中所包含的总体参数真实值的次数之占比被称为置信水平，或置信度。在构造置信区间时，可以使用希望的任意值作为置信水平。常用的置信水平和正态分布曲线下右侧面积为$\alpha/2$时的临界值如表 8-1 所示。

表 8-1 常用置信水平临界值

置信水平	α	$\alpha/2$	临 界 值
90%	0.10	0.050	1.645
95%	0.05	0.025	1.96
99%	0.01	0.005	2.58

8.1.2 单总体参数区间估计

1. 总体比例的区间估计

比例问题可以被看作一项满足二项分布的实验。例如在索尔克的随机双盲对照实验中，实验结果是在全部200745名接种了疫苗的儿童中，最后患上脊髓灰质炎的一共有57例。这就相当于做了200745次独立的伯努利实验，而且每次实验的结果必为两种可能之一，要么是患病，要么是不患病。而且本书第 4 章中也讲过，服从二项分布的随机变量$X \sim B(n,p)$以np为期望，以$np(1-p)$为方差。可以令样本比例$\hat{p} = X/n$作为总体比例p的估计值，而且可以得知：

$$E(\hat{p}) = \frac{1}{n}E(X) = \frac{1}{n} \times np = p$$

同时还有：

$$var(\hat{p}) = \frac{1}{n^2}var(X) = \frac{1}{n^2} \times np(1-p) = \frac{p(1-P)}{n};\ se(\hat{p}) = \sqrt{\frac{p(1-P)}{n}}$$

由此便已经具备了进行区间估计的必备素材。

第一种进行区间估计的方法被称为 Wald 方法，它是一种近似方法。根据中央极限定理，当n足够大时，将会有：

$$\hat{p} \sim N(p, \sqrt{\frac{p(1-P)}{n}})$$

8.1.1 节中我们也给出了标准正态分布中，95%置信水平下的临界值——1.96，即：

$$Pr\left(-1.96 < \frac{\hat{p}-p}{\sqrt{p(1-p)/n}} < 1.96\right) \approx 0.95$$

$$\Rightarrow\ Pr\left(\hat{p} - 1.96\sqrt{\frac{p(1-p)}{n}} < p < \hat{p} + 1.96\sqrt{\frac{p(1-p)}{n}}\right) \approx 0.95$$

Wald 方法对上述结果做了进一步的近似，即把根号下的p用$\hat{p}$来代替，于是总体比例p在 95%置信水平下的置信区间为：

$$\left(\hat{p}-1.96\sqrt{\frac{\hat{p}(1-\hat{p})}{n}},\hat{p}+1.96\sqrt{\frac{\hat{p}(1-\hat{p})}{n}}\right)$$

以索尔克的随机双盲对照实验为例，可以在 R 中使用下面的代码来算得总体比例估计的置信区间。从输出结果中可知，保留小数点后 6 位有效数字的置信区间为$(0.000210, 0.000358)$。

```
> n <- 200745
> (p.hat <- 57/n)
[1] 0.0002839423
> p.hat + c(-1.96, 1.96) * sqrt(p.hat * (1 - p.hat)/n)
[1] 0.0002102390 0.0003576456
```

Wald 方法的基本原理是利用正态分布来对二项分布进行近似，与之相对的另外一种方法是 Clopper-Pearson 方法。该方法完全是基于二项分布的，所以它是一种更加确切的区间估计方法。在 R 中可以使用 binom.test()函数来执行 Clopper-Pearson 方法，下面给出示例代码。

```
> binom.test(57,200745)

	Exact binomial test

data:  57 and 200745
number of successes = 57, number of trials = 200745, p-value <
2.2e-16
alternative hypothesis: true probability of success is not equal to 0.5
95 percent confidence interval:
 0.0002150620 0.0003678648
sample estimates:
probability of success
        0.0002839423
```

从以上输出中可以得到，保留小数点后6位有效数字的95%置信水平下之区间估计结果为$(0.000215, 0.000369)$。这一数值其实已经与 Wald 方法所得之结果非常相近了。

2. 总体均值的区间估计

在对总体均值进行区间估计时，需要分几种情况。首先，若考虑的总体是正态分布且方差σ^2已知，或总体不满足正态分布但为大样本（$n \geqslant 30$）时，样本均值$\bar{x}$的抽样分布均为正态分布，数学期望为总体均值μ，方差为σ^2/n。而样本均值经过标准化以后的随机变量服从标准正态分布，即：

$$z=\frac{\bar{x}-\mu}{\sigma/\sqrt{n}}\sim N(0,1)$$

由此可知总体均值μ在$1-\alpha$置信水平下的置信区间为：

$$\left(\bar{x}-z_{\alpha/2}\frac{\sigma}{\sqrt{n}},\bar{x}+z_{\alpha/2}\frac{\sigma}{\sqrt{n}}\right)$$

其中α是显著水平，它是总体均值不包含在置信区间内的概率；$z_{\alpha/2}$是标准正态分布曲线与横轴围成的面积等于$\alpha/2$时的z值。

例如现在有一家生产袋装食品的食品厂。按规定每袋食品的质量应为 100 克。为对产品质量进行监测，质检部门从当天生产的一批食品中随机抽取了 25 袋，并测得每袋的质量数据如表 8-2 所示。已知产品质量的分布服从正态分布，且总体标准差为 10 克。请计算该天每袋食品平均质量的置信区间，置信水平为 95%。

表 8-2　食品质量抽检数据

112.5	101.0	103.0	102.0	100.5
102.6	107.5	95.0	108.8	115.6
100.0	123.5	102.0	101.6	102.2
116.6	95.4	97.8	108.6	105.0
136.8	102.8	101.5	98.4	93.3

由于 R 中并没有提供方差已知时置信区间的计算函数，所以我们需要手动编写一个函数，代码如下。

```
> conf.int<-function(x,n,sigma,alpha){
    options(digits=5)
    mean<-mean(x)
    c(mean-sigma*qnorm(1-alpha/2,mean=0, sd=1,
    lower.tail = TRUE)/sqrt(n),
    mean+sigma*qnorm(1-alpha/2,mean=0, sd=1,
    lower.tail = TRUE)/sqrt(n))
       }
```

然后调用上述函数来计算置信区间，代码如下。

```
> x<-c(112.5, 101.0, 103.0, 102.0, 100.5,
+      102.6, 107.5, 95.00, 108.8, 115.6,
+      100.0, 123.5, 102.0, 101.6, 102.2,
+      116.6, 95.40, 97.80, 108.6, 105.0,
+      136.8, 102.8, 101.5, 98.40, 93.30)
> n <- 25
> alpha <- 0.05
> sigma <- 10
> result <- conf.int(x, n, sigma, alpha)
> result
[1] 101.44 109.28
```

结果表明该批食品平均质量 95%的置信区间为(101.44,109.28)。

如果总体服从正态分布但σ^2未知，或总体并不服从正态分布，只要是在大样本条件下，我们都可以用样本方差s^2来代替总体方差σ^2，此时总体均值在$1-\alpha$置信水平下的置信区间为：

$$\left(\bar{x}-z_{\alpha/2}\frac{s}{\sqrt{n}},\bar{x}+z_{\alpha/2}\frac{s}{\sqrt{n}}\right)$$

其中需要注意的一点，也是第 4 章中着重讨论的一点，即如果设$X_1,X_2,\cdots,X_n$是来自总体X的一个样本，那么作为总体方差σ^2之无偏估计的样本方差公式为：

$$s^2=\frac{1}{n-1}\sum_{i=1}^{n}(X_i-\bar{X})^2=\frac{1}{n-1}\sum_{i=1}^{n}X_i^2-n\bar{X}^2$$

此外，考虑总体是正态分布，但方差σ^2未知且属于小样本（$n<30$）的情况，仍须用样本方差s^2来替代总体方差σ^2。但此时样本均值经过标准化以后的随机变量将服从自由度为$(n-1)$的t分布，即：

$$t=\frac{\bar{x}-\mu}{s/\sqrt{n}}\sim t(n-1)$$

这也是 4.6 节最后给出的一个定理。于是，我们就需要采用学生t分布来建立总体均值μ的置信区间。

学生t分布，或简称t分布，是类似正态分布的一种对称分布，但它通常要比正态分布平坦和分散。一个特定的t分布依赖于被称为自由度的参数。自由度越小，那么t分布的图形就越平坦；随着自由度的增大，t分布也逐渐趋近于正态分布。下面的代码绘制了标准正态分布以及两个自由度不同的t分布，结果如图 8-3 所示。

```
> curve(dnorm(x), from = -5, to = 5, ylim = c(0, 0.45),
+   ylab ="", col = "blue")
> par(new=TRUE)
> curve(dt(x, 1), from = -5, to = 5, ylim = c(0, 0.45),
+   ylab ="", lty = 2, col = "red")
> par(new=TRUE)
> curve(dt(x, 3), from = -5, to = 5, ylim = c(0, 0.45),
+   ylab ="", lty = 3)
> text.legend = c("dnorm","dt(1)", "dt(3)")
> legend("topright", legend = text.legend, lty=c(1,2,3),
+   col = c("blue", "red", "black"))
```

这里谈到的t分布最初是由英国化学家和统计学家威廉·戈塞特（Willam Gosset）于 1908 年首先提出的，当时，他还在爱尔兰都柏林的一家酿酒厂工作。酒厂虽然禁止员工发表一切与酿酒研究有关的成果，但还是允许他在不提到酿酒的前提下，以笔名发表t分布的发现，所以论文使用了“学生”（Student）这一笔名。之后t检验以及相关理论经由费希尔发扬光大，为了感谢戈塞特的功劳，费希尔将此分布命名为学生t分布（Student's t-distribution）。

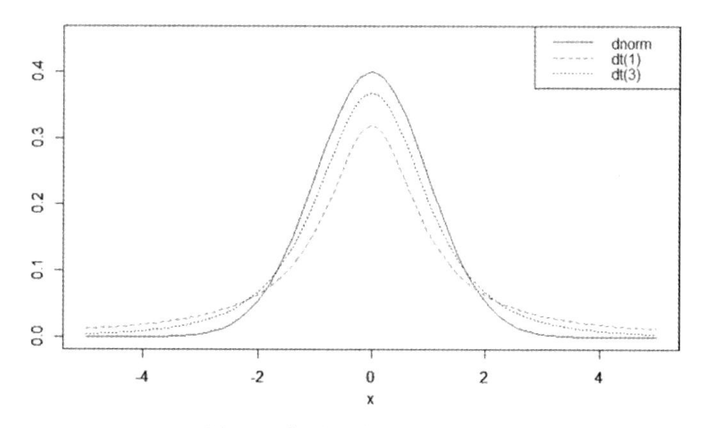

图 8-3　标准正态分布与t分布

根据t分布建立的总体均值μ在$1-\alpha$置信水平下的置信区间为：

$$\left(\bar{x}-t_{\alpha/2}\frac{s}{\sqrt{n}},\bar{x}+t_{\alpha/2}\frac{s}{\sqrt{n}}\right)$$

式中$t_{\alpha/2}$是自由度为$n-1$时，t分布中右侧面积为$\alpha/2$的t值。

例如现在为了测定一块土地的 pH 值，随机抽取了 17 块土壤样本，相应的 pH 值检测结果如表 8-3 所示。由于样本容量仅为 17，所以属于小样本的情况，于是采用上述方法对这块土地的 pH 值均值进行区间估计。

表 8-3　土壤 pH 值检测数据

6.0	5.7	6.2	6.3	6.5	6.4
6.9	6.6	6.8	6.7	6.8	7.1
6.8	7.1	7.1	7.5	7.0	

根据已经给出的公式可以在 R 中下面的代码来进行区间估计，其估计结果我们用方框来进行标识。

```
> pH <- c(6, 5.7, 6.2, 6.3, 6.5, 6.4, 6.9, 6.6,
+   6.8, 6.7, 6.8, 7.1, 6.8, 7.1, 7.1, 7.5, 7)
> mean(pH); sd(pH)
[1] 6.676471
[1] 0.4548755
> mean(pH)+ qt(c(0.025,0.975),length(pH)-1)*sd(pH)/sqrt(length(pH))
[1] 6.442595 6.910346
```

或者更简单地，可以直接使用 R 中的 t.test()函数来计算，示例代码如下。结果同样用方框来进行标识，可见与前面得到的结果是一致的。

```
> t.test(pH, mu=7)
```

```
	One Sample t-test

data:  pH
t = -2.9326, df = 16, p-value = 0.009758
alternative hypothesis: true mean is not equal to 7
95 percent confidence interval:
 6.442595 6.910346
sample estimates:
mean of x
 6.676471
```

表 8-4 对本节介绍的关于单总体均值的区间估计方法进行了总结，供有需要的读者参阅。

表 8-4　单总体均值的区间估计

总体分布	样 本 量	总体方差σ^2已知	总体方差σ^2未知
正态分布	大样本($n \geqslant 30$)	$\bar{x} \pm z_{\alpha/2}\frac{\sigma}{\sqrt{n}}$	$\bar{x} \pm z_{\alpha/2}\frac{s}{\sqrt{n}}$
	小样本($n < 30$)	$\bar{x} \pm z_{\alpha/2}\frac{\sigma}{\sqrt{n}}$	$\bar{x} \pm t_{\alpha/2}\frac{s}{\sqrt{n}}$
非正态分布	大样本($n \geqslant 30$)	$\bar{x} \pm z_{\alpha/2}\frac{\sigma}{\sqrt{n}}$	$\bar{x} \pm z_{\alpha/2}\frac{s}{\sqrt{n}}$

3．总体方差的区间估计

此处仅讨论正态总体方差的估计问题。根据样本方差的抽样分布可知，样本方差服从自由度为$n-1$的χ^2分布。所以，考虑用χ^2分布构造总体方差的置信区间。给定一个显著水平α，用χ^2分布建立总体方差σ^2的置信区间，其实就是要找到一个χ^2值，使得：

$$\chi^2_{1-\alpha/2} \leqslant \chi^2 \leqslant \chi^2_{\alpha/2}$$

由于

$$\frac{(n-1)s^2}{\sigma^2} \sim \chi^2(n-1)$$

因此可以用其来替代χ^2，于是有：

$$\chi^2_{1-\alpha/2} \leqslant \frac{(n-1)s^2}{\sigma^2} \leqslant \chi^2_{\alpha/2}$$

并根据上式推导出总体方差σ^2在$1-\alpha$置信水平下的置信区间为：

$$\frac{(n-1)s^2}{\chi^2_{\alpha/2}} \leqslant \sigma^2 \leqslant \frac{(n-1)s^2}{\chi^2_{1-\alpha/2}}$$

据此便可对总体方差的置信区间进行估计。由于 R 中并没有提供直接用于方差区间估计的函数，我们便自行编写了下面这个函数用以执行相应的计算。

```
> chisq.var.test <- function (x, alpha){
      options(digits=4)
      result<-list( )
      n<-length(x)
      v<-var(x)
      result$conf.int.var <- c(
         (n-1)*v/qchisq(alpha/2, df=n-1, lower.tail=F),
         (n-1)*v/qchisq(alpha/2, df=n-1, lower.tail=T))
      result$conf.int.se <- sqrt(result$conf.int.var)
      result
      }
```

以食品厂抽检产品质量的数据为例，调用以上函数可以算得$56.83 \leqslant \sigma^2 \leqslant 180.39$。相应地，总体标准差的置信区间则为$7.538 \leqslant \sigma \leqslant 13.431$，即该食品厂生成的食品总体质量标准差 95%的置信区间为7.538~13.431g。

```
> chisq.var.test(x, 0.05)
$conf.int.var
[1]  56.83 180.39
$conf.int.se
[1]  7.538 13.431
```

8.1.3　双总体均值差的估计

第 4 章中曾经指出，若$X_i \sim N(\mu_i, \sigma_i^2)$，其中$i = 1,2,\cdots,n$，且相互独立，则它们的线性组合：$C_1X_1 + C_2X_2 + \cdots + C_nX_n$，仍服从正态分布，其中$C_1, C_2, \cdots, C_n$是不全为 0 的常数。并由数学期望和方差的性质可知：

$$C_1X_1 + C_2X_2 + \cdots + C_nX_n \sim N\left(\sum_{i=1}^{n} C_i\mu_i, \sum_{i=1}^{n} C_i^2\sigma_i^2\right)$$

所以，假设随机变量的估计符合正态分布的一个潜在好处就是，它们的线性组合仍然可以满足正态分布的假设。如果有$X_1 \sim N(\mu_1, \sigma_1^2)$和$X_2 \sim N(\mu_2, \sigma_2^2)$，显然有：

$$aX_1 + bX_2 \sim N\left(a\mu_1 + b\mu_2, \sqrt{a^2\sigma_1^2 + b^2\sigma_2^2}\right)$$

当$a = 1$，$b = -1$时，进而有：

$$X_1 - X_2 \sim N\left(\mu_1 - \mu_2, \sqrt{\sigma_1^2 + \sigma_2^2}\right)$$

这其实给出了两个独立的正态分布的总体之差的分布。

从X_1和X_2这两个总体中分别抽取样本量为n_1和n_2的两个随机样本，其样本均值分别为$\bar{x}_1$和$\bar{x}_2$，则样本均值$\bar{x}_1$满足$\bar{x}_1 \sim (\mu_1, \sigma_1^2/n_1)$，样本均值$\bar{x}_2$满足$\bar{x}_2 \sim (\mu_2, \sigma_2^2/n_2)$。进而样本均值之差

$\bar{x}_1 - \bar{x}_2$满足：

$$(\bar{x}_1 - \bar{x}_2) \sim N\left(\mu_1 - \mu_2, \sqrt{\frac{\sigma_1^2}{n_1} + \frac{\sigma_2^2}{n_2}}\right)$$

由此即得到了进行双总体均值之差区间估计的所需素材。在具体讨论时我们将问题分成两类，即独立样本数据的双总体均值差估计问题，以及配对样本数据的双总体均值差估计问题。

1．独立样本

如果两个样本是从两个总体中独立抽取的，即一个样本中的元素与另一个样本中的元素相互独立，则称为独立样本（Independent Samples）。

当两总体的方差σ_1^2和σ_2^2已知的时候，根据前面推出的结论，类似于单个总体区间估计，可以得出$\mu_1 - \mu_2$的置信水平为$1 - \alpha$的双尾置信区间为：

$$\left(\bar{x}_1 - \bar{x}_2 - z_{\alpha/2}\sqrt{\frac{\sigma_1^2}{n_1} + \frac{\sigma_2^2}{n_2}}, \bar{x}_1 - \bar{x}_2 + z_{\alpha/2}\sqrt{\frac{\sigma_1^2}{n_1} + \frac{\sigma_2^2}{n_2}}\right)$$

如果两个总体的方差未知，则可以用两个样本方差s_1^2和s_2^2来代替，这时$\mu_1 - \mu_2$的置信水平为$1 - \alpha$的双尾置信区间为：

$$\left(\bar{x}_1 - \bar{x}_2 - z_{\alpha/2}\sqrt{\frac{s_1^2}{n_1} + \frac{s_2^2}{n_2}}, \bar{x}_1 - \bar{x}_2 + z_{\alpha/2}\sqrt{\frac{s_1^2}{n_1} + \frac{s_2^2}{n_2}}\right)$$

对于两个总体的方差未知的情况，我们将进一步划分为两种情况，首先当两总体方差相同，即$\sigma_1^2 = \sigma_2^2$，但未知时，可以得到：

$$t = \frac{\bar{x}_1 - \bar{x}_2 - (\mu_1 - \mu_2)}{s'\sqrt{\frac{1}{n_1} + \frac{1}{n_2}}} \sim t(n_1 + n_2 - 2)$$

其中

$$s' = \sqrt{\frac{(n_1 - 1)s_1^2 + (n_2 - 1)s_2^2}{n_1 + n_2 - 2}}$$

此处的s_1^2和s_2^2分别是样本方差。类似之前的做法，可以得到$\mu_1 - \mu_2$的置信水平为$1 - \alpha$的双尾置信区间为：

$$\left(\bar{x}_1 - \bar{x}_2 - t_{\alpha/2}(n_1 + n_2 - 2)s'\sqrt{\frac{1}{n_1} + \frac{1}{n_2}}, \quad \bar{x}_1 - \bar{x}_2 + t_{\alpha/2}(n_1 + n_2 - 2)s'\sqrt{\frac{1}{n_1} + \frac{1}{n_2}}\right)$$

来看一个例子。假设有编号为 1 和 2 的两种饲料，我们现在分别用它们来喂养两组肉鸡，然后记录每只鸡的增重情况，数据如表 8-5 所示。

表 8-5　喂食不同饲料的肉鸡增重情况

饲　料	增　重
1	42, 68, 85
2	42, 97, 81, 95, 61, 103

首先在 R 中录入数据，并分别计算两组数据的均值和方差，示例代码如下。

```
> chicks <- data.frame(feed = rep(c(1,2), times=c(3,6)),
+                      weight_gain = c(
+                      42, 68, 85,
+                      42, 97, 81, 95, 61, 103))

> tapply(chicks$weight_gain, chicks$feed, mean)
       1        2
65.00000 79.83333
> tapply(chicks$weight_gain, chicks$feed, sd)
       1        2
21.65641 23.86979
```

从输出结果来看，两组样本观察值的标准差是非常相近的，因此我们假设两个总体的方差是相等的。

根据上面给出的公式，首先来计算s'的值，计算过程如下：

$$s' = \sqrt{\frac{2 \times 21.66^2 + 5 \times 23.87^2}{3+6-2}} = 23.26$$

因此$\mu_1 - \mu_2$在 95%置信水平下的置信区间为：

$$65 - 79.83 \pm c_{0.975}(t_7) \times 23.26\sqrt{\frac{1}{6}+\frac{1}{3}}$$

$$= -14.83 \pm 38.90 = (-53.72, 24.06)$$

或者在 R 中使用 t.test()函数来执行上述计算过程，示例代码如下。区间估计的结果已经用方框加以标识。这个输出中的其他指标结果我们将在假设检验部分继续讨论。

```
> t.test(weight_gain ~ feed, data = chicks, var.equal = TRUE)

     Two Sample t-test
data:  weight_gain by feed
t = -0.9019, df = 7, p-value = 0.3971
```

```
alternative hypothesis: true difference in means is not equal to 0
95 percent confidence interval:
 -53.72318  24.05651
sample estimates:
mean in group 1 mean in group 2
       65.00000        79.83333
```

通过设置函数 t.test()中的参数可以修改它的一些执行细节，具体参数列表读者可以参阅 R 的帮助文档。这里仅提其中几个比较重要的。首先，参数 paired 的默认值为 FALSE，表示执行的是独立样本的情况。若将其置为 TRUE，则表示要处理的是配对样本。参数 conf.level 的默认值为 0.95，即在 95%的置信水平下进行区间估计，调整它便可以改变置信水平。参数 var.equal 的默认值为 FALSE，如果将其置为 TRUE，就表示两个总体具有相同的方差。

此外，当两总体的方差未知，且$\sigma_1^2 \neq \sigma_2^2$时，可以证明

$$t = \frac{\bar{x}_1 - \bar{x}_2 - (\mu_1 - \mu_2)}{\sqrt{\frac{s_1^2}{n_1} + \frac{s_2^2}{n_2}}} \sim t(\nu)$$

近似成立，其中

$$\nu = \left(\frac{\sigma_1^2}{n_1} + \frac{\sigma_2^2}{n_2}\right)^2 \Bigg/ \left[\frac{(\sigma_1^2)^2}{n_1^2(n_1 - 1)} + \frac{(\sigma_2^2)^2}{n_2^2(n_2 - 2)}\right]$$

但由于σ_1^2和σ_2^2未知，所以用样本方差s_1^2和s_2^2来近似，即：

$$\hat{\nu} = \left(\frac{s_1^2}{n_1} + \frac{s_2^2}{n_2}\right)^2 \Bigg/ \left[\frac{(s_1^2)^2}{n_1^2(n_1 - 1)} + \frac{(s_2^2)^2}{n_2^2(n_2 - 2)}\right]$$

可以近似地认为$t \sim t(\hat{\nu})$。并由此得到$\mu_1 - \mu_2$的置信水平为$1 - \alpha$的双尾置信区间为：

$$\left(\bar{x}_1 - \bar{x}_2 - t_{\alpha/2}(\hat{\nu})\sqrt{\frac{s_1^2}{n_1} + \frac{s_2^2}{n_2}}, \bar{x}_1 - \bar{x}_2 + t_{\alpha/2}(\hat{\nu})\sqrt{\frac{s_1^2}{n_1} + \frac{s_2^2}{n_2}}\right)$$

仍以饲料和肉鸡增重的数据为例，可以算得：

$$\frac{s_1^2}{n_1} = \frac{21.66^2}{3} \approx 156.3852, \qquad \frac{s_2^2}{n_2} = \frac{23.87^2}{6} \approx 94.9628$$

进而有：

$$\hat{\nu} = \frac{(156.3852 + 94.9628)^2}{(156.3852^2/2) + (94.9628^2/5)} \approx 4.503$$

因此$\mu_1 - \mu_2$在 95%置信水平下的置信区间为：

$$65-79.83 \pm c_{0.975}(t_{4.503}) \times \sqrt{\frac{23.87^2}{6}+\frac{21.66^2}{3}}$$

$$=-14.83 \pm 2.6585 \times 15.85=(-56.97, 27.30)$$

同样，上述计算过程可以在 R 中使用 t.test()函数来完成，示例代码如下。输出中的其他指标结果在假设检验部分还会有更为详细的讨论。

```
> t.test(weight_gain ~ feed, data = chicks)

      Welch Two Sample t-test

data:  weight_gain by feed
t = -0.9357, df = 4.503, p-value = 0.3968
alternative hypothesis: true difference in means is not equal to 0
95 percent confidence interval:
 -56.97338  27.30671
sample estimates:
mean in group 1 mean in group 2
       65.00000        79.83333
```

2. 配对样本

在前面的例子中，我们为了讨论两种饲料的差异，从两个独立的总体中进行了抽样，但使用独立样本来估计两个总体均值之差也潜在地有一些弊端。试想一下，如果喂食饲料 1 的肉鸡和喂食饲料 2 的肉鸡体质上本来就存在差异，可能其中一种吸收更好而另一组则略差，显然实验结果的说服力将大打折扣。这种"有失公平"的独立抽样往往会掩盖一些真正的差异。

在实验设计中，为了控制其他有失公平的因素，尽量降低不利影响，使用配对样本（Paired Sample）就是一种值得推荐的做法。所谓配对样本就是指一个样本中的数据与另一个样本中的数据是相互对应的。比如，在验证饲料差异的实验中，可以选用同一窝诞下的一对小鸡作为一个配对组，因为我们认为同一窝诞下的小鸡之间差异最小。按照这种思路，如表 8-6 所示，一共有六个配对组参与实验。然后从每组中随机选取一只小鸡喂食饲料 1，然后向另外一只小鸡喂食饲料 2，并记录肉鸡体重增加的数据如下。

表 8-6　配对实验数据

饲　料	配对1组	配对2组	配对3组	配对4组	配对5组	配对6组
1	44	55	68	85	90	97
2	42	61	81	95	97	103

使用配对样本进行估计时，在大样本条件下，两个总体均值之差$\mu_1-\mu_2$在$1-\alpha$置信水平下的置信区间为：

$$\left(\bar{d} - z_{\alpha/2}\frac{\sigma_d}{\sqrt{n}}, \bar{d} + z_{\alpha/2}\frac{\sigma_d}{\sqrt{n}}\right)$$

其中，d是一组配对样本之间的差值，$\bar{d}$表示各差值的均值；σ_d表示各差值的标准差。当总体σ_d未知时，可用样本差值的标准差s_d来代替。

在小样本情况下，假定两个总体观察值的配对差值服从正态分布，那么两个总体均值之差$\mu_1 - \mu_2$在$1 - \alpha$置信水平下的置信区间为：

$$\left(\bar{d} - t_{\alpha/2}(n-1)\frac{s_d}{\sqrt{n}}, \bar{d} + t_{\alpha/2}(n-1)\frac{s_d}{\sqrt{n}}\right)$$

例如，根据表 8-6 中的数据可以算得各配对组之差分别为−2、6、13、10、7和6，以及$\bar{d} = 6.667$，$s_d = 5.046$。因此，总体均值之差$\mu_1 - \mu_2$在 95%置信水平下的置信区间为：

$$6.667 \pm c_{0.975}(t_5) \times \frac{5.046}{\sqrt{6}} \approx (1.37, 11.96)$$

同样可以在 R 中使用 t.test()函数来完成以上计算过程，此时需要将参数 paired 置为 TRUE。示例代码如下，输出结果中的置信区间估计已经用方框标出。这个区间估计不包含 0，其实也就意味着二者是存在差异的，即饲料 1 和饲料 2 的喂食结果不同。

```
> Feed.1 <- c(44, 55, 68, 85, 90, 97)
> Feed.2 <- c(42, 61, 81, 95, 97, 103)
> t.test(Feed.2, Feed.1, paired = T)

        Paired t-test

data:  Feed.2 and Feed.1
t = 3.2359, df = 5, p-value = 0.02305
alternative hypothesis: true difference in means is not equal to 0
95 percent confidence interval:
  1.370741 11.962592
sample estimates:
mean of the differences
             6.666667
```

当然，如果先计算配对组之差，然后再做 t.test()所得之结果将是一样的。读者可以自行尝试下面的代码，并观察结果。

```
> diff = Feed.2-Feed.1
> t.test(diff)
```

最后需要说明的是，如果仅是执行普通的 t.test()，而非是做配对数据的 t.test()，那么我们将得到一个宽泛得多的区间估计。如下代码所示，而且最终估计的置信区间还包含了 0，这使得我们将无法确定饲料 1 和饲料 2 的喂食结果是否不同。

```
> Feed <- c(Feed.1, Feed.2)
> group <- c(rep(1, 6), rep(2, 6))
> t.test(Feed ~ group)

	Welch Two Sample t-test

data:  Feed by group
t = -0.514, df = 9.837, p-value = 0.6186
alternative hypothesis: true difference in means is not equal to 0
95 percent confidence interval:
 -35.63370  22.30037
sample estimates:
mean in group 1 mean in group 2
       73.16667        79.83333
```

8.1.4　双总体比例差的估计

由样本比例的抽样分布可知，从两个满足二项分布的总体中抽出两个独立的样本，那么两个样本比例之差的抽样服从正态分布，即：

$$(\hat{p}_1-\hat{p}_2)\sim N\left(p_1-p_2,\sqrt{\frac{p_1(1-p_1)}{n_1}+\frac{p_2(1-p_2)}{n_2}}\right)$$

再对两个样本比例之差进行标准化，即得：

$$z=\frac{(\hat{p}_1-\hat{p}_2)-(p_1-p_2)}{\sqrt{\frac{p_1(1-p_1)}{n_1}+\frac{p_2(1-p_2)}{n_2}}}\sim N(0,1)$$

当两个总体的比例p_1和p_2未知时，可用样本比例$\hat{p}_1$和$\hat{p}_2$来代替。所以，根据正态分布建立的两个总体比例之差p_1-p_2在$1-\alpha$置信水平下的置信区间为：

$$(\hat{p}_1-\hat{p}_2)\pm z_{\alpha/2}\sqrt{\frac{\hat{p}_1(1-\hat{p}_1)}{n_1}+\frac{\hat{p}_2(1-\hat{p}_2)}{n_2}}$$

下面来看一个例子。在某电视节目的收视率调查中，从农村随机调查了400人，其中有128人表示收看了该节目；从城市随机调查了500人，其中有225人表示收看了该节目。请以 95%的置信水平来估计城市与农村收视率差距的置信区间。

在 R 中可以使用 prop.test()函数来执行双总体比例差的区间估计，示例代码如下。输出结果中的置信区间估计已经用方框标出。参数 correct 的默认值为 TRUE，表示计算过程中需要使用连续性修正。如果将其置为 FALSE，则所得之结果将同依据上述公式所得之结果完全一致。

```
> prop.test(x=c(225,128),n=c(500,400), correct=F)
```

```
        2-sample test for equality of proportions without continuity
        correction

data:  c(225, 128) out of c(500, 400)
X-squared = 15.7542, df = 1, p-value = 7.213e-05
alternative hypothesis: two.sided
95 percent confidence interval:
 0.06682346 0.19317654
sample estimates:
prop 1 prop 2
  0.45   0.32
```

从输出结果中可以看出估计的置信区间为(6.68%, 19.32%)，即城市与农村收视率差值的95%的置信区间为6.68%~19.32%。

如果使用连续性修正，则所得之结果如下。

```
> prop.test(x=c(225,128),n=c(500,400))

        2-sample test for equality of proportions with continuity
        correction

data:  c(225, 128) out of c(500, 400)
X-squared = 15.2136, df = 1, p-value = 9.601e-05
alternative hypothesis: two.sided
95 percent confidence interval:
 0.06457346 0.19542654
sample estimates:
prop 1 prop 2
  0.45   0.32
```

8.2 假设检验

假设检验是除参数估计之外的另一类重要的统计推断问题。它的基本思想可以用小概率原理来解释。所谓小概率原理，就是认为小概率事件在一次实验中是几乎不可能发生的。也就是说，对总体的某个假设是真实的，那么不利于或不能支持这一假设的事件在一次实验中是几乎不可能发生的；要是在一次实验中该事件竟然发生了，我们就有理由怀疑这一假设的真实性，进而拒绝这一假设。

8.2.1 基本概念

大卫·萨尔斯伯格（David Salsburg）在《女士品茶：20 世纪统计怎样变革了科学》一书中，

以英国剑桥一群科学家及其夫人们在一个慵懒的午后所做的一个小小的实验为开篇，为读者展开了一个关于 20 世纪统计革命的别样世界。而开篇这个品茶故事大约是这样的：当时一位女士表示向一杯茶中加入牛奶和向一杯奶中加入茶水，二者的味道品尝起来是不同的。她的这一表述立刻引起了当时在场的众多睿智头脑的争论。其中一位科学家决定用科学的方法来测试一下这位女士的假设。这个人就是大名鼎鼎的英国统计与遗传学家，现代统计科学的奠基人罗纳德・费希尔（Ronald Fisher）。费希尔给这位女士提供了八杯兑了牛奶的茶，其中一些是先放的牛奶，另一些则是先放的茶水，然后费希尔让这位女士品尝后判断每一杯茶的情况。

现在我们的问题来了，这位女士能够成功猜对多少杯茶的情况才足以证明她的理论是正确的，8 杯？7 杯？还是 6 杯？解决该问题的一个有效方法是计算一个P值，然后由此推断假设是否成立。P值（$P\text{-}value$）就是当原假设为真时所得到的样本观察结果或更极端结果出现的概率。如果P值很小，则说明原假设情况的发生概率很小。而如果确实出现了P值很小的情况，则根据小概率原理，我们就有理由拒绝原假设。P值越小，拒绝原假设的理由就越充分。这就好比说“种瓜得瓜，种豆得豆”。在原假设“种下去的是瓜”这个条件下，正常得出来的也应该是瓜。相反，如果得出来的是瓜这件事越不可能发生，我们否定原假设的把握就越大。如果得出来的是豆，也就表明得出来的是瓜这件事的可能性小到了 0，这时我们就有足够的理由推翻原假设。也就可以确定种下去的根本就不是瓜。

假定在总共的八杯兑了牛奶的茶中，有六杯的情况都被猜中了。现在我们就来计算一下这个P值。不过在此之前，还需要先建立原假设和备择假设。原假设通常是指那些单纯由随机因素导致的采样观察结果，通常用H_0表示。而备择假设，则是指受某些非随机原因影响而得到的采样观察结果，通常用H_1表示。如果从假设检验具体操作的角度来说，常常把一个被检验的假设称为原假设，当原假设被拒绝时而接收的假设被称为备择假设，原假设和备择假设往往成对出现。此外，原假设往往是研究者想收集证据予以反对的假设，当然也是有把握的、不能轻易被否定的命题；而备择假设则是研究者想收集证据予以支持的假设，同时也是无把握的、不能轻易肯定的命题。

就当前所讨论的饮茶问题而言，显然在不受非随机因素影响的情况下，那个常识性的、似乎很难被否定的命题应该是“无论是先放茶水还是先放牛奶是没有区别的”。如果将这个命题作为H_0，其实也就等同于那个女士对茶的判断完全是随机的，因此她猜中的概率应该是0.5。这时随机变量$X \sim B(8, 0.5)$，即满足$n = 8$，$p = 0.5$的二项分布。相应的备择假设H_1为该女士能够以大于0.5的概率猜对茶的情况。

直观上，如果八杯兑了牛奶的茶中，有六杯的情况都被猜中了，则可以算出$\hat{p} = 6/8 = 0.75$。这个值大于0.5，但这是否大到可以令我们相信先放茶水还是先放牛奶确有不同这个结论呢？所以需要来计算一下P值，即$Pr(X \geqslant 6)$。使用下面这段代码可以算得P值是 0.1445312。

```
> 1 - pbinom(5, size = 8, prob = 0.5)
```

```
[1] 0.1445312
```

可见，P值并不是很显著。通常都需要P值小于0.05，才能令我们有足够的把握拒绝原假设。而本题所得之结果则表明没有足够的证据支持我们拒绝原假设。所以如果那位女士猜对了八杯中的六杯，也没有足够的证据表明先加牛奶或者先加茶水会有何不同。

还应该注意到以上所讨论的是一个单尾的问题。因为备择假设是说该女士能够以大于0.5的概率猜对茶的情况。我们日常遇到的很多问题也有可能是双尾的，比如原假设是概率等于某个值，而备择假设则是不等于该值，即大于或者小于该值。在这种情况下，通常需要将算得的P值翻倍，除非已经求得的P值大于0.5，此时我们就令P值为1。另外，当n较大的时候，还可以用正态分布来近似二项分布。

1965 年，美国联邦最高法院对斯文诉阿拉巴马州一案做出了裁定。该案也是法学界在研究预断排除原则时常常被提及的著名案例。本案的主角斯文是一个非洲裔美国人，他被控于阿拉巴马州的塔拉迪加地区对一名白人妇女实施了强奸犯罪，并因此被判处死刑。最终案件被上诉至最高法院，理由是陪审团中没有黑人成员，斯文据此认为自己受到了不公正的审判。

最高法院驳回了上述请求。根据阿拉巴马州法律，陪审团成员是从一个 100 人的名单中抽选的，而当时的 100 个备选成员中有 8 名是黑人。根据诉讼过程中的无因回避原则，这 8 名黑人被排除在了此处审判的陪审团之外，而无因回避原则本身是受宪法保护的。最高法院在裁决书中也指出：“无因回避的功能不仅在于消除双方的极端不公正，也要确保陪审员仅仅依赖于呈现在他们面前的证据做出裁决，而不能依赖于其他因素……无因回避可允许辩护方通过预先审核程序中的调查提问以确定偏见的可能，消除陪审员的敌意。”此外最高法院还认为，在陪审团备选名单上有 8 名黑人成员，表明整体比例上的差异很小，所以也就不存在刻意引入或者排除一定数量的黑人成员的意图。

阿拉巴马州当时规定只要超过 21 岁就符合陪审团成员的资格。而在塔拉迪加地区满足这个条件的人大约有 16000 人，其中 26%是非洲裔美国人。我们现在的问题就是，如果这 100 名备选的陪审团成员确实是从符合条件的人群中随机选取的，那么其中黑人成员的数量会否是 8 人或者更少？可以在 R 中用下列命令计算得到我们想要的答案。

```
> pbinom(8, 100, 0.26)
[1] 4.734795e-06
```

概率是 0.0000047，也就相当于二十万分之一的机会。

对于假设检验而言，也可以使用正态分布的近似参数来计算置信区间。唯一的不同在于此时是在原假设$H_0: p = p_0$的前提下计算概率值，所以原来在计算置信区间时所采用的近似

$$\frac{p(1-p)}{n} \approx \frac{\hat{p}(1-\hat{p})}{n}$$

现在就不再需要了。取而代之的是在计算标准误差和P值时直接使用p_0即可。

如果估计值用$\hat{p}$表示，其（估计的）标准误差是：

$$\sqrt{p_0(1-p_0)/n}$$

检验统计量为

$$Z=\frac{\hat{p}-p_0}{\sqrt{p_0(1-p_0)/n}}$$

是当n比较大时，在原假设前提下，通过对标准正态分布的近似得到的。

继续前面的例子，现在原假设可以表述为$H_0\colon p=0.26$，相对应的备择假设为$H_1\colon p<0.26$。在一个 100 人的备选陪审团名单中有 8 名黑人成员，此时P值可由下式给出：

$$Pr\left(Z\leqslant\frac{0.08-0.26}{\sqrt{0.26\times 0.74/100}}\right)=Pr(Z\leqslant -4.104)=0.000020$$

由此便可以拒绝原假设，从而认为法院的裁定在很大程度上是错误的。

需要说明的是，当使用正态分布（它是连续的）作为二项分布（它是离散的）的近似时，要对二项分布中的离散整数x进行连续性修正，将数值x用从$x-0.5$到$x+0.5$的区间来代替（即加上与减去 0.5）。就本题而言，为了得到一个更好的近似，连续性修正就是令$Pr(X\leqslant 8)\approx Pr(X^*<8.5)$。所以有：

$$Pr\left(Z\leqslant\frac{0.085-0.26}{\sqrt{0.26\times 0.74/100}}\right)=Pr(Z\leqslant -3.989657)=0.000033$$

此处无意要对连续性修正做过多的解释，但请记住，若不使用连续性修正，那么所得之P值将总是偏小，相应的置信区间也偏窄。

上述计算过程在 R 中可以使用 prop.test 来实现，示例代码如下。

```
> prop.test(8,100,p=0.26,alternative="less")

      1-sample proportions test with continuity correction

data:  8 out of 100, null probability 0.26
X-squared = 15.9174, df = 1, p-value = 3.308e-05
alternative hypothesis: true p is less than 0.26
95 percent confidence interval:
 0.0000000 0.1424974
sample estimates:
   p
0.08
```

如同前面所分析的那样，如果不使用正态分布对二项分布做近似，仅仅基于二项分布来进行检验也是可行的。此时需要用到 binom.test 函数，示例代码如下。

```
> binom.test(8,100,p=0.26,alternative="less")

	Exact binomial test

data:  8 and 100
number of successes = 8, number of trials = 100, p-value = 4.735e-06
alternative hypothesis: true probability of success is less than 0.26
95 percent confidence interval:
 0.0000000 0.1397171
sample estimates:
probability of success
                  0.08
```

8.2.2 两类错误

对原假设提出的命题，要根据样本数据提供的信息进行判断，并得出“原假设正确”或者“原假设错误”的结论。而这个判断有可能正确，也有可能错误。前面在假设检验的基本思想中已经指出，假设检验所依据的基本原理是小概率原理，由此原理对原假设做出判断，而在整个推理判断过程中所运用的是一种反证法的思路。由于小概率事件，无论其概率多么小，仍然还是有可能发生的，所以利用前面的方法进行假设检验时，有可能做出错误的判断。这种错误的判断有两种情形：

- 一方面，当原假设H_0成立时，由于样本的随机性，结果拒绝了H_0，犯了“弃真”错误，又被称为第一类错误；也就是当应该接受原假设H_0而拒绝这个假设时，被称为犯了第一类错误。当小概率事件确实发生时，就会导致拒绝H_0而犯第一类错误，因此犯第一类错误的概率为α，即假设检验的显著性水平。
- 另一方面，当原假设H_0不成立时，因样本的随机性，结果接受了H_0，便犯了“存伪”错误，又被称为第二类错误；即当应该拒绝原假设H_0而接受了这个假设时，被称为犯了第二类错误。犯第二类错误的概率为β。

当原假设H_0为真时，我们却将其拒绝，如果犯这种错误的概率用α表示。那么当H_0为真时，我们没有拒绝它，就表示做出了正确的决策，其概率显然就应该是$1-\alpha$。当原假设H_0为假，我们却没有拒绝它，犯这种错误的概率用β表示。那么，当H_0为假，我们也正确地拒绝了它，其概率自然为$1-\beta$。正确决策和错误决策的概率可以归纳为表 8-7。

表 8-7 假设检验中的各种可能结果及其概率

	接受H_0	拒绝H_0
H_0为真	决策正确（$1-\alpha$）	弃真错误（α）
H_1为真	存伪错误（β）	决策正确（$1-\beta$）

人们总是希望两类错误发生的概率α和β都越小越好；然而，实际上却很难做到。当样本容量n确定后，如果α变小，则检验的拒绝域变小，相应的接受域就会变大，因此β值也就随之变大；相反，若β变小，则不难想到α又会变大。我们有时不得不在两类错误之间做权衡。通常来说，哪一类错误所带来的后果更严重、危害更大，在假设检验中就应该把哪一类错误作为首选的控制目标。但实际检验时，通常所遵循的原则都是控制犯第一类错误的概率α，而不考虑犯第二类错误的概率β，这样的检验被称为显著性检验。我们这里所讨论的检验，都是显著性检验。又由于显著性水平α是预先给定的，因而犯第一类错误的概率是可以控制的。而犯第二类错误的概率通常是不可控的。

8.2.3 均值检验

根据假设检验的不同内容和进行检验的不同条件，需要采用不同的检验统计量，其中z统计量和t统计量是两个最主要也最常用的统计量。它们常常用于均值和比例的假设检验。具体选择哪个统计量往往要考虑样本量的大小以及总体标准差σ是否已知。事实上因为统计实验往往是针对来自某一总体的一组样本而进行的，所以更多的情况下，我们都认为总体标准差σ是未知的。在参数估计部分，我们已经学习了对单总体样本的均值估计以及双总体样本的均值差估计，本节的内容大致上都是基于前面这些已经得到的结果而进行的。

样本量大小是决定选择哪种统计量的一个重要考虑因素。因为大样本条件下，如果总体是正态分布，样本统计量将也服从正态分布；即使总体是非正态分布的，样本统计量也趋近于正态分布。所以大样本下的统计量都将被看成是正态分布的，此时即需要使用z统计量。z统计量是以标准正态分布为基础的一种统计量，当总体标准差σ已知时，它的计算公式如下：

$$z=\frac{\bar{x}-\mu_0}{\sigma/\sqrt{n}}$$

正如前面刚刚说过的，实际中总体标准差σ往往很难获取，这时一般用样本标准差s来代替，如此一来上述式子便可改写为：

$$z=\frac{\bar{x}-\mu_0}{s/\sqrt{n}}$$

在样本量较小的情况下，且总体标准差未知，由于检验所依赖的信息量不足，只能用样本标准差来代替总体标准差。此时样本统计量就服从t分布，故应使用t统计量，其计算公式为：

$$t = \frac{\bar{x} - \mu_0}{s/\sqrt{n}}$$

这里t统计量的自由度为$n-1$。

仍以土壤 pH 值检验的数据为例，现在我们想问该区域的土壤是否是中性的（即 pH=7）？为此首先提出原假设和备择假设如下：

$$H_0: \mathrm{pH} = 7, \qquad H_1: \mathrm{pH} \neq 7$$

该题目显然属于小样本且总体方差未知的情况，此时可以计算其t统计量如下：

$$t = \frac{6.67647 - 7}{0.45488/\sqrt{17}} \approx -2.9326$$

因为这是一个双尾检验，所以可在 R 中计算其P值如下：

```
> 2*pt(-2.9326, 16, lower.tail = T)
[1] 0.009757353
```

注意到以上结果与先前使用 t.test()函数算得之结果是一致的，下面我们就来分析一下这个结果意味着什么。首先可以在 R 中使用下面的代码来求出双尾检验的两个临界值。

```
> qt(0.025, 16); qt(0.975, 16)
[1] -2.119905
[1] 2.119905
```

由于原假设是$\mathrm{pH} = 7$，那么它不成立的情况就有两种，要么$\mathrm{pH} > 7$，要么$\mathrm{pH} < 7$，所以它是一个双尾检验。如图 8-4 所示，其中两部分阴影的面积之和占总图形面积的 5%，即两边各 2.5%。一方面已经算得的t统计量要小于临界值-2.1199，对称地，t统计量的相反数也大于另外一个临界值2.1199，即样本数据的统计量落入了拒绝域中。样本数据的统计量对应的P值也小于0.05的显著水平，所以应该拒绝原假设。由此认为该区域的土壤不是中性的。

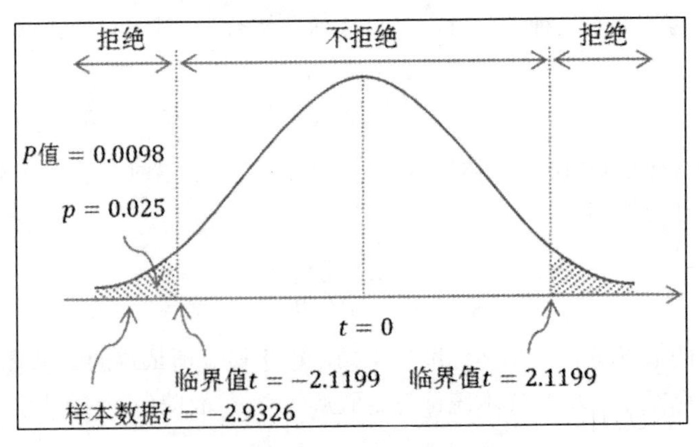

图 8-4　双尾检测的拒绝域与接受域

除了进行双尾检验以外，当然还可执行一个单尾检验。比如现在问该区域的土壤是否呈酸性（即 pH<7），那么便可提出如下的原假设与备择假设：

$$H_0\text{: pH} = 7, \qquad H_1\text{: pH} < 7$$

此时所得之t统计量并未发生变化，但是P值却不同了，可以在 R 中算得P值如下：

```
> pt(-2.9326, 16)
[1] 0.004878676
```

如图 8-5 所示，t统计量小于临界值-1.7459，即样本数据的统计量落入了拒绝域中。样本数据的统计量对应的P值也小于0.05的显著水平，所以应该拒绝原假设。由此认为该区域的土壤是酸性的。

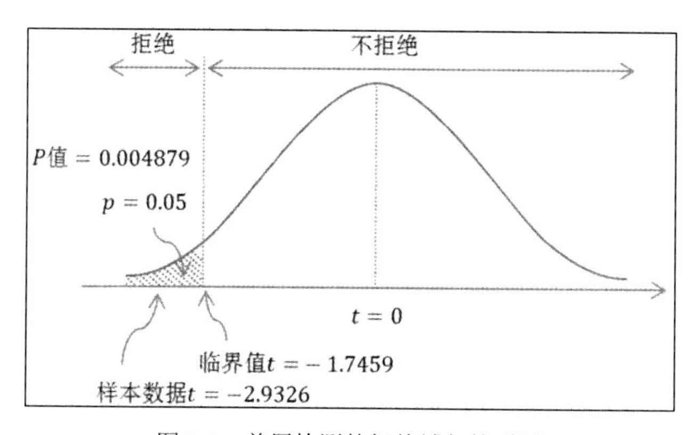

图 8-5　单尾检测的拒绝域与接受域

以上单尾检验过程也可以使用 t.test()函数来完成，只需将其中的参数 alternative 的值置为“less”即可。下面给出示例代码。

```
> t.test(pH, mu = 7, alternative = "less")

	One Sample t-test

data:  pH
t = -2.9326, df = 16, p-value = 0.004879
alternative hypothesis: true mean is less than 7
95 percent confidence interval:
    -Inf 6.869083
sample estimates:
mean of x
 6.676471
```

相比之下，讨论双总体均值之差的假设检验其实更有意义。因为在统计实践中，最常被问到的问题就是两个总体是否有差别。例如，医药公司研发了一种新药，在进行双盲对照实验时，新药常常被用来与安慰剂做比较。如果新药在统计上不能表现出与安慰剂的显著差别，显然这种药就是无效的。再比如前面讨论过的饲料问题，当我们对比两种饲料的效果时，必然要问及它们之间是否有差别。

同在研究双总体均值差的区间估计问题时所遵循的思路一致，此时我们仍然分独立样本数据和配对样本数据两种情况来讨论。

对于独立样本数据而言，如果两个总体的方差σ_1^2和σ_2^2未知，但是可以确定σ_1^2=σ_2^2，那么在此情况下检验统计量的计算公式为：

$$t=\frac{\bar{x}_1-\bar{x}_2-(\mu_1-\mu_2)}{s'\sqrt{\frac{1}{n_1}+\frac{1}{n_2}}}$$

其中s'的表达式本章前面曾经给出过，这里不再重复。另外，t分布的自由度为n_1+n_2-2。

仍然以饲料与肉鸡增重的数据为例，现在我们想知道两种饲料在统计上是否有差异，为此提出原假设和备择假设如下：

$$H_0: \mu_1=\mu_2, \qquad H_1: \mu_1 \neq \mu_2$$

在原假设前提下，可以计算检验统计量的数值为：

$$t=\frac{\bar{x}_1-\bar{x}_2}{s'\sqrt{\frac{1}{n_1}+\frac{1}{n_2}}}=\frac{-14.83}{16.447}\approx -0.9019$$

这仍然是一个双尾检测，所以可以使用如下所示的 R 代码来求得检验临界值：

```
> qt(0.025, 7); qt(0.975, 7)
[1] -2.364624
[1] 2.364624
```

因为$-2.365\leqslant-0.9019\leqslant2.365$，所以检验统计量落在了接受域中。更进一步，还可以在 R 中使用下面的代码来算得与检验统计量相对应的P值：

```
> pt(-0.9019, 7, lower.tail = T)*2
[1] 0.3970802
```

因为P值$=0.397$，大于0.05的显著水平，所以我们无法拒绝原假设，即不能认为两种饲料之间存在差异。以上计算结果与本章前面由 t.test()函数所得之结果是完全一致的。

对于独立样本数据而言，若两个总体的方差σ_1^2和σ_2^2未知，且$\sigma_1^2\neq\sigma_2^2$，那么在此情况下检验统计量的计算公式为：

$$t=\frac{(\bar{x}_1-\bar{x}_2)-(\mu_1-\mu_2)}{\sqrt{s_1^2/n_1+s_2^2/n_2}}$$

此时检验统计量近似服从一个自由度为$\hat{v}$的t分布，$\hat{v}$前面已经给出过，这里不再重复。

仍然以饲料与肉鸡增重的数据为例，并假设两个总体的方差不相等，同样提出原假设和备择假设如下：

$$H_0: \mu_1 = \mu_2, \qquad H_1: \mu_1 \neq \mu_2$$

在原假设前提下，可以计算检验统计量的数值为：

$$t = \frac{\bar{x}_1 - \bar{x}_2}{\sqrt{s_1^2/n_1 + s_2^2/n_2}} = \frac{65 - 79.83}{\sqrt{\frac{21.66^2}{3} + \frac{23.87^2}{6}}} = \frac{-14.83}{15.854} \approx -0.9357$$

这仍然是一个双尾检测，所以可以使用如下所示的 R 代码来求得检验临界值：

```
> qt(0.025, 4.503); qt(0.975, 4.503)
[1] -2.658308
[1] 2.658308
```

因为$-2.658 \leqslant -0.9357 \leqslant 2.658$，所以检验统计量落在了接受域中。更进一步，还可以在 R 中使用下面的代码来算得与检验统计量相对应的P值：

```
> pt(-0.9357, 4.503, lower.tail = T)*2
[1] 0.3968415
```

因为P值$= 0.3968$，大于0.05的显著水平，所以我们无法拒绝原假设，即不能认为两种饲料之间存在差异。以上计算结果与本章前面由 t.test()函数所得之结果是完全一致的。

最后我们来研究双总体均值差的假设检验中，样本数据属于配对样本的情况。此时的假设检验其实与单总体均值的假设检验基本相同，即把配对样本之间的差值看成从单一总体中抽取的一组样本。在大样本条件下，两个总体间各差值的标准差σ_d未知，所以用样本差值的标准差s_d来代替，此时统计量的计算公式为：

$$z = \frac{\bar{d} - \mu}{s_d/\sqrt{n}}$$

其中，d是一组配对样本之间的差值，$\bar{d}$表示各差值的均值；μ表示两个总体中配对数据差的均值。

在样本量较小的情况下，样本统计量就服从t分布，故应使用t统计量，其计算公式为：

$$t = \frac{\bar{d} - \mu}{s_d/\sqrt{n}}$$

这里t统计量的自由度为$n - 1$。

继续前面关于双总体均值差中配对样本的讨论，欲检验喂食了两组不同饲料的肉鸡在增重数据方面是否具有相同的均值，现提出下列原假设和备择假设：

$$H_0: \mu_1 = \mu_2, \qquad H_1: \mu_1 \neq \mu_2$$

在原假设前提下，很容易得出配对差的均值μ也为 0 的结论，于是可以计算检验统计量如下：

$$t = \frac{6.67}{5.05\sqrt{6}} = \frac{6.67}{2.062} \approx 3.235$$

这仍然是一个双尾检测，所以可以使用如下所示的 R 代码来求得检验临界值：

```
> qt(0.025, 5); qt(0.975, 5)
[1] -2.570582
[1] 2.570582
```

因为$3.235 \geqslant 2.571$，所以检验统计量落在了拒绝域中。更进一步，还可以在 R 中使用下面的代码来算得与检验统计量相对应的P值：

```
> 2*(pt(3.2359, 5, lower.tail = F))
[1] 0.02305406
```

因为P值 $= 0.02305$，小于0.05的显著水平，所以应该拒绝原假设，即认为两种饲料之间存在差异。以上计算结果与本章前面由 t.test()函数所得之结果是完全一致的。

8.3 极大似然估计

正如本章最初所讲的，统计推断的基本问题可以分为两大类：一类是参数估计；另一类是假设检验。其中假设检验又分为参数假设检验和非参数假设检验两大类。本章所讲的假设检验都属于参数假设检验的范畴。参数估计也分为两大类，即参数的点估计和区间估计。用于点估计的方法一般有矩方法和极大似然估计法（MLE，Maximum Likelihood Estimate，或称最大似然估计法）两种。

8.3.1 极大似然法的基本原理

极大似然这个思想最初是由德国著名数学家卡尔·高斯（Carl Gauss）提出的，但真正将其发扬光大的则是英国的统计学家罗纳德·费希尔（Ronald Fisher）。费希尔在其 1922 年发表的一篇论文中再次提出了极大似然估计这个思想，并且首先探讨了这种方法的一些性质。而且，费希尔当年正是凭借这一方法彻底撼动了皮尔逊在统计学界的统治地位。从此开始，统计学研究正式进入了费希尔时代。

为了引入极大似然估计法的思想，先来看一个例子。假设一个口袋中有黑白两种颜色的小球，并且知道这两种球的数量比为$3:1$，但不知道具体哪种球占$3/4$，哪种球占$1/4$。现在从袋子中有放回地任取三个球，其中有一个是黑球，那么试问袋子中哪种球占$3/4$，哪种球占$1/4$。

设X是抽取三个球中黑球的个数，又设p是袋子中黑球所占的比例，则有$X \sim B(3,p)$，即：

$$P(X=k)=\binom{3}{k}p^k(1-p)^{3-k}, \qquad k=0,1,2,3$$

当$X=1$时，不同的p值对应的概率分别为：

$$P\left(X=1;p=\frac{3}{4}\right)=3\times\frac{3}{4}\times\left(\frac{1}{4}\right)^2=\frac{9}{64}$$

$$P\left(X=1;p=\frac{1}{4}\right)=3\times\frac{1}{4}\times\left(\frac{3}{4}\right)^2=\frac{27}{64}$$

由于第一个概率小于第二个概率，所以我们判断黑球的占比应该是$1/4$。

在上面的例子中，p是分布中的参数，它只能取$3/4$或者$1/4$。我们需要通过抽样结果来决定分布中的参数究竟是多少。在给定了样本观察值以后再去计算该样本的出现概率，而这一概率依赖于p的值。所以就需要用p的可能取值分别去计算最终的概率，在相对比较之下，最终所取之p的值应该是使得最终概率最大的那个p值。

极大似然估计的基本思想就是根据上述想法引申出来的。设总体含有待估参数θ，它可以取很多值，所以就要在θ的一切可能取值之中选出一个使样本观测值出现的概率为最大的θ值，记为$\hat{\theta}$，并将此作为θ的估计，并称$\hat{\theta}$为θ的极大似然估计。

首先来考虑X属于离散型概率分布的情况。假设在X的分布中含有未知参数θ，记为：

$$P(X=a_i)=p(a_i;\theta), \qquad i=1,2,\cdots,\theta\in\Theta$$

现从总体中抽取容量为n的样本，其观测值为$x_1,x_2,\cdots,x_n$，这里每个x_i为$a_1,a_2,\cdots$中的某个值，该样本的联合分布为：

$$\prod_{i=1}^{n}p(x_i;\theta)$$

由于这一概率依赖于未知参数θ，故可将它看成θ的函数，并称其为似然函数，记为：

$$\mathcal{L}(\theta)=\prod_{i=1}^{n}p(x_i;\theta)$$

对不同的θ，同一组样本观察值$x_1,x_2,\cdots,x_n$出现的概率$\mathcal{L}(\theta)$也不一样。当$P(A)>P(B)$时，事件A出现的可能性比事件B出现的可能性大，如果样本观察值$x_1,x_2,\cdots,x_n$出现了，当然就要求对应的似然函数$\mathcal{L}(\theta)$的值达到最大，所以应该选取这样的$\hat{\theta}$作为θ的估计，使得：

$$\mathcal{L}(\hat{\theta})=\max_{\theta\in\Theta}\mathcal{L}(\theta)$$

如果$\hat{\theta}$存在的话，则称$\hat{\theta}$为θ的极大似然估计。

此外，当X是连续分布时，其概率密度函数为$p(x;\theta)$，θ为未知参数，且$\theta \in \Theta$，这里的Θ表示一个参数空间。现从该总体中获得容量为n的样本观测值$x_1,x_2,\cdots,x_n$，那么在$X_1 = x_1,X_2 = x_2,\cdots,X_n = x_n$时联合密度函数值为：

$$\prod_{i=1}^{n} p(x_i;\theta)$$

它也是θ的函数，也被称为似然函数，记为：

$$\mathcal{L}(\theta) = \prod_{i=1}^{n} p(x_i;\theta)$$

对不同的θ，同一组样本观察值$x_1,x_2,\cdots,x_n$的联合密度函数值也是不同的，因此应该选择θ的极大似然估计$\hat{\theta}$，从而使下式得到满足：

$$\mathcal{L}(\hat{\theta}) = \max_{\theta \in \Theta} \mathcal{L}(\theta)$$

8.3.2 求极大似然估计的方法

当函数关于参数可导时，可以通过求导方法来获得似然函数极大值对应的参数值。在求极大似然估计时，为求导方便，常对似然函数$\mathcal{L}(\theta)$取对数，称$l(\theta) = \ln \mathcal{L}(\theta)$为对数似然函数，它与$\mathcal{L}(\theta)$在同一点上达到最大。根据微积分中的费马定理，当$l(\theta)$对$\theta$的每一分量可微时，可通过$l(\theta)$对$\theta$的每一分量求偏导并令其为 0 求得，称

$$\frac{\partial l(\theta)}{\partial \theta_j} = 0, \qquad j = 1,2,\cdots,k$$

为似然方程，其中k是θ的维数。

下面就结合一个例子来演示这个过程。假设随机变量$X \sim B(n,p)$，又知$x_1,x_2,\cdots,x_n$是来自X的一组样本观察值，现在求$P(X = T)$时，参数p的极大似然估计。首先写出似然函数：

$$\mathcal{L}(p) = \prod_{i=1}^{n} p^{x_i}(1-p)^{1-x_i}$$

然后对上式左右两边取对数，可得：

$$l(p) = \sum_{i=1}^{n} [x_i \ln p + (1-x_i)\ln(1-p)]$$

$$= n\ln(1-p) + \sum_{i=1}^{n} x_i[\ln p - \ln(1-p)]$$

将$l(p)$对p求导，并令其导数等于 0，得似然方程：

$$\frac{\mathrm{d}l(p)}{\mathrm{d}p} = -\frac{n}{1-p} + \sum_{i=1}^{n} x_i \left(\frac{1}{p} + \frac{1}{1-p}\right)$$

$$= -\frac{n}{1-p} + \frac{1}{p(1-p)} \sum_{i=1}^{n} x_i = 0$$

解似然方程得：

$$\hat{p} = \frac{1}{n} \sum_{i=1}^{n} x_i = \bar{x}$$

可以验证，当$\hat{p} = \bar{x}$时，$\partial^2 l(p)/\partial p^2 < 0$，这就表明$\hat{p} = \bar{x}$可以使函数取得极大值。最后将题目中已知的条件带入，可得p的极大似然估计为$\hat{p} = \bar{x} = T/n$。

再来看一个连续分布的例子。假设有随机变量$X \sim N(\mu, \sigma^2)$，μ和σ^2都是未知参数，$x_1, x_2, \cdots, x_n$是来自X的一组样本观察值，试求μ和σ^2的极大似然估计值。首先写出似然函数：

$$\mathcal{L}(\mu, \sigma^2) = \prod_{i=1}^{n} \frac{1}{\sqrt{2\pi}\sigma} \mathrm{e}^{-\frac{(x_i-\mu)^2}{2\sigma^2}} = (2\pi\sigma^2)^{-\frac{n}{2}} \cdot \mathrm{e}^{-\frac{\sum_{i=1}^{n}(x_i-\mu)^2}{2\sigma^2}}$$

然后对上式左右两边取对数，可得：

$$l(\mu, \sigma^2) = -\frac{n}{2} \ln(2\pi\sigma^2) - \frac{1}{2\sigma^2} \sum_{i=1}^{n} (x_i - \mu)^2$$

将$l(\mu, \sigma^2)$分别对μ和σ^2求偏导数，并令它们的导数等于 0，于是可得似然方程：

$$\begin{cases} \dfrac{\partial l(\mu, \sigma^2)}{\mu} = \dfrac{1}{\sigma^2} \displaystyle\sum_{i=1}^{n} (x_i - \mu) = 0 \\ \dfrac{\partial l(\mu, \sigma^2)}{\sigma^2} = -\dfrac{n}{2\sigma^2} + \dfrac{1}{2\sigma^4} \displaystyle\sum_{i=1}^{n} (x_i - \mu)^2 = 0 \end{cases}$$

求解似然方程可得：

$$\hat{\mu} = \bar{x}, \qquad \hat{\sigma}^2 = \frac{1}{n} \sum_{i=1}^{n} (x_i - \bar{x})^2 = 0$$

而且还可以验证$\hat{\mu}$和$\hat{\sigma}^2$可以使得$l(\mu, \sigma^2)$达到最大。用样本观察值替代后便得出μ和σ^2的极大似然估计分别为：

$$\hat{\mu} = \bar{X}, \qquad \hat{\sigma}^2 = \frac{1}{n} \sum_{i=1}^{n} (X_i - \bar{X})^2 = S_n^2$$

因为$\hat{\mu} = \bar{X}$是μ的无偏估计，但$\hat{\sigma}^2 = S_n^2$并不是σ^2的无偏估计，可见参数的极大似然估计并不能确保无偏性。

最后给出一个被称为“不变原则”的定理：设$\hat{\theta}$是θ的极大似然估计，$g(\theta)$是θ的连续函数，则$g(\theta)$的极大似然估计为$g(\hat{\theta})$。

这里并不打算对该定理进行详细证明。下面将通过一个例子来说明它的应用。假设随机变量X服从参数为λ的指数分布，$x_1, x_2, \cdots, x_n$是来自X的一组样本观察值，试求λ和$E(X)$的极大似然估计值。首先写出似然函数：

$$\mathcal{L}(\lambda) = \prod_{i=1}^{n} \lambda \mathrm{e}^{-\lambda x_i} = \lambda^n \mathrm{e}^{-\lambda \sum_{i=1}^{n} x_i}$$

然后对上式左右两边取对数，可得：

$$l(\lambda) = n \ln \lambda - \lambda \sum_{i=1}^{n} x_i$$

将$l(\lambda)$对λ求导，得似然方程为：

$$\frac{\mathrm{d}l(\lambda)}{\mathrm{d}\lambda} = \frac{n}{\lambda} - \sum_{i=1}^{n} x_i = 0$$

解似然方程得：

$$\hat{\lambda} = n \Big/ \sum_{i=1}^{n} x_i = \frac{1}{\bar{x}}$$

可以验证它使$l(\lambda)$达到最大，而且上述过程对一切样本观察值都成立，所以λ的极大似然估计值为$\hat{\lambda} = 1/\bar{X}$。此外，$E(X) = 1/\lambda$，它是$\lambda$的函数，其极大似然估计可用不变原则进行求解，即用$\hat{\lambda}$带入 $E(X)$，可得$E(X)$的极大似然估计为$\bar{X}$，这与矩法估计的结果一致。

8.3.3 极大似然估计应用举例

8.3.2 节中，我们演示了通过解方程$\partial l(\theta)/\partial \theta_j = 0$从而求得参数$\theta$的极大似然估计值的基本方法。但显而易见的是，这个求解过程非常复杂，本节将通过几个实例来演示在 R 中进行极大似然估计的方法。

对于不同的分布形式而言，其似然函数的形式也是各式各样的，所以最后得到的似然方程解（也即参数的极大似然估计值）的表达式也很难统一。所以很难找到一种通用的方法来对所有情况下的参数做极大似然估计。因此使用 R 语言进行极大似然估计，往往是先要确定似然函数的表达式，然后再借助于 R 中的极值求解函数来完成。

在单参数情况下，可以使用 R 中的函数 optimize()求极大似然估计值，它的调用格式如下：

```
optimize(f, interval, lower = min(interval),
        upper = max(interval), maximum = FALSE)
```

函数 optimize()的作用是在由参数 interval 指定的区间内搜索函数f的极值。这个区间也可以由参数 lower（即区间的下界）和 upper（即区间的上界）来控制。默认情况下，参数 maximum = FALSE 表示求极小值，如果将其置为 TRUE 则表示求极大值。

例如，现在已知某批电子元件的使用寿命服从参数为λ的指数分布，λ未知且有$\lambda > 0$。现在随机抽取一组样本并测得其使用寿命如下（单位：小时）：

$$518 \quad 612 \quad 713 \quad 388 \quad 434$$

请尝试用极大似然估计这批产品的平均寿命。

8.3.2 节的最后已经求出了指数函数的对数似然函数形式，可以用 R 语言代码将似然函数写为：

```
> f <- function(lamda){
        logL = n*log(lamda) - lamda*sum(x)
        return (logL)
        }
```

然后用 optimize()求使得似然函数取得极值时的参数λ的估计值，结果如下：

```
> x = c(518,612,713,388,434)
> n = length(x)
> duration <- optimize(f, c(0,1), maximum = TRUE)
> duration
$maximum
[1] 0.001878689
$objective
[1] -36.39261
```

由此便求出了参数λ的估计值为 0.001878689，再根据 8.3.2 节最后得出的结论，可知这批电子元件的平均使用寿命$E(X) = 1/\lambda$，即有：

```
> 1/duration$maximum
[1] 532.2862
```

而且这个结果与之前推导的结论，当X服从指数分布时，$E(X)$的极大似然估计为$\bar{X}$，并由此算得的结果是一致的。

再来看一个稍微复杂的例子，这次要估计的参数将有多个。首先在R中导入程序包 MASS 中的数据 geyser，示例代码如下。

```
> library(MASS)
```

```
> attach(geyser)
```

该数据集是地质学家记录的美国黄石公园内一个名为 Old Faithful 的喷泉一年内的喷发数据，数据有两个变量，分别是泉水持续涌出的时间（eruptions）和喷发相隔的时间（waiting），在这个例子中我们将仅会用到后者。

现在我们打算对变量 waiting 的分布进行拟合，于是首先通过直方图来大致了解一下数据的分布形态。执行下面的代码，其结果如图 8-6 所示。

```
> hist(waiting, freq = FALSE, col = "wheat")
> lines(density(waiting), col = 'red', lwd = 2)
```

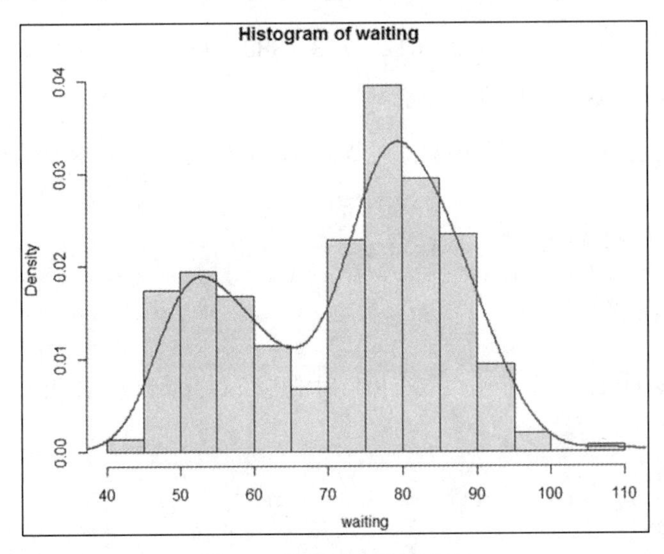

图 8-6　数据分布的直方图

从绘制的结果来看，图形中有两个峰，很像是两个分布叠加在一起而成的结果，于是可以推断分布是两个正态分布的混合，故用下面的函数来描述：

$$p(x) = \alpha N(x;\mu_1,\sigma_1) + (1-\alpha)N(x;\mu_2,\sigma_2)$$

所以在构建的模型中，需要估计的参数有 5 个，即α、μ_1、σ_1、μ_2和σ_2。上述分布函数的对数极大似然函数为：

$$l = \sum_{i=1}^{n} \log p(x)$$

接下来，在 R 中定义对数似然函数，示例代码如下。由于在后面将要使用的极值求解法会在迭代过程中产生一些似然函数不能处理的无效值，尽管这并不会影响到最终的求解结果，但是为了避免出现不必要的警告信息，此处使用了 suppressWarnings()函数来忽略那些警告信息。

```
> LL<-function(params,data){
        t1<-suppressWarnings(dnorm(data,params[2],params[3]))
        t2<-suppressWarnings(dnorm(data,params[4],params[5]))
        ll<-sum(log(params[1]*t1+(1-params[1])*t2))
        return(ll)
        }
```

为了进行极大似然估计，下面将调用 R 语言中的程序包 maxLik，该包为进行极大似然估计提供了诸多便利，在多参数估计时可以考虑使用它。在进行极值求解时，可以通过修改 maxLik() 函数中的参数 method 来选择不同的数值求解方法。可选的值有“NR”、“BHHH”、“BFGS”、“NM”和“SANN”五种，默认情况下函数将使用默认值“NR”，即采用 Newton-Raphson 算法。

```
> library("maxLik")
> mle <- maxLik(logLik = LL, start = c(0.5,50,10,80,10), data=waiting)
> mle
Maximum Likelihood estimation
Newton-Raphson maximisation, 8 iterations
Return code 2: successive function values within tolerance limit
Log-Likelihood: -1157.542 (5 free parameter(s))
Estimate(s): 0.3075935 54.20265 4.951998 80.36031 7.507638
```

最后通过图形来评估一下采用极大似然法所估计出来的参数拟合效果，示例代码如下。

```
> a <- mle$estimate[1]
> mu1<-mle$estimate[2]; s1<- mle$estimate[3]
> mu2<-mle$estimate[4]; s2<- mle$estimate[5]
> X<-seq(40,120,length=100)
> f<-a*dnorm(X,mu1,s1)+(1-a)*dnorm(X,mu2,s2)

> hist(waiting, freq = FALSE, col = "wheat")
> lines(density(waiting), col = 'red', lty = 2)
> lines(X, f, col = "blue")

> text.legend = c("Density Line","Max Likelihood")
> legend("topright", legend = text.legend, lty=c(2,1),
+   col = c("red","blue"))
```

执行以上代码，结果如图 8-7 所示，其中实线是基于估计参数绘制的数据分布曲线，虚线是系统自动生成的密度曲线，可见拟合效果还是比较理想的。

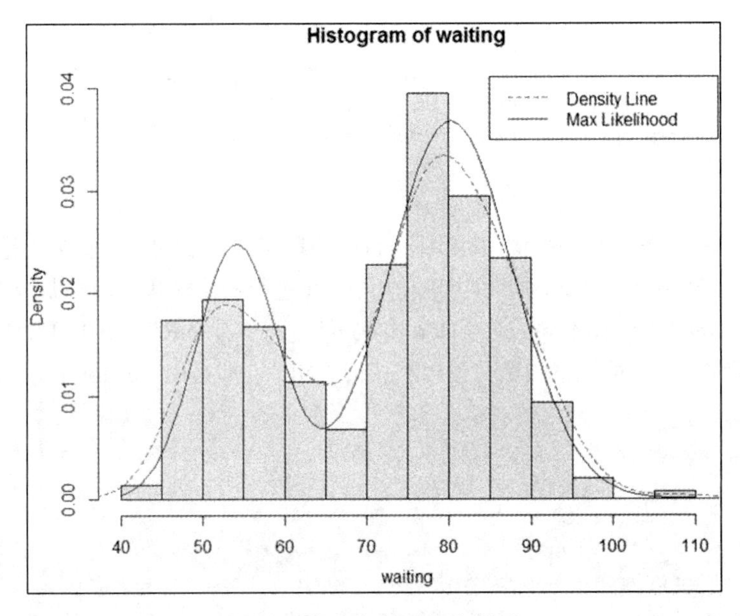

图 8-7　极大似然法拟合效果

第 9 章 非参数检验方法

非参数统计是一种不要求变量值为某种特定分布和不依赖某种特定理论的统计方法，或者是在不了解总体分布及其全部参数的情况下的统计方法。实际工作中，有许多资料常不能确定或假设其总体变量值的分布，因此参数统计不宜使用，不知道总分布，就不能比较参数，而只能比较非参数。那些总体分布服从正态分布或总体分布已知条件下进行的统计检验就是参数检验。总体分布不要求服从正态分布或总体分布情况不明时，用来检验数据资料是否来自同一个总体的统计检验方法就是非参数检验方法。

9.1 列联分析

列联分析是利用列联表（Contingency Table）来研究两个分类变量之间关系的统计方法。以皮尔逊提出的卡方检验为代表列联分析技术在数据分析领域具有非常广泛的应用。

9.1.1 类别数据与列联表

1912 年 4 月 15 日，豪华巨轮泰坦尼克号在她的处女航中因不幸与冰山相撞而沉入冰冷的大西洋。这场空前的海难令世界震动。根据维基百科所提供的数据，当时船上有 908 名船员和 1316 名乘客，共计 2224 人。事故发生后，共有 710 名乘客获救，约占总人数的 32%。具体伤亡统计数据请见表 9-1。

表 9-1 泰坦尼克号伤亡统计

年龄/性别	舱位/身份	获　救	罹　难	总　计
儿　童	头等舱	5	1	6
	二等舱	24	0	24
	三等舱	27	52	79
女　人	头等舱	140	4	144
	二等舱	80	13	93

续表

年龄/性别	舱位/身份	获　救	罹　难	总　计
	三等舱	76	89	165
	船员	20	3	23
男　人	头等舱	57	118	175
	二等舱	14	154	168
	三等舱	75	387	462
	船员	192	693	885

数据是冰冷和残酷的，但它背后的故事却是值得我们深入思考的。比如死亡是否与性别或年龄有关？面对死亡，人是否有高低贵贱之分？面对突如其来的灾难，船员是否忠于职守？这些看似干瘪的数据是否能够反映当时人们的价值取向以及面对死亡的态度？基于本章的学习，相信读者应该有能力解开这些疑问。

我们都知道，统计数据有类别型数据和数值型数据之分。对于类别型数据来说，尽管最终结果也是以数值来表示的，但不同数值所描述的对象特征却是彼此区别的。例如，在泰坦尼克号伤亡情况分析的例子中，若想讨论死亡是否与性别有关，就可以把成年人群体分成男性和女性两类，并用1来表示男性，而用0来表示女性。如果想研究死亡是否与舱位有关，又可将乘客分为头等舱乘客（用1表示）、二等舱乘客（用2表示）和三等舱乘客（用3表示）。显然，对于上述问题的分析，是以统计数据的汇总分类为基础的。而且为了便于后续分析工作的开展，选择一种有效的方式来对数据进行组织也很有必要，这种有效的方式就是所谓的列联表。

列联表是由两个以上的变量进行交叉分类的频数分布表。例如，在研究泰坦尼克号中乘客的舱位与其最终是否获救之间关系的问题上，可以建立如表 9-2 所示的列联表。

表 9-2　列联表示例

	头 等 舱	二 等 舱	三 等 舱	总　计
获　救	202	118	178	498
罹　难	123	167	528	818
总　计	325	285	706	1316

表 9-2 中的行（row）是生存变量，它被划分成 2 类：获救或者罹难；表中的列（column）是舱位变量，它被划分为 3 类，即头等舱、二等舱和三等舱。因此表 9-2 是一个2×3的列联表。表中的每个数据，都反映着来自生存变量和舱位变量两个方面的信息。列联表是进行列联分析的基础，9.1.2 节我们就将通过实际的用例来介绍基于χ^2检验的列联分析方法。

9.1.2　皮尔逊（Pearson）的卡方检验

皮尔逊的卡方统计量（Pearson's Chi-Square Statistic），或者简写成χ^2统计量，是由统计学家皮尔逊于1899年提出的用于检验实际分布与理论分布配合程度，即配合度检验的统计量。皮尔逊认为，不管理论分布构造得如何好，它与实际分布之间总存在着或多或少的差异。这些差异可能是由于观察次数不充分、随机误差太大而引起的，也可能是因所选配的理论分布本身与实际分布有实质性差异而导致的。要甄别导致差异的原因，还需要用一种方法来检验。为此，皮尔逊提出了著名的χ^2统计量，用来检验实际值的分布数列与理论值数列是否在合理范围内相符合，换句话说，χ^2统计量可被用以测定观察值与期望值之间的差异显著性。卡方检验提出后得到了广泛的应用，在现代统计理论中占有重要地位。

卡方统计量由各项实际观测数值与理论分布数值之差的平方除以理论数值，然后再求和而得出的。若用f_o表示观察值频数，用f_e表示期望值频数，χ^2统计量可以写为：

$$\chi^2 = \sum \frac{(f_o - f_e)^2}{f_e}$$

作为一种统计方法，χ^2检验主要用于对两个定类变量之间关系的分析。对定类变量进行分析，一般是把检验问题进行转化，通过考察频数与其期望频数之间的吻合程度，达到检验目的。χ^2检验还依赖于χ^2分布的自由度，自由度定义为类别数量与限制数量之差，具体计算我们在后续结合例子来加以说明。

假设有一枚骰子，投掷120次并记录其结果如表9-3所示，请问该枚骰子是否是无偏的？

表9-3　掷骰子的结果

点　数	1	2	3	4	5	6
频　数	25	18	28	20	16	13

首先提出原假设和备择假设。

- H_0：骰子是无偏的，即所有投掷结果出现的可能性大致是均等的。
- H_1：原假设是错误的，即某些投掷结果的可能性较其他结果更大。

在原假设基础上，可以得到期望的投掷结果如表9-4所示。

表9-4　期望投掷频数

点　数	1	2	3	4	5	6
观察频数	25	18	28	20	16	13
期望频数	20	20	20	20	20	20

据此可以计算χ^2统计量如下。

$$X^2 = \frac{(25-20)^2}{20} + \frac{(18-20)^2}{20} + \frac{(28-20)^2}{20} + \frac{(20-20)^2}{20} + \frac{(16-20)^2}{20} + \frac{(13-20)^2}{20}$$

$$= 1.25 + 0.20 + 3.20 + 0 + 0.80 + 2.45 = 7.90$$

因此P值应该是$Pr(X^2 \geqslant 7.90)$，其中$X^2 \stackrel{\text{def}}{=} \chi_5^2$。显然，骰子掷出后可能的结果有6种，而在我们的例子中限制条件的数量只有1个，即所有观察频数之和等于120，所以自由度为5。查询统计表可知，P值将介于 0.1 和 0.25 之间，因此在 5%的水平下我们无法拒绝原假设。

在 R 中，自然无须这样烦琐的计算，chisq.test()函数将为我们执行χ^2检验。该函数以记录观测频数的向量为输入，而且默认情况下以均等占比为原假设。对于掷骰子的例子，即假设掷出每个面的比例都是1/6。下面给出示例代码。

```
> chisq.test(c(25, 18, 28, 20, 16, 13))
           Chi-squared test for given probabilities
data: c(25, 18, 28, 20, 16, 13)
X-squared = 7.9, df = 5, p-value = 0.1618
```

因此得到P值为 0.1616。我们不能得出骰子是有偏的这个结论。注意如果要修改默认为均等占比的原假设，可以通过调整函数中的参数p来实现，具体细节请参阅 R 的帮助文档，这里不再赘述。

掷骰子的例子其实只是让我们体验了一下χ^2检验的基本思想，引入列联表之后我们将有能力处理更为复杂的例子。注意掷骰子的例子中所给出的表格并不是列联表，因为它并未涉及多分类变量之间的交叉。

下面就来看一个基于列联表的例子。众所周知，妇女怀孕期间饮酒或抽烟将会对胎儿造成不良影响。有人认为饮酒和吸烟之间存在某种联系，例如通常酗酒的人都有抽烟的嗜好。理解二者之间的关系对于研究孕妇相关行为给胎儿可能带来的影响十分重要。1984 年，研究人员对452名母亲进行了调查，根据她们在得知自己怀孕前的酒精和烟草摄入量得出了如表 9-5 所示的列联表。请问饮酒和吸烟之间是否有关联？

表 9-5　饮酒与吸烟的统计数据

		尼古丁摄入（mg/d）			
		0	1~15	⩾16	总计
酒精摄入 (oz/d)	0	105	7	11	123
	0.01~0.10	58	5	13	76
	0.11~0.99	84	37	42	163
	⩾1.00	57	16	17	90
	总计	304	65	83	452

列联表是两个因素（变量）从横向和纵向交叉而形成的，因此以列联表为基础的假设检验中，原假设H_0通常为两个因素之间是没有联系的，即彼此独立的。相应地，备择假设H_1为原假设是错误的。在掷骰子的例子中，H_0确定了每个可能输出的概率，彼时H_0仅仅指定了概率之间的关系。对于饮酒和吸烟关系的例子，我们可以提出下列原假设和备择假设。

- H_0：吸烟和饮酒之间没有关系，即二者彼此独立。
- H_1：原假设是错误的。

回想一下概率论中的有关结论，即如果事件A和B彼此独立，则当且仅当$Pr(A\cap B)=Pr(A)\times Pr(B)$。所以如果原假设为真，那么对于本例而言必然有“酒精日均摄入超过1盎司并且尼古丁日均摄入超过16毫克的概率”就等于$Pr(\text{酒精日均摄入}\geqslant 1\text{ 盎司})\times Pr(\text{尼古丁日均摄入}\geqslant 16\text{ 毫克})$。

这个原理也为我们计算期望值列联表提供了依据，相应的期望值就等于行和与列和之积再除以表中数据总和。例如，从表 9-5 中可知，有 90 名母亲日均饮酒量超过1盎司，在原假设基础上，则其中应该有$83/452$的人日均尼古丁摄入量超过16毫克。因此相应的期望值就应该是$90\times 83/452=16.53$。按照此方法，最终可以得出期望值的列联数据如表 9-6 所示。由此可以算得χ^2统计量如下。

$$X^2=\frac{(105-82.73)^2}{82.73}+\frac{(58-51.12)^2}{51.12}+\cdots+\frac{(17-16.53)^2}{16.53}=42.252$$

表 9-6　饮酒与吸烟的期望数据

		尼古丁摄入（mg/d）			
		0	1~15	≥16	总计
酒精摄入 (oz/d)	0	82.73	17.69	22.59	123
	0.01~0.10	51.12	10.93	13.96	76
	0.11~0.99	109.63	23.44	29.93	163
	≥1.00	60.53	12.94	16.53	90
	总计	304	65	83	452

再来考虑一下用于检验的χ^2分布的自由度，对于列联表而言，一个通常的计算公式为：

$$df=(r-1)\times(c-1)=rc-(r+c-1)$$

其中r表示行数，c表示列数，所以rc就是表中所给出的类别总数。行数r同时给出了r个限制条件，列数c同时给出了c个限制条件。但总行和=总列和=表中数值总和，所以在计算由行限制与列限制给出的限制条件数目时，有一个重复计算，我们应该将其减去。最终限制数量为$r+c-1$。针对当前我们所讨论的问题，自由度为：

$$df=(4-1)\times(3-1)=6$$

查表可知χ_6^2的临界值，由此得到的P值小于0.001。计算P值的代码如下。

```
> pchisq(42.252,6,lower.tail=F)
[1] 1.639671e-07
```

整个χ^2检验执行过程的 R 代码如下。

```
> alcohol.by.nicotine <- matrix(c(105, 7, 11,
                                + 58, 5, 13,
                                + 84, 37, 42,
                                + 57, 16, 17), nrow = 4, byrow = TRUE)
> chisq.test(alcohol.by.nicotine)

        Pearson's Chi-squared test

data: alcohol.by.nicotine
X-squared = 42.2521, df = 6, p-value = 1.640e-07
```

由此，我们便可以果断地拒绝原假设，并推得结论：饮酒与吸烟之间确实有联系。

9.1.3 列联分析应用条件

在卡方检验中使用χ^2分布来获取P值，其实隐含地使用了一个条件，即用正态分布来近似二项分布。为了保证卡方检验的有效性，下列执行条件应当予以满足。

- 每个单元格中的数据都是确切的频数（而非占比）。
- 类别不可相互交织。
- 所有的期望频数应当都不小于1。
- 至少 80%的期望频数都应该不小于5。

如果上述条件无法都满足，我们就不得不通过合并单元格的方法来满足这些条件。但合并单元格的做法也会令自由度下降，进而削弱检验的效力。

来看一个研究铝元素摄入与阿尔兹海默病之间关系的例子。研究人员选择了一组阿尔兹海默病患者。作为对照实验，又选择了一组没有患阿尔兹海默病的人，但其他方面与实验组中的病患非常形似。参与实验的对象，他们的含铝抗酸剂使用情况如表 9-7 所示。

表 9-7 含铝抗酸剂的使用数据

	含铝抗酸剂用量			
	无	低	中	高
阿尔兹海默病患者	112	3	5	8
控 制 组	114	9	3	2

下面的代码对上述数据执行了以皮尔逊卡方检验为基础的列联分析。其中将 chisq.test()函数的输出赋给了一个对象，即 a.by.a.test。而且我们用一个括号来把赋值语句括了起来，如果不这样做，程序将仅会对函数的结果进行存储但并不会将其输出。

```
> aluminium.by.alzheimers <- matrix(c(112, 3, 5, 8,
                              +114, 9, 3, 2), nrow=2, byrow = TRUE)
> (a.by.a.test <- chisq.test(aluminium.by.alzheimers))
```

```
        Pearson's Chi-squared test

data:  aluminium.by.alzheimers
X-squared = 7.1177, df = 3, p-value = 0.06824
```

下面我们想检查一下每个期望频数的大小，于是在 R 中输入下面的代码。

```
> a.by.a.test$expected
     [,1] [,2] [,3] [,4]
[1,]  113    6    4    5
[2,]  113    6    4    5
```

易见 8 个期望频数中有 2 个都小于 5，因此得到的P值可能不是十分可靠。尽管它也比较小，但是在 5%的显著水平下，并不显著。

为了说明这个问题，我们可以通过多种方法来陈述这个问题。其中一种方法就是使用模拟的方法来获得一个更加精确的P值，例如：

```
> chisq.test(aluminium.by.alzheimers, simulate.p.value = TRUE)

        Pearson's Chi-squared test with simulated p-value
        (based on 2000 replicates)

data: aluminium.by.alzheimers
X-squared = 7.1177, df = NA, p-value = 0.06047
```

当我们将参数 simulate.p.value 的值置为 TRUE 时，就表示要通过蒙特卡洛（Monte Carlo）模拟的方法来计算P值。具体来说，这个过程会产生 2000 个随机表的独立数据，并以此来评估观察值表在原假设前提下的极端性。通过调整参数 B 的值（默认情况下为 2000），可以改变蒙特卡洛模拟的重复量。

另外一种可以把问题陈述清楚的方法是对数据进行重新分类。可能更有问题的观察值位于那些表示使用了中等剂量抗酸剂的单元格，所以将中等和高等两类数据进行合并是比较合理的做法。于是便得到了如表 9-8 所示的结果。

表 9-8　合并后的数据

	含铝抗酸剂用量		
	无	低	中高
阿尔兹海默病患者	112	3	13
控 制 组	114	9	5

然后再以此为基础执行卡方检验，于是可得下面的结果。

```
> aluminium.by.alzheimers <- matrix(c(112, 3, 13,
```

```
                                +114, 9, 5), nrow=2, byrow = TRUE)
> (a.by.a.test <- chisq.test(aluminium.by.alzheimers))

      Pearson's Chi-squared test

data: aluminium.by.alzheimers
X-squared = 6.5733, df = 2, p-value = 0.03738
> a.by.a.test$expected
[,1] [,2] [,3]
[1,] 113 6 9
[2,] 113 6 9
```

可见所有的期望频数都已经不再小于5了，此时给出的P值为0.03738，因此我们可以得出抗酸剂的使用和阿尔茨海默病之间存在某种联系。当然，将低等和中等两类数据进行合并也比较合理，读者不妨尝试这种做法，然后再观察一下其对最终结果的影响。

9.1.4 费希尔（Fisher）的确切检验

如果在2×2的列联表中观察值太小，χ^2检验因近似程度较差，易导致分析的偏性（尤其是当所得概率接近检验水准时）。1934 年，统计学家费希尔提出了一种新的检验方法，即费希尔确切检验（Fisher's exact test），这是一种专门用来对2×2的列联表进行检验的方法。该方法不属于χ^2检验的范畴，但可作为2×2表格的χ^2检验的补充。

假设在一项有 47 名学生参与的调查中，研究人员试图检验性别与惯用左手还是右手之间是否存在联系。调查数据见表 9-9，从中易见女生中惯用左手的比例为$1/31=0.032$，该值小于男生中惯用左手的比例$4/16=0.25$。为了检验这两个比例是否有显著的不同，自然会想到使用之前介绍的χ^2检验，但是 4 个单元格中有 2 个所包含的期望值都小于5。根据之前的讨论，我们知道此时用χ^2检验并不明智。

表 9-9　关于惯用左手还是右手的调查

	左	右	总　计
女	1	30	31
男	4	12	16
总　计	5	42	47

费希尔确切检验假设我们仅知道2×2列联表中边界上的加和值，但对表中的详细数据一无所知。此时可以得到如表 9-10 所示的一张残缺表。

表 9-10　残缺的列联表

	左	右	总计
女			31
男			16
总　计	5	42	47

在仅知道上面这些边缘加和值的情况下，其实可以推得总共的可能情况有 6 种，如表 9-11 所示。这是因为调查数据中左撇子的数量一共只有5个，那么表格中左上角位置的取值就仅可能是0、1、2、3、4、5这几种情况。据此我们就可以推出全部可能的结果。

表 9-11　全部可能的情况

	L	R	L	R	L	R	L	R	L	R	L	R
女	0	31	1	30	2	29	3	28	4	27	5	26
男	5	11	4	12	3	13	2	14	1	15	0	16
概　率	0.0028		0.0368		0.1698		0.3516		0.3283		0.1108	

注意到在表 9-11 中我们还计算出了每一种可能情况的概率。费希尔确切检验的基础是超几何分布，超几何分布是统计学上的一种离散型概率分布。假设N件产品中有M件次品，不放回的抽检中，抽取n件时得到$X = k$件次品的概率分布就是超几何分布，它的概率质量函数 PMF 为：

$$P(X = k) = \frac{C_M^k C_{N-M}^{n-k}}{C_N^n}$$

对应到表 9-12 中，现在有$a + b + c + d = N$件产品，其中次品有$a + b$件，现在进行不放回的抽检，共抽取了$a + c$件产品，其中得到$X = a$件次品的概率即为：

$$P(X = a) = \frac{C_{a+b}^a C_{c+d}^c}{C_N^{a+c}} = \frac{(a + b)!\,(c + d)!\,(a + c)!\,(b + d)!}{a!\,b!\,c!\,d!\,n!}$$

表 9-12　费希尔确切检验概率的推断

	被 抽 中	未 抽 中	总　计
残　次	a	b	$a + b$
合　格	c	d	$c + d$
总　计	$a + c$	$b + d$	$a + b + c + d = N$

于是表 9-12 中的各个概率值可以使用 R 中的内嵌分布函数来计算，代码如下。

```
> dhyper(c(0,1,2,3,4,5), 31, 16, 5)
[1] 0.002847571 0.036781124 0.169759032
[4] 0.351643709 0.328200795 0.110767768
```

由于超几何概率分布的非对称性，一个双尾的P值并没有被唯一和确切地定义。但在统计分析中，双尾的P值更为常用。一种计算方法是将两个方向上的单尾P值都算出来，然后将其中的较小者乘以2作为双尾P值使用。另外一种方法，也是 R 中所使用的，就是将输出结果中小于等于观察值概率的所有概率进行加总。在这种方法中，比观察值概率更小的概率值被看成是比远离原假设的观察值更加极端，这也与我们对P值的定义相吻合。例如，在当前所讨论的问题中，P值就应该为：

```
> 0.002847571 + 0.036781124
[1] 0.03962869
```

在5%的显著水平下，我们可以拒绝（惯用哪只手与性别无关的）原假设，并认为女生中左撇子的比例要低于男生中左撇子的比例。

在 R 中，我们可以用下面的代码来执行费希尔确切检验，易见其中得出的P值与之前我们算得的结果一致。

```
> handedness <- matrix(c(1, 30, 4, 12), nrow = 2, byrow = TRUE)
> fisher.test(handedness)

	Fisher's Exact Test for Count Data

data:  handedness
p-value = 0.03963
alternative hypothesis: true odds ratio is not equal to 1
95 percent confidence interval:
 0.001973399 1.206146041
sample estimates:
odds ratio
 0.1055741
```

9.2 符号检验

有学者曾经利用统计学的方法对《红楼梦》一书的原作者和续者是否是同一人这个问题展开了研究。研究人员针对《红楼梦》中人物对孔子及其著作的褒贬态度进行了比较，把褒、中性、贬 3 种态度分别用1、0、−1来表示，然后用符号检验法来进行判断。例如，在原书第三回中，贾宝玉曾说：“除《四书》外，杜撰的太多，偏只我是杜撰不成？”这里对《四书》是褒扬态度，因此用1表示。此外，研究人员还统计了47个虚词在各章中出现的频率和句子长度，用符号检验法做出了前80回和后40回不是一人所写的判断。

符号检验是一种使用正负号来检验不同假设的非参数检验方法，它可以检验的假设主要是涉及单一总体中位数的假设和配对样本数据的假设。当我们执行符号检验时，即认为样本已经被随机地选取了，而且我们并不要求样本数据来自一个具有特殊分布的总体。

符号检验最核心的思想就是分析数据中正负号出现的频率，并确定它们是否有显著的差异。例如，在《红楼梦》的例子中，如果前 80 回中，出现了 100 次对孔子及其著作或褒或贬的评价，其中有 51 次是褒扬，49 次是贬损，从常识来看我们并没有十足的把握断言作者对孔子及其著作的态度是褒扬的，因为 100 次态度表现中，51 次褒扬并不显著。但如果有 99 次态度表现都是褒扬的，这就显得很显著了。给定一组数据，如何从统计学角度给出评判，符号检验就是一个值得推荐的选择。

在后文的描述中，我们规定x表示频率较小的符号出现的次数，n表示正负号合在一起的总数。符号检验是以二项分布为基础的一种假设检验，尽管它并不依赖于样本数据的分布类型，但是我们会设法用一个正号或者负号来对每个样本观察值进行评判。如果差异不显著，那么正号与负号的个数应大致各占一半。这就符合一个成功概率等于0.5的二项分布。于是便可以用二项分布的公式来计算精确的统计量，并由此获得P值。但是当n较大时，就要用正态分布来近似。因为又是二项分布的随机变量，所以当n较大时，通常规定是当$n > 25$时，可近似地认为在原假设前提下，正负号统计结果的分布服从正态$N(0,1)$分布。但是由于正态分布是连续分布，所以要连续修正，此时统计量为：

$$z = \frac{(x + 0.5) - 0.5n}{0.5\sqrt{n}}$$

再由此统计量来获得P值。

需要说明的是，当一个单尾检验中应用符号检验时，如果一个符号的出现频率显著地多于其他，但样本数据却和原假设一致，更加审慎的考量就不可或缺，以免得出错误的结论。如果数据从感觉上和原假设一致，那么就不能拒绝原假设，也不要继续进行符号检验了。任何时候我们都不应该盲目依赖于计算的结果，利用与统计无关的理性分析总是必不可少的。

下面首先通过一个例子来说明利用符号检验对单一总体中位数进行检验的基本步骤。联合国对世界上66个大城市的生活消费指数（以纽约市某年的消费指数作为基准100）按从小到大的顺序排列如表 9-13 所示，其中北京的指数为99。

表 9-13　世界主要城市消费指数

66	75	78	80	81	81	82	83	83	83
83	84	85	85	86	86	86	86	87	87
88	88	88	88	88	89	89	89	89	90
90	91	91	91	91	92	93	93	96	96
96	97	99	100	101	102	103	103	104	104
104	105	106	109	109	110	110	110	111	113
115	116	117	118	155	192				

可以假定这个样本是从世界许多大城市中随机抽样而得到的所有大城市的指数组成的总体。现在的问题是：这个总体的中位数是多少？北京是否在该水平之下？在本例中，总体分布是未知的，比较适合运用符号检验。

假定用M来表示总体中位数，这意味着样本点$X_1, \cdots, X_n$取大于M的概率应该与取小于M的概率相等。所研究的问题，可以看作只有两种可能：大于中位数M，标记为“+”；小于中位数M，标记为“−”。令S_+为得正符号的数目，以及S_-为得负符号的数目。

易知S_+或S_-均服从二项分布$\text{Binomial}(66, 0.5)$。则S_+和S_-可以用来作为检验的统计量。

对于左侧检验$H_0: M = M_0$；$H_1: M < M_0$，当零假设为真的情况下，S_*应该不大不小，S_*是S_+和S_-中较小者。当S_*过小，即只有少数的观测值大于M_0，则M_0可能太大，目前总体的中位数可能要小一些。如果$p(S_* < x) < \alpha$，则拒绝原假设。其中的α是显著水平。

对于右侧检验$H_0: M = M_0$；$H_1: M > M_0$，当零假设为真的情况下，S_*应该不大不小。当S_*过大，即有多数的观测值大于M_0，则M_0可能太小，目前总体的中位数可能要大一些。如果$p(S_* > x) < \alpha$，则拒绝原假设。

双侧检验对备择假设H_1来说关心的是等于正的次数是否与等于负的次数有差异。所以当$p(S_* < x) + p(S_* > x)$小于显著性水平则拒绝原假设。

针对当前所讨论的例子，做单尾检验，则备择假设为$M < 99$。通常，备择假设采用我们觉得有道理的方向。因为只有一点为99，舍去这一点，于是n从66减少到65。而$x = 23$，在原假设下，二项分布的概率$p(S_+ < 23)$。如果很小就可以拒绝零假设。上面这个概率就是该检验的P值。在这里的例子中，可以算得：

$$z = \frac{(23 + 0.5) - 0.5 \times 65}{0.5\sqrt{65}} = -2.232625$$

在$\alpha = 0.05$的单尾检验中，临界值$z = -1.645$，检验统计量$z = -2.232625$是落在了否定区间中，如图 9-1 所示。因此，我们拒绝原假设。也可以用下面的 R 代码来计算P值。

```
> pnorm(-2.232625)
[1] 0.01278684
```

如果不采用近似计算的方法，则可以使用下面的 R 代码来计算P值。

```
> pbinom(23, 65, 0.5)
[1] 0.01240599
```

也就是说，在原假设前提下，目前由该样本所代表的事件的发生概率仅为1.24%，所以不大可能。也就是说，北京的生活指数不可能小于世界大城市的中间水准。

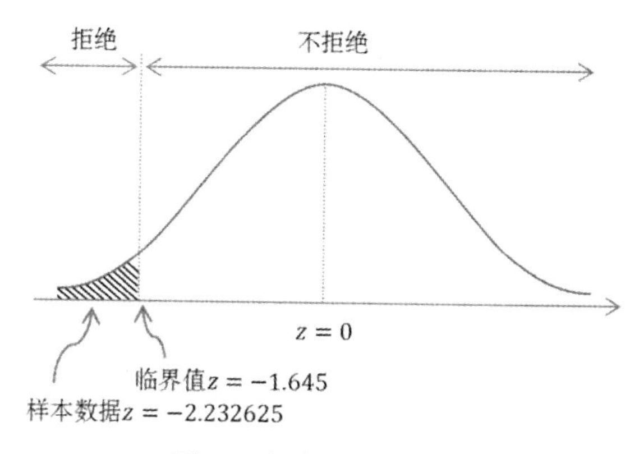

图 9-1　拒绝域与非拒绝域

再来看一个双尾检验的例子。某企业生产一种钢管，规定长度的中位数是10米。现随机地从正在生产的生产线上选取10根进行测量，结果如下。

$$9.8 \quad 10.1 \quad 9.7 \quad 9.9 \quad 9.8 \quad 10.0 \quad 9.7 \quad 10.0 \quad 9.9 \quad 9.8$$

中位数是这个问题中所关心的一个位置参数。若产品长度真正的中位数大于或小于10米，则生产过程需要调整。这是一个双侧检验，应建立假设：

$$H_0: M = 10; \ H_1: M \neq 10$$

为了对假设做出判定，先要得到检验统计量S_+或S_-。将调查得到的数据分别与10比较，算出各个符号的数目：$S_+ = 1$，$S_- = 7$，$n = 8$。在 R 中执行符号检验的代码如下。

```
> pbinom(1, 8, 0.5)*2
[1] 0.0703125
```

即P值为0.0703125，大于显著性水平0.05，表明调查数据支持原假设，即生产过程不需要调整。

前面我们为单尾检验和双尾检验各给出了一个例子。但是在科学研究中一直有一种倾向于双尾检验的传统。这是因为你断言正确的单尾备择假设在相反的方向是不具备任何效力的。即使你认为或者希望这种效力可以在一个方向上有效，这种确认与你拒绝深入探究这种效力作用在相反方向上的可能性仍然是两回事。偏爱双尾检验的传统是一个良好的默认选项。单尾检验也有它存在的意义，正如本节中我们所给出的例子那样，但是研究人员也有责任解释清楚为什么某个单尾的备择假设是合适的。仅仅让数据落在正确的一侧仍然是远远不够的。

如果我们使用之前介绍的参数检验方法来对世界主要城市消费水平的例子进行处理，将会得到下面这样的结果。从中可以看出，我们获得了一个更加极端的P值。相比而言，符号检验往往不像参数检验那么灵敏，尽管如此，两种检验都得出了拒绝零假设的结论。符号检验没有将样本数据看作极端的，因为它只使用关于数据方向方面的信息，而忽略了数值的大小。之后将要介绍的威尔科克森符号秩检验在很大程度上弥补了这一不足。

```
> binom.test(sum(x>99), length(x),  alternative = "less")

        Exact binomial test

data:  sum(x > 99) and length(x)
number of successes = 23, number of trials = 66, p-value = 0.009329
alternative hypothesis: true probability of success is less than 0.5
95 percent confidence interval:
 0.0000000 0.4563087
sample estimates:
probability of success
           0.3484848
```

根据统计资料的符号，还可以对配对样本数据进行假设检验。两个样本既可以是互相独立的，也可以是相关的，也就是说既可检验两总体是否存在显著差异，也可检验是否来自同一总体。符号检验通过两个相关样本的每对数据之差的符号来进行检验，从而比较两个样本的显著性。具体地讲，若两个样本差异不显著，正差值与负差值的个数应大致各占一半。如果两者相差太远，就有理由拒绝原假设。下面通过一个例子来说明利用符号检验对配对样本数据进行检验的基本步骤。

细颗粒物，又称 PM2.5，是指环境空气中当量直径小于等于2.5微米的颗粒物。它能较长时间悬浮于空气中，其在空气中含量浓度越高，就代表空气污染越严重。虽然细颗粒物只是地球大气成分中含量很少的成分，但它对空气质量和能见度等有重要的影响。与较粗的大气颗粒物相比，细颗粒物粒径小，面积大，活性强，易附带有毒、有害物质，且在大气中的停留时间长、输送距离远，因而对人体健康和大气环境质量的影响更大。通常认为城市中细颗粒物的浓度要较周边郊区更高，为了证实这一论断，科研人员开展了相关研究。研究人员每隔一定周期，分别测定某城市中心地带与其郊区的 PM2.5 浓度，结果如表 9-14 所示。

表 9-14　细颗粒物测定结果

编　号	郊　区	城　市	差　值	编　号	郊　区	城　市	差　值
01	61	62	1	11	58	57	-1
02	50	50	0	12	67	66	-1
03	45	46	1	13	80	88	8
04	52	55	3	14	49	51	2
05	46	48	2	15	70	72	2
06	39	40	1	16	80	81	1
07	88	98	10	17	60	75	15
08	57	59	2	18	21	23	2
09	58	57	-1	19	89	85	-4
10	70	71	1	20	75	77	2

根据问题描述，提出原假设和备择假设如下。

- H_0：城市和郊区的细颗粒物浓度没有差别。
- H_1：原假设是错误的。

将表 9-14 中的配对样本数据一对一比较，如果差值为正，则用符号“+”标记，否则以“−”标记，如二者相等，就记为“0”。清点计数后可知$S_+ = 15$、$S_- = 4$和$n = 19$。然后在 R 中进行显著性检验，代码如下。

```
> pbinom(4, 19, prob = 0.5, lower.tail = TRUE) * 2
[1] 0.01921082
```

于是我们拒绝原假设，得出城市和郊区的细颗粒物浓度存在差别这个结论。正如前面曾经讨论过的，更多时候我们倾向于采用双尾检验。在此基础上分析两个指标谁高谁低，应当借助一些非统计上的理性分析来得出最终的结论。从本题所提供的数据来看，城市里细颗粒物浓度高于郊区的情况更加普遍，最终我们可以认为城市里的细颗粒物浓度更高。

最后我们来解答读者可能还存疑的一个问题，即当$n > 25$时，所用的检验统计量的基本原理。前面我们讲过，当$n > 25$时，检验统计量z是建立在对$p = 1/2$的二项分布的正态近似基础上的。概率论的知识告诉我们，对于二项分布而言，当$np \geqslant 5$和$n(1-p) \geqslant 5$都成立时，二项分布的正态近似是可以接受的。而且对于二项分布而言，$\mu = np$且$\sigma = \sqrt{np(1-p)}$。因为符号检验假设$p = 1/2$，所以只要$n \geqslant 10$，便可以满足前提条件$np \geqslant 5$和$n(1-p) \geqslant 5$。另外，由于假设$p = 1/2$，还可得到$\mu = np = n/2$和$\sigma = \sqrt{np(1-p)} = \sqrt{n}/2$。因此：

$$z = \frac{x - \mu}{\sigma}$$

就变成了：

$$z = \frac{x - \left(\frac{n}{2}\right)}{\frac{\sqrt{n}}{2}}$$

最后，为了实现连续性修正，我们用$x + 0.5$来代替x。如此便得到了本节前面给出的检验统计量表达式。

9.3　威尔科克森（Wilcoxon）符号秩检验

威尔科克森符号秩检验（Wilcoxon signed-rank test）是由美国化学家、统计学家弗兰克·威尔科克森（Frank Wilcoxon）于 1945 年提出的。该方法是在成对观测数据的符号检验基础上发展起来的，它不仅利用了观察值和原假设中心位置的差的正负，还利用了差的值的大小的信息，因此比传统的单独用正负号的检验更加有效。

如果两个总体的分布相同，每个配对数值的差应服从以0为中心的对称分布。也就是将差值按照绝对值的大小编秩（排顺序）并给秩次加上原来差值的符号后，所形成的正秩和与负秩和在理论上是相等的（满足差值总体中位数为0的假设），如果二者相差太大，超出界值范围，则拒绝原假设。

在正式介绍威尔科克森符号秩检验之前，先来了解一下秩的概念。当数据按照某个标准进行排序之后，秩是按照一个样本项在排序中的次序而分配给该样本项的一个数字。第 1 项被赋予秩1，第 2 项被赋予秩2，依此类推。

例如数字 12、10、35、30、18 可以按从小到大的顺序排列为 10、12、18、30、35。那么给这些数字编秩后的结果如下所示。

原始值	12	10	35	30	18
排序值	10	12	18	30	35
	↑	↑	↑	↑	↑
秩	1	2	3	4	5

如果在秩中出现一个同级的情况，一般是算出所涉及之秩的均值后把这个平均秩赋予每一个同级项，例如数字 12、10、35、12、18 中因为有两个 12，所以秩 2 和秩 3 同级，于是就把 2 和 3 的平均值 2.5 赋给这两个 12，即：

原始值	12	10	35	12	18
排序值	10	12	12	18	35
	↑	↑	↑	↑	↑
秩	1	2.5	2.5	4	5

在应用威尔科克森符号秩检验时，通常假设样本数据是随机选择的，而且总体或者（由配对数据算出的）差值总体服从一个近似对称的分布，但并不要求数据服从正态分布。

威尔科克森符号秩检验可以用于检验一个样本是否来自于一个具有指定中位数的总体。例如，下面是10个欧洲城镇每人每年平均消费的酒类（相当于纯酒精数），数据已经按升序排列。

4.12　5.81　7.63　9.74　10.39　11.92　12.32　12.89　13.54　14.45

人们普遍认为欧洲各国人均年消费酒量的中位数相当于纯酒精8升，试用上述数据检验这种看法。

通过数据可以看出，中位数为11.155，明显大于8，因此可以建立如下假设。

$$H_0: M = 8;\ H_1: M > 8$$

然后根据每个样本值与中位数的差来计算相应的秩和符号，中间计算结果如表 9-15 所示。

表 9-15　中间计算结果

编　号	X_i	$D=X_i-8$	$\|D\|$	$\|D\|$的秩	D的符号
01	4.12	-3.88	3.88	5	−
02	5.81	-2.19	2.19	3	−
03	7.63	-0.37	0.37	1	−
04	9.74	1.74	1.74	2	+
05	10.39	2.39	2.39	4	+
06	11.92	3.92	3.92	6	+
07	12.32	4.32	4.32	7	+
08	12.89	4.89	4.89	8	+
09	13.54	5.54	5.54	9	+
10	14.45	6.45	6.45	10	+

分别求出带正号的秩和以及带负号的秩和如下。

$$T_+=2+4+6+7+8+9+10=46$$

$$T_-=5+3+1=9$$

用T来表示两个秩和中的较小者，其实两个和中的任何一个都可以使用，但为了简化步骤，我们通常选择其中的较小者。令n为差值D不为0的样本数据的数量，对于$n\leqslant 30$，则检验统计量为T，如果$n>30$，则统计量为：

$$z=\frac{T-\dfrac{n(n+1)}{4}}{\sqrt{\dfrac{n(n+1)(2n+1)}{24}}}$$

如果$n\leqslant 30$，可以从威尔科克森统计量临界值表中查得T的临界值。如果$n>30$，则从正态概率分布表中查得z的临界值。在本例中$T=9$、$n=10$，从威尔科克森统计量临界值表中查得单尾$\alpha=0.05$的临界值为11，因为$T=9$小于临界值11，拒绝原假设。也可以直接从威尔科克森符号秩检验统计量表中查得P值为$0.032<\alpha=0.05$，同样可以拒绝原假设。最终得出结论欧洲人均酒精年消费（中位数）多于8升。

现给出在 R 中执行以上检验的代码如下。

```
> x=c(4.12,5.81,7.63,9.74,10.39,11.92,12.32,12.89,13.54,14.45)
> wilcox.test(x-8, alternative = "greater")

	Wilcoxon signed rank test

data:  x - 8
V = 46, p-value = 0.03223
```

```
alternative hypothesis: true location is greater than 0
```

对于配对数据而言，威尔科克森符号秩检验也可用于检验总体分布之间的差异，所以这时的原假设和备择假设通常如下。

- H_0：两个样本来自于相同分布的总体。
- H_1：两个样本来自于不同分布的总体。

来看一个例子。表 9-16 记录了 9 名混合性焦虑和抑郁症患者在开始接受一种镇静剂治疗后第 1 次和第 2 次抑郁程度评估的结果。现在请考虑这种疗法是否使患者的情况得到了改善。

表 9-16　治疗效果数据

第 1 次	1.83	0.50	1.62	2.48	1.68	1.88	1.55	3.06	1.30
第 2 次	0.878	0.647	0.598	2.05	1.06	1.29	1.06	3.14	1.29

在 R 中执行配对数据的威尔科克森符号秩检验的方法与前面单一样本的检验方法十分相像。下面我们给出的两种写法将会得到相同的结果。

```
> x <- c(1.83,  0.50,  1.62,  2.48, 1.68, 1.88, 1.55, 3.06, 1.30)
> y <- c(0.878, 0.647, 0.598, 2.05, 1.06, 1.29, 1.06, 3.14, 1.29)
> ## wilcox.test(y - x, alternative = "less")
> wilcox.test(x, y, paired = TRUE, alternative = "greater")

	Wilcoxon signed rank test

data:  y - x
V = 5, p-value = 0.01953
alternative hypothesis: true location is less than 0
```

由于P值为$0.01953 < \alpha = 0.05$，所以我们拒绝原假设，进而得出这种疗法使患者的情况得到了改善的结论。

当数据对较多时，可以计算一个近似的P值，为此需要将参数 exact 的值置为 FALSE。此外，参数 correct 用于控制是否对P值的正态近似计算应用连续性修正。来看下面这段示例代码。

```
> wilcox.test(y - x, alternative = "less",
             +exact = FALSE, correct = FALSE)

	Wilcoxon signed rank test

data:  y - x
V = 5, p-value = 0.01908
alternative hypothesis: true location is less than 0
```

读者可以尝试将同样的问题分别用符号检验和威尔科克森符号秩两种方法进行分析，确实有些情况，它们所得的结论是相悖的。对同一问题用符号检验法和符号秩检验法，如果出现矛盾的结果，应该更倾向于相信符号秩检验法的结果，因为它既考虑差值的符号，也考虑其大小，利用了更多的信息，所以结果相对可靠些。

最后来考虑一下当$n > 30$时使用的检验统计量为何是那样一种形式的。所有秩的和$1+2+3+\cdots+n$等于$n(n+1)/2$；如果这个秩和在正负两类之间等分，则两个和中的每一个都应该接近$n(n+1)/2$的一半，即$n(n+1)/4$。回想前面给出的检验统计量表达式，其中的分母代表了T的标准差，并且使用了下面的等式关系。

$$1^2+2^2+3^2+\cdots+n^2=\frac{n(n+1)(2n+1)}{6}$$

这个等式可以由数学归纳法来证明，此处不再详述。

9.4　威尔科克森（Wilcoxon）的秩和检验

威尔科克森秩和检验也是一种常用的非参数检验方法，它又被称为曼-惠特尼-威尔科克森检验（Mann-Whitney-Wilcoxon Test），简称 MWW 检验。与符号秩检验不同的是，秩和检验可以应用于两个独立的样本数据集。如果选自一个总体的样本值和选自另一个总体的样本值没有关系，或者没有某种形式的匹配，就称这两个样本是独立的。

威尔科克森秩和检验与参数检验法中独立样本的t检验法相对应。当“总体正态”这一前提不成立时，不能用t检验法，可以用秩和检验法；当两个样本都为顺序变量（例如由秩组成的数据）时，也需使用秩和检验法进行差异显著性检验。在应用秩和检验法时我们假设有两个随机选择的独立样本。同样，秩和检验也不要求两个总体服从正态分布或者其他特殊分布。威尔科克森秩和检验的原假设和备择假设一般如下。

- H_0：两个样本来自于具有相同分布的总体，即这两个总体是相同的。
- H_1：两个样本来自于具有不同分布的总体，即两个总体在某方面有差异。

威尔科克森秩和检验的核心思想是：如果两个样本抽取自相同的总体，且这些值都在数值的一个合并集中进行了排序，那么高的秩和低的秩应该平均地落在两个样本之中。如果在一个样本中发现低秩特别显著，而在另一样本中发现高秩特别显著，那么就有理由怀疑这两个总体是不同的。

如何评估这些高秩和低秩是否平均地落在了两个样本中呢？我们用n_1来表示样本 1 的容量，用n_2来表示样本 2 的容量。用T来表示总体 1 观察值的秩之和。如果原假设为真，即两个总体具有相同的分布。我们从容量为N的总体 1 中抽取了一个容量为n_1的样本 1，所以样本 1 的秩集就相当于是从$1,2,\cdots,N$的整数值中抽取的容量为n_1的一个随机样本。因为样本 1 和样本 2 合并后产生的秩集是从$1,2,\cdots,n_1+n_2+1$的一个整数集合，其均值为：

$$\frac{(n_1+n_2)(n_1+n_2+1)}{2(n_1+n_2)}=\frac{(n_1+n_2+1)}{2}$$

所以在原假设前提下，T的期望和方差应该分别为：

$$\mu_T=\frac{n_1(n_1+n_2+1)}{2},\qquad \sigma_T^2=\frac{n_1n_2}{12}(n_1+n_2+1)$$

其中我们用到了这样的一个结论，即整数$1,2,\cdots,n$具有标准差$\sqrt{(n^2-1)/12}$。

直观上如果T比μ_T大很多或小很多，我们就有理由拒绝原假设。秩和检验的拒绝域具体给出了，当原假设被拒绝时T和μ_T差异的大小。在具体执行时拒绝的临界值可以从相关的统计表中查到。

对于备择假设而言，当我们说两个总体在某方面有差异，具体是可以分成 3 种情形的，首先是总体 1 是总体 2 的一个右平移，给定显著水平，查临界值表得到T_U，若$T>T_U$，U表示Upper即右边界，则可以拒绝原假设。其次是总体 1 是总体 2 的一个左平移，查临界值表得到T_L，若$T<T_L$，L表示Lower即左边界，则可以拒绝原假设。显然前两种都是单尾的。最后一种则是双尾的，即总体 1 和总体 2 互为平移，若$T>T_U$或者 $T<T_L$，则拒绝原假设。

来看一个例子，注意现在我们讨论的都是$n_1\leqslant 10$且$n_2\leqslant 10$的情况。有研究人员想检验一下酒精对于反应时间的影响。10 名参与者饮用了指定剂量的含酒精饮料，另外 10 名则饮用同样多的不含酒精的饮品（一种安慰剂）。参与者并不知道自己所喝的饮料中是否含有酒精。表 9-17 给出了这 20 个人对一系列测试的反应时间（以秒计）。请问酒精是否使得反应时间延长了？

表 9-17　实验测试结果

安慰剂	0.90	0.37	1.63	0.83	0.95	0.78	0.86	0.61	0.38	1.97
酒　精	1.46	1.45	1.76	1.44	1.11	3.07	0.98	1.27	2.56	1.32

根据描述，建立如下原假设及备择假设。

- H_0：对应于安慰剂和酒精的两个反应时间总体分布相同。
- H_1：对应于安慰剂的反应时间之总体分布是对应于酒精的反应时间之总体分布的左平移，即饮酒会延长反应时间。

将两组数据混合后排序，并编秩，中间计算结果如表 9-18 所示。

表 9-18　中间计算结果

数　值	秩	组　别	数　值	秩	组　别
0.37	1	X	1.27	11	Y
0.38	2	X	1.32	12	Y
0.61	3	X	1.44	13	Y

续表

数　值	秩	组　别	数　值	秩	组　别
0.78	4	X	1.45	14	Y
0.83	5	X	1.46	15	Y
0.86	6	X	1.63	16	X
0.90	7	X	1.76	17	Y
0.95	8	X	1.97	18	X
0.98	9	Y	2.56	19	Y
1.11	10	Y	3.07	20	Y

对于$\alpha = 0.05$，执行单尾检验，$n_1 = n_2 = 10$，查表可得$T_L = 83$。计算T的值，即从总体 1 中抽取的样本的秩和，$T = T_X = 1 + 2 + 3 + 4 + 5 + 6 + 7 + 8 + 16 + 18 = 70$。因为$T < T_L$，则拒绝原假设，进而认为安慰剂总体的反应时间小于酒精总体。

在 R 中同样可以使用 wilcox.test()函数来执行威尔科克森秩和检验，此时只需将参数 paired 的值置为默认值 FALSE 即可，因为默认值为 FALSE，所以也可默认。示例代码如下。

```
> placebo <- c(0.90, 0.37, 1.63, 0.83, 0.95,
+ 0.78, 0.86, 0.61, 0.38, 1.97)
> alcohol <- c(1.46, 1.45, 1.76, 1.44, 1.11,
+ 3.07, 0.98, 1.27, 2.56, 1.32)
> wilcox.test(placebo, alcohol, alternative = "less", exact = TRUE)

	Wilcoxon rank sum test

data:  placebo and alcohol
W = 15, p-value = 0.003421
alternative hypothesis: true location shift is less than 0
```

可见P值为$0.003421 < \alpha = 0.05$，同样拒绝原假设。

当两个样本容量都大于10时，T的抽样分布近似于正态，于是可以在威尔科克森秩和检验中用z统计量代替T，即：

$$z = \frac{T - \mu_T}{\sigma_T}$$

理论上，威尔科克森秩和检验要求总体分布是连续的，所以任意两个数值相等的概率为零。在介绍秩的概念时，我们已经给出了相等秩的处理方法。此时我们还须调整T的方差，调整后的值为：

$$\sigma_T^2 = \frac{n_1 n_2}{12}\left[(n_1 + n_2 + 1) - \frac{\sum_{j=1}^{k} t_j\left(t_j^2 - 1\right)}{(n_1 + n_2)(n_1 + n_2 - 1)}\right]$$

其中，k是相等数据的组数，t_j是第j组相等的观察值中数据的个数。当没有相等数据时，对所有的$j, t_j = 1$，这时情况与我们最初给出的方差公式一致。实际上，除非有许多相等数据，否则，调整对σ_T^2的影响不大。

来看一个例子。研究人员想确定一个湖泊中的清理工程是否奏效。为此在工程开始前，他们从湖中抽取了 12 个水样，然后测定其中的溶解氧含量（单位：ppm），因为溶解氧含量在夜间有所波动，因此所有测量均在下午 2 点的高峰期进行。工程开展前后的数据如表 9-19 所示。

表 9-19　溶解氧的含量数据

清除前		清除后	
11.0	11.6	10.2	10.8
11.2	11.7	10.3	10.8
11.2	11.8	10.4	10.9
11.2	11.9	10.6	11.1
11.4	11.9	10.6	11.1
11.5	12.1	10.7	11.3

根据描述，我们提出下列原假设与备择假设。

- H_0：清理前后数据的分布相同。
- H_1：清理前数据的分布是清理后数据的分布的一个右平移。

注意如果溶解氧含量降低，则说明清理工程有效，而表现在分布上即为清理前数据的分布是清理后数据的分布的一个右平移（或者说，清理后数据分布发生了左移）。

同样，我们混合 24 个样本观察值，并赋予相应的秩，处理两个或两个以上相同观察值的方法遵循前面介绍的方法，即取平均值。中间计算结果如表 9-20 所示。

表 9-20　中间计算结果

数　据	秩	组　别	数　据	秩	组　别
10.2	1	Y	11.2	14	X
10.3	2	Y	11.2	14	X
10.4	3	Y	11.2	14	X
10.6	4.5	Y	11.3	16	Y
10.6	4.5	Y	11.4	17	X
10.7	6	Y	11.5	18	X
10.8	7.5	Y	11.6	19	X
10.8	7.5	Y	11.7	20	X
10.9	9	Y	11.8	21	X

续表

数　据	秩	组　别	数　据	秩	组　别
11.0	10	X	11.9	22.5	X
11.1	11.5	Y	11.9	22.5	X
11.1	11.5	Y	12.1	24	X

因为n_1和n_2的值都大于 10，所以可以使用检验统计量z。如果想要检验出清理后观察值的分布向左平移，那么就应该期望样本X的秩和较大。因此，如果$z=(T-\mu_T)/\sigma_T$值较大，就应该拒绝原假设。其中，$T=T_X=10+14+14+14+17+18+19+20+21+22.5+22.5+24=216$。另外根据前面给出的公式可以算得：

$$\mu_T=\frac{n_1(n_1+n_2+1)}{2}=\frac{12\times(12+12+1)}{2}=150$$

$$\sigma_T^2=\frac{n_1n_2}{12}\left[(n_1+n_2+1)-\frac{\sum_{j=1}^{k}t_j\left(t_j^2-1\right)}{(n_1+n_2)(n_1+n_2-1)}\right]$$

$$=\frac{12\times 12}{12}\left[25-\frac{6+6+6+24+6}{24\times 23}\right]=298.956$$

所以检验统计量z的值为：

$$z=\frac{T-\mu_T}{\sigma_T}=\frac{216-150}{\sqrt{298.956}}=3.817159$$

从图 9-2 中可见，这个值大于 1.645，位于拒绝域内，所以拒绝原假设。从而得出结论：清除前数据的分布是清除后数据的分布的一个右平移，即清除后溶解氧的含量小于清除前的含量。

还可以用下面的代码计算相应的P值。

```
> pnorm(3.817159, lower.tail = FALSE)
[1] 6.749859e-05
```

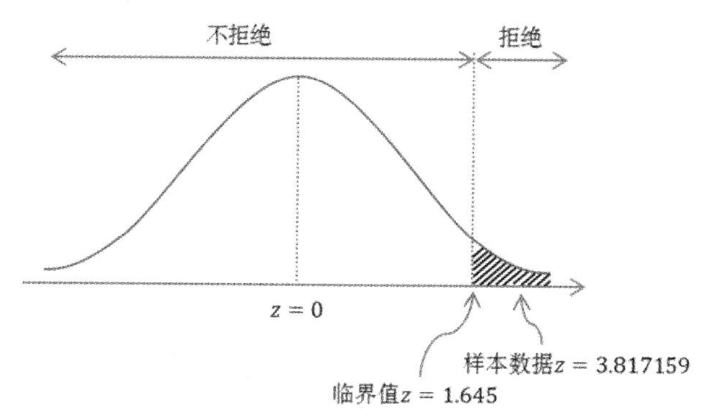

图 9-2　拒绝域与非拒绝域

最后直接使用 R 提供的 wilcox.test()函数来执行秩和检验，易见最终得到的P值与我们前面人工算得的一致，因为P值小于0.05，同样可以据此推翻原假设，进而认为清理工程确实有效。

```
> before <- c(11.0, 11.2, 11.2, 11.2, 11.4,
+ 11.5, 11.6, 11.7, 11.8, 11.9, 11.9, 12.1)
> after <- c(10.2, 10.3, 10.4, 10.6, 10.6,
+ 10.7, 10.8, 10.8, 10.9, 11.1, 11.1, 11.3)
> wilcox.test(before, after, alternative = "greater",
+ exact = FALSE, correct = FALSE)

        Wilcoxon rank sum test

data:  before and after
W = 138, p-value = 6.75e-05
alternative hypothesis: true location shift is greater than 0
```

威尔科克森秩和检验具有非常优异的效力，所涉及的计算也更简单。所以即使在正态分布得以满足的条件下，研究人员也更倾向于使用秩和检验。而非本书前面介绍的参数检验。

9.5 克鲁斯卡尔-沃利斯（Kruskal-Wallis）检验

如果我们从总体1中随机抽取了一组样本，又从总体2中随机抽取了一组样本，威尔科克森秩和检验就可以用来分析这两个样本所代表的总体1和总体2是否具有相同的分布。现在如果有来自 3 个或更多独立总体的样本数据，能否用一种方法来分析它们所代表的总体是否具有相同的分布呢？这时我们所采用的方法就是克鲁斯卡尔-沃利斯（Kruskal-Wallis）检验，又称H检验。本书后面还会介绍到单向方差分析（ANOVA），该方法可以用来检验一些样本均值之间的差别是否显著，但方差分析要求所有有关的总体都是正态分布的。如同其他非参数检验一样，克鲁斯卡尔-沃利斯检验并不要求总体服从正态分布或者任意其他的特殊分布。

克鲁斯卡尔-沃利斯检验的原假设和备择假设一般如下。

- H_0：样本来自于具有相同分布的总体。
- H_1：样本来自于具有不同分布的总体。

克鲁斯卡尔-沃利斯检验的统计量定义为：

$$H = \frac{12}{n_T(n_T+1)}\left(\sum_i \frac{T_i^2}{n_i}\right) - 3(n_T+1)$$

其中n_i是样本i的观察值数量，$i = 1,2,\cdots,k$，k是样本的个数，n_T是混合后的总样本容量，即：

$$n_T = \sum_i n_i$$

另外，T_i是样本i在总的样本观察值中的秩和。对于给定的显著水平α，如果统计量H超过自由度为$k-1$的χ^2的临界值，则拒绝原假设。

通常我们都要求每个样本中至少有5个观察值，这样检验统计量H的分布才能用χ^2分布来近似。这个检验统计量H其实就是本书后面将要讨论的方差分析中检验统计量F的秩形式。当对秩进行处理，而非对原始值进行处理时，许多量是已经预先知道的。例如，所有秩的和可以表示为$n_T(n_T+1)/2$。表达式为：

$$H=\frac{12}{n_T(n_T+1)}\sum n_i\left(\bar{T}_i=\bar{\bar{T}}\right)^2$$

其中，

$$\bar{T}_i=\frac{T_i}{n_i},\qquad \bar{\bar{T}}=\frac{T_i}{\sum n_i}$$

合并了秩的加权方差，以得到这里给出的检验统计量H。这个H的表达式与前面给出的表达式在代数上是相等的。但前面H的形式处理起来更加简便。尽管克鲁斯卡尔-沃利斯检验计算起来非常容易，但它并没有F检验那样有效，因此它可能会需要更加明显的差别来拒绝零假设。

当样本观察值的秩有大量相等时，用

$$H'=H/(1-\sum_j\frac{t_j^3-t_j}{n_T^3-n_T})$$

来进行修正，其中t_j是第j个相等秩组中的观察值数量。

下面结合一个例子来演示使用克鲁斯卡尔-沃利斯检验的基本方法。为研究煤矿粉尘作业环境对尘肺的影响，将18只大鼠随机分到X、Y和Z这 3 组，每组6只，分别在地面办公楼、煤炭仓库和矿井下染尘，12周后测量大鼠全肺湿重（单位：克），数据见表 9-21，问不同环境下大鼠全肺湿重有无差别？

表 9-21　大鼠全肺湿重数据

X组	4.2	3.3	3.7	4.3	4.1	3.3
Y组	4.5	4.4	3.5	4.2	4.6	4.2
Z组	5.6	3.6	4.5	5.1	4.9	4.7

首先，根据描述提出下列原假设和备择假设。

- H_0：3 组没有差异（即它们来自同一总体）。
- H_1：3 组中至少有一个和其他组不同。

在计算统计量H之前，首先从低到高排列 18 个样本数据，并编秩。中间数据的处理结果如表 9-22 所示。其中处理相等数据时的方法前面已经多次讲到，这里不再赘述。

表 9-22　中间数据的处理结果

数　值	秩	组　别	数　值	秩	组　别
3.3	1.5	X	4.3	10	X
3.3	1.5	X	4.4	11	Y
3.5	3	Y	4.5	12.5	Y
3.6	4	Z	4.5	12.5	Z
3.7	5	X	4.6	14	Y
4.1	6	X	4.7	15	Z
4.2	8	Y	4.9	16	Z
4.2	8	Y	5.1	17	Z
4.2	8	X	5.6	18	Z

计算 3 组秩和的结果如下。

$$T_X = 1.5 + 1.5 + 5 + 6 + 8 + 10 = 32$$

$$T_Y = 3 + 8 + 8 + 11 + 12.5 + 14 = 56.5$$

$$T_Z = 4 + 12.5 + 15 + 16 + 17 + 18 = 82.5$$

根据 3 组秩的和可以对统计量H进行计算：

$$H = \frac{12}{18 \times (18+1)}\left(\frac{32^2}{6} + \frac{56.5^2}{6} + \frac{82.5^2}{6}\right) - 3 \times (18+1) = 7.459064$$

因为含有相同大小的数据，所以使用H'，来对H进行修正。其中：

$$\sum_j \frac{t_j^3 - t_j}{n_T^3 - n_T} = \frac{(2^3-2) + (3^3-3) + (2^3-2)}{18^3 - 18} = \frac{36}{5814}$$

将该值带入到H'，于是可得：

$$H' = \frac{H}{1 - \frac{36}{5814}} = \frac{7.459064}{0.993808} = 7.505538$$

可见，尽管涉及相等的秩几乎占到总数的一半，H'的值和H仍然非常相近。由于自由度为$k-1=2$，所以可在 R 中使用下面的代码来计算P值。

```
> pchisq(df = 2, 7.505538, lower.tail = FALSE)
[1] 0.02345272
```

由于P值小于0.05，所以我们拒绝原假设，认为 3 组的测试结果之间存在有显著的差异。

上述计算结果在 R 中可以使用非常简单的代码来得到，下面的代码同样得出了7.5055的H'统计量以及0.02345的P值。

```
> x <-c(4.2, 3.3, 3.7, 4.3, 4.1, 3.3)
> y <-c(4.5, 4.4, 3.5, 4.2, 4.6, 4.2)
> z <-c(5.6, 3.6, 4.5, 5.1, 4.9, 4.7)
> kruskal.test(list(x, y, z))

        Kruskal-Wallis rank sum test

data:  list(x, y, z)
Kruskal-Wallis chi-squared = 7.5055, df = 2, p-value = 0.02345
```

本章我们向读者介绍了几种十分常用的非参数检验方法。与前面讲过的参数检验方法相比，非参数检验方法不受总体分布的限制，适用范围更广，使用起来也更简便。但我们还需指出，当测量的数据能够满足参数统计的所有假设时，非参数检验方法虽然也可以使用，但效果远不如参数检验方法。当数据满足假设条件时，参数统计检验方法能够从其中广泛地、充分地提取有关信息。非参数统计检验方法对数据的限制较为宽松，只能从中提取一般的信息，相对参数统计检验方法会浪费一些信息。所以对于参数检验方法而言，我们应该注意把握它们适用的条件。在具体应用时，更应审慎检查这些条件是否满足。针对具体问题，要注意分析问题本身所提供的信息，审慎选择检验方法。

第 10 章

一元线性回归

线性回归是统计分析中最常被用到的一种技术。在其他的领域，例如机器学习理论和计量经济研究中，回归分析也是不可或缺的重要组成部分。本章将要介绍的一元线性回归是最简单的一种回归分析方法，其中所讨论的诸多基本概念在后续更为复杂的回归分析中也将被常常用到。

10.1 回归分析的性质

回归一词最早由英国科学家弗朗西斯・高尔顿（Francis Galton）提出，他还是著名的生物学家、进化论奠基人查尔斯・达尔文（Charles Darwin）的表弟。高尔顿深受进化论思想的影响，并把该思想引入到人类研究，从遗传的角度解释个体差异形成的原因。高尔顿发现，虽然有一个趋势——父母高，儿女也高，父母矮，儿女也矮，但给定父母的身高，儿女辈的平均身高却趋向于或者“回归”到全体人口的平均身高。换句话说，即使父母双方都异常高或者异常矮，儿女的身高还是会趋向于人口总体的平均身高。这也就是所谓的普遍回归规律。高尔顿的这一结论被他的朋友，英国数学家、数理统计学的创立者卡尔・皮尔逊（Karl Pearson）所证实。皮尔逊收集了一些家庭的 1000 多名成员的身高记录，发现对于一个父亲高的群体，儿辈的平均身高低于他们父辈的身高；而对于一个父亲矮的群体，儿辈的平均身高则高于其父辈的身高。这样就把高的和矮的儿辈一同“回归”到所有男子的平均身高，用高尔顿的话说，这是“回归到中等”。

回归分析是被用来研究一个被解释变量（Explained Variable）与一个或多个解释变量（Explanatory Variable）之间关系的统计技术。被解释变量有时也被称为因变量（Dependent Variable），与之相对应地，解释变量也被称为自变量（Independent Variable）。回归分析的意义在于通过重复抽样获得的解释变量的已知或设定值来估计或者预测被解释变量的总体均值。

在高尔顿的普遍回归规律研究中，他的主要兴趣在于发现为什么人口的身高分布有一种稳定性。我们现在关心的是，在给定父辈身高的条件下，找出儿辈平均身高的变化规律。也就是一旦知道了父辈的身高，怎样预测儿辈的平均身高。图 10-1 展示了对应于设定的父亲身高，儿子在一个假想人口总体中的身高分布情况。不难发现，对于任一给定的父亲身高，我们都能从图中确定出儿子身高的一个分布范围，同时随着父亲身高的增加，儿子的平均身高也会增加。为了更加清晰地表示这种关系，在散点图上勾画了一条描述这些数据点分布规律的直线，用来表明被解释变量与解释变量之间的关系，即儿子的平均身高与父亲身高之间的关系。这条直线就是所谓的回归线，后面我们还会对此进行详细讨论。

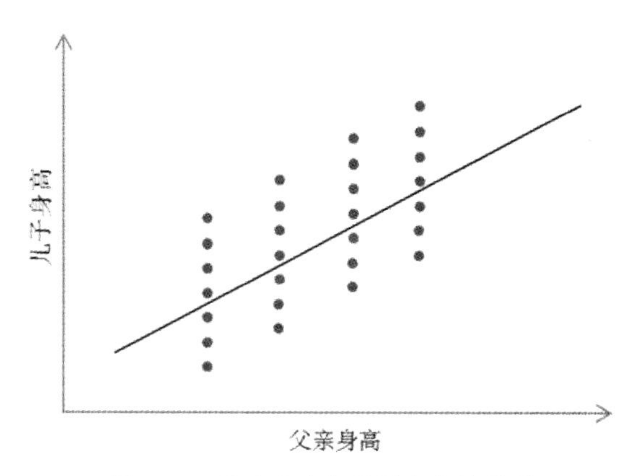

图 10-1　父亲身高与儿子身高的关系

在回归分析中，变量之间的关系与物理学公式中所表现的那种确定性依赖关系不同。回归分析中因变量与自变量之间所呈现出来的是一种统计性依赖关系。在变量之间的统计依赖关系中，主要研究的是随机变量，也就是有着概率分布的变量。但是函数或确定性依赖关系中所要处理的变量并非是随机的，而是一一对应的关系。例如，粮食产量对气温、降雨和施肥的依赖关系是统计性质的。这个性质的意义在于：这些解释变量固然重要，但并不能据此准确地预测粮食的产量。首先是因为对这些变量的测量有误差，其次是还有很多影响收成的因素，很难一一列举。事实上，无论我们考虑多少个解释变量都不可能完全解释粮食产量这个因变量，毕竟粮食作物的生长过程是受到许许多多随机因素影响的。

与回归分析有密切关联的另外一种技术是相关分析，但二者在概念上仍然具有很大差别。相关分析是用来测度变量之间线性关联程度的一种分析方法。例如，我们常常会研究吸烟与肺癌发病率、金融发展与经济增长等之间的关联程度。而在回归分析中，我们对变量之间的这种关系并不感兴趣，回归分析更多的是通过解释变量的设定值来估计或预测因变量的平均值。回归与相关在对变量进行分析时是存在很大分歧的。在回归分析中，对因变量和自变量的处理方法上存在着不对称性。此时，因变量被当作是统计的、随机的，也就是存在着一个概率分布，而解释变量则被看成是（在重复抽样中）取有规定值的一个变量。因此在图 10-1 中，我们假定父亲的身高变量是在一定范围内分布的，而儿子的身高却反映在重复抽样后的一个由回归线给出的稳定值。但在相关分析中，我们将对称地对待任何变量，即因变量和自变量之间不加区别。例如，同样是分析父亲身高与儿子身高之间的相关性，那么这时我们所关注的将不再是由回归线给出的那个稳定值，儿子的身高变量也是在一定范围内分布的。大部分的相关性理论都建立在变量的随机性假设上，而回归理论往往假设解释变量是固定的或非随机的。

虽然回归分析研究是一个变量对另外一个或几个变量的依赖关系，但它并不意味着因果关系。莫里斯·肯达尔（Maurice Kendall）和艾伦·斯图亚蒂（Alan Stuart）曾经指出："一个统计关系式，不管多强也不管多么有启发性，都永远不能确立因果关系的联系；对因果关系的理念必须来自统计学以外，最终来自这种或那种理论。"比如前面谈到的粮食产量的例子中，将粮食产量作为降雨等因素的因变量没有任何统计上的理由，而是出于非统计上的原因。而且常识还告诉我们不能将这种关系倒转，即我们不可能通过改变粮食产量的做法来控制降雨。再比如，古人将月食归因于"天狗吃月"，所以每当发生月食时，人们就会敲锣打鼓意图吓走所谓的天狗。而且这种方法屡试不爽，只要人们敲锣打鼓一会儿，被吃掉的月亮就会恢复原样。显然，敲锣打鼓与月食结束之间有一种统计上的关系。但现代科技告诉我们月食仅仅是一种自然现象，它与敲锣打鼓之间并没有因果联系，事实上即使人们不敲锣打鼓，被吃掉的月亮也会恢复原状。总之，统计关系本身不可能意味着任何因果关系。要谈及因果关系必须进行先验的或理论上的思考。

10.2 回归的基本概念

本节将从构建最简单的回归模型开始，结合具体例子向读者介绍与回归分析相关的一些基本概念。随着学习的深入，我们渐渐会意识到，更为一般的多变量之间的回归分析，在许多方面都是最简情形的逻辑推广。

10.2.1 总体的回归函数

经济学中的需求法则认为，当影响需求的其他变量保持不变时，商品的价格和需求量之间呈反向变动的关系，即价格越低，需求量越多；价格越高，需求量越少。据此，假设总体回归直线是线性的，便可以用下面的模型来描述需求法则。

$$E(Y|X_i) = \beta_0 + \beta_1 X_i$$

这是直线的数学表达式，它给出了与具体的X值相对应的（或条件的）Y的均值，即Y的条件期望或条件均值。下标i代表第i个子总体，读作"在X取特定值X_i时，Y的期望值"。该式也称为非随机的总体回归方程。

这里需要指出，$E(Y|X_i)$是X_i的函数，这意味着Y依赖于X，也称为Y对X的回归。回归可以简单地定义为在给定X值的条件下Y值分布的均值，即总体回归直线经过Y的条件期望值，而上

式就是总体回归函数的数学形式。其中，β_0和β_1为参数，也称为回归系数。β_0又称为截距，β_1又称为斜率。斜率度量了X每变动一个单位，Y的均值的变化率。

回归分析就是条件回归分析，即在给定自变量的条件下，分析因变量的行为。所以，通常可以省略“条件”二字，表达式$E(Y|X_i)$也简写成$E(Y)$。

10.2.2　随机干扰的意义

现通过一个例子来说明随机干扰项的意义。表 10-1 给出了 21 种车型燃油消耗（单位：升/100 千米）和车重（单位：千克）。下面我们在 R 中使用下列命令读入数据文件，并绘制散点图，还可以用一条回归线拟合这些散点。

```
> cars <- read.csv("c:/racv.csv")
> plot(lp100km ~ mass.kg, data=cars,
+ xlab="Mass (kg)", ylab="Fuel consumption (l/100km)")
> abline(lm(lp100km ~ mass.kg, data = cars))
```

表 10-1　车型及相关数据

车　型	燃油消耗（升/100 千米）	车重（千克）
Alpha Romeo	9.5	1242
Audi A3	8.8	1160
BA Falcon Futura	12.9	1692
Chrysler PT Cruiser Classic	9.8	1412
Commodore VY Acclaim	12.3	1558
Falcon AU II Futura	11.4	1545
Holden Barina	7.3	1062
Hyundai Getz	6.9	980
Hyundai LaVita	8.9	1248
Kia Rio	7.3	1064
Mazda 2	7.9	1068
Mazda Premacy	10.2	1308
Mini Cooper	8.3	1050
Mitsubishi Magna Advance	10.9	1491
Mitsubishi Verada AWD	12.4	1643
Peugeot 307	9.1	1219
Suzuki Liana	8.3	1140
Toyota Avalon CSX	10.8	1520
Toyota Camry Ateva V6	11.5	1505
Toyota Corolla Ascent	7.9	1103
Toyota Corolla Conquest	7.8	1081

从表 10-1 中不难看出，车的燃油消耗与车重呈正向关系，即车辆越重，燃油消耗越高。如果用数学公式来表述这种关系，很自然地会想到采用直线方程来将这种依赖关系表示成下式。

$$Y_i = E(Y) + e_i = \beta_0 + \beta_1 X_i + u_i$$

其中，u_i表示误差项。上式也称为随机总体回归方程。

易见，某一款车型的燃油消耗量等于两个部分的和：第 1 部分是由相应重量决定的燃油消耗期望$E(Y) = \beta_0 + \beta_1 X_i$，也就是在重量取$X_i$时，回归直线上相对应的点，这一部分称为系统的或者非随机的部分；第 2 部分u_i称为非系统的或随机的部分，在本例中由除了车重以外的其他因素所决定。如图 10-2 所示为燃油消耗与车重的关系。

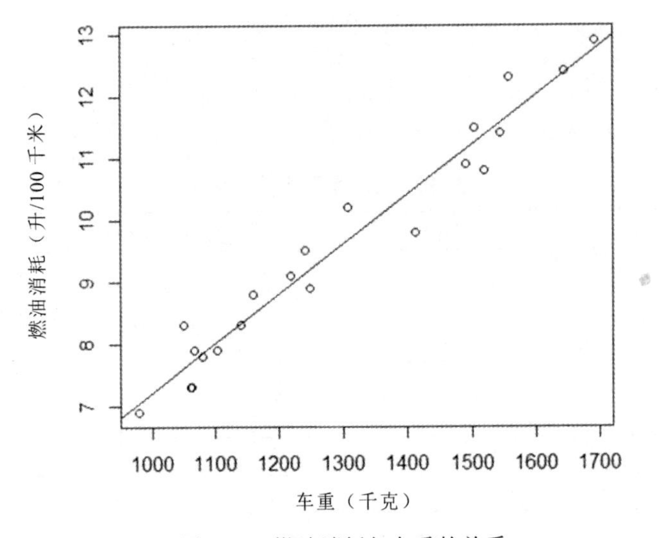

图 10-2　燃油消耗与车重的关系

误差项u_i是一个随机变量，因此，其取值无法先验地知晓，通常用概率分布来描述它。随机误差项可能代表了人类行为中一些内在的随机性。即使模型中已经包含了所有的决定燃油消耗的有关变量，燃油消耗的内在随机性也会发生变化，这是做任何努力都无法解释的。即使人类行为是理性的，也不可能是完全可以预测的。所以在回归方程中引入u_i是希望可以反映人类行为中的这一部分内在随机性。

此外，随机误差项可以代表测量误差。在收集、处理统计数据时，由于仪器的精度、操作人员的读取或登记误差，总是会导致有些变量的观测值并不精准地等于实际值。所以误差项u_i也代表了测量误差。

随机误差项也可能代表了模型中并未包括的变量的影响。有时在建立统计模型时，并非事无巨细、无所不包的模型就是最好的模型。恰恰相反，有时只要能说明问题，建立的模型可能越简单越好。即使知道其他变量可能对因变量有影响，我们也倾向于将这些次要因素归入随机误差项u_i中。

10.2.3　样本的回归函数

如何求得总体回归函数中的参数β_0和β_1呢？显然在实际应用中，我们很难获知整个总体的全部数据。更多的时候，我们仅有来自总体的一部分样本。于是任务就变成了根据样本提供的信息来估计总体回归函数。下面来看一个类别数据的例子。

一名园艺师想研究某种树木的树龄与树高之间的关系，于是他随机选定了 24 株树龄在 2~7 年的树苗，每个特定树龄选择 4 棵，并记录下每棵树苗的高度，具体数据如表 10-2 所示。表中同时给出了每个树龄对应的平均树高，例如对于树龄为 2 的 4 棵树苗，它们的平均树高是 5.35。但在这个树龄下，并没有哪棵树苗的树高恰好等于 5.35。那么我们如何解释在某一个树龄下，具体某一棵树苗的树高呢？不难看出每个树龄对应的一棵树苗的高度等于平均树高加上或减去某一个数量，用数学公式表达即为：

$$Y_{ij} = \beta_0 + \beta_1 X_i + u_{ij}$$

在某一个树龄i下，第j棵树苗的高度可以看作两个部分的和：第 1 部分为该树龄下所有树苗的平均树高，即$\beta_0 + \beta_1 X_i$，反映在图形上，就是在此树龄水平下，回归直线上相对应的点；另一部分是随机项u_{ij}。

表 10-2　树高与树龄

树　龄	树　高				平均树高
2	5.6	4.8	5.3	5.7	5.350
3	6.2	5.9	6.4	6.1	6.150
4	6.2	6.7	6.4	6.7	6.500
5	7.1	7.3	6.9	6.9	7.050
6	7.2	7.5	7.8	7.8	7.575
7	8.9	9.2	8.5	8.7	8.825

在上述例子中，我们并无法获知所有树苗的高度数据，而仅仅是从每个树龄中抽取了 4 棵树苗作为样本。而且类别数据也可以向非类别数据转换，我们也会在后面演示 R 中处理这类问题的方法。

样本回归函数可以用数学公式表示为：

$$\hat{Y}_i = \hat{\beta}_0 + \hat{\beta}_1 X_i$$

其中$\hat{Y}_i$是总体条件均值$E(Y|X_i)$的估计量，$\hat{\beta}_0$和$\hat{\beta}_1$分别表示β_0和β_1的估计量。并不是所有样本数据都能准确地落在各自的样本回归线上，因此，与建立随机总体回归函数一样，我们需要建立

随机的样本回归函数。即：

$$Y_i = \hat{\beta}_0 + \hat{\beta}_1 X_i + e_i$$

式中，e_i表示u_i的估计量。通常把e_i称为残差（Residual）。从概念上讲，它与u_i类似，样本回归函数中生成e_i的原因与总体回归函数中生成u_i的原因是相同的。

回归分析的主要目的是根据样本回归函数

$$Y_i = \hat{\beta}_0 + \hat{\beta}_1 X_i + e_i$$

来估计总体回归函数

$$Y_i = \beta_0 + \beta_1 X_i + u_i$$

样本回归函数是总体回归函数的近似。那么能否找到一种方法，使得这种近似尽可能地接近真实值？换言之，一般情况下很难获得整个总体的数据，那么如何建立样本回归函数，使得$\hat{\beta}_0$和$\hat{\beta}_1$尽可能接近β_0和β_1呢？我们将在 10.3 节介绍相关技术。

10.3 回归模型的估计

本节介绍一元线性回归模型的估计技术，并结合 10.2.3 节中给出的树龄与树高关系的例子，演示在 R 中进行线性回归分析的方法。

10.3.1 普通最小二乘法原理

在回归分析中，最小二乘法是求解样本回归函数时最常被用到的方法。本节就来介绍它的基本原理。一元线性总体回归方程为：

$$Y_i = \beta_0 + \beta_1 X_i + u_i$$

由于总体回归方程不能进行参数估计，因此只能对样本回归函数

$$Y_i = \hat{\beta}_0 + \hat{\beta}_1 X_i + e_i$$

进行估计。因此有：

$$e_i = Y_i - \hat{Y}_i = Y_i - \hat{\beta}_0 - \hat{\beta}_1 X_i$$

从上式可以看出，残差e_i是Y_i的真实值与估计值之差。估计总体回归函数的最优方法是，选择β_0、β_1的估计值$\hat{\beta}_0$、$\hat{\beta}_1$，使得残差e_i尽可能小。最小二乘法的原则是选择合适的参数$\hat{\beta}_0$、$\hat{\beta}_1$，使得全部观察值的残差平方和为最小。

最小二乘法用数学公式可以表述为：

$$\min\sum e_i^2=\sum\left(Y_i-\hat{Y}_i\right)^2=\sum\left(Y_i-\hat{\beta}_0-\hat{\beta}_1X_i\right)^2$$

总而言之，最小二乘原理就是所选择的样本回归函数使得所有Y的估计值与真实值差的平方和为最小。这种确定参数$\hat{\beta}_0$和$\hat{\beta}_1$的方法就叫作最小二乘法。

对于二次函数$y=ax^2+b$来说，当$a>0$时，函数图形的开口朝上，所以必定存在极小值。根据这一性质，因为$\sum e_i^2$是$\hat{\beta}_0$和$\hat{\beta}_1$的二次函数，并且是非负的，所以$\sum e_i^2$的极小值总是存在的。根据微积分中的极值原理，当$\sum e_i^2$取得极小值时，$\sum e_i^2$对$\hat{\beta}_0$和$\hat{\beta}_1$的一阶偏导数为零，即：

$$\frac{\partial\sum e_i^2}{\partial\hat{\beta}_0}=0,\qquad\frac{\partial\sum e_i^2}{\partial\hat{\beta}_1}=0$$

由于

$$\sum e_i^2=\sum\left(Y_i-\hat{\beta}_0-\hat{\beta}_1X_i\right)^2=\sum\left[\left(Y_i-\hat{\beta}_1X_i\right)^2+\hat{\beta}_0^2-2\hat{\beta}_0\left(Y_i-\hat{\beta}_1X_i\right)\right]$$

则得：

$$\frac{\partial\sum e_i^2}{\partial\hat{\beta}_0}=-2\sum\left(Y_i-\hat{\beta}_0-\hat{\beta}_1X_i\right)=0$$

$$\frac{\partial\sum e_i^2}{\partial\hat{\beta}_1}=-2\sum\left(Y_i-\hat{\beta}_0-\hat{\beta}_1X_i\right)X_i=0$$

即：

$$\sum Y_i=n\hat{\beta}_0+\hat{\beta}_1\sum X_i$$

$$\sum X_iY_i=\hat{\beta}_0\sum X_i+\hat{\beta}_1\sum X_i^2$$

以上两式构成了以$\hat{\beta}_0$和$\hat{\beta}_1$为未知数的方程组，通常叫作正规方程组，或简称正规方程。解正规方程，得到：

$$\hat{\beta}_0=\frac{\sum X_i^2\sum Y_i-\sum X_i\sum X_iY_i}{n\sum X_i^2-(\sum X_i)^2}$$

$$\hat{\beta}_1=\frac{n\sum X_iY_i-\sum X_i\sum Y_i}{n\sum X_i^2-(\sum X_i)^2}$$

等式左边的各项数值都可以由样本观察值计算得到。由此便可求出β_0、β_1的估计值$\hat{\beta}_0$、$\hat{\beta}_1$。

若设：

$$\bar{X}=\frac{1}{n}\sum X_i,\qquad\bar{Y}=\frac{1}{n}\sum Y_i$$

则可以将$\hat{\beta}_0$的表达式整理为：

$$\hat{\beta}_0 = \bar{Y} - \hat{\beta}_1 \bar{X}$$

由此便得到了总体截距β_0的估计值。其中，$\hat{\beta}_1$的表达式如下：

$$\hat{\beta}_1 = \frac{\sum X_i Y_i - n\bar{X}\bar{Y}}{\sum X_i^2 - n\bar{X}^2}$$

这也就是总体斜率β_1的估计值。

为了方便起见，在实际应用中，经常采用离差的形式表示$\hat{\beta}_0$和$\hat{\beta}_1$。为此设：

$$x_i = X_i - \bar{X}, \qquad y_i = Y_i - \bar{Y}$$

因为

$$\begin{aligned}\sum x_i y_i &= \sum (X_i - \bar{X})(Y_i - \bar{Y}) = \sum (X_i Y_i - \bar{X} Y_i - X_i \bar{Y} + \bar{X}\bar{Y}) \\ &= \sum X_i Y_i - \bar{X} \sum Y_i - \bar{Y} \sum X_i + n\bar{X}\bar{Y} = \sum X_i Y_i - n\bar{X}\bar{Y}\end{aligned}$$

$$\sum x_i^2 = \sum (X_i - \bar{X})^2 = \sum {X_i}^2 - 2\bar{X} \sum X_i + n\bar{X}^2 = \sum {X_i}^2 - n\bar{X}^2$$

所以$\hat{\beta}_0$、$\hat{\beta}_1$的表达式可以写成：

$$\hat{\beta}_0 = \bar{Y} - \hat{\beta}_1 \bar{X}, \qquad \hat{\beta}_1 = \frac{\sum x_i y_i}{\sum x_i^2}$$

10.3.2 一元线性回归的应用

10.3.1 节中我们已经给出了最小二乘法的基本原理，而且还给出了计算斜率的几种不同方法。现在就以树高与树龄关系的数据为例来实际计算一下回归函数的估计结果。

正如前面曾经说过的那样，类别数据可以转化成非类别数据，进而完成一元线性回归分析。其方法就是通过重复类别项从而将原来以二维数据表示的因变量转化为一维数据的形式。例如，在 R 中可以采用下列方法组织树高与树龄关系的数据。

```
> plants <- data.frame(age = rep(2:7, rep(4, 6)),
+ height = c(5.6, 4.8, 5.3, 5.7, 6.2, 5.9, 6.4, 6.1,
+ 6.2, 6.7, 6.4, 6.7, 7.1, 7.3, 6.9, 6.9,
+ 7.2, 7.5, 7.8, 7.8, 8.9, 9.2, 8.5, 8.7))
```

上述代码将会得到如表 10-3 所示的数据组织形式。根据 10.3.1 节所得出的计算公式，我们还需计算相应的X_i^2和$X_i Y_{ij}$，这些数据也一并在表中列出。

表 10-3　树龄与树高数据

树龄X_i	树高Y_{ij}	X_i^2	X_iY_{ij}	树龄X_i	树高Y_{ij}	X_i^2	X_iY_{ij}
2	5.6	4	11.2	5	7.1	25	35.5
2	4.8	4	9.6	5	7.3	25	36.5
2	5.3	4	10.6	5	6.9	25	34.5
2	5.7	4	11.4	5	6.9	25	34.5
3	6.2	9	18.6	6	7.2	36	43.2
3	5.9	9	17.7	6	7.5	36	45.0
3	6.4	9	19.2	6	7.8	36	46.8
3	6.1	9	18.3	6	7.8	36	46.8
4	6.2	16	24.8	7	8.9	49	62.3
4	6.7	16	26.8	7	9.2	49	64.4
4	6.4	16	25.6	7	8.5	49	59.5
4	6.7	16	26.8	7	8.7	49	60.9

基于表 10-3 中的数据进而可以算得：

$$\bar{X} = 4.5, \qquad \bar{Y} = 6.908$$

$$n\bar{X}^2 = 486, \qquad n\bar{X}\bar{Y} = 746.1$$

$$\Sigma X_i^2 = 556, \qquad \Sigma X_i Y_i = 790.5$$

进而可以算得模型中估计的截距和斜率如下：

$$\hat{\beta}_1 = (\Sigma X_i Y_i - n\bar{X}\bar{Y})/(\Sigma X_i^2 - n\bar{X}^2) \approx 0.63429$$

$$\hat{\beta}_0 = \bar{Y} - \hat{\beta}_1 \bar{X} \approx 4.05405$$

由此便得到最终的估计模型为：

$$\hat{Y}_i = 4.05405 + 0.63429X_i$$

或

$$Y_i = 4.05405 + 0.63429X_i + e_i$$

当然，在 R 中并不需要这样繁杂的计算过程，仅需几条简单的命令就可以完成数据的线性回归分析。示例代码如下。

```
> plants.lm <- lm(height ~ age, data = plants)
> summary(plants.lm)
```

由上述代码产生的模型估计如下，其中截距的估计值由 Intercept 项中的 Estimate 条目给出，斜率的估计值由 age 项中的 Estimate 条目给出，具体数值已经用方框标出。这些数据与我们人工算得的结果是一致的。输出结果中的其他数据将在后续的篇幅中加以讨论。

```
Call:
lm(formula = height ~ age, data = plants)

Residuals:
    Min      1Q   Median      3Q     Max
-0.65976 -0.22476 -0.00833  0.21524  0.70595

Coefficients:
            Estimate Std. Error t value Pr(>|t|)
(Intercept)  4.05405    0.19378   20.92 5.19e-16 ***
age          0.63429    0.04026   15.76 1.82e-13 ***
---
Signif. codes:  0 '***' 0.001 '**' 0.01 '*' 0.05 '.' 0.1 ' ' 1

Residual standard error: 0.3368 on 22 degrees of freedom
Multiple R-squared:  0.9186,    Adjusted R-squared:  0.9149
F-statistic: 248.2 on 1 and 22 DF,  p-value: 1.821e-13
```

模型的拟合结果由图 10-3 给出，代码如下。

```
> plot(height ~ age, data = plants)
> abline(plants.lm)
```

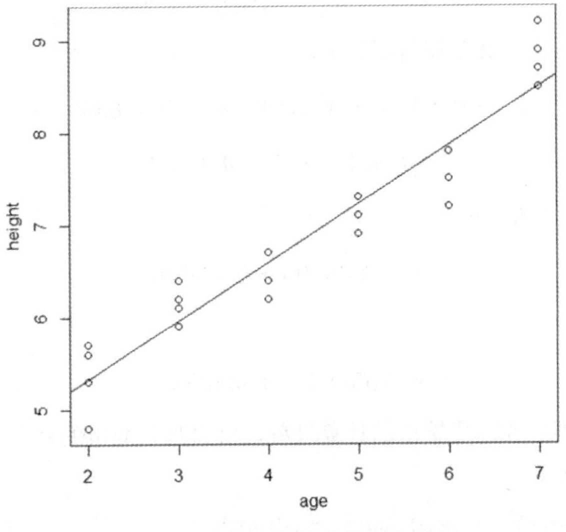

图 10-3 线性回归模型的拟合结果

10.3.3 经典模型的基本假定

为了对回归估计进行有效的解释，就必须对随机干扰项u_i和解释变量X_i进行科学的假定，这些假定称为线性回归模型的基本假定。主要包括以下几个方面。

1. 零均值假定

由于随机扰动因素的存在，Y_i将在其期望附近上下波动，如果模型设定正确，Y_i相对于其期望的正偏差和负偏差都会有，因此随机项u_i可正可负，而且发生的概率大致相同。平均地看，这些随机扰动项有相互抵消的趋势。

2. 同方差假定

对于每个X_i，随机干扰项u_i的方差等于一个常数σ^2，即解释变量取不同值时，u_i相对于各自均值的分散程度是相同的。同时也不难推证因变量Y_i与u_i具有相同的方差。因此，该假定表明，因变量Y_i可能取值的分散程度也是相同的。

前两个假设可以用公式$u_i \sim N(0,\sigma^2)$来表述，通常我们都认为随机扰动（噪声）符合一个均值为 0、方差为σ^2的正态分布。

3. 相互独立性

随机扰动项彼此之间都是相互独立的。如果干扰的因素是全随机的、相互独立的，那么变量Y_i的序列值之间也是互不相关的。

4. 因变量与自变量之间满足线性关系

这是建立线性回归模型所必需的。如果因变量与自变量之间的关系是杂乱无章、全无规律可言的，那么谈论建立线性回归模型就显然是毫无意义的。

R 中提供了 4 种基本的统计图形，用于对线性回归模型的假设基础进行检验。下面就用车重与燃油消耗的例子来说明这几种图形的意义。在 R 中输入下列代码，则可绘制出如图 10-4 所示的 4 张统计图形。

```
> cars.lm <- lm(lp100km ~ mass.kg, data = cars)
> par(mfrow = c(2, 2))
> plot(cars.lm)
```

图 10-4 中的左上图是一幅残差对拟合值的散点图。图中的x轴是拟合值，也就是当i取不同值时，相应的$\hat{Y}_i$值。y轴表示的是残差值，即e_i值。该图用于检验回归模型是否合理、是否有异方差性以及是否存在异常值。其中附加线是采用局部加权回归散点修匀法（LOWESS，LOcally WEighted Scatterplot Smoothing）绘制的。如果残差的分布大致围绕着x轴，或附加线基本贴近x轴，则模型基本是无偏的；另外，如果残差的分布范围不随预测值的改变而大幅变化，则可以认为同方差假设成立。所以图形显示我们的模型基本上没有什么问题。

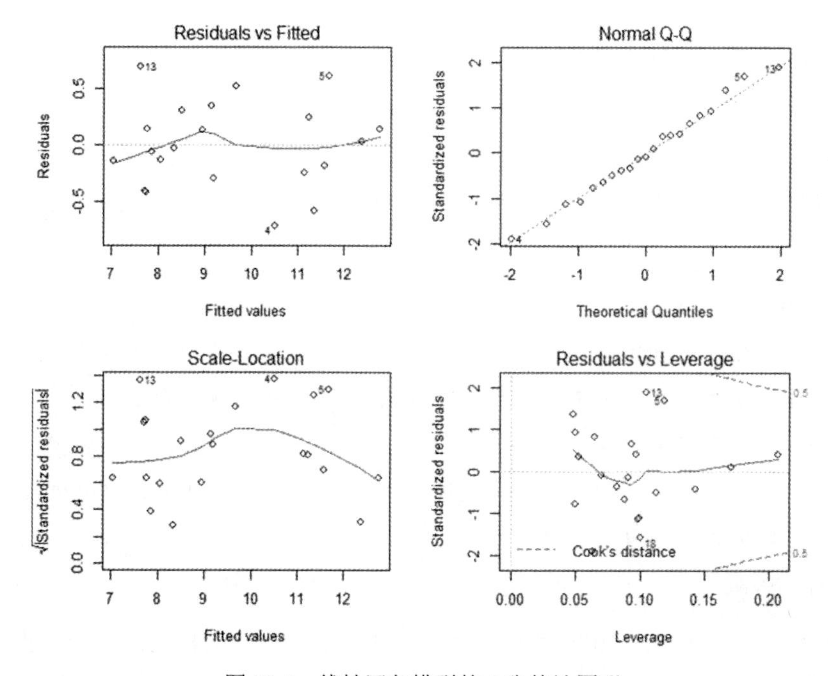

图 10-4　线性回归模型的 4 张统计图形

图 10-4 中的右上图展示了一幅标准化残差的 QQ 图，即将每个残差都除以残差标准差，然后再将结果与正态分布做比较。本书前面也已经对 QQ 图进行过较为详细的介绍，理想的结果是 QQ 图中的散点排列成一条直线，当然适度的偏离也是可以接受的。毕竟我们的采样点有限，根据中央极限定理，我们可以认为当采样点的数量足够大时，其结果会更加逼近正态分布。注意到在应用线性回归分析时，随机干扰项u_i应当满足正态分布这个假定，而残差相当于是对u_i的估计。如果图中散点的分布较大地偏离了直线，表明残差的分布是非正态的或者不满足同方差性的，那么随机干扰的正态性自然也是不满足的。在我们给出的例子中，残差的正态性得到了较好的满足。

图 10-4 中的左下图作用大致与第一幅图相同。图中的x轴是拟合值，y轴表示的是相应的标准化残差值绝对值的平方根。如果标准化残差的平方根大于1.5，则说明该样本点位于95%置信区间之外。中间的线偏离于水平直线的程度较大，则意味着异方差性。尽管图中的线不是一条完全水平的直线，但这种小的偏离主要是因为样本点的数量较小，所以图形显示我们的模型基本上没有什么问题。

图 10-4 中的右下图是标准化残差对杠杆值的散点图，它的作用是检查样本点中是否有异常值。如果删除样本点中的某一条数据，由此造成回归系数变化过大，就表明这条数据对回归系数的计算产生了明显的影响，这条数据就是异常值。需要好好考虑是否在模型中使用这条数据。设有帽子矩阵$\boldsymbol{H}$，该矩阵的诸对角线元素记为h_{ii}，这就是杠杆值（Leverage）。杠杆值用于评估

第i个观测值离其余$n-1$个观测值的距离有多远。对一元回归来说，其杠杆值为：

$$h_{ii}=\frac{1}{n}+\frac{(X_i-\bar{X})^2}{\sum(X_i-\bar{X})^2}$$

此外，图中还添加了 LOWESS 曲线和库克距离（Cook's Distance）曲线。库克距离用于诊断各种回归分析中是否存在异常数据。库克距离太大的样本点可能是模型的强影响点或异常值点，值得进一步检验。一个通常的判断准则是当库克距离大于1时就需要引起我们的注意，图中显示所有点的库克距离都在0.5以内，所以没有异常点。

在本节最后，我们尝试在 R 中自行绘制图 10-4 中的右下图。这个过程有助于更好地理解杠杆值的意义。表 10-4 给出了操作步骤计算所得的中间结果。这些计算步骤需要用到的 3 个值，即斜率0.008024、截距−0.817768和残差标准差0.3891，这些值都可以从线性回归的输出结果中直接得到。

表 10-4　中间结果数据

$(X_i-\bar{X})^2$	杠 杆 值	$\hat{Y}_i$	e_i	标准化残差
2308.574	0.049903	9.148040	0.351960	0.904549
16912.38	0.064347	8.490072	0.309928	0.796525
161565.7	0.207427	12.75884	0.141160	0.362786
14872.38	0.062323	10.51212	-0.712120	-1.830170
71798.48	0.118636	11.68362	0.616376	1.584107
65000.72	0.111913	11.57931	-0.179310	-0.460840
52005.72	0.099059	7.703720	-0.403720	-1.037570
96129.53	0.142703	7.045752	-0.145750	-0.374590
1768.002	0.049368	9.196184	-0.296180	-0.761200
51097.53	0.098161	7.719768	-0.419770	-1.078820
49305.15	0.096388	7.751864	0.148136	0.380714
322.2880	0.047938	9.677624	0.522376	1.342524
57622.86	0.104615	7.607432	0.692568	1.779923
40381.86	0.087562	11.14601	-0.246020	-0.632270
124575.4	0.170839	12.36566	0.034336	0.088245
5047.764	0.052612	8.963488	0.136512	0.350840
22514.29	0.069888	8.329592	-0.029590	-0.076050
52878.10	0.099922	11.37871	-0.578710	-1.487310
46204.53	0.093321	11.25835	0.241648	0.621043
34986.81	0.082225	8.032704	-0.132700	-0.341050
43700.91	0.090844	7.856176	-0.056176	-0.144370

下面给出绘制图形的 R 代码。

```
> plot(Std_Residuals ~ Leverage, xlab="Leverage",
+ ylab="Standardized residuals",
+ xlim=c(0,0.21), ylim=c(-2,2), main = "Residuals vs Leverage")
> abline(v = 0.0, h = 0.0, lty=3, col = "gray60")
> par(new=TRUE)
> lines(lowess(Std_Residuals~Leverage ), col = 'red')
```

执行上述代码，结果如图 10-5 所示，易见与 R 自动生成的效果一致。

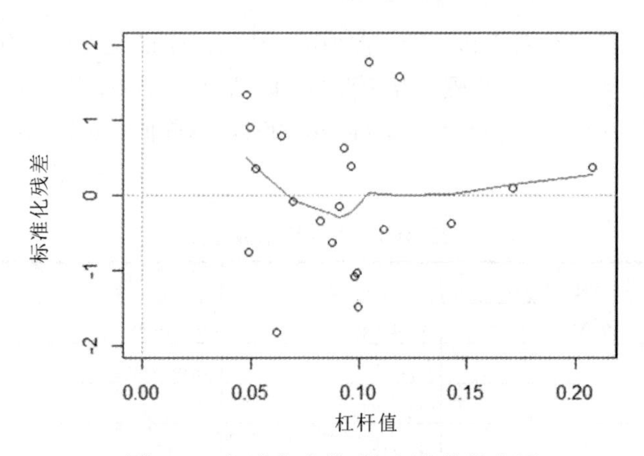

图 10-5　标准化残差对杠杆值的散点图

10.3.4　总体方差的无偏估计

前面谈到回归模型的基本假定中有这样一条：随机扰动（噪声）符合一个均值为0、方差为σ^2的正态分布，即用u_i~$N(0,\sigma^2)$来表述。随机扰动u_i的方差σ^2又称为总体方差。由于总体方差σ^2未知，而且随机扰动项u_i也不可度量，所以只能从u_i的估计量——残差e_i出发，对总体方差σ^2进行估计。可以证明总体方差σ^2的无偏估计量为：

$$\hat{\sigma}^2=\frac{\sum e_i^2}{n-2}=\frac{\sum\left(Y_i-\hat{Y}_i\right)^2}{n-2}$$

证明：因为

$$\bar{Y}=\frac{1}{n}\sum Y_i$$

即$\bar{Y}$是有限个Y_i的线性组合，所以当$Y_i=\beta_0+\beta_1X_i+u_i$，同样有：

$$\bar{Y}=\beta_0+\beta_1\bar{X}+\bar{u}$$

所以可得：

$$y_i = Y_i - \bar{Y} = \beta_0 + \beta_1 X_i + u_i - (\beta_0 + \beta_1 \bar{X} + \bar{u})$$
$$= \beta_1 (X_i - \bar{X}) + (u_i - \bar{u}) = \beta_1 x_i + (u_i - \bar{u})$$

又因为

$$\left.\begin{array}{c} e_i = Y_i - \hat{Y}_i = Y_i - \hat{\beta}_0 - \hat{\beta}_1 X_i = y_i + \bar{Y} - \hat{\beta}_0 - \hat{\beta}_1 (x_i + \bar{X}) \\ \hat{\beta}_0 = \bar{Y} - \hat{\beta}_1 \bar{X} \end{array}\right\} \Rightarrow e_i = y_i - \hat{\beta}_1 x_i$$

所以有：

$$e_i = \beta_1 x_i + (u_i - \bar{u}) - \hat{\beta}_1 x_i = (u_i - \bar{u}) - (\hat{\beta}_1 - \beta_1) x_i$$

进而有：

$$\sum e_i^2 = \sum \left[(u_i - \bar{u}) - (\hat{\beta}_1 - \beta_1) x_i\right]^2$$
$$= (\hat{\beta}_1 - \beta_1)^2 \sum x_i^2 + \sum (u_i - \bar{u})^2 - 2(\hat{\beta}_1 - \beta_1) \sum x_i (u_i - \bar{u})$$

对上式两边同时取期望，则有：

$$E\left(\sum e_i^2\right) = E\left[(\hat{\beta}_1 - \beta_1)^2 \sum x_i^2\right] + E\left[\sum (u_i - \bar{u})^2\right]$$
$$-2E\left[(\hat{\beta}_1 - \beta_1) \sum x_i (u_i - \bar{u})\right]$$

然后对上式右端各项分别进行整理，可得：

$$E\left[\sum (u_i - \bar{u})^2\right] = E\left[\sum (u_i^2 - 2u_i \bar{u} + \bar{u}^2)\right] = E\left[n\bar{u}^2 + \sum u_i^2 - 2\bar{u} \sum u_i\right]$$
$$= E\left[\sum u_i^2 - \frac{1}{n}\left(\sum u_i\right)^2\right] = \sum E(u_i^2) - \frac{1}{n} E\left(\sum u_i\right)^2$$
$$= \sum E(u_i^2) - \frac{1}{n}\left(\sum u_i^2 + 2\sum_{i \neq j} u_i u_j\right)$$
$$= n\sigma^2 - \frac{1}{n} n\sigma^2 - 0 = (n-1)\sigma^2$$

其中用到了u_i互不相关以及$u_i \sim N(0, \sigma^2)$这两条性质。

一个变量与其均值的离差之总和恒为零，该结论可以简单证明如下：

$$\bar{X} = \frac{1}{n}\sum X_i \Rightarrow n\bar{X} = \sum X_i \Rightarrow \sum \bar{X} = \sum X_i \Rightarrow \sum (X_i - \bar{X}) = 0$$

又因为$\bar{Y}$是一个常数，所以有：

$$\sum x_i y_i = \sum x_i (Y_i - \bar{Y}) = \sum x_i Y_i - \bar{Y} \sum x_i$$

$$= \sum x_i Y_i - \bar{Y} \sum (X_i - \bar{X}) = \sum x_i Y_i$$

进而得到：

$$\hat{\beta}_1 = \frac{\sum x_i y_i}{\sum x_i^2} = \frac{\sum x_i Y_i}{\sum x_i^2} = \sum k_i Y_i$$

其中，

$$k_i = \frac{x_i}{\sum x_i^2}$$

这其实说明$\hat{\beta}_1$是Y的一个线性函数；它是Y_i的一个加权平均，以k_i为权数，从而它是一个线性估计量。同理，$\hat{\beta}_0$也是一个线性估计。易证k_i满足下列性质：

$$\sum k_i = \sum \left[\frac{x_i}{\sum x_i^2}\right] = \frac{1}{\sum x_i^2} \sum x_i = 0$$

$$\sum k_i^2 = \sum \left[\frac{x_i}{\sum x_i^2}\right]^2 = \frac{\sum x_i^2}{(\sum x_i^2)^2} = \frac{1}{\sum x_i^2}$$

$$\sum k_i x_i = \sum k_i X_i = 1$$

于是有：

$$\hat{\beta}_1 = \sum k_i Y_i = \sum k_i(\beta_0 + \beta_1 X_i + u_i)$$

$$= \beta_0 \sum k_i + \beta_1 \sum k_i X_i + \sum k_i u_i = \beta_1 + \sum k_i u_i$$

即：

$$\hat{\beta}_1 - \beta_1 = \sum k_i u_i$$

以此为基础可以继续前面的整理过程，其中再次用到了u_i的互不相关性：

$$E\left[(\hat{\beta}_1 - \beta_1)\sum x_i(u_i - \bar{u})\right] = E\left[\sum k_i u_i \sum x_i(u_i - \bar{u})\right]$$

$$= E\left[\sum k_i u_i \sum (x_i u_i - x_i \bar{u})\right] = E\left[\sum k_i u_i \sum x_i u_i - \bar{u} \sum k_i u_i \sum x_i\right]$$

$$= E\left[\sum k_i u_i \sum x_i u_i\right] = E\left[\sum k_i x_i u_i^2\right] = \sigma^2$$

此外还有：

$$E\left[(\hat{\beta}_1 - \beta_1)^2 \sum x_i^2\right] = E\left[\left(\sum k_i u_i\right)^2 \sum x_i^2\right]$$

$$= E\left[\sum\left(\frac{x_i}{\sum x_i^2}u_i\right)^2\sum x_i^2\right] = E\left[\sum(x_iu_i)^2 / \sum x_i^2\right] = \sigma^2$$

综上可得：

$$E\left(\sum e_i^2\right) = (n-1)\sigma^2 + \sigma^2 - 2\sigma^2 = (n-2)\sigma^2$$

原结论得证，可知$\hat{\sigma}^2$是σ^2的无偏估计量。

10.3.5　估计参数的概率分布

中央极限定理表明，对于独立同分布的随机变量，随着变量个数的无限增加，其和的分布近似服从正态分布。随机项u_i代表了在回归模型中没有单列出来的其他所有影响因素。在众多的影响因素中，每种因素对Y_i的影响可能都很微弱，如果用u_i来表示所有这些随机影响因素之和，则根据中央极限定理，就可以假定随机误差项服从正态分布，即$u_i \sim N(0,\sigma^2)$。

因为$\hat{\beta}_0$和$\hat{\beta}_1$是Y_i的线性函数，所以$\hat{\beta}_0$和$\hat{\beta}_1$的分布取决于Y_i。而Y_i与随机干扰项u_i具有相同类型的分布，所以为了讨论$\hat{\beta}_0$和$\hat{\beta}_1$的概率分布，就必须对u_i的分布做出假定。这个假定十分重要，如果没有这一假定，$\hat{\beta}_0$和$\hat{\beta}_1$的概率分布就无法求出，再讨论二者的显著性检验也就无的放矢了。

根据随机项u_i的正态分布假定可知，Y_i服从正态分布，根据正态分布变量的性质，即正态变量的线性函数仍服从正态分布，其概率密度函数由其均值和方差唯一决定。于是可得：

$$\hat{\beta}_0 \sim N\left(\beta_0, \sigma^2\frac{\sum X_i^2}{n\sum x_i^2}\right)$$

$$\hat{\beta}_1 \sim N\left(\beta_1, \frac{\sigma^2}{\sum x_i^2}\right)$$

并且$\hat{\beta}_0$和$\hat{\beta}_1$的标准差分布为：

$$\text{se}(\hat{\beta}_0) = \sqrt{\sigma^2\frac{\sum X_i^2}{n\sum x_i^2}}$$

$$\text{se}(\hat{\beta}_1) = \sqrt{\frac{\sigma^2}{\sum x_i^2}}$$

以$\hat{\beta}_1$的分布为例，如图 10-6 所示，$\hat{\beta}_1$是β_1的无偏估计量，$\hat{\beta}_1$的分布中心是β_1。易见，标准差可以用来衡量估计值接近于其真实值的程度，进而判定估计量的可靠性。

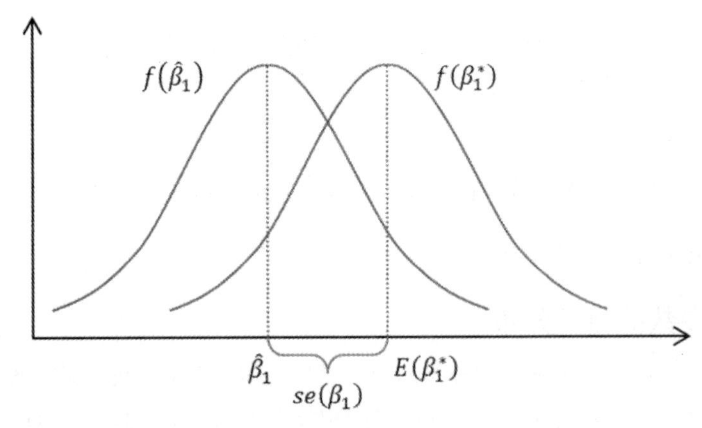

图 10-6　估计量的分布及其偏移

此前，我们已经证明$\hat{\sigma}^2$是σ^2的无偏估计量，那么由此可知$\hat{\beta}_0$和$\hat{\beta}_1$的方差及标准差的估计量分别为：

$$\mathrm{var}(\hat{\beta}_0) = \hat{\sigma}^2 \frac{\sum X_i^2}{n\sum x_i^2}, \qquad \mathrm{se}(\hat{\beta}_0) = \hat{\sigma}\sqrt{\frac{\sum X_i^2}{n\sum x_i^2}}$$

$$\mathrm{var}(\hat{\beta}_1) = \frac{\hat{\sigma}^2}{\sum x_i^2}, \qquad \mathrm{se}(\hat{\beta}_1) = \frac{\hat{\sigma}}{\sqrt{\sum x_i^2}}$$

例如在车重与燃油消耗的例子中，一元线性回归的分析结果如下。其中，截距的估计值$\hat{\beta}_0$的标准差为0.506422，斜率的估计值$\hat{\beta}_1$的标准差为0.000387，这两个值已经用方框标出。

```
> summary(cars.lm)

Call:
lm(formula = lp100km ~ mass.kg, data = cars)

Residuals:
    Min       1Q   Median       3Q      Max 
-0.71186 -0.24574 -0.02938  0.24193  0.69276 

Coefficients:
             Estimate Std. Error t value Pr(>|t|)    
(Intercept) -0.817768   0.506422  -1.615    0.123    
mass.kg      0.008024   0.000387  20.733 1.65e-14 ***
---
Signif. codes:  0 '***' 0.001 '**' 0.01 '*' 0.05 '.' 0.1 ' ' 1

Residual standard error: 0.3891 on 19 degrees of freedom
Multiple R-squared:  0.9577,    Adjusted R-squared:  0.9554
```

```
F-statistic: 429.9 on 1 and 19 DF,  p-value: 1.653e-14
```

标准差可以被用来计算参数的置信区间。例如在本题中，β_0的95%的置信区间为：

$$-0.8178 \pm c_{0.975}(t_{19}) \times 0.5064$$

$$= -0.8178 \pm 2{:}093 \times 0.5064$$

$$= (-1.878, 0.242)$$

同理可以计算β_1的95%的置信区间为：

$$0.008024 \pm c_{0.975}(t_{19}) \times 0.000387$$

$$= 0.008024 \pm 2.093 \times 0.000387$$

$$= (0.0072, 0.0088)$$

其中，因为残差的自由度为$21 - 2 = 19$，所以数值2.093是自由度为19的t分布值。当然在 R 中可以通过如下代码来完成上述计算过程。

```
> confint(cars.lm)
                  2.5 %      97.5 %
(Intercept) -1.877722151 0.24218677
mass.kg      0.007213806 0.00883382
```

10.4　正态条件下的模型检验

前面我们以样本观察值为基础，应用最小二乘法求得样本回归直线，从而对总体回归直线进行拟合。但是拟合的程度怎样，必须要进行一系列的统计检验，从而对模型的优劣做出合理的评估，本节就介绍与模型评估检验有关的内容。

10.4.1　拟合优度的检验

由样本观察值(X_i, Y_i)得出的样本回归直线为$\hat{Y}_i = \hat{\beta}_0 + \hat{\beta}_1 X_i$，$Y$的第$i$个观察值$Y_i$与样本平均值$\bar{Y}$的离差称为$Y_i$的总离差，记为$y_i = Y_i - \bar{Y}$，不难看出总离差可以分成两部分，即：

$$y_i = \left(Y_i - \hat{Y}_i\right) + \left(\hat{Y}_i - \bar{Y}\right)$$

其中一部分$\hat{y}_i = \hat{Y}_i - \bar{Y}$是通过样本回归直线计算的拟合值与观察值的平均值之差，它是由回归直线（即解释变量）所解释的部分。另一部分$e_i = Y_i - \hat{Y}_i$是观察值与回归值之差，即残差。残差是回归直线所不能解释的部分，它是由随机因素、被忽略掉的因素、观察误差等综合影响而产生的。各变量之间的关系如图 10-7 所示。

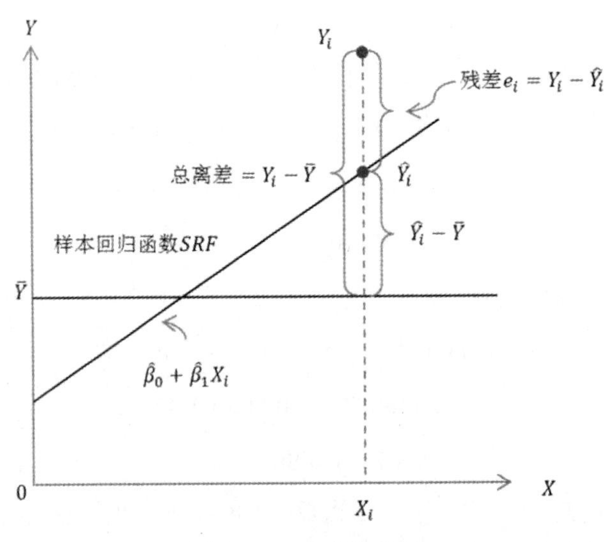

图 10-7　总离差分解

由回归直线所解释的部分$\hat{y}_i = \hat{Y}_i - \bar{Y}$的绝对值越大，则残差的绝对值就越小，回归直线与样本点(X_i, Y_i)的拟合就越好。

因为

$$Y_i - \bar{Y} = \left(Y_i - \hat{Y}_i\right) + \left(\hat{Y}_i - \bar{Y}\right)$$

如果用加总Y的全部离差来表示显然是不行的，因为

$$\sum (Y_i - \bar{Y}) = \sum Y_i - \sum \bar{Y} = n\bar{Y} - n\bar{Y} = 0$$

所以考虑利用加总全部离差的平方和来反映总离差，即：

$$\sum (Y_i - \bar{Y})^2 = \sum \left[\left(Y_i - \hat{Y}_i\right) + \left(\hat{Y}_i - \bar{Y}\right)\right]^2$$

$$= \sum \left(Y_i - \hat{Y}_i\right)^2 + \sum \left(\hat{Y}_i - \bar{Y}\right)^2 + 2\sum \left(Y_i - \hat{Y}_i\right)\left(\hat{Y}_i - \bar{Y}\right)$$

其中，

$$\sum \left(Y_i - \hat{Y}_i\right)\left(\hat{Y}_i - \bar{Y}\right) = 0$$

这是因为

$$\sum \left(Y_i - \hat{Y}_i\right)\left(\hat{Y}_i - \bar{Y}\right) = \sum e_i\left(\hat{\beta}_0 + \hat{\beta}_1 X_i - \bar{Y}\right)$$

$$= \left(\hat{\beta}_0 - \bar{Y}\right)\sum e_i + \hat{\beta}_1 \sum X_i e_i = \left(\hat{\beta}_0 - \bar{Y}\right)\sum e_i + \hat{\beta}_1 \sum X_i\left(Y_i - \hat{\beta}_0 - \hat{\beta}_1 X_i\right)$$

注意最小二乘法对于e_i有零均值假定，所以对其求和结果仍为零。而上述式子中最后一项为零，则是由最小二乘法推导过程中极值存在条件（令偏导数等于零）所保证的。

于是可得：

$$\sum(Y_i-\bar{Y})^2=\sum\left(Y_i-\hat{Y}_i\right)^2+\sum\left(\hat{Y}_i-\bar{Y}\right)^2$$

或者写成：

$$\sum y_i^2=\sum e_i^2+\sum \hat{y}_i^2$$

其中，

$$\sum y_i^2=\sum(Y_i-\bar{Y})^2$$

称为总离差平方和（Total Sum of Squares），用SS_{total}表示：

$$\sum e_i^2=\sum\left(Y_i-\hat{Y}_i\right)^2$$

称为残差平方和（Residual Sum of Squares），用SS_{residual}表示：

$$\sum \hat{y}_i^2=\sum\left(\hat{Y}_i-\bar{Y}\right)^2$$

称为回归平方和（Regression Sum of Squares），用$SS_{\text{regression}}$表示。

总离差平方和可以分解成残差平方和与回归平方和两部分。总离差分解公式还可以写成

$$SS_{\text{total}}=SS_{\text{residual}}+SS_{\text{regression}}$$

这一公式也是方差分析 ANOVA 的原理基础，这一点在后续的章节中我们还会详细介绍。

在总离差平方和中，如果回归平方和比例越大，残差平方和所占比例就越小，表示回归直线与样本点拟合得越好；反之，拟合得就不好。把回归平方和与总离差平方和之比定义为样本判定系数，记为：

$$R^2=SS_{\text{regression}}/SS_{\text{total}}$$

判断系数R^2是一个回归直线与样本观察值拟合优度的数量指标，R^2越大则拟合优度就越好；相反，R^2越小，则拟合优度就越差。

注意 R 中指示判定系数的标签是“Multiple R-squared”，例如在前面给出的树高与树龄的例子中，$R^2=0.9186(=91.86\%)$，这表明模型的拟合程度较好。此外，R 的输出中还给出了所谓的调整判定系数，调整判定系数是对R^2的修正，指示标签为“Adjusted R-squared”。例如，在树高与树龄的例子中调整判定系数大小为0.9149。

在具体解释调整判定系数的意义之前，还需先考察一下进行线性回归分析时，R 中输出的

另外一个值——残差标准误差（Residual Standard Error）。在树高与树龄的例子中，R 给出的数值是0.3368。所谓残差的标准误差其实就是残差的标准差（Residual Standard Deviation）。前面我们已经证明过，在一元线性回归中，总体方差σ^2的无偏估计量为：

$$\hat{\sigma}^2 = \frac{\sum e_i^2}{n-2} = \frac{\sum\left(Y_i - \hat{Y}_i\right)^2}{n-2}$$

所以残差的标准差为：

$$s = \hat{\sigma} = \sqrt{\frac{\sum\left(Y_i - \hat{Y}_i\right)^2}{n-2}}$$

如果将这一结论加以推广（即不仅限于一元线性回归），则有：

$$s = \hat{\sigma} = \sqrt{\frac{SS_{\text{residual}}}{n - \text{被估计之参数的数量}}}$$

因为在一元线性回归中，被估计的参数只有β_0和β_1两个，所以此时被估计之参数的数量就是 2。而在树高与树龄的例子中，研究单元的数量$n = 24$，因此在 R 中的输出结果上有一句“on 22 degrees of freedom”。

调整判定系数的定义为：

$$1 - R_{\text{adj}}^2 = s^2/s_y^2$$

根据前面给出的公式可知：

$$s^2 = \frac{SS_{\text{residual}}}{n-p}$$

其中，p是模型中参数的数量。以及

$$s_y^2 = \frac{SS_{\text{total}}}{n-1}$$

我们一般认为调整判定系数会比判定系数更好地反映回归直线与样本点的拟合优度。那么其理据何在呢？注意残差e_i是扰动项u_i的估计值，因为u_i的标准差σ无法计算，所以借助e_i对其进行估计，而且也可以证明其无偏估计的表达式需要借助自由度来进行修正。另一方面，本书前面也曾经证明过当用样本来估计总体时，方差的无偏估计需要通过除以$n-1$来进行修正。所以采用上述公式来计算会得到更加准确的结果。

经过简单的代数变换，可得出R_{adj}^2的另外一种算式：

$$R_{\text{adj}}^2 = R^2 - \frac{p-1}{n-p}(1 - R^2)$$

对于树高与树龄的例子有：

$$R_{\text{adj}}^2 = 0.9186 - \frac{2-1}{24-2}(1-0.9186) \approx 0.9149$$

这与 R 中输出的结果相同。通常情况下，R_{adj}^2的值都会比R^2的值略小，且二者的差异一般都不大。

10.4.2　整体性假定检验

如果随机变量X服从均值为μ、方差为σ^2的正态分布，即$X \sim N(\mu, \sigma^2)$，则随机变量$Z = (X-\mu)/\sigma$是标准正态分布，即$Z \sim N(0,1)$。统计理论表明，标准正态变量的平方服从自由度为 1 的χ^2分布，用符号表示为：

$$Z^2 \sim \chi_1^2$$

其中，χ^2的下标表示自由度为1。正如均值、方差是正态分布的参数一样，自由度是χ^2分布的参数。在统计学中自由度有各种不同的含义，此处定义的自由度是平方和中独立观察值的个数。

总离差平方和SS_{total}的自由度为$n-1$，因变量共有n个观察值，由于这n个观察值受$\sum y_i = \sum(Y_i - \bar{Y}) = 0$的约束，当$n-1$个观察值确定以后，最后一个观察值就不能自由取值了，因此SS_{total}的自由度为$n-1$。回归平方和$SS_{\text{regression}}$的自由度是由自变量对因变量的影响决定的，因此它的自由度取决于解释变量的个数。在一元线性回归模型中，只有一个解释变量，所以$SS_{\text{regression}}$的自由度为1。在多元回归模型中，如果解释变量的个数为k个，则其中$SS_{\text{regression}}$的自由度为k。因为$SS_{\text{regression}}$的自由度与SS_{residual}的自由度之和等于SS_{total}的自由度，所以SS_{residual}的自由度为$n-2$。

平方和除以相应的自由度称为均方差。因此$SS_{\text{regression}}$的均方差为：

$$\begin{aligned}\frac{\sum \hat{y}_i^2}{1} &= \sum (Y_i - \bar{Y})^2 = \sum \left(\hat{\beta}_0 + \hat{\beta}_1 X_i - \bar{Y}\right)^2 \\ &= \sum \left[\hat{\beta}_0 + \hat{\beta}_1(\bar{X} + x_i) - \bar{Y}\right]^2 = \sum \left[\bar{Y} - \hat{\beta}_1 \bar{X} + \hat{\beta}_1(\bar{X} + x_i) - \bar{Y}\right]^2 \\ &= \sum \left(\hat{\beta}_1 x_i\right)^2 = \hat{\beta}_1^2 \sum x_i^2\end{aligned}$$

而且还有SS_{residual}的均方差为$(\sum e_i^2)/(n-2)$。可以证明，在多元线性回归的条件下（即回归方程中有k个解释变量X_i，$i = 1, 2, \cdots, k$），有：

$$\sum \hat{y}_i^2 \sim \chi_k^2$$

$$\sum e_i^2 \sim \chi_{(n-k-1)}^2$$

根据基本的统计学知识可知，如果Z_1和Z_2分别是自由度为k_1和k_2的分布变量，则其均方差之比服从自由度为k_1和k_2的F分布，即：

$$F=\frac{Z_1/k_1}{Z_2/k_2}\sim F(k_1,k_2)$$

那么

$$F=\frac{(\sum\hat{y}_i^2)/k}{(\sum e_i^2)/(n-k-1)}\sim F(k,n-k-1)$$

下面就利用F统计量对总体线性的显著性进行检验。首先，提出关于k个总体参数的假设：

- H_0：$\beta_1=\beta_2=\cdots=\beta_k=0$
- H_1：β_i不全为 0，$i=1,2,\cdots,k$

进而根据样本观察值计算并列出方差分析数据如表 10-5 所示。

表 10-5 方差分析表

方差来源	平 方 和	自 由 度	均 方 差
SS_{residual}	$\Sigma\hat{y}_i^2$	k	$(\Sigma\hat{y}_i^2)/k$
$SS_{\text{regression}}$	Σe_i^2	$n-k-1$	$(\Sigma e_i^2)/(n-k-1)$
SS_{total}	Σy_i^2		

然后在H_0成立的前提下计算F统计量：

$$F=\frac{(\sum\hat{y}_i^2)/k}{(\sum e_i^2)/(n-k-1)}$$

对于给定的显著水平α，查询F分布表得到临界值$F_\alpha(1,n-k-1)$，如果$F>F_\alpha(1,n-k-1)$，则拒绝原假设，说明犯第一类错误的概率非常之小。也可以通过与这个F统计量对应的P值来判断，说明如果原假设成立，得到此F统计量的概率很小，即为P值。这个结果说明我们的回归模型中的解释变量对因变量是有影响的，即回归总体是显著线性的。相反，若$F<F_\alpha(1,n-k-1)$，则接受原假设，即回归总体不存在线性关系，或者说解释变量对因变量没有显著的影响关系。

例如，对于树龄与树高的例子，给定$\alpha=0.05$，可以查表或者在 R 中输入下列语句得到$F_{0.05}(1,22)$的值。

```
> qf(0.05, 1, 22, lower.tail = FALSE)
[1] 4.30095
```

其中参数 lower.tail 是一个逻辑值，模型情况下它的值为 FALSE，此时给定服从某分布的随机变量X，求得的概率是$P[X\leqslant x]$，如果要求$P[X>x]$，要么用$1-P[X\leqslant x]$，要么就令 lower.tail 的值为 TRUE。

经过简单计算易知$\sum\hat{y}_i^2=28.1626663$、$\sum e_i^2=2.496047632$。由此便可算得$F=$

248.2238923。当然，R 中给出的线性回归分析结果也包含了这个结果。因为$F > F_{0.05}(1,22)$，所以有理由拒绝原假设H_0，即证明回归总体是显著线性的。也可以通过与这个F统计量对应的P值来判断，此时可以在 R 中使用下面的代码得到相应的P值。

```
> pf(248.2238923, 1, 22, lower.tail = FALSE)
[1] 1.821097e-13
```

可见，P值远远小于0.05，因此我们有足够的把握拒绝原假设。

本节所介绍的其实就是方差分析（ANOVA）的基本步骤。在本书的后续章节中，我们还将对方差分析做专门介绍。实际上，一元线性回归模型中对模型进行整体性检验只用后面介绍的t检验即可。但在多元线性回归模型中，F检验是检验统计假设的非常有用和有效的方法。

10.4.3　单个参数的检验

前面我们介绍了利用R^2来估计回归直线的拟合优度，但是R^2却不能告诉我们估计的回归系数在统计上是否显著，即是否显著地不为零。实际上确实有些回归系数是显著的，而有些是不显著的，下面就来介绍具体的判断方法。

本章前面曾经给出了$\hat{\beta}_0$和$\hat{\beta}_1$的概率分布，即：

$$\hat{\beta}_0 \sim N\left(\beta_0, \sigma^2 \frac{\sum X_i^2}{n\sum x_i^2}\right)$$

$$\hat{\beta}_1 \sim N\left(\beta_1, \frac{\sigma^2}{\sum x_i^2}\right)$$

但在实际分析时，由于σ^2未知，只能用无偏估计量$\hat{\sigma}^2$来代替，此时一元线性回归的最小二乘估计量$\hat{\beta}_0$和$\hat{\beta}_1$的标准正态变量服从自由度为$n-2$的t分布，即：

$$t = \frac{\hat{\beta}_0 - \beta_0}{\mathrm{se}(\hat{\beta}_0)} \sim t(n-2)$$

$$t = \frac{\hat{\beta}_1 - \beta_1}{\mathrm{se}(\hat{\beta}_1)} \sim t(n-2)$$

下面以β_1为例，演示利用t统计量对单个参数进行检验的具体步骤。首先对回归结果提出如下假设：

- $H_0: \beta_1 = 0$
- $H_1: \beta_1 \neq 0$

即在原假设条件下，解释变量对因变量没有影响。在备择假设条件下，解释变量对因变量有（正的或者负的）影响，因此备择假设是双边假设。

以原假设H_0构造t统计量并由样本观察值计算其结果，则：

$$t = \frac{\beta_1}{\mathrm{se}(\hat{\beta}_1)}$$

其中，

$$\mathrm{se}(\hat{\beta}_1) = \frac{\hat{\sigma}}{\sqrt{\sum x_i^2}} = \sqrt{\frac{\sum e_i^2}{(n-2)\sum x_i^2}}$$

可以通过给定的显著性水平α，检验自由度为$n-2$的t分布表，得临界值$t_{\frac{\alpha}{2}}(n-2)$。如果$|t| > t_{\frac{\alpha}{2}}(n-2)$，则拒绝$H_0$，此时接受备择假设犯错的概率很小，即说明$\beta_1$所对应的变量$X$对$Y$有影响。相反，若$|t| \leqslant t_{\frac{\alpha}{2}}(n-2)$，则无法拒绝$H_0$，即$\beta_1$与零的差异不显著，说明$\beta_1$所对应的变量$X$对$Y$没有影响，变量之间的线性关系不显著。对参数的显著性检验，还可以通过P值来判断，如果相应的P值很小，则可以拒绝原假设，即参数显著不为零。

例如，在树龄与树高的例子中，很容易算得：

$$\sum x_i^2 = 70$$

于是可得到$\mathrm{se}(\hat{\beta}_1) = 0.3368/\sqrt{70} = 0.04026$，进而有$t = 0.63429/0.04026 = 15.75484$。相应的$P$值可以在 R 中用下列代码算得。

```
> 2*(1-pt(15.75484,22))
[1] 1.820766e-13
```

经过计算所得之t值为15.75484，其P值几乎为0。因为P值越低，拒绝原假设的理由就越充分。现在来看，我们已经有足够的把握拒绝原假设，可见变量之间具有显著的线性关系。

10.5 一元线性回归模型预测

预测是回归分析的一个重要应用。这种所谓的预测通常包含两个方面，对于给定的点，一方面要估计它的取值，另一方面还应对可能取值的波动范围进行预测。

10.5.1 点预测

对于给定的$X = X_0$，利用样本回归方程可以求出相应的样本拟合值$\hat{Y}_0$，以此作为因变量个别值Y_0或其均值$E(Y_0)$的估计值，这就是所谓的点预测。比如在树龄与树高的例子中，如果你购买了一棵树苗，并且想知道该树的树龄达到4年时，其树高预计为多少。此时你希望求得的值，其实是树龄为4的该种树木的平均树高或者是期望树高。

已知含随机扰动项的总体回归方程为：

$$Y_i = E(Y_i) + u_i = \beta_0 + \beta_1 X_i + u_i$$

当$X = X_0$时，Y的个别值为：

$$Y_0 = \beta_0 + \beta_1 X_0 + u_0$$

其总体均值为：

$$E(Y_0) = \beta_0 + \beta_1 X_0$$

样本回归方程在$X = X_0$时的拟合值为：

$$\hat{Y}_0 = \hat{\beta}_0 + \hat{\beta}_1 X_0$$

对上式两边取期望，得：

$$E(\hat{Y}_0) = E(\hat{\beta}_0 + \hat{\beta}_1 X_0) = \beta_0 + \beta_1 X_0 = E(Y_0)$$

这表示在$X = X_0$时，由样本回归方程计算的$\hat{Y}_0$是个别值Y_0和总体均值$E(Y_0)$的无偏估计，所以$\hat{Y}_0$可以作为Y_0和$E(Y_0)$的预测值。

10.5.2　区间预测

对于任一给定样本，估计值$\hat{Y}_0$只能作为Y_0和$E(Y_0)$的无偏估计量，不一定能够恰好等于Y_0和$E(Y_0)$。也就是说，二者之间存在误差，这个误差就是预测误差。由这个误差开始，我们期望得到Y_0和$E(Y_0)$的可能取值的范围，这就是区间预测。

定义误差$\delta_0 = \hat{Y}_0 - E(Y)$，由于$\hat{Y}_0$服从正态分布，所以$\delta_0$是服从正态分布的随机变量。而且可以得到$\delta_0$的数学期望与方差如下：

$$E(\delta_0) = E[\hat{Y}_0 - E(Y)] = 0$$

$$\begin{aligned}\mathrm{var}(\delta_0) &= E[\hat{Y}_0 - E(Y)]^2 = E[\hat{\beta}_0 + \hat{\beta}_1 X_0 - (\beta_0 + \beta_1 X_0)]^2 \\ &= E\left[(\hat{\beta}_0 - \beta_0)^2 + 2(\hat{\beta}_0 - \beta_0)(\hat{\beta}_1 - \beta_1) + (\hat{\beta}_1 - \beta_1)^2 X_0^2\right] \\ &= \mathrm{var}(\hat{\beta}_0) + 2X_0\mathrm{cov}(\hat{\beta}_0, \hat{\beta}_1) + \mathrm{var}(\hat{\beta}_1) X_0^2\end{aligned}$$

其中，$\hat{\beta}_0$和$\hat{\beta}_1$的协方差为：

$$\begin{aligned}\mathrm{cov}(\hat{\beta}_0, \hat{\beta}_1) &= E[(\hat{\beta}_0 - \beta_0)(\hat{\beta}_1 - \beta_1)] \\ &= E[(\bar{Y} - \hat{\beta}_1 \bar{X} - \beta_0)(\hat{\beta}_1 - \beta_1)] \\ &= E[(\beta_0 + \beta_1 \bar{X} + \bar{u} - \hat{\beta}_1 \bar{X} - \beta_0)(\hat{\beta}_1 - \beta_1)] \\ &= E\{[-(\hat{\beta}_1 - \beta_1)\bar{X} + \bar{u}](\hat{\beta}_1 - \beta_1)\} \\ &= \bar{X}E(\hat{\beta}_1 - \beta_1)^2 + E(\bar{u}\hat{\beta}_1)\end{aligned}$$

因为

$$E\left(\hat{\beta}_1-\beta_1\right)^2=\operatorname{var}\left(\hat{\beta}_1\right)=\frac{\sigma^2}{\sum x_i^2}$$

$$E\left(\bar{u}\hat{\beta}_1\right)=\frac{1}{n}E\left(\sum u_i\sum\frac{x_i}{\sum x_i^2}Y_i\right)$$

$$=\frac{1}{n}\left(\sum_{i=j}x_i/\sum x_i^2\right)E(u_iY_i)+\frac{1}{n}\left(\sum_{i\neq j}x_i/\sum x_i^2\right)E(u_iY_i)$$

$$=\frac{\sigma^2\sum x_i}{\sum x_i^2}E(u_iY_i)=0$$

所以：

$$\operatorname{cov}\left(\hat{\beta}_0,\hat{\beta}_1\right)=-\frac{\bar{X}\sigma^2}{\sum x_i^2}$$

于是可得：

$$\operatorname{var}(\delta_0)=\frac{\sigma^2\sum x_i^2}{n\sum x_i^2}-\frac{2\sigma^2X_0\bar{X}}{\sum x_i^2}+\frac{\sigma^2X_0^2}{\sum x_i^2}$$

$$=\frac{\sigma^2}{\sum x_i^2}\left(\frac{\sum x_i^2-n\bar{X}}{n}+\bar{X}^2-2X_0\bar{X}+X_0^2\right)$$

$$=\frac{\sigma^2}{\sum x_i^2}\left[\frac{\sum x_i^2}{n}+(X_0-\bar{X})^2\right]=\sigma^2\left[\frac{1}{n}+\frac{(X_0-\bar{X})^2}{\sum x_i^2}\right]$$

由δ_0的数学期望与方差可知：

$$\delta_0\sim N\left\{0,\sigma^2\left[\frac{1}{n}+\frac{(X_0-\bar{X})^2}{\sum x_i^2}\right]\right\}$$

将δ_0标准化，则有：

$$\frac{\delta_0}{\sigma\sqrt{\frac{1}{n}+\frac{(X_0-\bar{X})^2}{\sum x_i^2}}}\sim N(0,1)$$

由于σ未知，所以用$\hat{\sigma}$来代替，根据抽样分布理论及误差δ_0的定义，有：

$$\frac{\hat{Y}_0-E(Y_0)}{\hat{\sigma}\sqrt{\frac{1}{n}+\frac{(X_0-\bar{X})^2}{\sum x_i^2}}}\sim t(n-2)$$

那么$E(Y_0)$的预测区间为：

$$\hat{Y}_0 - t_{\frac{\alpha}{2}} \cdot \hat{\sigma}\sqrt{\frac{1}{n}+\frac{(X_0-\bar{X})^2}{\sum x_i^2}} \leqslant E(Y_0) \leqslant \hat{Y}_0 + t_{\frac{\alpha}{2}} \cdot \hat{\sigma}\sqrt{\frac{1}{n}+\frac{(X_0-\bar{X})^2}{\sum x_i^2}}$$

其中α为显著水平。

在 R 中可以使用下面的代码来获得总体均值$E(Y_0)$的预测区间。

```
> predict(plants.lm,
+ newdata = data.frame(age = 4),
+ interval = "confidence")
     fit      lwr      upr
1 6.59119 6.442614 6.739767
```

在此基础上，我们还可以对总体个别值Y_0的可能区间进行预测。设误差$e_0 = Y_0 - \hat{Y}_0$，由于$\hat{Y}_0$服从正态分布，所以e_0也服从正态分布。而且可以得到e_0的数学期望与方差如下：

$$E(e_0) = E\left(Y_0 - \hat{Y}_0\right) = 0$$

$$\operatorname{var}(e_0) = \operatorname{var}\left(Y_0 - \hat{Y}_0\right)$$

由于$\hat{Y}_0$与Y_0相互独立，并且：

$$\operatorname{var}(Y_0) = \operatorname{var}(\beta_0 + \beta_1 X_0 + u_0) = \operatorname{var}(u_0)$$

$$\operatorname{var}\left(\hat{Y}_0\right) = E\left[\hat{Y}_0 - E(Y_0)\right]^2 = \operatorname{var}(\delta_0)$$

所以

$$\operatorname{var}(e_0) = \operatorname{var}(Y_0) + \operatorname{var}\left(\hat{Y}_0\right) = \operatorname{var}(u_0) + \operatorname{var}(\delta_0)$$

$$= \sigma^2 + \sigma^2\left[\frac{1}{n}+\frac{(X_0-\bar{X})^2}{\sum x_i^2}\right] = \sigma^2\left[1+\frac{1}{n}+\frac{(X_0-\bar{X})^2}{\sum x_i^2}\right]$$

由e_0的数学期望与方差可知：

$$e_0 \sim N\left\{0, \sigma^2\left[1+\frac{1}{n}+\frac{(X_0-\bar{X})^2}{\sum x_i^2}\right]\right\}$$

将e_0标准化，则有：

$$\frac{e_0}{\sigma\sqrt{1+\frac{1}{n}+\frac{(X_0-\bar{X})^2}{\sum x_i^2}}} \sim N(0,1)$$

由于σ未知，所以用$\hat{\sigma}$来代替，根据抽样分布理论及误差e_0的定义，有：

$$\frac{Y_0-\hat{Y}_0}{\hat{\sigma}\sqrt{1+\frac{1}{n}+\frac{(X_0-\bar{X})^2}{\sum x_i^2}}}\sim t(n-2)$$

那么Y_0的预测区间为：

$$\hat{Y}_0-t_{\frac{\alpha}{2}}\cdot\hat{\sigma}\sqrt{1+\frac{1}{n}+\frac{(X_0-\bar{X})^2}{\sum x_i^2}}\leqslant Y_0\leqslant\hat{Y}_0+t_{\frac{\alpha}{2}}\cdot\hat{\sigma}\sqrt{1+\frac{1}{n}+\frac{(X_0-\bar{X})^2}{\sum x_i^2}}$$

在 R 中可以使用下面的代码来获得总体个别值Y_0的预测区间。

```
> predict(plants.lm,
+ newdata = data.frame(age = 4),
+ interval = "prediction")
      fit      lwr      upr
1 6.59119 5.877015 7.305366
```

可见在执行 predict 函数时，通过选择参数“confidence”或“prediction”即可实现对Y_0或者Y_0期望及其置信区间（或称置信带）的估计。而且Y_0期望的置信区间要比Y_0的置信区间更窄。

第 11 章 线性回归进阶

实际应用中，一个自变量同时受多个因变量的影响的情况非常普遍。因此考虑将第 10 章中介绍的一元线性回归拓展到多元的情形。包括多个解释变量的回归模型，就称为多元回归模型。由于多元线性回归分析是一元情况的简单推广，因此读者应该注意建立二者之间的联系。

11.1 多元线性回归模型

假设因变量Y与M个解释变量$X_1, X_2, \cdots, X_m$具有线性相关关系，取n组观察值，则总体线性回归模型为：

$$Y_i = \beta_0 + \beta_1 X_{i1} + \beta_2 X_{i2} + \cdots + \beta_m X_{im} + u_i, \qquad i = 1,2,\cdots,n$$

包含M个解释变量的总体回归模型也可以表示为：

$$E(Y|X_{i1}, X_{i2}, \cdots, X_{im}) = \beta_0 + \beta_1 X_{1i} + \beta_2 X_{2i} + \cdots + \beta_m X_{im}, \qquad i = 1,2,\cdots,n$$

上式表示在给定$X_{i1}, X_{i2}, \cdots, X_{im}$的条件下，$Y$的条件均值或数学期望。这里$\beta_0$是截距，$\beta_1, \beta_2, \cdots, \beta_m$是偏回归系数。偏回归系数又称为偏斜率系数。例如，其中的β_1度量了在其他解释变量$X_2, X_3, \cdots, X_m$保持不变的情况下，X_1每变化1个单位时，Y的均值$E(Y|X_{i1}, X_{i2}, \cdots, X_{im})$的变化。换句话说，$\beta_1$给出了其他解释变量保持不变时，$E(Y|X_{i1}, X_{i2}, \cdots, X_{im})$对$X_1$的斜率。

不难发现，多元线性回归模型是以多个解释变量的固定值为条件的回归分析。

同一元线性回归模型一样，多元线性总体回归模型是无法得到的。所以我们只能用样本观察值进行估计。对应于前面给出的总体回归模型可知多元线性样本回归模型为：

$$\hat{Y}_i = \hat{\beta}_0 + \hat{\beta}_1 X_{i1} + \hat{\beta}_2 X_{i2} + \cdots + \hat{\beta}_m X_{im}, \qquad i = 1,2,\cdots,n$$

和

$$Y_i = \hat{\beta}_0 + \hat{\beta}_1 X_{i1} + \hat{\beta}_2 X_{i2} + \cdots + \hat{\beta}_m X_{im} + e_i, \qquad i = 1,2,\cdots,n$$

其中，$\hat{Y}_i$是总体均值$E(Y|X_{i1},X_{i2},\cdots,X_{im})$的估计，$\hat{\beta}_j$是总体偏回归系数$\beta_j$的估计，$j=1,2,\cdots,m$，残差项$e_i$是对随机项$u_i$的估计。

对多元线性总体回归模型可以用线性方程组的形式表示为：

$$\begin{cases} Y_1=\beta_0+\beta_1X_{11}+\beta_2X_{12}+\cdots+\beta_mX_{1m}+u_1 \\ Y_2=\beta_0+\beta_1X_{21}+\beta_2X_{22}+\cdots+\beta_mX_{2m}+u_2 \\ \vdots \\ Y_n=\beta_0+\beta_1X_{n1}+\beta_2X_{n2}+\cdots+\beta_mX_{nm}+u_n \end{cases}$$

将上述方程组改写成矩阵的形式：

$$\begin{bmatrix} Y_1 \\ Y_2 \\ \vdots \\ Y_n \end{bmatrix}=\begin{bmatrix} 1 & X_{11} & X_{12} & \cdots & X_{1m} \\ 1 & X_{21} & X_{22} & \cdots & X_{2m} \\ \vdots & \vdots & \vdots & & \vdots \\ 1 & X_{n1} & X_{n2} & \cdots & X_{nm} \end{bmatrix}\begin{bmatrix} \beta_0 \\ \beta_1 \\ \vdots \\ \beta_m \end{bmatrix}+\begin{bmatrix} u_1 \\ u_2 \\ \vdots \\ u_n \end{bmatrix}$$

或者写成如下形式：

$$\boldsymbol{Y}=\boldsymbol{X\beta}+\boldsymbol{u}$$

上式就是用矩阵形式表示的多元线性总体回归模型。其中$\boldsymbol{Y}$为n阶因变量观察值向量，$\boldsymbol{X}$表示$n\times m$阶解释变量的观察值矩阵，$\boldsymbol{u}$表示n阶随机扰动项向量，$\boldsymbol{\beta}$表示m阶总体回归参数向量。

同理可以得到多元线性样本回归模型的矩阵表示为：

$$\boldsymbol{Y}=\boldsymbol{X}\hat{\boldsymbol{\beta}}+\boldsymbol{e}$$

或者

$$\hat{\boldsymbol{Y}}=\boldsymbol{X}\hat{\boldsymbol{\beta}}$$

其中$\hat{\boldsymbol{Y}}$表示n阶因变量回归拟合值向量，$\hat{\boldsymbol{\beta}}$表示m阶回归参数$\boldsymbol{\beta}$的估计值向量，$\boldsymbol{e}$表示n阶残差向量。

以上各向量的完整形式如下：

$$\boldsymbol{Y}=\begin{bmatrix} Y_1 \\ Y_2 \\ \vdots \\ Y_n \end{bmatrix},\quad \hat{\boldsymbol{Y}}=\begin{bmatrix} \hat{Y}_1 \\ \hat{Y}_2 \\ \vdots \\ \hat{Y}_n \end{bmatrix},\quad \hat{\boldsymbol{\beta}}=\begin{bmatrix} \hat{\beta}_0 \\ \hat{\beta}_1 \\ \vdots \\ \hat{\beta}_m \end{bmatrix},\quad \boldsymbol{e}=\begin{bmatrix} e_1 \\ e_2 \\ \vdots \\ e_n \end{bmatrix}$$

显而易见的是，由于解释变量数量的增多，多元线性回归模型的计算要比一元的情况复杂很多。最后与一元线性回归模型一样，为了对回归模型中的参数进行估计，要求多元线性回归模型在满足线性关系之外还必须遵守以下假定。

1. 零均值假定

干扰项u_i均值为零，或对每一个i，都有$E(u_i|X_{i1},X_{i2},\cdots,X_{im})=0$。

2. 同方差假定

干扰项u_i的方差保持不变，即$\mathrm{var}(u_i)=\sigma^2$。为了进行假设检验，我们通常认为随机扰动（噪声）符合一个均值为 0、方差为σ^2的正态分布，即$u_i \sim N(0,\sigma^2)$。

3. 相互独立性

随机扰动项彼此之间都是相互独立的，即$\mathrm{cov}(u_i,u_j)=0$，其中$i \neq j$。

4. 无多重共线性假定

解释变量之间不存在精确的线性关系，即没有一个解释变量可以被写成模型中其余解释变量的线性组合。

11.2　多元回归模型估计

为了建立完整的多元回归模型，我们需要使用最小二乘法对模型中的偏回归系数进行估计，在这个过程中所用到的许多性质与一元情况下一致。

11.2.1　最小二乘估计量

已知多元线性样本回归模型为：

$$Y_i=\hat{\beta}_0+\hat{\beta}_1X_{i1}+\hat{\beta}_2X_{i2}+\cdots+\hat{\beta}_mX_{im}+e_i\,,\qquad i=1,2,\cdots,n$$

于是离差平方和为：

$$\sum e_i^2=\sum\left(Y_i-\hat{Y}_i\right)^2=\sum\left(Y_i-\hat{\beta}_0-\hat{\beta}_1X_{i1}-\hat{\beta}_2X_{i2}-\cdots-\hat{\beta}_mX_{im}\right)^2$$

现在求估计的参数$\hat{\beta}_0,\hat{\beta}_1,\cdots\hat{\beta}_m$，使得离差平方和取得最小值，于是根据微积分中极值存在的条件，要解方程组：

$$\begin{cases}\dfrac{\partial\sum e_i^2}{\partial\beta_0}=-2\sum\left(Y_i-\hat{\beta}_0-\hat{\beta}_1X_{i1}-\cdots-\hat{\beta}_mX_{im}\right)=0\\\dfrac{\partial\sum e_i^2}{\partial\beta_1}=-2\sum\left(Y_i-\hat{\beta}_0-\hat{\beta}_1X_{i1}-\cdots-\hat{\beta}_mX_{im}\right)X_{i1}=0\\\qquad\vdots\\\dfrac{\partial\sum e_i^2}{\partial\beta_m}=-2\sum\left(Y_i-\hat{\beta}_0-\hat{\beta}_1X_{i1}-\cdots-\hat{\beta}_mX_{im}\right)X_{im}=0\end{cases}$$

其解就是参数$\beta_0,\beta_1,\cdots,\beta_m$的最小二乘估计$\hat{\beta}_0,\hat{\beta}_1,\cdots\hat{\beta}_m$。

将以上方程组改写成：

$$\begin{cases} n\hat{\beta}_0+\sum\hat{\beta}_1X_{i1}+\sum\hat{\beta}_2X_{i2}+\cdots+\sum\hat{\beta}_mX_{im}=\sum Y_i \\ \sum\hat{\beta}_0X_{i1}+\sum\hat{\beta}_1X_{i1}^2+\sum\hat{\beta}_2X_{i1}X_{i2}+\cdots+\sum\hat{\beta}_mX_{i1}X_{im}=\sum X_{i1}Y_i \\ \vdots \\ \sum\hat{\beta}_0X_{im}+\sum\hat{\beta}_1X_{im}X_{i1}+\sum\hat{\beta}_2X_{im}X_{i2}+\cdots+\sum\hat{\beta}_mX_{im}^2=\sum X_{im}Y_i \end{cases}$$

这个方程组称为正规方程组。为了把正规方程组改写成矩阵形式，记系数矩阵为$\boldsymbol{A}$，常数项向量为$\boldsymbol{B}$，$\boldsymbol{\beta}$的估计值向量为$\widehat{\boldsymbol{\beta}}$，即：

$$\boldsymbol{A}=\begin{bmatrix} n & \sum X_{i1} & \sum X_{i2} & \cdots & \sum X_{im} \\ \sum X_{i1} & \sum X_{i1}^2 & \sum X_{i1}X_{i2} & \cdots & \sum X_{i1}X_{im} \\ \vdots & \vdots & \vdots & & \vdots \\ \sum X_{im} & \sum X_{im}X_{i1} & \sum X_{im}X_{i2} & \cdots & \sum X_{im}^2 \end{bmatrix}$$

$$=\begin{bmatrix} 1 & 1 & 1 & \cdots & 1 \\ X_{11} & X_{21} & X_{31} & \cdots & X_{n1} \\ \vdots & \vdots & \vdots & & \vdots \\ X_{1m} & X_{2m} & X_{3m} & \cdots & X_{nm} \end{bmatrix}\begin{bmatrix} 1 & X_{11} & X_{12} & \cdots & X_{1m} \\ 1 & X_{21} & X_{22} & \cdots & X_{2m} \\ \vdots & \vdots & \vdots & & \vdots \\ 1 & X_{n1} & X_{n2} & \cdots & X_{nm} \end{bmatrix}=\boldsymbol{X}^{\mathrm{T}}\boldsymbol{X}$$

$$\boldsymbol{B}=\begin{bmatrix} \sum Y_i \\ \sum X_{i1}Y_i \\ \vdots \\ \sum X_{im}Y_i \end{bmatrix}=\begin{bmatrix} 1 & 1 & \cdots & 1 \\ X_{11} & X_{21} & \cdots & X_{n1} \\ \vdots & \vdots & & \vdots \\ X_{1m} & X_{2m} & \cdots & X_{nm} \end{bmatrix}\begin{bmatrix} Y_1 \\ Y_2 \\ \vdots \\ Y_n \end{bmatrix}=\boldsymbol{X}^{\mathrm{T}}\boldsymbol{Y}$$

其中$\widehat{\boldsymbol{\beta}}=\left(\hat{\beta}_0,\hat{\beta}_1,\cdots\hat{\beta}_m\right)^{\mathrm{T}}$，$\boldsymbol{Y}=(Y_1,Y_2,\cdots,Y_n)^{\mathrm{T}}$。所以正规方程组可以表示为：

$$\boldsymbol{A}\widehat{\boldsymbol{\beta}}=\boldsymbol{B}\ \text{或}\ (\boldsymbol{X}^{\mathrm{T}}\boldsymbol{X})\widehat{\boldsymbol{\beta}}=\boldsymbol{X}^{\mathrm{T}}\boldsymbol{Y}$$

当系数矩阵可逆时，正规方程组的解为：

$$\widehat{\boldsymbol{\beta}}=\boldsymbol{A}^{-1}\boldsymbol{B}=(\boldsymbol{X}^{\mathrm{T}}\boldsymbol{X})^{-1}\boldsymbol{X}^{\mathrm{T}}\boldsymbol{Y}$$

进而还可以得到：

$$\widehat{\boldsymbol{Y}}=\boldsymbol{X}\widehat{\boldsymbol{\beta}}=\boldsymbol{X}(\boldsymbol{X}^{\mathrm{T}}\boldsymbol{X})^{-1}\boldsymbol{X}^{\mathrm{T}}\boldsymbol{Y}$$

令$\boldsymbol{H}=\boldsymbol{X}(\boldsymbol{X}^{\mathrm{T}}\boldsymbol{X})^{-1}\boldsymbol{X}^{\mathrm{T}}$，则有$\widehat{\boldsymbol{Y}}=\boldsymbol{H}\boldsymbol{Y}$，$\boldsymbol{H}$是一个$n$阶对称矩阵，通常称为帽子矩阵。该矩阵的对角线元素记为h_{ii}，它给出了第i个观测值离其余$n-1$个观测值的距离有多远，我们通常称其为杠杆率。

11.2.2 多元回归的实例

现在将通过一个实例来演示在 R 中建立多元线性回归模型的方法。根据经验知道，沉淀物吸收能力是土壤的一项重要特征，因为它会影响杀虫剂和其他各种农药的有效性。在一项实验中，我们测定了若干组土壤样本的如下一些情况，数据如表 11-1 所示。其中，y表示磷酸盐吸收指标；x_1和x_2分别表示可提取的铁含量与可提取的铝含量。请根据这些数据建立y关于x_1和x_2的多元线性回归方程。

表 11-1　土壤沉淀物吸收能力采样数据

x_1	61	175	111	124	130	173	169	169	160	244	257	333	199
x_2	13	21	24	23	64	38	33	61	39	71	112	88	54
y	4	18	14	18	26	26	21	30	28	36	65	62	40

我们在进行一元线性回归分析之前往往会使用散点图来考察一下解释变量与被解释变量之间的线性关系。在进行多元线性回归分析时，我们也可以采用类似的图形来观察模型中解释变量与被解释变量间的关系，但这时所采用的统计图形要更复杂一些，它被称为是散点图阵列，如图 11-1 所示。

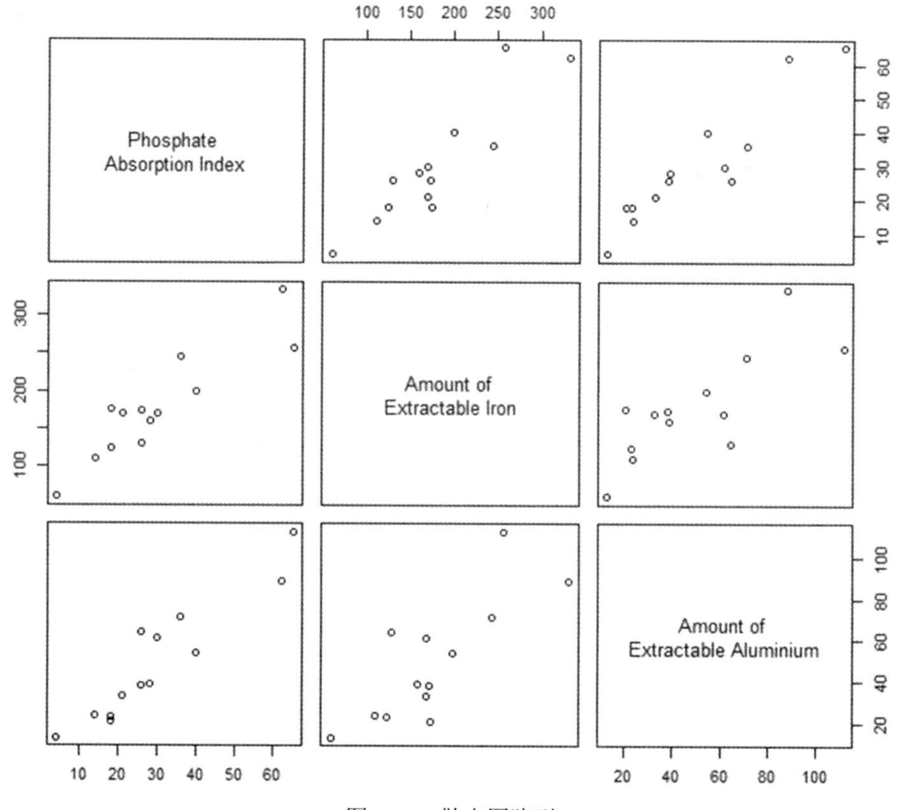

图 11-1　散点图阵列

下面给出绘制上述散点图阵列的 R 语言代码。从散点图中可以看出每个解释变量都与被解释变量存在一定的线性关系，而且这也是我们所希望看到的。更重要的是，两个解释变量之间线性关系并不显著，这就意味着多重共线性出现的可能较低。在构建多元线性回归模型时，随着解释变量数目的增多，其中某两个解释变量之间产生多重共线性是很容易发生的情况。此时就需要考虑是否将其中某个变量从模型中剔除出去，甚至是重新考虑模型的构建。关于多重共线性的问题，本书无意过深涉及。事实上，现在用以检验多重共线性的方法也有很多，有兴趣的读者可以参阅其他相关著作，此处不再赘述。另外，本章的最后还会向读者展示，现代回归分析是如何化解多重共线性之影响的。

```
> pai = c(4, 18, 14, 18, 26, 26, 21, 30, 28, 36, 65, 62, 40)
> iron = c(61, 175, 111, 124, 130, 173, 169, 169, 160, 244, 257, 333, 199)
> aluminium = c(13, 21, 24, 23, 64, 38, 33, 61, 39, 71, 112, 88, 54)
> pairs(~pai+iron+aluminium, labels = c("Phosphate \nAbsorption Index",
+ "Amount of \nExtractable Iron","Amount of \nExtractable Aluminium"),
+ main ="Scatterplot Matrices")
```

多元线性回归分析同样使用 lm()函数来完成，但与一元线性回归不同的地方在于函数中用以表示线性关系的参数表达式里各个自变量之间要用“+”来进行连接。来看下面这段示例代码。

```
> soil.lm <- lm(pai ~ iron + aluminium)
> summary(soil.lm)

Call:
lm(formula = pai ~ iron + aluminium)

Residuals:
   Min      1Q  Median      3Q     Max
-8.9352 -2.2182  0.4613  3.3448  6.0708

Coefficients:
            Estimate Std. Error t value Pr(>|t|)
(Intercept) -7.35066    3.48467  -2.109 0.061101 .
iron         0.11273    0.02969   3.797 0.003504 **
aluminium    0.34900    0.07131   4.894 0.000628 ***
---
Signif. codes:  0 '***' 0.001 '**' 0.01 '*' 0.05 '.' 0.1 ' ' 1

Residual standard error: 4.379 on 10 degrees of freedom
Multiple R-squared:  0.9485,    Adjusted R-squared:  0.9382
F-statistic: 92.03 on 2 and 10 DF,  p-value: 3.634e-07
```

易见回归模型的拟合优度$R^2 = 0.9485$，调整判定系数$R_{\text{adj}}^2 = 0.9382$，说明模型的拟合效果较好。这两个指标的意义我们在一元的情况下已经进行过详细的介绍，本章将不再赘言。需要说明的是，实际上在多元回归的情况下，随着自变量个数的增多，拟合优度也会提高，所以仅仅看这一个指标说服力是有限的。具体这些判定指标的意义，我们后面还会做进一步的解读。根据上面的结果，可以写多元线性回归方程如下：

$$\hat{y} = -7.35066 + 0.11273x_1 + 0.349x_2$$

除了 summary()函数输出的一些标准信息以外，我们还可以通过 R 中的一些函数来获得更多线性拟合模型的信息。本章后面将有更进一步的介绍。

11.2.3　总体参数估计量

由β的估计量$\hat{\beta}$的表达式可见，$\hat{\beta}$的每一个分量都是相互独立且服从正态分布的随机变量$Y_1, Y_2, \cdots, Y_n$的线性组合，从而可知随机变量$\hat{\beta}$服从$m+1$维正态分布。为了求出$\hat{\beta}$的分布，首先来计算$\hat{\beta}$的期望和方差（或方差阵）。

向量$\hat{\boldsymbol{\beta}}$的数学期望定义为：

$$E(\hat{\boldsymbol{\beta}}) = [E(\hat{\beta}_0), E(\hat{\beta}_1), \cdots, E(\hat{\beta}_m)]^{\mathrm{T}}$$

而且对任意$n \times (m+1)$阶矩阵$\boldsymbol{A}$，容易证明：

$$E(\boldsymbol{A}\hat{\boldsymbol{\beta}}) = AE(\hat{\boldsymbol{\beta}})$$

于是可得：

$$E(\hat{\boldsymbol{\beta}}) = E[(\boldsymbol{X}^{\mathrm{T}}\boldsymbol{X})^{-1}\boldsymbol{X}^{\mathrm{T}}\boldsymbol{Y}] = (\boldsymbol{X}^{\mathrm{T}}\boldsymbol{X})^{-1}\boldsymbol{X}^{\mathrm{T}}E\boldsymbol{Y}$$

$$= (\boldsymbol{X}^{\mathrm{T}}\boldsymbol{X})^{-1}\boldsymbol{X}^{\mathrm{T}}E(\boldsymbol{X\beta} + \boldsymbol{u}) = (\boldsymbol{X}^{\mathrm{T}}\boldsymbol{X})^{-1}\boldsymbol{X}^{\mathrm{T}}\boldsymbol{X\beta} = \boldsymbol{\beta}$$

所以$\hat{\boldsymbol{\beta}}$是$\boldsymbol{\beta}$的无偏估计，即$\hat{\beta}_0, \hat{\beta}_1, \cdots, \hat{\beta}_m$依次是$\beta_0, \beta_1, \cdots, \beta_m$的无偏估计，为了计算$\hat{\boldsymbol{\beta}}$的方差阵，我们先把方差阵写成矢量乘积的形式：

$$D(\hat{\boldsymbol{\beta}}) = \begin{bmatrix} D(\hat{\beta}_0) & \mathrm{cov}(\hat{\beta}_0, \hat{\beta}_1) & \cdots & \mathrm{cov}(\hat{\beta}_0, \hat{\beta}_m) \\ \mathrm{cov}(\hat{\beta}_1, \hat{\beta}_0) & D(\hat{\beta}_1) & \cdots & \mathrm{cov}(\hat{\beta}_1, \hat{\beta}_m) \\ \vdots & \vdots & \ddots & \vdots \\ \mathrm{cov}(\hat{\beta}_m, \hat{\beta}_0) & \mathrm{cov}(\hat{\beta}_m, \hat{\beta}_1) & \cdots & D(\hat{\beta}_m) \end{bmatrix}$$

$$= E\left\{[(\hat{\beta}_0 - E[\hat{\beta}_0]), (\hat{\beta}_1 - E[\hat{\beta}_1]), \cdots, (\hat{\beta}_m - E[\hat{\beta}_m])]^{\mathrm{T}} \times [(\hat{\beta}_0 - E[\hat{\beta}_0]), (\hat{\beta}_1 - E[\hat{\beta}_1]), \cdots, (\hat{\beta}_m - E[\hat{\beta}_m])]\right\}$$

$$= E\left\{[\hat{\boldsymbol{\beta}} - E(\hat{\boldsymbol{\beta}})][\hat{\boldsymbol{\beta}} - E(\hat{\boldsymbol{\beta}})]^{\mathrm{T}}\right\}$$

而且[①]：

$$
\begin{aligned}
&E\left\{[\hat{\boldsymbol{\beta}}-E(\hat{\boldsymbol{\beta}})][\hat{\boldsymbol{\beta}}-E(\hat{\boldsymbol{\beta}})]^{\mathrm{T}}\right\} \\
&=E\{[(\boldsymbol{X}^{\mathrm{T}}\boldsymbol{X})^{-1}\boldsymbol{X}^{\mathrm{T}}(\boldsymbol{Y}-E\boldsymbol{Y})][(\boldsymbol{X}^{\mathrm{T}}\boldsymbol{X})^{-1}\boldsymbol{X}^{\mathrm{T}}(\boldsymbol{Y}-E\boldsymbol{Y})]^{\mathrm{T}}\} \\
&=E[(\boldsymbol{X}^{\mathrm{T}}\boldsymbol{X})^{-1}\boldsymbol{X}^{\mathrm{T}}(\boldsymbol{Y}-E\boldsymbol{Y})(\boldsymbol{Y}-E\boldsymbol{Y})^{\mathrm{T}}\boldsymbol{X}(\boldsymbol{X}^{\mathrm{T}}\boldsymbol{X})^{-1}] \\
&=(\boldsymbol{X}^{\mathrm{T}}\boldsymbol{X})^{-1}\boldsymbol{X}^{\mathrm{T}}E[(\boldsymbol{Y}-E\boldsymbol{Y})(\boldsymbol{Y}-E\boldsymbol{Y})^{\mathrm{T}}]\boldsymbol{X}(\boldsymbol{X}^{\mathrm{T}}\boldsymbol{X})^{-1} \\
&=(\boldsymbol{X}^{\mathrm{T}}\boldsymbol{X})^{-1}\boldsymbol{X}^{\mathrm{T}}E(\boldsymbol{u}\boldsymbol{u}^{\mathrm{T}})\boldsymbol{X}(\boldsymbol{X}^{\mathrm{T}}\boldsymbol{X})^{-1} \\
&=(\boldsymbol{X}^{\mathrm{T}}\boldsymbol{X})^{-1}\boldsymbol{X}^{\mathrm{T}}\sigma^2\boldsymbol{I}\boldsymbol{X}(\boldsymbol{X}^{\mathrm{T}}\boldsymbol{X})^{-1}=\sigma^2(\boldsymbol{X}^{\mathrm{T}}\boldsymbol{X})^{-1}
\end{aligned}
$$

根据已经得到的计算结果，易知$\hat{\boldsymbol{\beta}}$的方差阵等于$\sigma^2\boldsymbol{A}^{-1}$，这个方差阵给出了$\hat{\boldsymbol{\beta}}$中每个元素（即$\hat{\beta}_0,\hat{\beta}_1,\cdots,\hat{\beta}_m$）的方差（或标准差），以及元素之间的协方差。当$i=j$时，矩阵对角线上的元素就是相应$\hat{\beta}_i$的方差$\mathrm{var}(\hat{\beta}_i)=\sigma^2\boldsymbol{A}_{ij}^{-1}$，由此也可知道$\hat{\beta}_i$的标准差为：

$$
\mathrm{se}(\hat{\beta}_i)=\sigma\sqrt{\boldsymbol{A}_{ij}^{-1}}
$$

当$i\neq j$时，矩阵对角线以外的元素就表示相应$\hat{\beta}_i$与$\hat{\beta}_j$的协方差，即$\mathrm{cov}(\hat{\beta}_i,\hat{\beta}_j)=\sigma^2\boldsymbol{A}_{ij}^{-1}$。

例如，在土壤沉淀物吸收情况的例子中可以求得矩阵$\boldsymbol{A}$如下：

$$
\boldsymbol{A}=\boldsymbol{X}^{\mathrm{T}}\boldsymbol{X}=\begin{bmatrix}10 & 2305 & 641\\ 2305 & 467669 & 133162\\ 641 & 133162 & 41831\end{bmatrix}
$$

相应的逆矩阵$\boldsymbol{A}^{-1}$如下：

$$
\boldsymbol{A}^{-1}=\begin{bmatrix}0.633138 & -0.003826 & 0.002477\\ -0.003826 & 0.000046 & -0.000088\\ 0.002477 & -0.000088 & 0.000265\end{bmatrix}
$$

而且我们从系统的输出中也知道残差标准误差为4.379，于是有：

$$
\mathrm{se}(\hat{\beta}_0)=4.379\times\sqrt{0.633138}\approx 3.48437
$$

$$
\mathrm{se}(\hat{\beta}_1)=4.379\times\sqrt{0.000046}\approx 0.02969
$$

$$
\mathrm{se}(\hat{\beta}_2)=4.379\times\sqrt{0.000265}\approx 0.07130
$$

在考虑到计算过程中保留精度存在差异的条件下，上述参数的标准误差与 11.2.2 节中系统的输出结果是基本一致的。

---

① 计算过程中用到的一些矩阵计算性质如下。其中$\boldsymbol{A}$、$\boldsymbol{B}$是两个可以做乘积的矩阵，$\boldsymbol{I}$是单位矩阵，则有$(\boldsymbol{AB})^{\mathrm{T}}=\boldsymbol{B}^{\mathrm{T}}\boldsymbol{A}^{\mathrm{T}}$，$\boldsymbol{A}\boldsymbol{A}^{-1}=\boldsymbol{I}$，$\boldsymbol{A}^{\mathrm{T}}(\boldsymbol{A}^{-1})^{\mathrm{T}}=(\boldsymbol{A}^{-1}\boldsymbol{A})^{\mathrm{T}}=\boldsymbol{I}\Rightarrow(\boldsymbol{A}^{\mathrm{T}})^{-1}=(\boldsymbol{A}^{-1})^{\mathrm{T}}$。

注意 R 中的残差标准误差（Residual Standard Error）其实就是残差的标准差（Residual Standard Deviation），如果读者对于它的计算仍然感到困惑，那么可以参看第 10 章中的相关结论。总的来说，在多元线性回归中，总体方差（同时也是误差项的方差）σ^2的无偏估计量为：

$$\hat{\sigma}^2 = \frac{\sum e_i^2}{n-k} = \frac{\sum\left(Y_i - \hat{Y}_i\right)^2}{n-k}$$

所以残差（或误差项）的标准差为：

$$s = \hat{\sigma} = \sqrt{\frac{\sum\left(Y_i - \hat{Y}_i\right)^2}{n-k}}$$

其中k是被估计之参数的数量。

11.3　多元回归模型检验

借由最小二乘法所构建的线性回归模型是否给出了观察值的一种有效描述？或者说，我们所构建的模型是否具有一定的解释力？要回答这些问题，就需要对模型进行一定的检验。

11.3.1　线性回归的显著性

与一元线性回归类似，要检测随机变量Y和可控变量$X_1, X_2, \cdots, X_m$之间是否存在有线性相关关系，即检验关系式$Y = \beta_0 + \beta_1 X_1 + \cdots + \beta_m X_m + u$是否成立，其中$u \sim N(0, \sigma^2)$。此时主要检验$m$个系数$\beta_1, \beta_2, \cdots, \beta_m$是否全为零。如果全为零，则可认为线性回归不显著；反之，若系数$\beta_1, \beta_2, \cdots, \beta_m$不全为零，则可认为线性回归是显著的。为进行线性回归的显著性检验，在上述模型中提出原假设和备择假设。

- H_0：$\beta_1 = \beta_2 = \cdots = \beta_m = 0$
- H_1：H_0是错误的

设对$(X_1, X_2, \cdots, X_m, Y)$已经进行了$n$次独立观测，得观测值$(X_{i1}, X_{i2}, \cdots, X_{im}, Y_i)$，其中$i = 1,2, \cdots, n$。由观测值确定的线性回归方程为：

$$\hat{Y} = \hat{\beta}_0 + \hat{\beta}_1 X_1 + \cdots + \hat{\beta}_m X_m$$

将$(X_1, X_2, \cdots, X_m)$的观测值带入，有：

$$\hat{Y}_i = \hat{\beta}_0 + \hat{\beta}_1 X_{i1} + \cdots + \hat{\beta}_m X_{im}$$

令

$$\bar{Y} = \frac{1}{n}\sum_{i=1}^{n} Y_i$$

我们采用F检验法。首先对总离差平方和进行分解：

$$SS_{\text{total}}=\sum(Y_i-\bar{Y})^2=\sum\left(Y_i-\hat{Y}_i\right)^2+\sum\left(\hat{Y}_i-\bar{Y}\right)^2$$

与前面在一元线性回归时讨论的一样，残差平方和：

$$SS_{\text{residual}}=\sum\left(Y_i-\hat{Y}_i\right)^2$$

反映了实验时随机误差的影响。

回归平方和为：

$$SS_{\text{regression}}=\sum\left(\hat{Y}_i-\bar{Y}\right)^2$$

反映了线性回归引起的误差。

在原假设成立的条件下，可得：

$$Y_i=\beta_0+u_i,\qquad i=1,2,\cdots,n$$

$$\bar{Y}=\beta_0+\bar{u}$$

观察$SS_{\text{regression}}$和SS_{residual}的表达式，易见如果$SS_{\text{regression}}$比SS_{residual}大得多，就不能认为所有的$\beta_1,\beta_2,\cdots,\beta_m$全为零，即拒绝原假设，反之则接受原假设。从而考虑由这两项之比构造的检验统计量。

由F分布的定义可知：

$$F=\frac{SS_{\text{regression}}/m}{SS_{\text{residual}}/(n-m-1)}\sim F(m,n-m-1)$$

给定显著水平α，由F分布表查得临界值$F_\alpha(m,n-m-1)$，使得：

$$P\{F\geqslant F_\alpha(m,n-m-1)\}=\alpha$$

由抽样得到的观测数据，求得F统计量的数值，如果$F\geqslant F_\alpha(m,n-m-1)$，则拒绝原假设，即线性回归是显著的。否则，如果$F<F_\alpha(m,n-m-1)$，则接受原假设，即认为线性回归方程不显著。

在土壤沉淀物吸收情况的例子中，可以算得F统计量的大小为92.03，这个值要远远大于$F_{0.05}(2,10)$，所以有理由拒绝原假设，即证明回归总体是显著线性的。也可以通过与这个F统计量对应的P值来判断，此时可以在 R 中使用下面的代码得到相应的P值。

```
> pf(92.03, 2, 10, lower.tail=FALSE)
[1] 3.633456e-07
```

可见，P值远远小于0.05，因此我们有足够的把握拒绝原假设，并同样得到回归总体具有显著线性的结论。

11.3.2　回归系数的显著性

在多元线性回归中，若线性回归显著，回归系数不全为零，则回归方程

$$\hat{y} = \hat{\beta}_0 + \hat{\beta}_1 x_1 + \hat{\beta}_2 x_2 + \cdots + \hat{\beta}_m x_m$$

是有意义的。但线性回归显著并不能保证每一个回归系数都足够大，或者说不能保证每一个回归系数都显著地不等于零。若某一系数等于零，如$\beta_j = 0$，则变量x_j对Y的取值就不起作用。因此，要考察每一个自变量x_j对Y的取值是否起作用，其中$j = 1,2,\cdots m$，就需要对每一个回归系数β_j进行检验。为此在线性回归模型上提出原假设：

$$H_0: \beta_j = 0, \qquad 1 \leqslant j \leqslant m$$

由于$\hat{\beta}_j$是β_j的无偏估计量，自然由$\hat{\beta}_j$构造检验用的统计量。由：

$$\hat{\boldsymbol{\beta}} = (\boldsymbol{X}^{\mathrm{T}}\boldsymbol{X})^{-1}\boldsymbol{X}^{\mathrm{T}}\boldsymbol{Y}$$

易知$\hat{\beta}_j$是相互独立的正态随机变量$Y_1, Y_2, \cdots, Y_n$的线性组合，所以$\hat{\beta}_j$也服从正态分布，并且有：

$$E(\hat{\beta}_j) = \beta_j, \qquad \mathrm{var}(\hat{\beta}_j) = \sigma^2 \boldsymbol{A}_{jj}^{-1}$$

即$\hat{\beta}_j \sim N(\beta_j, \sigma^2 \boldsymbol{A}_{jj}^{-1})$，其中$\boldsymbol{A}_{jj}^{-1}$是矩阵$\boldsymbol{A}^{-1}$的主对角线上的第$j$个元素，而且这里的$j$是从第 0 个算起的。于是

$$\frac{\hat{\beta}_j - \beta_j}{\sigma\sqrt{\boldsymbol{A}_{jj}^{-1}}} \sim N(0,1)$$

而

$$\frac{SS_{\text{residual}}}{\sigma^2} \sim \chi_{n-m-1}^2$$

还可以证明$\hat{\beta}_j$与SS_{residual}是相互独立的。因此在原假设成立的条件下，有：

$$T = \frac{\hat{\beta}_j}{\sqrt{\boldsymbol{A}_{jj}^{-1} SS_{\text{residual}}/(n-m-1)}} \sim t(n-m-1)$$

给定显著水平α，查t分布表得到临界值$t_{\alpha/2}(n-m-1)$，由样本值算得T统计量的数值，若$|T| \geqslant t_{\alpha/2}(n-m-1)$则拒绝原假设，即认为$\beta_j$和零有显著的差异；相反，若$|T| < t_{\alpha/2}(n-m-1)$则接受原假设，即认为$\beta_j$显著地等于零。

由于$E[SS_{\text{residual}}/\sigma^2] = n-m-1$，所以

$$\hat{\sigma}^{*2} = \frac{SS_{\text{residual}}}{n-m-1}$$

是σ^2的无偏估计。于是T统计量的表达式也可以简写为：

$$T = \frac{\hat{\beta}_j}{\hat{\sigma}^* \sqrt{\boldsymbol{A}_{jj}^{-1}}} = \frac{\hat{\beta}_j}{\text{se}(\hat{\beta}_j)} \sim t(n-m-1)$$

在土壤沉淀物吸收情况的例子中，R 计算得到的各参数估计值为：

$$\hat{\beta}_0 = -7.35066, \qquad \hat{\beta}_1 = 0.11273, \qquad \hat{\beta}_2 = 0.34900$$

于是同 3 个参数相对应的T统计量分别为：

$$T_{\hat{\beta}_0} = \frac{-7.35066}{4.379 \times \sqrt{0.633138}} = -2.109$$

$$T_{\hat{\beta}_1} = \frac{0.11273}{4.379 \times \sqrt{0.000046}} = 3.797$$

$$T_{\hat{\beta}_2} = \frac{0.34900}{4.379 \times \sqrt{0.000265}} = 4.894$$

相应的P值可以在 R 中用下列代码算得：

```
> 2*(1-pt(2.109,10))
[1] 0.06114493
> 2*(1-pt(3.797,10))
[1] 0.003502977
> 2*(1-pt(4.894,10))
[1] 0.0006287067
```

这与 R 自动给出的结果是一致的。而且我们可以据此推断回归系数β_1和β_2是显著（不为零）的。注意截距项β_0是否为零并不是我们需要关心的。

11.4 多元线性回归模型预测

对于线性回归模型：

$$Y = \beta_0 + \beta_1 X_1 + \beta_2 X_2 + \cdots + \beta_m X_m + u$$

其中$u \sim N(0, \sigma^2)$，当求得参数β的最小二乘估计$\hat{\beta}$之后，就可以建立回归方程：

$$\hat{Y} = \hat{\beta}_0 + \hat{\beta}_1 X_1 + \hat{\beta}_2 X_2 + \cdots + \hat{\beta}_m X_m$$

而且在经过线性回归显著性及回归系数显著性的检验后，表明回归方程和回归系数都是显著的，那么就可以利用回归方程来进行预测。给定自变量$X_1, X_2, \cdots, X_m$的任意一组观察值

$X_{01}, X_{02}, \cdots, X_{0m}$，由回归方程可得：

$$\hat{Y}_0 = \hat{\beta}_0 + \hat{\beta}_1 X_{01} + \hat{\beta}_2 X_{02} + \cdots + \hat{\beta}_m X_{0m}$$

设$\boldsymbol{X}_0 = (1, X_{01}, X_{02}, \cdots, X_{0m})$，则上式可以写成：

$$\hat{Y}_0 = \boldsymbol{X}_0 \hat{\boldsymbol{\beta}}$$

正如第 10 章中所讨论的那样，在$\boldsymbol{X} = \boldsymbol{X}_0$时，由样本回归方程计算的$\hat{Y}_0$是个别值$Y_0$和总体均值$E(Y_0)$的无偏估计，所以$\hat{Y}_0$可以作为$Y_0$和$E(Y_0)$的预测值。

与第 10 章中讨论的情况相同，区间预测包括两个方面，一方面是总体个别值Y_0的区间预测，另一方面是总体均值$E(Y_0)$的区间预测。设$e_0 = Y_0 - \hat{Y}_0 = Y_0 - \boldsymbol{X}_0 \hat{\boldsymbol{\beta}}$，则有：

$$e_0 \sim N(0, \sigma^2[1 + \boldsymbol{X}_0(\boldsymbol{X}^{\mathrm{T}}\boldsymbol{X})^{-1}\boldsymbol{X}_0^{\mathrm{T}}])$$

如果$\hat{\beta}$是统计模型中某个参数β的估计值，那么T统计量的定义式就为：

$$t_{\hat{\beta}} = \frac{\hat{\beta}}{\mathrm{se}(\hat{\beta})}$$

所以与e_0相对应的T统计量的表达式如下：

$$T = \frac{e_0}{\hat{\sigma}\sqrt{1 + \boldsymbol{X}_0(\boldsymbol{X}^{\mathrm{T}}\boldsymbol{X})^{-1}\boldsymbol{X}_0^{\mathrm{T}}}} = \frac{Y_0 - \hat{Y}_0}{\hat{\sigma}\sqrt{1 + \boldsymbol{X}_0(\boldsymbol{X}^{\mathrm{T}}\boldsymbol{X})^{-1}\boldsymbol{X}_0^{\mathrm{T}}}} \sim t(n-m-1)$$

在给定显著水平α的情况下，可得：

$$\hat{Y}_0 - t_{\frac{\alpha}{2}}(n-m-1) \times \hat{\sigma}\sqrt{1 + \boldsymbol{X}_0(\boldsymbol{X}^{\mathrm{T}}\boldsymbol{X})^{-1}\boldsymbol{X}_0^{\mathrm{T}}} \leqslant Y_0 \leqslant \hat{Y}_0 + t_{\frac{\alpha}{2}}(n-m-1) \times \hat{\sigma}\sqrt{1 + \boldsymbol{X}_0(\boldsymbol{X}^{\mathrm{T}}\boldsymbol{X})^{-1}\boldsymbol{X}_0^{\mathrm{T}}}$$

总体个别值Y_0的区间预测就由上式给出。

针对土壤沉淀物吸收的例子，可以在 R 中使用下面的命令来预测当可提取的铁含量为 150，可提取的铝含量为 40 时，磷酸盐的吸收情况。

```
> predict(soil.lm, newdata = data.frame(iron=150, aluminium=40),
+ interval = "prediction")
       fit      lwr      upr
1 23.51929 13.33372 33.70486
```

其中点预测的结果是 23.51929，在 5% 的显著水平下，个别值的区间预测结果是 (13.33372, 33.70486)。

当然我们也可以根据公式来手动计算这个结果，其中的T统计量临界值可以由下面的代码求得。

```
> qt(0.025, 10, lower.tail = FALSE)
[1] 2.228139
```

为了得到更精确的误差标准差，我们使用下面的代码进行计算。R 中自动输出的结果4.379是我们所计算之结果在保留4位有效数字后得到的。

```
> soil.lm$residuals
          1           2           3           4           5 
-0.06305233 -1.70660766  0.46129830  3.34477065 -3.64063944 
          6           7           8           9          10 
 0.58585297 -2.21821382 -2.99022240  3.70238062 -8.93519447 
         11          12          13 
 4.29026500  1.09857044  6.07079214 
> sqrt(sum(soil.lm$residuals*soil.lm$residuals)/10)
[1] 4.379375
```

另外还可以算得$\boldsymbol{X}_0(\boldsymbol{X}^{\mathrm{T}}\boldsymbol{X})^{-1}\boldsymbol{X}_0^{\mathrm{T}}$的值为：

$$\begin{bmatrix}1\\150\\40\end{bmatrix}^{\mathrm{T}}\times\begin{bmatrix}0.633138 & -0.003826 & 0.002477\\-0.003826 & 0.000046 & -0.000088\\0.002477 & -0.000088 & 0.000265\end{bmatrix}\times\begin{bmatrix}1\\150\\40\end{bmatrix}=0.08958766$$

然后在 R 中使用下面的代码计算最终的预测区间，可见结果与前面给出的结果是基本一致的。

```
> 23.51929 - 2.228139 * sqrt(1+0.08958766) * 4.379375
[1] 13.33372
> 23.51929 + 2.228139 * sqrt(1+0.08958766) * 4.379375
[1] 33.70486
```

类似地，我们还可以得到总体均值$E(Y_0)$的区间预测表达式为：

$$\hat{Y}_0-t_{\frac{\alpha}{2}}(n-m-1)\times\hat{\sigma}\sqrt{\boldsymbol{X}_0(\boldsymbol{X}^{\mathrm{T}}\boldsymbol{X})^{-1}\boldsymbol{X}_0^{\mathrm{T}}}\leqslant E(Y_0)\leqslant\hat{Y}_0+t_{\frac{\alpha}{2}}(n-m-1)\times\hat{\sigma}\sqrt{\boldsymbol{X}_0(\boldsymbol{X}^{\mathrm{T}}\boldsymbol{X})^{-1}\boldsymbol{X}_0^{\mathrm{T}}}$$

并由下面的 R 代码来执行点预测和区间预测。而且Y_0期望的置信区间要比Y_0的置信区间更窄。

```
> predict(soil.lm, newdata = data.frame(iron=150, aluminium=40),
+ interval = "confidence")
       fit      lwr      upr
1 23.51929 20.59865 26.43993
```

同样，下面的代码给出了包含中间过程的手动计算方法，这与刚刚得到的计算结果是一致的。

```
> 23.51929 - 2.228139 * sqrt(0.08958766) * 4.379375
[1] 20.59865
> 23.51929 + 2.228139 * sqrt(0.08958766) * 4.379375
[1] 26.43993
```

11.5　其他回归模型函数形式

如果你觉得线性回归的函数模型仅限于之前所讨论的形式，那你就大错特错了。很多看似非线性的关系经由一定的转换也可以变成线性的。此外，在前面我们讨论的线性回归模型中，被解释变量是解释变量的线性函数，同时被解释变量也是参数的线性函数，或者说我们所讨论的模型既是变量线性模型也是参数线性模型。但很多时候，这两种线性关系是很难同时满足的。下面我们要讨论的就是参数可以满足线性模型，但变量不是线性模型的一些情况。

11.5.1　双对数模型以及生产函数

通过适当的变量替换把非线性关系转换为线性是一种非常有用的技术。在很多时候，借由这种变换，我们可以在线性回归的模型框架里来考虑许多看似形式复杂的经典模型。作为对数-对数模型（或称为双对数模型）的一个典型例子，下面就让我们共同来研究一下生产理论中著名的柯布-道格拉斯生产函数（Cobb-Douglas Production Function）。

生产函数是指在一定时期内，在技术水平不变的情况下，生产中所使用的各种生产要素的数量与所能生产的最大产量之间的关系。换句话说，生产函数反映了一定技术条件下投入与产出之间的关系。柯布-道格拉斯生产函数最初是美国数学家查尔斯 •柯布（Charles Wiggins Cobb）和经济学家保罗 • 道格拉斯（Paul Howard Douglas）在探讨投入和产出的关系时共同创造的。它的随机形式可以表达为：

$$Y_i = \beta_1 X_{2i}^{\beta_2} X_{3i}^{\beta_3} e^{u_i}$$

其中Y是工业总产值，X_2是投入的劳动力数（单位是万人或人），X_3是投入的资本，一般指固定资产净值（单位是亿元或万元）。β_1是综合技术水平，β_2是劳动力产出的弹性系数，β_3是资本产出的弹性系数，u表示随机干扰项。

在柯布与道格拉斯二人于 1928 年发表的著作中，他们详细地研究了 1899 年至 1922 年美国制造业的生产函数。他们指出，制造业的投资分为，以机器和建筑物为主要形式的固定资本投资和以原料、半成品和仓库里的成品为主要形式的流动资本投资，同时还包括对土地的投资。在他们看来，在商品生产中起作用的资本，是不包括流动资本的。这是因为，他们认为，流动资本属于制造过程的结果，而非原因。同时，他们还排除了对土地的投资。这是因为，他们认为，这部分投资受土地价值的异常增值的影响较大。因此，在他们的生产函数中，资本这一要素只包括对机器、工具、设备和工厂建筑的投资。而对劳动这一要素的度量，他们选用的是制造业的雇佣工人数。

但不幸的是，由于当时对这些生产要素的统计工作既不是每年连续的，也不是恰好按他们的分析需要来分类统计的，所以他们不得不尽可能地利用可以获得的一些其他数据，来估计出他们打算使用的数据的数值。比如，用生铁、钢、钢材、木材、焦炭、水泥、砖和铜等用于生产机器和建筑物的原料的数量变化来估计机器和建筑物的数量的变化；用美国一两个州的雇佣工人数的变化来代表整个美国的雇佣工人数的变化等。

经过一番处理，基于 1899 年至 1922 年间的数据，柯布与道格拉斯得到了前面所示之形式的生成函数。这一成果对后来的经济研究产生了十分重要的影响，而更令人敬佩的是，所有这些工作都是在没有计算机的年代里完成的。从二人所给出的模型中可以看出，决定工业系统发展水平的主要因素是投入的劳动力数、固定资产和综合技术水平（包括经营管理水平、劳动力素质和引进先进技术等）。

尽管柯布-道格拉斯生产函数给出的产出与两种投入之间的关系并不是线性的，但通过简单的对数变换即可以得到：

$$
\begin{aligned}
\ln Y_i &= \ln \beta_1 + \beta_2 \ln X_{2i} + \beta_3 \ln X_{3i} + u_i \\
&= \beta_0 + \beta_2 \ln X_{2i} + \beta_3 \ln X_{3i} + u_i
\end{aligned}
$$

其中$\beta_0 = \ln \beta_1$。此时模型对参数β_0、β_2和β_3是线性的，所以模型也就是一个线性回归模型，而且是一个对数-对数线性模型。

参考文献[8]中给出了 2005 年美国 50 个州和哥伦比亚特区的制造业部门数据，包括制造业部门的价值加成（即总产出，单位：千美元）、劳动投入（单位：千小时）和资本投入（单位：千美元）。限于篇幅，此处我们不详细列出具体数据，有需要的读者可以从本书的在线支持网站上下载得到完整数据。假定上面给出的模型满足经典线性回归模型的假定，在 R 中使用最小二乘法对参数进行估计，最终可以得到如下所示的回归方程：

$$\ln \hat{Y}_i = 3.8876 + 0.4683 \ln X_{2i} + 0.5213 \ln X_{3i}$$

$$(0.3962)\ (0.0989)\qquad\qquad (0.0969)$$

$$t = (9.8115)\ (4.7342)\qquad\qquad (5.3803)$$

从上述回归方程中可以看出 2005 年美国制造业产出的劳动和资本弹性分别是0.4683和0.5213。换言之，在研究时期，保持资本投入不变，劳动投入增加1%，平均导致产出增加约0.47%。类似地，保持劳动投入不变，资本投入增加1%，平均导致产出增加约0.52%。把两个产出弹性相加得到0.99，即为规模报酬参数的取值。不难发现，在此研究期间，美国 50 个州和哥伦比亚特区的制造业具有规模保持不变的特征。而从纯粹的统计观点来看，所估计的回归线对数据的拟合相当良好。R^2取值为0.9642，表示96%的产出（的对数）都可以由劳动和资本（的对数）来解释。当然，要进一步阐明该模型的有效性，还应该借助前面介绍的方法对模型及其中参数的显著性进行检验。

表 11-2 总结了一些常用的不同函数形式的模型。这些模型的参数之间都是线性的，但（除普通线性模型以外）变量之间却不一定是线性的。表中的*表示弹性系数是一个变量，其值依赖

于X或Y或X与Y。不难发现，在普通线性模型中，其斜率是一个常数，而弹性系数是一个变量。在双对数模型中，其弹性系数是一个常量，而斜率是一个变量。对表中的其他模型而言，斜率和弹性系数都是变量。

表 11-2 不同函数形式的模型比较

模 型	形 式	斜 率	弹 性
线性模型	$Y_i=\beta_1+\beta_2X_i$	β_2	$\beta_2(X/Y)^*$
对数-对数模型	$\ln Y_i=\beta_1+\beta_2\ln X_i$	$\beta_2(Y/X)$	β_2
对数-线性模型	$\ln Y_i=\beta_1+\beta_2X_i$	β_2Y	$\beta_2(X)^*$
线性-对数模型	$Y_i=\beta_1+\beta_2\ln X_i$	$\beta_2(1/X)$	$\beta_2(1/Y)^*$
倒数模型	$Y_i=\beta_1+\beta_2(1/X_i)$	$-\beta_2(1/X^2)$	$-\beta_2(1/XY)^*$

11.5.2 倒数模型与菲利普斯曲线

通常把具有如下形式的模型称为倒数模型：

$$Y_i=\beta_1+\beta_2(1/X_i)+u_i$$

上式中，变量之间是非线性的模型，因为解释变量X是以倒数的形式出现在模型中的，而模型中参数之间是线性的。如果令$X_i^*=1/X_i$，则模型就变为：

$$Y_i=\beta_1+\beta_2X_i^*+u_i$$

如果模型满足普通最小二乘法的基本假定，那么就可以运用普通最小二乘法进行参数估计进而进行检验及预测。倒数模型的一个显著特征是，随着X的无限增大，$1/X$将趋近于零，Y将逐渐接近β_1的渐近值或极值。所以，当变量X无限增大时，倒数回归模型将逐渐趋近其渐近值或极值。

图 11-2 给出了倒数函数模型的一些可能的形状。倒数模型在经济学中有着非常广泛的应用。例如，形如图 11-2 中(b)图所示的倒数模型常用来描述恩格尔消费曲线（Engel Expenditure Curve）。该曲线表明，消费者对某一商品的支出占其总收入或总消费支出的比例。

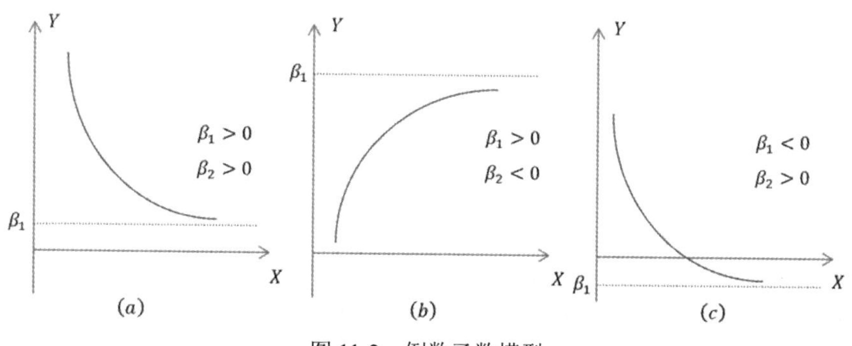

图 11-2 倒数函数模型

倒数模型的一个重要应用就是被拿来对宏观经济学中著名的菲利普斯曲线（Phillips Curve）加以描述。菲利普斯曲线最早由新西兰经济学家威廉·菲利普斯提出，他在 1958 年发表的一篇文章里根据英国 1861—1957 年失业率和货币工资变动率的经验统计资料，提出了一条用以表示失业率和货币工资变动率之间交替关系的曲线。该条曲线表明：当失业率较低时，货币工资增长率较高；反之，当失业率较高时，货币工资增长率较低。西方经济学家认为，货币工资率的提高是引起通货膨胀的原因，即货币工资率的增加超过劳动生产率的增加，引起物价上涨，从而导致通货膨胀。据此理论，美国经济学家保罗·萨缪尔森（Paul Samuelson）和罗伯特·索洛（Robert Solow）便将原来表示失业率与货币工资率之间交替关系的菲利普斯曲线发展成为用来表示失业率与通货膨胀率之间交替关系的曲线。事实上，“菲利普斯曲线”这个名称也是萨缪尔森和索洛给起的。

表 11-3 给出了 1958—1969 年美国小时收入指数年变化的百分比与失业率数据，下面就试着运用线性回归的方法来建立 1958—1969 年美国的菲利普斯曲线。

表 11-3　美国的小时收入指数年变化与失业率

年　份	收入指数	失 业 率	年　份	收入指数	失 业 率
1958	4.2	6.8	1964	2.8	5.2
1959	3.5	5.5	1965	3.6	4.5
1960	3.4	5.5	1966	4.3	3.8
1961	3.0	6.7	1967	5.0	3.6
1962	3.4	5.5	1968	6.1	3.5
1963	2.8	5.7	1969	6.7	3.5

作为对比，我们首先采用普通的一元线性回归方法，请在 R 中执行下列代码。

```
> x <- c(6.8, 5.5, 5.5, 6.7, 5.5, 5.7, 5.2, 4.5, 3.8, 3.8, 3.6, 3.5)
> y <- c(4.2, 3.5, 3.4, 3.0, 3.4, 2.8, 2.8, 3.6, 4.3, 5.0, 6.1, 6.7)

> phillips.lm.1 <- lm(y ~ x)
> coef(phillips.lm.1)
(Intercept)           x
 8.0147014  -0.7882931
```

于是便得到如下形式的回归方程：

$$\hat{Y}_i = 8.0417 - 0.7883X_i$$

然后使用下面的代码来建立倒数模型。

```
> x.rec <- 1/x
> phillips.lm.2 <- lm(y ~ x.rec)
> coef(phillips.lm.2)
```

```
(Intercept)      x.rec
 -0.2594365  20.5878817
```

由此得到的回归方程如下：

$$\hat{Y}_i = -0.2594 + 20.579/X_i$$

基于已经得到的参数，可采用下面的代码来绘制相应的菲利普斯曲线，执行结果如图 11-3 所示。

```
> par(mfrow = c(1,2))
> plot(y ~ x, xlim = c(3.5, 7), ylim = c(2.8, 7),
+ main = "Phillips Curve (Linear Model)")
> abline(phillips.lm, col = "red")

> plot(y ~ x, xlim = c(3.5, 7), ylim = c(2.8, 7),
+ main = "Phillips Curve (Reciprocal Model)")
> par(new=TRUE)
> curve(-0.2594+20.5879*(1/x), xlim = c(3.5, 7), ylim = c(2.8, 7),
+ col = "red", ylab= "", xlab = "")
```

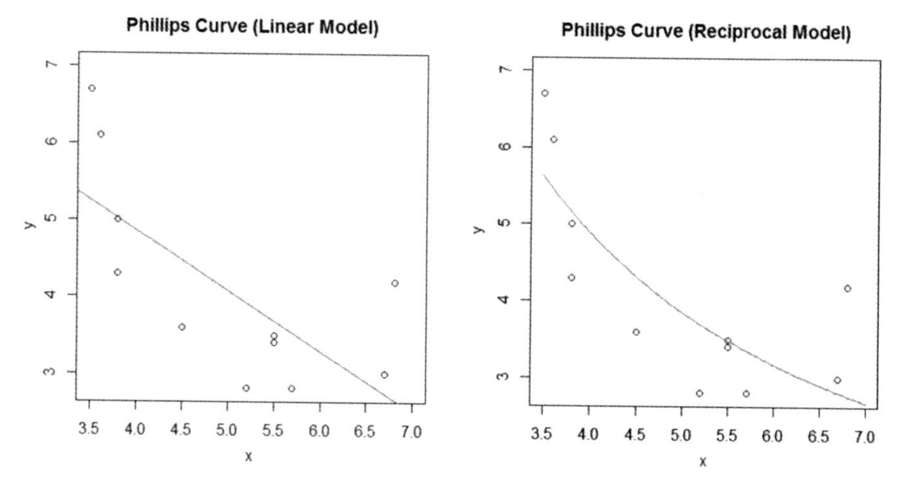

图 11-3　菲利普斯曲线

现在来分析一下已经得到的结果。在一元线性回归模型中，斜率为负，表示在其他条件保持不变的情况下，就业率越高，收入的增长率就越低。而在倒数模型中，斜率为正，这是由于X是以倒数的形式进入模型的。也就是说，倒数模型中正的斜率与普通线性模型中负的斜率所起的作用是相同的。线性模型表明失业率每上升1%，平均而言，收入的变化率为常数，约为-0.79；而另一方面，倒数模型中，收入的变化率却不是常数，它依赖于X（即就业率）的水平。显然，后一种模型更符合经济理论。此外，由于在两个模型中因变量是相同的，所以我们可以比较R^2值，倒数模型中$R^2 = 0.6594$也大于普通线性模型中的$R^2 = 0.5153$。这也表明倒数模型更好地拟合了观察数据。而反映在图形上，也不难看出倒数模型对观察值的解释更有效。

11.5.3 多项式回归模型及其分析

最后来考虑一类特殊的多元回归模型——多项式回归模型（Polynomial Regression Model）。这类模型在有关成本和生产函数的计量经济研究中有广泛的用途。而且在介绍这些模型的同时，我们进一步扩大了经典线性回归模型的适用范围。

现在有一组如图 11-4 所示的数据，图中的虚线是采用普通一元线性回归的方法进行估计的结果，不难发现，尽管这种方法也能够给出数据分布上的一种趋势，但是由此得到的模型其实拟合度并不高，从图中可以非常直观地看出估计值与观察值间的误差平方和是比较大的。为了提高拟合效果，我们很自然地想到使用多项式来建模，图中所示的实线就是采用三次多项式进行拟合后的结果，它显然有效地降低了误差平方和。

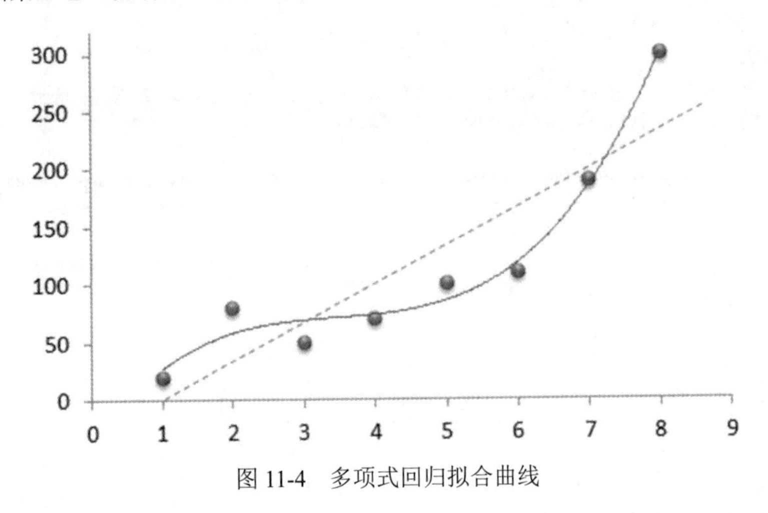

图 11-4　多项式回归拟合曲线

事实上，采用多项式建模的确会较为明显地提高拟合优度。如果要解释这其中的原理，我们可以从微积分中的泰勒公式中找到理论依据。泰勒公式告诉我们如果一个函数足够光滑，那么就可以在函数上某点的一个邻域内用一个多项式来对函数进行逼近，而且随着多项式阶数的提高，这种逼近的效果也会越来越好。同理，如果确实有一条光滑的曲线可以对所有数据点都进行毫无偏差的拟合，理论上就可以找到一个多项式来对这条曲线进行较为准确的拟合。

多项式回归通常可以写成下面这种形式：

$$Y_i = \beta_0 + \beta_1 X_i + \beta_2 X_i^2 + \cdots + \beta_k X_i^k + u_i$$

在这类多项式回归中，方程右边只有一个解释变量，但以不同乘方出现，从而使方程成为多元回归模型。而且如果X被假定为固定的或非随机的，那么带有乘方的各X_i项也将是固定的或非随机的。

各阶多项式对参数β而言都是线性的，故可用普通最小二乘法来估计。但这种模型会带来什么特殊的估计问题吗？既然各个X项都是X的幂函数，它们会不会高度相关呢？这种情况的确存在。但是X的各阶乘方项都是X的非线性函数，所以严格地说，这并不违反无多重共线性的假定。总之，多项式回归模型没有提出任何新的估计问题，所以我们可以采用前面所介绍的方法去估计它们。

这里以第 10 章中给出的树高与树龄的例子来说明构建多项式回归模型的基本方法。下面这段代码分别采用普通的一元线性回归方法（这也是第 10 章中所用过的方法）以及多项式回归方法来对树高与树龄数据进行建模。可以看到此处我们所采用的是三阶多项式。

```
> plants.lm.1 <- lm(height ~ age, data = plants)
> plants.lm.3 <- lm(height ~ age + I(age^2) + I(age^3), data = plants)
```

普通一元线性回归的结果第 10 章中已经列明，这里不再重复。下面给出的是采用三阶多项式进行回归分析的结果。

```
> summary(plants.lm.3)

Call:
lm(formula = height ~ age + I(age^2) + I(age^3), data = plants)

Residuals:
Min 1Q Median 3Q Max
-0.55377 -0.13338 0.02599 0.17758 0.38591

Coefficients:
Estimate Std. Error t value Pr(>|t|)
(Intercept) 1.67381 1.22876 1.362 0.18828
age       2.84203 0.96302   2.951 0.00790 **
I(age^2) -0.59732 0.22925 -2.606 0.01692 *
I(age^3) 0.04815 0.01690   2.849 0.00992 **
---
Signif. codes: 0 '***' 0.001 '**' 0.01 '*' 0.05 '.' 0.1 ' ' 1

Residual standard error: 0.2721 on 20 degrees of freedom
Multiple R-squared: 0.9517, Adjusted R-squared: 0.9445
F-statistic: 131.4 on 3 and 20 DF, p-value: 2.499e-13
```

由上述结果所给出的参数估计，我们可以建立如下的多项式回归方程：

$$\hat{Y}_i = 1.67381 + 0.96302X_i - 0.59732X_i^2 + 0.04815X_i^3$$

为了便于比较，可以采用下面的代码来分别绘制出采用一元线性回归方法构建的模型曲线和多项式回归方法构建的模型曲线，结果如图 11-5 所示。直观上来看，多项式回归的效果要优于普通一元线性回归。这一点可以从 R 中输出的结果做出定量的分析，易见在多项式回归分析中$R^2 = 0.9517$，这个值也确实大于普通一元线性回归分析中的$R^2 = 0.9186$，这也表明多项式回归的拟合优度更高。

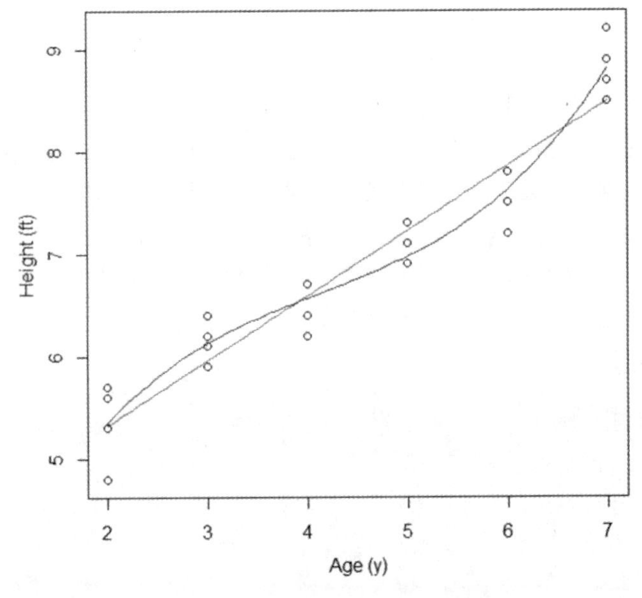

图 11-5　树龄与树高的拟合曲线

```
> plot(height ~ age, data = plants, xlab="Age (y)", ylab="Height (ft)")
> curve(predict(plants.lm.1,
+ newdata=data.frame(age = x)), add=TRUE, col="red")
> curve(predict(plants.lm.3,
+ newdata=data.frame(age = x)), add=TRUE, col="blue")
```

最后还需要说明的是，一味追求高的拟合优度是不可取的。由于数据观察值中其实是包含有随机噪声的，如果有一个模型可以对观察值进行天衣无缝地拟合，这其实说明模型对噪声也进行了完美的拟合，这显然不是我们所期望看到的。当面对多个可选的回归模型时，该如何进行甄选？这个话题我们将在 11.6 节中进行探讨。

11.6　回归模型的评估与选择

在多元回归分析中，有时能对数据集进行拟合的模型可能不止一个。因此就非常有必要设法对多个模型进行比较并评估出其中哪个才是最合适的。特别是在解释变量比较多的时候，很可能其中一些解释变量的显著性不高，决定保留哪些变量或者排除哪些变量都是模型选择过程中需要慎重考量的问题。

11.6.1　嵌套模型选择

有时在较好的拟合性与简化性之间也要进行权衡。因为我们之前曾经提到过，更复杂的（或者包含更多解释变量的）模型总是能够比简单的模型表现出更好的拟合优度。这是因为更小的残差平方和就意味着更高的R^2值。但是如果在拟合优度差别不大的情况下，我们则更倾向于选择一个简单的模型。所以一个大的指导原则就是除非复杂的模型能够显著地降低残差平方和，否则就坚持使用简单的模型。这也被称为是“精简原则”或“吝啬原则”（Principle of Parsimony）。

当我们对比两个模型时，其中一个恰好是另外一个的特殊情况，那么就称这两个模型是嵌套模型。这时最通常的做法是基于前面介绍的F检验来进行模型评估。当然，应用F检验的前提仍然是我们本章始终强调的几点，即误差满足零均值、同方差的正态分布，并且被解释变量与解释变量之间存在线性关系。

基于上述假设，对两个嵌套模型执行F检验的基本步骤如下：假设两个模型分别是M_0和M_1，其中M_0被嵌套在M_1中，即M_0是M_1的一个特例，且M_0中的参数数量p_0小于M_1中的参数数量p_1。令$y_1,y_2,\cdots,y_n$表示响应值的观察值。对于M_0，首先对参数进行估计，然后对于每个观察值y_i计算其预测值$\hat{y}_i$，然后计算残差$y_i-\hat{y}_i$，其中$i=1,\cdots,n$。并由此得到残差平方和，对于模型M_0，将它的残差平方和记为RSS_0。与RSS_0相对的自由度为$df_0=n-p_0$。重复相同的步骤即可获得与M_1相对的RSS_1和df_1。此时F统计量就由下式给出：

$$F=\frac{(RSS_0-RSS_1)/(df_0-df_1)}{RSS_1/df_1}$$

在空假设之下，F统计量满足自由度为(df_0-df_1,df_1)的F分布。一个大的F值表示残差平方和的变化也很大（当我们将模型从M_0转换成M_1时）。也就是说M_1的拟合优度显著好于M_0。因此，较大的F值会让我们拒绝H_0。注意这是一个右尾检验，所以我们仅取F分布中的正值，而且仅当M_0拟合较差时F统计量才会取得一个较大的数值。

残差平方和度量了实际观察值偏离估计模型的情况。若RSS_0-RSS_1的差值较小，那么模型M_0就与M_1相差无几，此时基于“吝啬原则”我们会倾向于接受M_0，因为模型M_1并未显著地优于M_0。进一步观察F统计量的定义，不难发现，一方面它考虑到了数据的内在变异，即RSS_1/df_1，另一方面，它也评估了两个模型间残差平方和的减少是以额外增加多少个参数为代价的。

还是来考察树龄和树高的例子。第 10 章中我们使用一元线性回归来构建模型，本章我们使用多项式回归的方法来建模。显然，一元线性模型是本章中多项式回归模型的一个特例，即两个模型构成了嵌套关系。下面的代码对这两个回归模型进行了 ANOVA 分析。

```
> anova(plants.lm.1, plants.lm.3)

Analysis of Variance Table
```

```
Model 1: height ~ age
Model 2: height ~ age + I(age^2) + I(age^3)
        Res.Df RSS Df Sum of Sq F Pr(>F)
1 22 2.4960
2 20 1.4808 2 1.0153 6.8566 0.005399 **
---
Signif. codes: 0 '***' 0.001 '**' 0.01 '*' 0.05 '.' 0.1 ' ' 1
```

从上述结果中可以看到$RSS_0 = 2.4960$和$RSS_1 = 1.4804$，以及

$$F = \frac{(2.4960 - 1.4804)/2}{1.4804/20} = 6.8566$$

若原假设为真，则有$Pr(F_{2,20} > 6.8566) = 0.0054$，可见这个概率非常低，因此我们在5%的显著水平上拒绝原假设。而原假设是说两个模型的RSS没有区别。现在原假设被拒绝了，即认为二者之间存在区别，加之$RSS_1 < RSS_0$，所以认为M_1相比于M_0而言，确实显著降低了RSS。最后再次提醒读者注意，本节所介绍的方法仅适用于嵌套模型，这也是对两个回归模型进行ANOVA 分析的基础。

11.6.2 赤池信息准则

赤池信息准则（AIC，Akaike's Information Criterion）是统计模型选择中（用于评判模型优劣的）一个应用非常广泛的信息量准则，它是由日本统计学家赤池弘次（Hirotugu Akaike）于20 世纪 70 年代左右提出的。AIC 的定义式为$\text{AIC} = -2\ln(\mathcal{L}) + 2k$，其中$\mathcal{L}$是模型的极大似然函数，$k$是模型中的独立参数个数。

当我们打算从一组可供选择的模型中选择一个最佳模型时，应该选择 AIC 值最小的模型。当两个模型之间存在着相当大的差异时，这个差异就表现在 AIC 定义式中等式右边的第 1 项，而当第 1 项不出现显著性差异时，第 2 项则起作用，从而参数个数少的模型是好的模型。这其实就是前面曾经介绍过的“吝啬原则”的一个具体化应用。

设随机变量Y具有概率密度函数$q(y|\beta)$，β是参数向量。当我们得到Y的一组独立观察值$y_1, y_2, \cdots, y_N$时，定义β的似然函数为：

$$\mathcal{L}(\beta) = q(y_1|\beta)q(y_2|\beta)\cdots q(y_N|\beta)$$

极大似然法是，采用使$\mathcal{L}(\beta)$为最大的β的估计值$\hat{\beta}$作为参数值。当刻画Y的真实分布的密度函数$p(y)$等于 $q(y|\beta_0)$时，若$N \to \infty$，则$\hat{\beta}$是β_0的一个良好的估计值。这时$\hat{\beta}$叫作极大似然估计值（MLE，Maximum Likelihood Estimate）。

现在，$\hat{\beta}$也可以考虑为不是使得似然函数$\mathcal{L}(\beta)$而是使得对数似然函数$l(\beta) = \ln\mathcal{L}(\beta)$取得最大值的$\beta$的估计值。由于

$$l(\beta)=\sum \ln q(y_i|\beta)$$

当$N\to\infty$时，几乎处处有：

$$\frac{1}{N}\sum_{i=1}^{N}\ln q(y_i|\beta)\to E\ln q(Y|\beta)$$

其中E表示Y的分布的数学期望。由此可知，极大似然估计值$\hat{\beta}$是使$E\ln q(Y|\beta)$为最大的β的估计值。我们有：

$$E\ln q(Y|\beta)=\int p(y)\ln q(y|\beta)\,\mathrm{d}y$$

而根据库尔贝克-莱布勒（Kullback- Leibler）散度（或称相对熵）公式：

$$D[p(y);q(y|\beta)]=E\ln p(Y)-E\ln q(Y|\beta)=\int p(y)\ln\frac{p(y)}{q(y|\beta)}\mathrm{d}y$$

是非负的，所以只有当$q(y|\beta)$的分布与$p(y)$的分布相一致时才等于零，于是原本想求的$E\ln p(Y|\beta)$的极大化，就准则$D[p(y);q(y|\beta)]$而言，即是求近似于$p(y)$的$q(y|\beta)$。这个解释就透彻地说明了极大似然法的本质。

作为衡量$\hat{\beta}$优劣的标准，我们不使用残差平方和，而使用$E^*D\left[p(y);q\left(y|\hat{\beta}\right)\right]$，这里$\hat{\beta}$是现在的观察值$x_1,x_2,\cdots,x_N$的函数，假定$x_1,x_2,\cdots,x_N$与$y_1,y_2,\cdots,y_N$独立但具有相同的分布，同时让$E^*$表示对$x_1,x_2,\cdots,x_N$的分布的数学期望。忽略$E^*D\left[p(y);q\left(y|\hat{\beta}\right)\right]$中的公共项$E\ln p(Y)$，只要求得有关$E^*E\ln q(Y|\beta)$的良好的估计值即可。

考虑Y与$y_1,y_2,\cdots,y_N$为相互独立的情形，设$p(y)=q(y|\beta_0)$，那么当$N\to\infty$时，$-2\ln\lambda$渐近地服从χ_k^2分布，此处

$$\lambda=\frac{\max l(\beta_0)}{\max l\left(\hat{\beta}\right)}$$

并且k是参数向量β的维数。于是，极大对数似然函数

$$l\left(\hat{\beta}\right)=\sum\ln q\left(y_i|\hat{\beta}\right)\ \text{与}\ l(\beta_0)=\sum\ln q(y_i|\beta_0)$$

之差的 2 倍，在$N\to\infty$时，渐近地服从χ_k^2分布，k是参数向量的维数。由于卡方分布的均值等于其自由度，$2l\left(\hat{\beta}\right)$比起$2l(\beta_0)$来说平均地要高出$k$那么多。这时，$2l(\beta)$在$\beta=\hat{\beta}$的邻近的形状可由$2E^*l(\beta)$在$\beta=\beta_0$邻近的形状来近似，且两者分别由以$\beta=\hat{\beta}$和$\beta=\beta_0$为顶点的二次曲面来近似。这样一来，从$2l\left(\hat{\beta}\right)$来看$2l(\beta_0)$时，后者平均地只低$k$那么多，这意味着反过来从$2E^*l(\beta_0)$再来看$[2E^*l(\beta)]_{\beta=\hat{\beta}}$时，后者平均只低$k$那么多。

由于$2E^*l(\beta)=2NE\ln q(Y|\beta)$，如果采用$2l\left(\hat{\beta}\right)-2k$来作为

$$E\{[2E^* l(\beta)]_{\beta=\hat{\beta}}\} = 2NE^* E \ln q(Y|\hat{\beta})$$

的估计值，则由k之差而导致的偏差得到了修正。为了与相对熵相对应，把这个量的符号颠倒过来，我们得到：

$$\text{AIC} = (-2)l(\hat{\beta}) + 2k$$

所以上式可以用来度量条件分布$q(y|\beta)$与总体分布$p(y)$之间的差异。AIC 值越小，二者的接近程度越高。一般情况下，当β的维数k增加时，对数似然函数$l(\hat{\beta})$也将增加，从而使 AIC 值变小。但当k过大时，$l(\hat{\beta})$的增速减缓，导致 AIC 值反而增加，使得模型变坏。可见 AIC 准则有效且合理地控制了参数维数。显然 AIC 准则在追求$l(\hat{\beta})$尽可能大的同时，k要尽可能小，这就体现了“吝啬原则”的思想。

R 语言中提供的用以计算 AIC 值的函数有两个，第一个函数为 AIC()。具体来说，在评估回归模型时，如果使用 AIC()函数，那么就相当于采用下面的公式来计算 AIC 值：

$$\text{AIC} = n + n\ln 2\pi + n\ln(SS_{\text{residual}}/n) + 2(p+1)$$

因为对数似然值的计算公式如下，只要将其带入前面讨论的 AIC 公式就能得到上面的 AIC 算式：

$$L = -\frac{n}{2}\ln 2\pi - \frac{n}{2}\ln(SS_{\text{residual}}/n) - \frac{n}{2}$$

理论上 AIC 准则不能给出模型阶数的相容估计，即当样本趋于无穷大时，由 AIC 准则选择的模型阶数不能收敛到其真值。此时须考虑用 BIC 准则（或称 Schwarz BIC），BIC 准则对模型参数考虑更多，定出的阶数低。限于篇幅，此处不打算对 BIC 进行过多解释，仅仅给出其计算公式如下：

$$\text{BIC} = n + n\ln 2\pi + n\ln(SS_{\text{residual}}/n) + (\ln n)(p+1)$$

我们可以使用 BIC()函数来获取回归模型的 BIC 信息量。另外，在 AIC()函数中，有一个默认值为 2 的参数 k，如果将其改为 log(n)，那么此时 AIC()算的就是 BIC 值。这一点从它们两者的计算公式也很容易能看出来。现在就来计算一下土壤沉淀物吸收情况例子中所构建之回归模型的 AIC 值和 BIC 值，示例代码如下。

```
> n <- 13
> p <- 3
> rss <- sum(soil.lm$residuals * soil.lm$residuals)

> AIC(soil.lm)
[1] 79.88122
> n + n * log(2 * pi) + n * log(rss/n) + 2 * (p+1)
[1] 79.88122

> BIC(soil.lm)
```

```
[1] 82.14102
> AIC(soil.lm, k = log(n))
[1] 82.14102
> n + n * log(2 * pi) + n * log(rss/n) + log(n) * (p+1)
[1] 82.14102
```

R 语言中提供的另外一个用于计算 AIC 值的函数是 extractAIC()，当我们采用这个函数来计算时，就相当于采用下面的公式来计算 AIC 值：

$$\mathrm{AIC} = n\ln(SS_{\mathrm{residual}}/n) + 2p$$

相应的 BIC 值计算公式为：

$$\mathrm{BIC} = n\ln(SS_{\mathrm{residual}}/n) + (\ln n)p$$

比如在土壤沉淀物吸收情况的例子中，我们可以采用下面的代码来获取 AIC 值和 BIC 值。

```
> extractAIC(soil.lm)
[1]  3.00000 40.98882
> n * log(rss/n) + 2 * p
[1] 40.98882
> extractAIC(soil.lm, k = log(n))
[1]  3.00000 42.68367
> n * log(rss/n) + log(n) * p
[1] 42.68367
```

11.6.3　逐步回归方法

为了检测水泥中各种成分在水泥硬化过程中对于散热的影响，研究人员进行了相关实验。共获得实验数据 14 组，每组都包含 4 个解释变量以及一个响应值，读者可以使用下面的代码读入相关数据。

```
> heat <- read.csv("c:/cement.csv")
```

其中y表示每克水泥的散热量（单位：卡路里），x_1表示水泥中$3\mathrm{CaO}\cdot\mathrm{Al_2O_3}$的含量，$x_2$表示水泥中$3\mathrm{CaO}\cdot\mathrm{SiO_2}$的含量，$x_3$表示水泥中$4\mathrm{CaO}\cdot\mathrm{Al_2O_3}\cdot\mathrm{Fe_2O_3}$的含量，$x_4$表示水泥中$2\mathrm{CaO}\cdot\mathrm{SiO_2}$的含量。数据文件可以从本书的在线支持网站中得到，限于篇幅，这里不再详细列出。

在实际分析中，使用多元线性模型描述变量之间的关系时，无法事先了解哪些变量之间的关系显著，就会考虑很多的潜在自变量。例如在水泥散热分析的这个例子中，我们并不能提前预知 4 种成分中哪些对于水泥的散热具有显著影响。因此便不得不考虑所有的可能情况，如表 11-4 所示，我们给出了各种可能的线性组合模型下用于评价拟合优度的R^2值和 AIC 值，其中 AIC 值由函数 extractAIC()获得。从表中的结果来看，模型(x_1,x_2,x_3)应该最好的，因为它的 AIC 值最小。尽管模型(x_1,x_2,x_3,x_4)的R^2值略高于(x_1,x_2,x_3)，但这是以增加一个解释变量为代价换取的，基于“吝啬原则”，我们当然更倾向于选择更加精简的模型。

表 11-4　拟合度评价指标

模　型	R^2	AIC
x_1	0.53400	63.52
x_2	0.66600	59.18
x_3	0.28700	69.07
x_4	0.67500	58.85
x_1, x_2	0.97900	25.42
x_1, x_3	0.54800	65.12
x_1, x_4	0.97200	28.74
x_2, x_3	0.84700	51.04
x_2, x_4	0.68000	60.63
x_3, x_4	0.93500	39.85
x_1, x_2, x_3	0.98228	25.01
x_1, x_2, x_4	0.98234	24.97
x_1, x_3, x_4	0.98100	25.73
x_2, x_3, x_4	0.97300	30.58
x_1, x_2, x_3, x_4	0.98237	26.94

但是上面这种事后再逐一评估剔除欠妥的变量的做法显然会使建模过程变得烦琐复杂。为了简化建模过程，一个值得推荐的方法就是所谓的逐步回归法（Stepwise Method）。逐步回归建模时，按偏相关系数的大小次序（即解释变量对被解释变量的影响程度）将自变量逐个引入方程，对引入的每个自变量的偏相关系数进行统计检验，效应显著的自变量留在回归方程内，如此继续遴选下一个自变量。R 中进行逐步回归的函数是 step()，并以 AIC 信息准则作为添加或删除变量的判别方法。

从一个包含所有解释变量的“完整模型”开始，首先消除其中最不显著的解释变量，再消除其次不显著的变量（如果有的话），继续下去直到最后所保留的都是显著的解释变量。该类型的逐步回归方法也称为“后向消除法”，例如下面的代码所演示的就是进行后向消除的过程。

```
> heat.lm1 <- lm(y~x1+x2+x3+x4, data=heat)
> step(heat.lm1, ~.)
Start:  AIC=26.94
y ~ x1 + x2 + x3 + x4

       Df Sum of Sq    RSS    AIC
- x3    1    0.1091 47.973 24.974
- x4    1    0.2470 48.111 25.011
- x2    1    2.9725 50.836 25.728
<none>              47.864 26.944
- x1    1   25.9509 73.815 30.576
```

```
Step:  AIC=24.97
y ~ x1 + x2 + x4

       Df Sum of Sq    RSS    AIC
<none>               47.97 24.974
- x4    1      9.93  57.90 25.420
+ x3    1      0.11  47.86 26.944
- x2    1     26.79  74.76 28.742
- x1    1    820.91 868.88 60.629

Call:
lm(formula = y ~ x1 + x2 + x4, data = heat)

Coefficients:
(Intercept)           x1           x2           x4
    71.6483       1.4519       0.4161      -0.2365
```

函数step()中的参数direction用于控制逐步回归的方向，如果用于确定逐步搜索范围的参数scope缺省，那么 direction 的默认值就是“backward”，所以下面的这种语法与前面所采用的语法是等价的。

```
> step(heat.lm1, ~.,direction = "backward")
```

从输出结果来看，最终得到的回归方程为：

$$\hat{y} = 71.6483 + 1.4519x_1 + 0.4161x_2 - 0.2365x_4$$

这与本节开始时分析所得之结果是一致的。

与后向消除法相对应的还有“前向选择法”，此时我们将从一个空模型开始，然后向其中加入一个最显著的解释变量，再加入其次显著的解释变量（如果有的话），直到仅剩下那些不显著的解释变量为止。例如下面的代码所演示的就是进行前向选择的过程。

```
> heat.lm2 <- lm(y~1, data=heat)
> step(heat.lm2, ~. + x1 + x2 + x3 + x4)
Start:  AIC=71.44
y ~ 1

       Df Sum of Sq     RSS    AIC
+ x4    1   1831.90  883.87 58.852
+ x2    1   1809.43  906.34 59.178
+ x1    1   1450.08 1265.69 63.519
+ x3    1    776.36 1939.40 69.067
<none>              2715.76 71.444
```

```
Step:  AIC=58.85
y ~ x4

       Df Sum of Sq     RSS    AIC
+ x1    1    809.10   74.76 28.742
+ x3    1    708.13  175.74 39.853
<none>                883.87 58.852
+ x2    1     14.99  868.88 60.629
- x4    1   1831.90 2715.76 71.444

Step:  AIC=28.74
y ~ x4 + x1

       Df Sum of Sq     RSS    AIC
+ x2    1     26.79   47.97 24.974
+ x3    1     23.93   50.84 25.728
<none>                74.76 28.742
- x1    1    809.10  883.87 58.852
- x4    1   1190.92 1265.69 63.519

Step:  AIC=24.97
y ~ x4 + x1 + x2

       Df Sum of Sq    RSS    AIC
<none>               47.97 24.974
- x4    1      9.93  57.90 25.420
+ x3    1      0.11  47.86 26.944
- x2    1     26.79  74.76 28.742
- x1    1    820.91 868.88 60.629

Call:
lm(formula = y ~ x4 + x1 + x2, data = heat)

Coefficients:
(Intercept)           x4           x1           x2
    71.6483      -0.2365       1.4519       0.4161
```

从输出中可以看出，我们得到了同样的回归结果。此外，下面的这种语法与前面所采用的语法是等价的。

```
> step(heat.lm2, ~. + x1 + x2 + x3 + x4, direction = "forward")
```

默认情况下，step()函数中参数 trace 的默认值为 TRUE，此时逐步回归分析的过程将被打印出来。如果希望精简逐步回归分析的输出结果，可以将其置为 FALSE。

11.7　现代回归方法的新进展

当设计矩阵$\boldsymbol{X}$呈病态时，$\boldsymbol{X}$的列向量之间有较强的线性相关性，即解释变量间出现严重的多重共线性。这种情况下，用普通最小二乘法对模型参数进行估计，往往参数估计的方差太大，使普通最小二乘法的效果变得很不理想。为了解决这一问题，统计学家从模型和数据的角度考虑，采用回归诊断和自变量选择来克服多重共线性的影响。另一方面，人们还对普通最小二乘估计进行了一定的改进。本章将以岭回归和 Lasso 方法为例来讨论现代回归分析中的一些新进展和新思想。

11.7.1　多重共线性

前面已经讲过，多元线性回归模型有一个基本假设，即要求设计矩阵$\boldsymbol{X}$的列向量之间线性无关。下面就来研究一下，如果这个条件无法满足，将会导致何种后果。设回归模型：

$$y = \beta_0 + \beta_1 x_1 + \beta_2 x_2 + \cdots + \beta_p x_p + \varepsilon$$

存在完全的多重共线性，换言之，设计矩阵$\boldsymbol{X}$的列向量间存在不全为零的一组数$c_0, c_1, c_2, \cdots, c_p$，使得：

$$c_0 + c_1 x_{i1} + c_2 x_{i2} + \cdots + c_p x_{ip} = 0, \qquad i = 1,2,\cdots,n$$

此时便有$|\boldsymbol{X}^{\mathrm{T}}\boldsymbol{X}| = 0$。

前面曾经给出多元线性回归模型的矩阵形式为：

$$\boldsymbol{Y} = \boldsymbol{X}\widehat{\boldsymbol{\beta}} + \boldsymbol{\varepsilon}$$

并且正规方程组可以表示为：

$$(\boldsymbol{X}^{\mathrm{T}}\boldsymbol{X})\widehat{\boldsymbol{\beta}} = \boldsymbol{X}^{\mathrm{T}}\boldsymbol{Y}$$

进而，当系数矩阵可逆时，正规方程组的解为：

$$\widehat{\boldsymbol{\beta}} = (\boldsymbol{X}^{\mathrm{T}}\boldsymbol{X})^{-1}\boldsymbol{X}^{\mathrm{T}}\boldsymbol{Y}$$

由线性代数知识可得，矩阵可逆的充分必要条件是其行列式不为零。通常把一个行列式等于零的方阵称为奇异矩阵，即可逆矩阵就是指非奇异矩阵。显然，存在完全共线性时，系数矩阵的行列式$|\boldsymbol{X}^{\mathrm{T}}\boldsymbol{X}| = 0$，此时系数矩阵是不可逆的，即$(\boldsymbol{X}^{\mathrm{T}}\boldsymbol{X})^{-1}$不存在。所以回归参数的最小二乘估计表达式也不成立。

另外，在实际问题中，更容易发生的情况是近似共线性的情形，即存在不全为零的一组数$c_0, c_1, c_2, \cdots, c_p$，使得：

$$c_0 + c_1 x_{i1} + c_2 x_{i2} + \cdots + c_p x_{ip} \approx 0, \qquad i = 1,2,\cdots,n$$

这时，由于$|\boldsymbol{X}^{\mathrm{T}}\boldsymbol{X}| \approx 0$，$(\boldsymbol{X}^{\mathrm{T}}\boldsymbol{X})^{-1}$的对角线元素将变得很大，$\widehat{\boldsymbol{\beta}}$的方差阵$D(\widehat{\boldsymbol{\beta}}) = \sigma^2(\boldsymbol{X}^{\mathrm{T}}\boldsymbol{X})^{-1}$的对角线元素也会变得很大，而$D(\widehat{\boldsymbol{\beta}})$的对角线元素就是相应$\hat{\beta}_i$的方差$\mathrm{var}(\hat{\beta}_i)$。因而$\beta_0, \beta_1, \cdots, \beta_p$的估计精度很低。如此一来，虽然用最小二乘估计能得到$\boldsymbol{\beta}$的无偏估计，但估计量$\widehat{\boldsymbol{\beta}}$的方差很大，就会致使解释变量对被解释变量的影响程度无法被正确评价，甚至可能得出与实际数值截然相反的结果。下面就通过一个例子来说明这一点。

假设解释变量x_1、x_2与被解释变量y的关系服从多元线性回归模型：

$$y = 10 + 2x_1 + 3x_2 + \varepsilon$$

现给定x_1、x_2的 10 组值，如表 11-5 所示。然后用模拟的方法产生 10 个正态分布的随机数，作为误差项$\varepsilon_1, \varepsilon_2, \cdots, \varepsilon_{10}$。再由上述回归模型计算出 10 个相应的$y_i$值。

表 11-5　模型取值

i	1	2	3	4	5	6	7	8	9	10
x_1	1.1	1.4	1.7	1.7	1.8	1.8	1.9	2.0	2.3	2.4
x_2	1.1	1.5	1.8	1.7	1.9	1.8	1.8	2.1	2.4	2.5
ε_i	0.8	-0.5	0.4	-0.5	0.2	1.9	1.9	0.6	-1.5	-1.5
y_i	16.3	16.8	19.2	18.0	19.5	20.9	21.1	20.9	20.3	22.0

假设回归系数与误差项未知，用普通最小二乘法求回归系数的估计值将得：

$$\hat{\beta}_0 = 11.292, \qquad \hat{\beta}_1 = 11.307, \qquad \hat{\beta}_2 = -6.591$$

这显然与原模型中的参数相去甚远。事实上，如果计算x_1、x_2的样本相关系数就会得到 0.986 这个结果，也就表明x_1与x_2之间高度相关。这也就揭示了存在多重共线性时，普通最小二乘估计可能引起麻烦。

11.7.2　岭回归

在普通最小二乘估计的众多改进方法中，岭回归无疑是当前最有影响力的一种新思路。针对出现多重共线性的情况，普通最小二乘估计将发生严重劣化的问题，美国特拉华大学的统计学家亚瑟·霍尔（Arthur E. Hoerl）在 1962 年首先提出了现今被称为岭回归（Ridge Regression）的方法。后来，霍尔和罗伯特·肯纳德（Robert W. Kennard）在 20 世纪 70 年代又对此进行了详细的讨论。

岭回归提出的想法是很自然的。正如前面所讨论的，自变量间存在多重共线性时，$|\boldsymbol{X}^{\mathrm{T}}\boldsymbol{X}| \approx 0$，不妨设想给$\boldsymbol{X}^{\mathrm{T}}\boldsymbol{X}$加上一个正常数矩阵$\lambda\boldsymbol{I}$，其中$\lambda > 0$。那么$\boldsymbol{X}^{\mathrm{T}}\boldsymbol{X} + \lambda\boldsymbol{I}$接近奇异的程度就会比$\boldsymbol{X}^{\mathrm{T}}\boldsymbol{X}$接近奇异的程度小得多。于是原正规方程组的解就变为：

$$\widehat{\boldsymbol{\beta}}(\lambda) = (\boldsymbol{X}^{\mathrm{T}}\boldsymbol{X} + \lambda\boldsymbol{I})^{-1}\boldsymbol{X}^{\mathrm{T}}\boldsymbol{Y}$$

上式称为$\boldsymbol{\beta}$的岭回归估计，其中λ是岭参数。$\widehat{\boldsymbol{\beta}}(\lambda)$作为$\boldsymbol{\beta}$的估计应比最小二乘估计$\widehat{\boldsymbol{\beta}}$稳定。特别地，当$\lambda=0$时的岭回归估计$\widehat{\boldsymbol{\beta}}(0)$就是普通最小二乘估计。这是理解岭回归最直观的一种方法，后面我们还会从另外一个角度来解读它。

因为岭参数λ不是唯一确定的，所以得到的岭回归估计$\widehat{\boldsymbol{\beta}}(\lambda)$实际是回归参数$\boldsymbol{\beta}$的一个估计族。例如，对 11.7.1 节中讨论的例子可以算得λ取不同值时，回归参数的不同估计结果，如表 11-6 所示。

表 11-6　参数估计族

λ	0	0.1	0.15	0.2	0.3	0.4	0.5	1.0	1.5	2.0	3.0
$\hat{\beta}_1(\lambda)$	11.31	3.48	2.99	2.71	2.39	2.20	2.06	1.66	1.43	1.27	1.03
$\hat{\beta}_2(\lambda)$	-6.59	0.63	1.02	1.21	1.39	1.46	1.49	1.41	1.28	1.17	0.98

以λ为横坐标，$\hat{\beta}_1(\lambda)$、$\hat{\beta}_2(\lambda)$为纵坐标画成图 11-6。从图 11-6 中可看到，当λ较小时，$\hat{\beta}_1(\lambda)$、$\hat{\beta}_2(\lambda)$很不稳定；当λ逐渐增大时，$\hat{\beta}_1(\lambda)$、$\hat{\beta}_2(\lambda)$趋于稳定。λ取何值时，对应的$\hat{\beta}_1(\lambda)$、$\hat{\beta}_2(\lambda)$才是一个优于普通最小二乘估计的估计呢？这是实际应用中非常现实的一个问题，但本书无意在此处展开，有兴趣的读者可以参阅其他相关著作以了解更多。

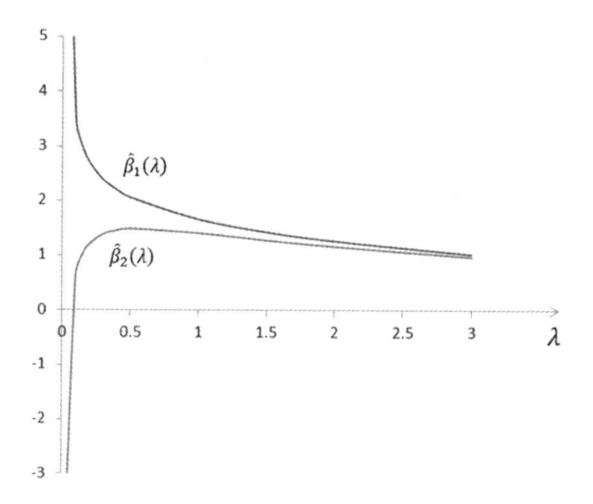

图 11-6　估计值随岭参数的变化情况

11.7.3　从岭回归到 Lasso

下面尝试从另外一个角度来理解岭回归的意义。回想一下普通最小二乘估计的基本思想，我们其实是希望参数估计的结果能够使得由下面这个公式所给出的离差平方和最小。

$$\sum_{i=1}^{n} e_i^2=\sum_{i=1}^{n}\left(Y_i-\hat{Y}_i\right)^2=\sum_{i=1}^{n}\left(Y_i-\sum_{j=1}^{p} x_{ij}\hat{\beta}_j\right)^2=\sum_{i=1}^{n}\left(Y_i-\boldsymbol{X}_i^{\mathrm{T}}\widehat{\boldsymbol{\beta}}\right)^2$$

但是，当出现多重共线性时，由于估计量$\widehat{\boldsymbol{\beta}}$的方差很大，上述离差平方和取最小时依然可能很大，这时我们能想到的方法就是引入一个惩罚因子，于是可得：

$$RRS\left(\widehat{\boldsymbol{\beta}}^{\text{Ridge}}\right)=\underset{\widehat{\boldsymbol{\beta}}}{\operatorname{argmin}}\left\{\sum_{i=1}^{n}\left(Y_i-\boldsymbol{X}_i^{\mathrm{T}}\widehat{\boldsymbol{\beta}}\right)^2+\lambda\sum_{j=1}^{p}\hat{\beta}_j^2\right\}$$

可想而知的是，当估计量$\widehat{\boldsymbol{\beta}}$的方差很大时，上式再取最小值，所得之离差平方和势必被压缩，从而得到更为理想的回归结果。

对上式求极小值，并采用向量形式对原式进行改写，便可根据微积分中的费马定理得到：

$$\frac{\partial RRS\left(\widehat{\boldsymbol{\beta}}^{\text{Ridge}}\right)}{\partial\widehat{\boldsymbol{\beta}}}=\frac{\partial\left[\left(\boldsymbol{Y}-\boldsymbol{X}\widehat{\boldsymbol{\beta}}\right)^{\mathrm{T}}\left(\boldsymbol{Y}-\boldsymbol{X}\widehat{\boldsymbol{\beta}}\right)+\lambda\widehat{\boldsymbol{\beta}}^{\mathrm{T}}\widehat{\boldsymbol{\beta}}\right]}{\widehat{\boldsymbol{\beta}}}=0$$

$$2\boldsymbol{X}^{\mathrm{T}}\boldsymbol{X}\widehat{\boldsymbol{\beta}}-2\boldsymbol{X}^{\mathrm{T}}\boldsymbol{Y}+2\lambda\widehat{\boldsymbol{\beta}}=0\Rightarrow\boldsymbol{X}^{\mathrm{T}}\boldsymbol{X}\widehat{\boldsymbol{\beta}}+\lambda\widehat{\boldsymbol{\beta}}=\boldsymbol{X}^{\mathrm{T}}\boldsymbol{Y}$$

进而有：

$$\boldsymbol{X}^{\mathrm{T}}\boldsymbol{Y}=(\boldsymbol{X}^{\mathrm{T}}\boldsymbol{X}+\lambda\boldsymbol{I})\widehat{\boldsymbol{\beta}}\Rightarrow\widehat{\boldsymbol{\beta}}=(\boldsymbol{X}^{\mathrm{T}}\boldsymbol{X}+\lambda\boldsymbol{I})^{-1}\boldsymbol{X}^{\mathrm{T}}\boldsymbol{Y}$$

最终便得到了与 11.7.2 节中一致的参数岭回归估计表达式。

再来观察一下$RRS\left(\widehat{\boldsymbol{\beta}}^{\text{Ridge}}\right)$的表达式，你能否发现某些我们曾经介绍过的关于最优化问题的蛛丝马迹。是的，这其实是一个带不等式约束的优化问题而导出的广义拉格朗日函数。原始的不等式约束优化问题可写为：

$$\underset{\widehat{\boldsymbol{\beta}}}{\operatorname{argmin}}\sum_{i=1}^{n}\left(Y_i-\boldsymbol{X}_i^{\mathrm{T}}\widehat{\boldsymbol{\beta}}\right)^2,\qquad s.t.\sum_{j=1}^{p}\hat{\beta}_j^2-C\leqslant 0$$

其中C是一个常数。

泛函分析的基本知识告诉我们，n维矢量空间$\boldsymbol{R}_n$中的元素$\boldsymbol{X}=[x_i]_{i=1}^{n}$的范数可以定义为如下形式：

$$\|\boldsymbol{X}\|_2=\left\{\sum_{i=1}^{n}|x_i|^2\right\}^{\frac{1}{2}}$$

这也就是所谓的欧几里得范数。我们还可以更一般地定义（p为任意不小于1的数）：

$$\|\boldsymbol{X}\|_p=\left\{\sum_{i=1}^{n}|x_i|^p\right\}^{\frac{1}{p}}$$

于是如果采用范数的形式，前面的极值表达式还常常写成下面这种形式：

$$\underset{\widehat{\boldsymbol{\beta}}}{\operatorname{argmin}}\left\{\sum_{i=1}^{n}\left(Y_i-\boldsymbol{X}_i^{\mathrm{T}}\widehat{\boldsymbol{\beta}}\right)^2+\lambda\left\|\widehat{\boldsymbol{\beta}}\right\|_2^2\right\}$$

进而得到原始的不等式约束优化问题为：

$$\underset{\widehat{\boldsymbol{\beta}}}{\operatorname{argmin}}\sum_{i=1}^{n}\left(Y_i-\boldsymbol{X}_i^{\mathrm{T}}\widehat{\boldsymbol{\beta}}\right)^2,\qquad s.t.\left\|\widehat{\boldsymbol{\beta}}\right\|_2^2\leqslant C$$

其中C是一个常数。

此时这个优化问题的意义就变得更加明晰了。现在以二维的情况为例来加以说明，即此时参数向量$\boldsymbol{\beta}$由β_1和β_2两个分量构成。如图 11-7 所示，当常数C取不同值时，二维欧几里得范数所限定的界限相当于是一系列同心但半径不等的圆形。向量$\boldsymbol{\beta}$所表示的是二维平面上的一个点，而这个点就必须位于一个个圆形之内。另一方面，红色的原点是采用普通最小二乘估计求得的（不带约束条件的）最小离差平方和。围绕在它周围的闭合曲线表示了一系列的等值线。也就是说，在同一条闭合曲线上，离差平方和是相等的。而且随着闭合曲线由内向外扩张，离差平方和也会逐渐增大。我们现在要求的是在满足约束条件的前提下，离差平方和取得最小值，显然等值线与圆周的第一个切点$\boldsymbol{\beta}^*$就是我们要求取的最优解。

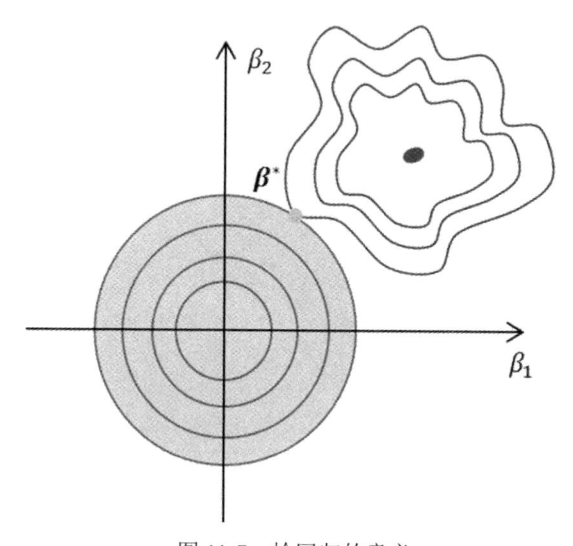

图 11-7 岭回归的意义

可见，根据n维矢量空间$p=2$时的范数定义，就能推演出岭回归的方法原理。其实我们也很自然地会想到，简化这个限制条件，采用$p=1$时的范数定义来设计一个新的回归方法，即：

$$\underset{\widehat{\boldsymbol{\beta}}}{\operatorname{argmin}}\sum_{i=1}^{n}\left(Y_i-\boldsymbol{X}_i^{\mathrm{T}}\widehat{\boldsymbol{\beta}}\right)^2,\qquad s.t.\left\|\widehat{\boldsymbol{\beta}}\right\|_1\leqslant C$$

此时新的广义拉格朗日方程就为：

$$\underset{\widehat{\boldsymbol{\beta}}}{\operatorname{argmin}}\left\{\sum_{i=1}^{n}\left(Y_i-\boldsymbol{X}_i^{\mathrm{T}}\widehat{\boldsymbol{\beta}}\right)^2+\lambda\left\|\widehat{\boldsymbol{\beta}}\right\|_1\right\}$$

这时得到的回归方法就是所谓的 Lasso（Least Absolute Shrinkage and Selection Operator）方法。该方法最早由美国斯坦福大学的统计学家罗伯特·蒂博施兰尼（Robert Tibshirani）于 1996 年提出。

根据前面给出的范数定义，当$p=1$时，

$$\|\boldsymbol{\beta}\|_1=\sum_{i=1}^{n}|\beta_i|$$

对于二维向量而言，$\left\|\widehat{\boldsymbol{\beta}}\right\|_1 \leqslant C$所构成的就是如图 11-8 所示的一系列以原点为中心的菱形，即$|\beta_1|+|\beta_2| \leqslant C$。从图 11-8 中我们可以清晰地看出 Lasso 方法的意义，这与岭回归的情形非常类似。只是将限定条件从圆形换成了菱形，这里不再赘言。

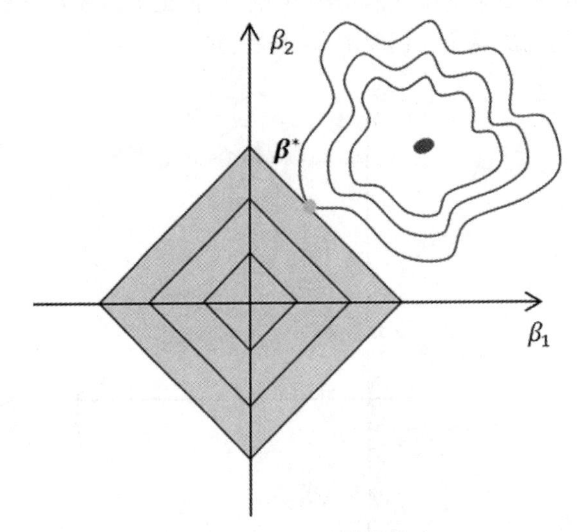

图 11-8　Lasso 方法的意义

与岭回归不同，Lasso 方法并没有明确的解析解（或称闭式解，closed-form solution），但是 Lasso 方法的解通常是稀疏的，因此非常适用于高维的情况。

第12章 方差分析方法

方差分析的方法本书前面其实已经多次使用过了，本章我们将更加系统、更加深入地探讨与此相关的话题。初听名字，人们很容易误以为这是要对总体方差进行分析的意思，然而方差分析却是对多个总体均值是否相等进行分析的统计方法。更深层次地讲，方差分析所探讨的其实是分类型自变量对数值型因变量的作用，这一点读者也应该在学习过程中注意体会。

12.1 方差分析的基本概念

事实上，本书前面已经介绍了很多检验多个总体均值是否相等的方法。例如，参数检验中的t检验就可以用来检验双总体均值是否相等，还有非参数检验中的威尔科克森符号秩检验，以及秩和检验。当然它们的适用情况并不完全相同。在已学过的众多检验方法中，与方差分析最相像的是非参数检验方法中的克鲁斯卡尔-沃利斯检验，它们都被用来对多总体（≥3）进行均值检验。方差分析（ANOVA，Analysis of Variance）是通过检验各总体均值是否相等来判断分类型变量对数值因变量是否有显著影响的统计检验方法。方差分析最初是由费希尔提出的，因此又称F检验。

下面以克鲁斯卡尔-沃利斯检验中曾经用过的大鼠实验为例来说明方差分析的有关概念以及方差分析所要研究的问题。在研究煤矿粉尘作业环境对尘肺影响的实验中，我们将18只大鼠随机分到甲、乙和丙3个组，每组6只，分别在地面办公楼、煤炭仓库和矿井下染尘，12周后测量大鼠全肺湿重，然后尝试研究不同环境下大鼠全肺湿重有无显著差别。要分析不同环境下大鼠全肺湿重有无显著差别，实际上也是判断“环境”（类别数据）对“全肺湿重”（数值数据）是否有显著影响，做出这种判断最终被归结为检验这 3 种环境大鼠的全肺湿重均值是否相等。如果它们的均值（在统计上）相等，就意味着环境对大鼠全肺湿重没有显著影响，否则就意味着环境对大鼠全肺湿重是有显著影响的。

方差分析中，将要检验的对象称为因素或因子，因素的不同表现称为水平或处理。每个因子水平下得到的样本数据称为观察值。例如，在大鼠实验中要分析不同环境对大鼠全肺湿重是有显著影响的，那么这里的环境就是要检验的对象，即因子（或因素）；地面办公楼、煤炭仓库和矿井下是这一因子的具体表现，也就是水平（或处理）。每个环境下得到的样本数据（大鼠全肺湿重）称为观察值。

在大鼠实验中，由于只涉及环境这一个因素，因此称为单因素三处理的实验。因素的每个处理都可以看成是一个总体，如地面办公楼、煤炭仓库和矿井下可以看成是 3 个总体。只有一个因素的方差分析也被称为是“单因素方差分析”。在单因素方差分析中，涉及两个变量：一个是分类型自变量，一个是数值型因变量。例如，在上面的例子中，要研究不同环境对大鼠全肺湿重是否有影响，这里的不同环境就是自变量，而且它是一个类型变量。大鼠全肺湿重是因变量，它是一个数值变量。

方差分析之所以被称为是方差分析，那是因为虽然我们感兴趣的指标是均值，但在判断均值之间是否有差异时需要借助于方差。或者说我们要通过对数据误差的考察来判断不同总体的均值是否相等，进而分析自变量对因变量是否有显著影响。为了对误差进行分析，我们首先要明确这些数据误差是从何而来的。从前面给出的实验资料中可看出，3 组数据各不相同，但这种差异（总变异）可以分解成两部分。

- 组间变异：甲、乙、丙 3 个组大鼠全肺湿重各不相等（此变异反映了处理因素的作用，以及随机误差的作用）。
- 组内变异：各组内部大鼠的全肺湿重各不相等（此变异主要反映的是随机误差的作用）。

反映全体数据误差大小的平方和称为总变异，用总离均差平方和SS_T来表示：

$$SS_T=\sum_{i=1}^{g}\sum_{j=1}^{n_i}\left(X_{ij}-\bar{X}\right)^2=\sum_{i=1}^{g}\sum_{j=1}^{n_i}\left(X_{ij}^2-2X_{ij}\bar{X}+\bar{X}^2\right)=\sum_{i=1}^{g}\sum_{j=1}^{n_i}X_{ij}^2-C$$

其中，

$$C=\frac{1}{N}\left(\sum_{i=1}^{g}\sum_{j=1}^{n_i}X_{ij}\right)^2$$

由于所接受的处理因素不同而致各组间大小不等的变异称为组间变异，用组间离均差平方和SS_A来表示：

$$SS_A=\sum_{i=1}^{g}\sum_{j=1}^{n_i}(\bar{X}_i-\bar{X})^2=\sum_{i=1}^{g}n_i\,(\bar{X}_i-\bar{X})^2=\sum_{i=1}^{g}[\frac{1}{n_i}\left(\sum_{j}^{n_i}X_{ij}\right)^2]-C$$

可见，各组平均数$\bar{X}_i$之间相差越大，它们与总平均数$\bar{X}$的差值就越大，SS_A越大；反之，SS_A越小。

反映同一处理组内部实验数据大小不等的变异称为组内变异，用组内离均差平方和SS_E来表示：

$$SS_E = \sum_{i=1}^{g}\sum_{j=1}^{n_i}\left(X_{ij} - \bar{X}_i\right)^2$$

而且 3 个变异之间还有如下关系：

$$SS_T = SS_A + SS_E$$

以及

$$df_T = df_A + df_E$$

其中，$df_T = N - 1$、$df_A = g - 1$、$df_E = N - g$。

离均差平方和只能反映变异的绝对大小。变异程度除与离均差平方和的大小有关外，还与其自由度有关，由于各部分自由度不相等，因此各部分离均差平方和不能直接比较，须除以相应的自由度，该比值称均方差，均方差的大小就反映了各部分变异的平均大小。

$$MS_A = \frac{SS_A}{df_A}, \qquad MS_E = \frac{SS_E}{df_E}$$

如果不同环境对大鼠全肺湿重没有影响，那么在组间误差中就将只包含随机误差，而没有系统误差。这时，组间误差与组内误差经过平均后的数值（即均方差）就应该很接近，它们的比值就会接近 1；否则，若不同环境对大鼠全肺湿重在统计上有显著影响，那么组间误差中除了包含随机误差，还会包含系统误差，这时组间均方差就会大于组内均方差，它们之比就会大于 1。当这个比值大到某种程度时，我们就认为因子的不同水平之间存在显著差异，即自变量对因变量有显著影响。F统计量就定义为MS_A与MS_E之比，即：

$$F = \frac{MS_A}{MS_E}$$

可见，方差分析的基本思想就是根据实验设计的类型，将全部测量值总的变异分解成两个或多个部分，每个部分的变异可由某个因素的作用（或某几个因素的作用）加以解释，通过比较各部分的均方与随机误差项均方的大小，借助F分布来推断各研究因素对实验结果有无影响。

在进行方差分析之前，应当保证模型满足如下 3 个基本假定。

- 每个总体都服从正态分布，即对于因素的每个水平，其观察值是来自正态总体的随机样本。
- 各观测值相互独立。
- 各组总体方差相等，即方差齐性。换言之，各组观察数据都是从具有相同方差的正态总体中抽取的。

在上述假定成立的前提下，要分析自变量对因变量是否有影响，实际上就是要检验自变量的各个水平（总体）的均值是否相等。比如，判断不同环境对大鼠全肺湿重是否有显著影响，实际上也就是检验具有同方差的 3 个正态总体的均值（大鼠全肺湿重的均值）是否相等。判断的方法是用样本数据对总体均值进行检验。在我们讨论的例子中，如果 3 个总体的均值相等，可以期望 3 个样本的均值也会很接近。而且样本均值越接近，总体均值相等的证据也就越充分；反之，样本均值不同，推断总体均值不相等的证据就越充分。

如果原假设H_0: $\mu_1 = \mu_2 = \mu_3$为真，即 3 个不同的环境下大鼠全肺湿重的均值相等，就意味着每个样本都来自均值为μ、方差为σ^2的同一个正态分布的总体。从样本均值的抽样分布可知，来自正态总体的一个简单随机样本的均值$\bar{x}$服从均值为μ、方差为σ^2/n的正态分布。如果μ_1、μ_2和μ_3完全不同，则意味着 3 个样本分别来自均值不同的 3 个正态总体。此时，3 个样本均值的分布就呈现出如图 12-1 所示的情形。

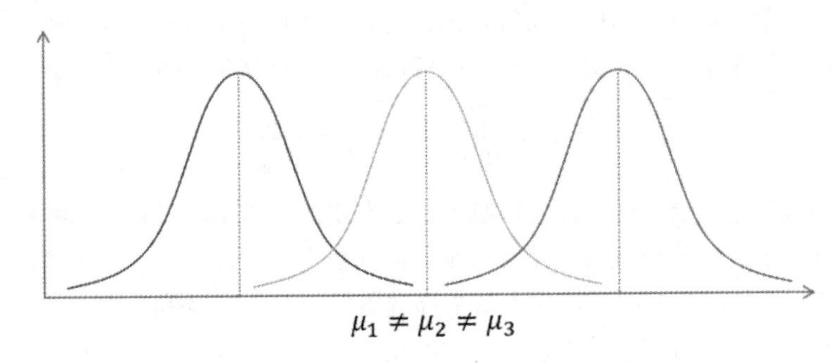

图 12-1　3 个抽样来自 3 个均值不同的总体

12.2 单因素方差分析方法

根据分类变量的多少，方差分析可以分为单因素方差分析和双因素方差分析。本节介绍与单因素方差分析有关的话题。

12.2.1 基本原理

可以证明，当若干个样本都来自均值相同的正态总体时，将有：

$$\frac{SS_E}{\sigma^2} \sim \chi^2_{(n-r)}, \qquad \frac{SS_A}{\sigma^2} \sim \chi^2_{(r-1)}$$

且SS_E与SS_A相互独立，于是：

$$F = \frac{MS_A}{MS_E} = \frac{SS_A/(r-1)}{SS_E/(n-r)} \sim F(r-1, n-r)$$

如果$F > F_{\alpha}(r-1, n-r)$则拒绝原假设，认为因素的几个水平有显著差异，反之“接受”原假设。当然，也可以通过检验的P值来决定是接受还是拒绝原假设。

12.2.2　分析步骤

现在就以大鼠实验为例来说明进行单因素方差分析的基本步骤。首先提出原假设。由于原假设所描述的是按照自变量取值分成的类别中，因变量的均值相等，所以提出如下原假设和备择假设。

- H_0：$\mu_1 = \mu_2 = \mu_3$。
- H_1：原假设不成立。

为了对原假设进行检验，接下来计算F统计量。因为：

$$\sum_{j}^{n_1} X_{ij} = 22.9, \quad \sum_{j}^{n_2} X_{ij} = 25.4, \quad \sum_{j}^{n_3} X_{ij} = 28.4$$

$$\sum_{i=1}^{g}\sum_{j=1}^{n_i} X_{ij}^2 = 333.39, \quad C = \frac{76.7^2}{18} = 326.8272$$

所以有：

$$SS_T = 333.39 - 326.8272 = 6.5628$$

$$SS_A = \frac{22.9^2}{6} + \frac{25.4^2}{6} + \frac{28.4^2}{6} - 326.8272 = 2.5278$$

$$SS_E = SS_T - SS_A = 6.5628 - 2.5278 = 4.0350$$

将以上计算结果代入方差分析表，并求出相应的MS及F值，结果如表 12-1 所示。

表 12-1　方差分析表

变异来源	*SS*	*df*	*MS*	*F*值	*P*值
组　间	2.528	2	1.264	4.698	< 0.05
组　内	4.035	15	0.269		
总　计	6.563	17			

其中5%显著水平下的临界值和P值可以通过下面的代码获得。

```
> qf(0.05 , 2, 15, lower.tail = FALSE)
[1] 3.68232
> pf(4.698, 2, 15, lower.tail = FALSE)
[1] 0.02604922
```

R 中的函数 aov()提供了方差分析的计算与检验，示例代码如下。从输出结果中可知

$F = 4.698 > F_{0.05}(2,15)$，故$P < 0.05$，按$\alpha = 0.05$的显著水平拒绝$H_0$，接受$H_1$，差别有统计学意义，可认为不同粉尘环境影响大鼠的全肺湿重。

```
> X <- c(4.2, 3.3, 3.7, 4.3, 4.1, 3.3,
+        4.5, 4.4, 3.5, 4.2, 4.6, 4.2,
+        5.6, 3.6, 4.5, 5.1, 4.9, 4.7)
> A <- factor(rep(1:3, each=6))
> my.data <- data.frame(X, A)
> my.aov  <- aov(X~A, data = my.data)
> summary(my.aov)
          Df Sum Sq Mean Sq F value Pr(>F)
A          2  2.528   1.264   4.698  0.026 *
Residuals   15  4.035   0.269
---
Signif. codes:  0 '***' 0.001 '**' 0.01 '*' 0.05 '.' 0.1 ' ' 1
```

另外，还需说明的是，当$g = 2$时，方差分析的结果与两样本均值比较的t检验等价。

12.2.3 强度测量

在不同环境对大鼠全肺湿重影响的例子中，方差分析的结果表明不同环境下大鼠全肺湿重的均值之间确有显著差异，这就表明环境（自变量）与大鼠全肺湿重（因变量）之间的关系是显著的。那么这种关系的强度该如何定量地评判呢？

回想一下在线性回归中曾经使用过的判断系数R^2，它是一个回归直线与样本观察值拟合优度的数量指标，R^2越大则拟合优度就越好；相反，若R^2越小，则拟合优度就越差。线性回归中的总离差平方和可以被分解为两部分，即残差平方和及回归平方和。而判断系数R^2就定义为回归平方和与总离差平方和之比。这是因为在总离差平方和中，如果回归平方和比例越大，残差平方和所占比例就越小，表示回归直线与样本点拟合得越好；反之，也就表明拟合得不好。

总离均差平方和SS_T同样可以被分解为组间离均差平方和SS_A与组内离均差平方和SS_E两部分。当组间离均差平方和比组内离均差平方和大，而且大到一定程度时，就意味着自变量与因变量之间的关系显著大得越多，表明它们之间的关系就越强；反之，当组间离均差平方和比组内离均差平方和小时，就意味着自变量与因变量之间的关系不显著，小得越多，也就表明它们之间的关系越弱。线性回归中的回归平方和就对应于这里的组间离均差平方和SS_A，残差平方和就对应于这里的组内离均差平方和SS_E。借鉴线性回归中的做法，便可以用组间离均差平方和SS_A与总离差平方和SS_T之比来作为判断系数R^2，即：

$$R^2 = \frac{SS_A}{SS_T}$$

于是，R^2即可用于测量自变量与因变量之间的关系强度。例如，在大鼠全肺湿重的例子中可以算得：

$$R^2 = \frac{2.528}{6.563} \approx 38.51\%$$

这个结果表明环境（自变量）对大鼠全肺湿重（因变量）的影响效应占总效应的38.51%，而残差效应则占61.49%。换句话说，环境对大鼠全肺湿重差异解释的比例为8.51%，而其他因素（残差变量）所解释的比例为 61.49%。尽管R^2并不高，但环境对于大鼠全肺湿重的影响已经达到了统计上显著的程度。

12.3　双因素方差分析方法

单因素方差分析仅考虑了一个分类型自变量对数值型因变量的影响。但在实际应用中，考虑多个因素对实验结果影响的情况也是存在的。例如，在分析影响某种产品销量的因素时，就通常需要考虑品牌、价格和区域等多个因素的影响。特别地，如果方差分析中涉及两个分类型自变量时，通常将其称为双因素方差分析。

12.3.1　无交互作用的分析

在双因素方差分析中，被纳入考虑范畴的两个影响因素对于因变量的作用是彼此独立的，这时的双因素方差分析称为无交互作用的双因素方差分析，或称为无重复双因素分析。

在问题研究过程中，经过一定分析后，认定两个影响因素均各自独立地作用于因变量，这客观上也属于是一种被动的无重复双因素情况。除此之外，应用无交互作用方差分析的另外一种情况则是在实验设计时主动地对实验对象进行配伍，即运用随机区组设计（Randomized Block Design）方案，它是配对设计的扩展。

随机区组设计的具体做法是：先按影响实验结果的非处理因素将受试对象配成区组，再将各区组内的受试对象随机分配到不同的处理组，各处理组分别接受不同的处理，实验结束后比较各组均值之间差别有无统计学意义，以推断处理因素的效应。

这种设计的特点如下：首先，该设计包含两个因素，一个是区组因素，一个是处理因素；其次，各区组及处理组的受试对象数相等，各处理组的受试对象的特性较均衡，可减少实验误差，提高假设检验的效率。

为了研究甲、乙、丙 3 种营养素对小白鼠体重增加的影响，特开展相关实验。现在已知窝别为影响因素。拟用6窝小白鼠，每窝3只，随机地安排喂养甲、乙、丙 3 种营养素之一种，一段时间后观察并记录小白鼠体重增加情况（单位：克），数据如表 12-2 所示。请问不同营养素之间小白鼠的体重增加是否不同？不同窝别之间小白鼠的体重增加是否不同？

表 12-2　3 种营养素喂养小白鼠所增体重

窝 别 号	甲营养素	乙营养素	丙营养素
1	64	65	73
2	53	54	59
3	71	68	79
4	41	46	38
5	50	58	65
6	42	40	46

双因素方差分析与单因素方差分析的基本原理相同，仍然是从反映全部实验数据间大小不等状况的总变异开始。总变异用总离差平方和SS_T来表示，它是全部样本观察值x_{ij}与总的样本平均值间差的平方和，其中$i=1,2,\cdots,r$及$j=1,2,\cdots,k$，即：

$$SS_T=\sum_{i=1}^{r}\sum_{j=1}^{k}\left(x_{ij}-\bar{x}\right)^2=\sum_{i=1}^{r}\sum_{j=1}^{k}x_{ij}^2-C$$

其中，

$$C=\frac{1}{N}\left(\sum_{i=1}^{r}\sum_{j=1}^{k}x_{ij}\right)^2$$

因为随机区组设计可以将区组间变异从完全随机设计的组内变异中分离出来以反映不同区组对结果的影响，所以随机区组设计全部测量值总的变异相应地就分成了 3 部分。

首先是表示各处理组间测量值均数之大小差异的处理组间变异（或者也可以认为是列因素所导致的误差平方和），通常用SS_A来表示。

$$SS_A=\sum_{i=1}^{r}\sum_{j=1}^{k}(\bar{x}_i-\bar{x})^2=\sum_{i=1}^{r}k\,(\bar{x}_i-\bar{x})^2=\sum_{i=1}^{r}[\frac{1}{k}\left(\sum_{j=1}^{k}x_{ij}\right)^2]-C$$

其次是表示各个区组间测量值均数之大小差异的区块组间变异（或者也可以认为是行因素所导致的误差平方和），通常用SS_B来表示。

$$SS_B=\sum_{i=1}^{r}\sum_{j=1}^{k}\left(\bar{x}_j-\bar{x}\right)^2=\sum_{j=1}^{k}r\left(\bar{x}_j-\bar{x}\right)^2=\sum_{j=1}^{k}[\frac{1}{r}\left(\sum_{i=1}^{r}x_{ij}\right)^2]-C$$

最后是除了行因素和列因素之外剩余因素影响产生的误差平方和，称为随机误差平方和，通常用SS_E来表示。

$$SS_E = \sum_{i=1}^{r}\sum_{j=1}^{k}\left(x_{ij} - \bar{x}_i - \bar{x}_j - \bar{x}\right)^2$$

而且各种变异之间还有如下关系：

$$SS_T = SS_A + SS_B + SS_E$$

以及

$$df_T = df_A + df_B + df_E$$

其中，$df_T = k \times r - 1$、$df_B = k - 1$、$df_A = r - 1$、$df_E = (k-1)(r-1)$。

为了构造检验统计量，还需要计算下列几个均方差，首先是列因素的均方差，记为MS_A，即：

$$MS_A = \frac{SS_A}{r-1}$$

其次是行因素的均方差，记为MS_B，即：

$$MS_B = \frac{SS_B}{k-1}$$

以及随机误差项的均方差，记为MS_E，即：

$$MS_E = \frac{SS_E}{(k-1)(r-1)}$$

与单因素方差分析类似，在给定的显著水平下，分别对因素A和因素B提出如下原假设。

- H_{01}：$\beta_1 = \beta_2 = \cdots = \beta_r = 0$（因素$A$对因变量无显著影响）
- H_{02}：$\gamma_1 = \gamma_2 = \cdots = \gamma_s = 0$（因素$B$对因变量无显著影响）

在原假设H_{01}的条件下，可以证明：

$$\frac{SS_E}{\sigma^2} \sim \chi^2_{(r-1)(k-1)}, \qquad \frac{SS_A}{\sigma^2} \sim \chi^2_{(r-1)}$$

并且SS_A和SS_E相互独立，所以对因素A可以构造出F统计量：

$$F_A = \frac{MS_A}{MS_E} \sim F[r-1, (r-1)(k-1)]$$

同理，在原假设H_{02}的条件下，对因素B也可以得到类似的F统计量：

$$F_B = \frac{MS_B}{MS_E} \sim F[k-1, (r-1)(k-1)]$$

下面就以不同营养素对小白鼠体重增加影响的数据为例，来演示一下进行无交互作用方差分析的基本步骤。

首先对于处理因素建立如下原假设和备择假设：

$$H_{01}: \beta_1 = \beta_2 = \beta_3;\ H_{11}: \beta_1, \beta_2, \beta_3 \text{不全相等}$$

对于区组因素建立如下原假设和备择假设：

$$H_{02}: \gamma_1 = \gamma_2 = \gamma_3;\ H_{12}: \gamma_1, \gamma_2, \gamma_3 \text{不全相等}$$

为了对原假设进行检验，接下来计算F统计量。因为：

$$\sum_i^r x_{i1} = 321, \quad \sum_i^r x_{i2} = 331, \quad \sum_i^r x_{i3} = 360$$

$$\sum_j^k x_{1j} = 202, \quad \sum_j^k x_{2j} = 166, \quad \sum_j^k x_{3j} = 218$$

$$\sum_j^k x_{4j} = 125, \quad \sum_j^k x_{5j} = 173, \quad \sum_j^k x_{6j} = 128$$

$$\sum_{i=1}^r \sum_{j=1}^k x_{ij}^2 = 59572, \qquad C = \frac{1012^2}{18} = 56896.89$$

所以有：

$$SS_T = 59572 - 56896.89 \approx 2675.1$$

$$SS_A = \frac{321^2 + 331^2 + 360^2}{6} - 56896.89 \approx 136.8$$

$$SS_B = \frac{202^2 + 166^2 + 218^2 + 125^2 + 173^2 + 128^2 +}{3} - 56896.89 \approx 2377.1$$

$$SS_E = SS_T - SS_A - SS_B = 2675.1 - 136.8 - 2377.1 = 161.2$$

将以上计算结果代入方差分析表，并求出相应的MS及F值，结果如表 12-3 所示。

表 12-3　方差分析表

变异来源	SS	df	MS	F值	P值
处理组间	136.8	2	68.4	4.24	< 0.05
区块组间	2377.1	5	475.4	29.49	< 0.01
误　差	161.2	10	16.12		
总　计	2675.1	17			

对于处理因素而言，查表（或使用下述R代码）可知临界值$F_{0.05}(2,10) = 4.10$，又因为$F = 4.24 > F_{0.05}(2,10)$，所以$P$值小于0.05。按$\alpha = 0.05$ 的显著水平，应该选择拒绝原假设H_0，

即差别有统计学意义，并可据此认为不同营养素对小白鼠体重增加有影响。

```
> qf(0.05, 2, 10, lower.tail = FALSE)
[1] 4.102821
> pf(4.24, 2, 10, lower.tail = FALSE)
[1] 0.04639703
```

同理对区组因素而言，使用下述R代码可知$F = 29.49 > F_{0.01}(5,10)$，因此$P < 0.05$。按$\alpha = 0.05$的显著水平，应该选择拒绝原假设$H_0$，即差别有统计学意义，并可据此认为不同窝别对小白鼠体重增加有影响。

```
> qf(0.05,  5, 10, lower.tail = FALSE)
[1] 3.325835
> pf(29.49, 5, 10, lower.tail = FALSE)
[1] 1.117357e-05
```

在R中可以使用非常简洁的代码来完成以上复杂烦琐的运算。但在此之前需要先用下面的代码来将数据组织到数据框中。

```
> x <- c(64, 65, 73, 53, 54, 59, 71, 68, 79,
+        41, 46, 38, 50, 58, 65, 42, 40, 46)
> my.data <- data.frame(x, A = gl(6, 3), B = gl(3, 1, 18))
```

上述代码用到了函数 gl()，它的作用是生成因子水平，其调用格式如下。其中参数n是因子水平的个数，k表示每一水平上的重复次数；length表示总观察数；可通过参数labels来对因子的不同水平添加标签；逻辑值ordered指示是否先对各个水平进行排序。

```
gl(n, k, length=n*k, labels=1:n, ordered=FALSA)
```

同样使用函数 aov()来进行双因素方差分析，只需要将第 1 个参数改为$x \sim A + B$的形式即可，示例代码如下。可见输出的结果与我们之前手动算得之结果是一致的。

```
> my.aov <- aov(x ~ A+B, data = my.data)
> summary(my.aov)
          Df Sum Sq Mean Sq F value   Pr(>F)
A          5 2377.1   475.4  29.489 1.12e-05 ***
B          2  136.8    68.4   4.242   0.0463 *
Residuals 10  161.2    16.1
---
Signif. codes:  0 '***' 0.001 '**' 0.01 '*' 0.05 '.' 0.1 ' ' 1
```

随机区组设计的优点是，从组内变异中分离出区组变异从而减少了误差均方，使处理组间的F值更容易出现显著性，即提高了统计检验效率。注意到当处理因素刚好等于2时，随机区组设计方差分析与配对设计的t检验等价。

12.3.2 有交互作用的分析

与无交互作用的双因素方差分析相比，有交互作用的情况（或称为可重复双因素分析）则会显得更加复杂。此时，被纳入考虑的两个影响因素除了对因变量独自发挥作用以外，它们的搭配也会对因变量产生一种新的影响。

来看一个例子。已知某种糕点的品质受两个因素的影响：其一为是否添加某种增味剂，其二是乳清的用量。在一个完全随机的实验中，我们采用 4 种乳清含量和是否添加增味剂来进行搭配组合，然后根据每种组合方案制作 3 批糕点，并聘请相关专家对糕点的品质进行打分，最终结果如表 12-4 所示。

表 12-4　糕点质量及影响因素数据

	乳清含量				均　值
	0%	10%	20%	30%	
未　加	4.4 4.5 4.3	4.6 4.5 4.8	4.5 4.8 4.8	4.6 4.7 5.1	4.63
加　料	3.3 3.2 3.1	3.8 3.7 3.6	5.0 5.3 4.8	5.4 5.6 5.3	4.34
均　值	3.80	4.17	4.87	5.12	4.49

从表中的数据分布特点来看，总的来说，使用增味剂对于最终品质而言将有一种负面效应，因为加料组的平均评分低于未添加组。乳清的用量对于最终品质则是正相关的，随着乳清用量的增加，糕点品质的平均评分也会提高。除此之外，我们还应该考察一下对于其中一种因素的不同处理对另外一种因素所产生的影响。不妨来审视一下每种处理组合所得之平均评分的情况，为此可以在R中使用下面的代码来进行数据组织。

```
> pancakes <- data.frame(supp = rep(c("no supplement", "supplement"),
+   each = 12), whey = rep(rep(c("0%", "10%", "20%", "30%"),
+   each = 3), 2), quality = c(4.4, 4.5, 4.3, 4.6, 4.5, 4.8,
+   4.5, 4.8, 4.8, 4.6, 4.7, 5.1, 3.3, 3.2, 3.1, 3.8, 3.7, 3.6,
+   5, 5.3, 4.8, 5.4, 5.6, 5.3))
```

然后将每种处理组合中 3 批糕点的平均得分组织到一张表中以便分析，遂采用下述代码。

```
> round(tapply(pancakes$quality, pancakes[, 1:2], mean), 2)
               whey
supp              0%  10%  20%  30%
  no supplement 4.4 4.63 4.70 4.80
  supplement    3.2 3.70 5.03 5.43
```

一个包含有更丰富信息的结果出现了。我们原本认为就总体情况而言，增味剂的使用对于糕点品质的提升是不利的，但上述数据却显示随着乳清用量的增加，增味剂对糕点品质的负作用将被逐渐削弱。特别地，当乳清用量达到 30%时，增味剂的使用甚至对糕点品质显示出了提升作用。或者从另外一个角度来看，在不使用增味剂时，增加乳清用量对于糕点品质的提升作用远小于使用增味剂时的提升作用。这其实就表明两个因素是相互影响的，或称是有交互作用的。

交互作用图是用于描述多因素间互相影响的一种非常有用的统计图形。图中的纵坐标用于表示响应变量，横坐标则用于表示其中某个因素A（通常是处理或水平数量最多的一个因素）。另外一个因素B的每个水平都被绘制成一条线，用于表示它们与因素A的每个水平组合后得到的响应变量值。在交互作用图中，如果两个因素之间没有交互作用，那么结果将是两条不相交的折线（或是分段平行线），否则如果两条直线有交点，就表示它们之间是存在交互作用的。而且两条折线越不（分段）平行，就表示它们之间的交互作用越大。

在 R 中可以使用 stats 包中的 interaction.plot()函数来绘制交互作用图，示例代码如下。交互作用图的绘制结果如图 12-2 所示，易见两个因素之间是存在较为明显的交互作用的。

```
> library(stats)
> interaction.plot(pancakes$whey, pancakes$supp, pancakes$quality)
```

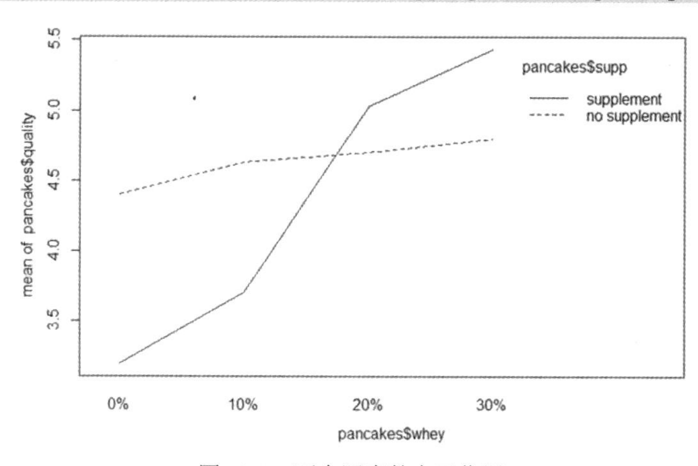

图 12-2　两个因素的交互作用

与之前一样，有交互作用的双因素方差分析仍然从反映全部实验数据间大小不等状况的总变异开始。总变异用总离差平方和SS_T来表示，它是全部样本观察值x_{ijk}与总的样本平均值间差的平方和，其中$i = 1,2,\cdots,r$、$j = 1,2,\cdots,s$及$k = 1,2,\cdots,t$，即：

$$SS_T = \sum_{i=1}^{r}\sum_{j=1}^{s}\sum_{k=1}^{t}\left(x_{ijk} - \bar{x}\right)^2 = SS_E + SS_A + SS_B + SS_{A\times B}$$

即总变异被分成了 4 部分。其中，SS_E为随机误差平方和，SS_A是由列因素（或因素A）所导致的误差平方和。

$$SS_A = rt\sum_{j=1}^{s}\left(\bar{x}_j - \bar{x}\right)^2$$

然后是由行因素（或因素B）所导致的误差平方和，用SS_B来表示：

$$SS_B = st\sum_{i=1}^{r}(\bar{x}_i - \bar{x})^2$$

以及交互作用的误差平方和，用$SS_{A\times B}$来表示：

$$SS_{A\times B} = t\sum_{i=1}^{r}\sum_{j=1}^{s}\left(\bar{x}_{ij} - \bar{x}_i - \bar{x}_j + \bar{x}\right)^2$$

在给定的显著水平下，分别对因素A、因素B以及二者的交互作用$A\times B$提出如下原假设。

- H_{01}：$\beta_1 = \beta_2 = \cdots = \beta_r = 0$（因素$A$对因变量无显著影响）
- H_{02}：$\gamma_1 = \gamma_2 = \cdots = \gamma_s = 0$（因素$B$对因变量无显著影响）
- H_{03}：$\delta_1 = \delta_2 = \cdots = \delta_{rs} = 0$（因素$A$和$B$对因变量无联合作用）

可以证明在原假设H_{01}的条件下：

$$F_A = \frac{SS_A/(r-1)}{SS_E/[rs(t-1)]} = \frac{MS_A}{MS_E} \sim F[r-1, rs(t-1)]$$

同理，在原假设H_{02}的条件下有：

$$F_B = \frac{SS_B/(s-1)}{SS_E/[rs(t-1)]} = \frac{MS_B}{MS_E} \sim F[s-1, rs(t-1)]$$

此外，在原假设H_{03}的条件下有：

$$F_{A\times B} = \frac{SS_{A\times B}/[(r-1)(s-1)]}{SS_E/[rs(t-1)]} = \frac{MS_{A\times B}}{MS_E} \sim F[(r-1)(s-1), rs(t-1)]$$

在R中可以借助线性回归函数 lm()来执行有交互的双因素方差分析。针对当前讨论的糕点品质例子而言，可以建立如下的线性回归模型用以描述各个因素对响应值的影响（注意这并不是第 11 章中介绍的多元线性回归模型）。

$$y_{ijk} = \mu + \alpha_i + \beta_j + \gamma_{ij} + e_{ijk}$$

此处α_i表示增味剂对总体均值的影响，其中$i = 1,2$，即分别对应使用或者不使用增味剂；β_j表示乳清用量对总体均值的影响，其中$j = 1,2,3,4$，即分别对应不同的用量水平；第 3 个下标$k = 1,2,3$，表示每种增味剂与乳清用量的搭配组合下的 3 批糕点。α_i和β_j被称为是主要影响，γ_{ij}

是交互因素，它是由不同的增味剂与乳清用量方案所构成的一种新的影响。例如，γ_{23}就表示在采用增味剂的同时加入 20%的乳清用量这种组合对于总体均值的影响。

基于上述分析，我们使用如下代码来执行基于线性回归模型的（有交互作用的）双因素方差分析。注意到表达式 supp*whey 的意思就是既包含主要影响也包含交互影响，它等同于 supp+whey+supp:whey 这样的写法。

```
> pancakes.lm <- lm(quality ~ supp * whey, data = pancakes)
> anova(pancakes.lm)
Analysis of Variance Table

Response: quality
          Df Sum Sq Mean Sq F value    Pr(>F)
supp       1 0.5104 0.51042  17.014 0.0007942 ***
whey       3 6.6912 2.23042  74.347 1.304e-09 ***
supp:whey  3 3.7246 1.24153  41.384 9.130e-08 ***
Residuals 16 0.4800 0.03000
---
Signif. codes:  0 '***' 0.001 '**' 0.01 '*' 0.05 '.' 0.1 ' ' 1
```

如果采用之前（进行无交互作用方差分析时）的写法，上述代码也可以写成下面这种形式，二者的输出是完全一样的。

```
> my.aov <- aov(quality ~ supp * whey, data = pancakes)
> summary(my.aov)
```

最后来分析一下输出结果的意义。就本例而言，我们希望进行检验的 3 个原假设分别如下。

- H_{01}：$\beta_1 = \beta_2 = 0$（增味剂因素对因变量无影响）
- H_{02}：$\gamma_1 = \gamma_2 = \gamma_3 = \gamma_4 = 0$（乳清用量因素对因变量无影响）
- H_{03}：$\delta_{ij} = 0$，其中$i = 1,2$，$j = 1,2,3,4$（交互因素对因变量无影响）

由于输出结果中所有的P值都非常小，所以应该由此拒绝上述 3 个原假设并认为主要因素和交互因素对于因变量都是有显著影响的。

12.4　多重比较

经过方差分析，若拒绝了原假设，只能说明多个总体的平均数不等或不全相等。若要得到各组均值间更详细的信息，即设法获知具体哪些均值不等，就应在方差分析的基础上进行多个样本均值的两两比较。此时所使用的方法就称为多重比较方法（Multiple Comparison Procedure），它是通过对总体均值之间的配对比较来进一步检验到底哪些均值之间存有差异的方法。

12.4.1 多重t检验

在已知多个总体的平均数不等或不全相等的情况下，欲继续探知到底哪些均值不等，最容易想到的办法就是从我们前面学过的t检验出发，即对每个处理下的数据均值进行两两比较的t检验，或称多重t检验。

多重t检验方法使用方便，但当多次重复使用t检验时会增大犯第一类错误的概率，从而使得“有显著差异”的结论不一定可靠。例如，因子A有 3 个处理，需要进行3次显著水平为0.05的两两比较，所以每次比较犯第一类错误的概率就是0.05，那么3次比较同时进行，犯第一类错误的总概率就是：

$$1-(1-\alpha)^n=1-0.95^3=0.1426$$

这样一来，进行简单的多重t检验结果就很有可能出差错。因此在进行较多次重复比较时，我们要对P值进行调整。

统计学家们已经提出了多种对P值进行修正的方法，使用下面的代码可以看到R中已经实现了几种修正方法。注意其中的“none”表示的是不进行任何修正。其他一些参数的释义可以参见表 12-5。

```
> p.adjust.methods
[1] "holm"       "hochberg"  "hommel"     "bonferroni"
[5] "BH"         "BY"        "fdr"        "none"
```

表 12-5 P值修正方法

参　数	对应的修正方法
“bonferroni”	Bonferroni
“holm”	Holm (1979)
“hommel”	Hommel (1988).
“hochberg”	Hochberg (1988)
“BH”/“fdr”	Benjamini & Hochberg (1995)
“BY”	Benjamini & Yekutieli (2001)

当多重检验次数较多时，Bonferroni 修正方法效果较好。该法得名于意大利数学家卡洛·艾米里奥·邦弗朗尼（Carlo Emilio Bonferroni），因为算法推导中用到了著名的邦弗朗尼不等式。但真正将这一思想应用到统计学，并提出基于 Bonferroni 修正之多重t检验法的人则是美国统计学家奥利弗·吉恩·邓恩（Olive Jean Dunn）。Bonferroni 修正法的思路也很简单：如果在同一数据集上同时进行n个独立的假设检验，那么用于每一假设的统计显著水平，应为仅检验一个假设时显著水平的$1/n$，即$\alpha'=\alpha/n$，n是多重t检验的次数。

在R中执行均值的多重t检验可以使用 pairwise.t.test()函数，它返回多重比较后的P值，其调用格式为：

```
pairwise.t.test(x, g, p.adjust.method, paired=FALSE,
          alternative = c("two.sided", "less", "greater"), ...)
```

其中，参数x是响应向量，g是因子向量，p.adjust.method 指示所要采用的P值修正方法，默认为 Holm 修正法，若不想进行任何调整可以将其置为 none。此外，逻辑变量 paired 指示是否要进行配对t检验，alternative 用于调整检验的方向。

例如，对大鼠全肺湿重的实验，可以采用如下代码进行基于 Bonferroni 修正的多重t检验，最终程序返回各因子水平下两两检验的P值矩阵。

```
> pairwise.t.test(X, A, p.adjust.method = "bonferroni")

      Pairwise comparisons using t tests with pooled SD

data:  X and A

  1     2
2 0.553 -
3 0.024 0.347

P value adjustment method: bonferroni
```

从输出结果来看只有0.024⩽0.05，遂在0.05的显著水平下拒绝对应的原假设，认为X_1和X_3之间有显著差异。其他两两比较的差异则不显著。有兴趣的读者还可以尝试不采用任何修正方法，并观察输出结果。不难发现，经过修正的P值比不加修正的结果增大了很多，这在一定程度上克服了常规多重t检验增加犯第一类错误概率的缺点。

12.4.2　Dunnett检验

18 世纪是欧洲主要国家海上活动相当频繁的一段时期，同时也是败血病肆虐的一段时期。由于对发病原因认识不清，人们一直无法找到有效的治疗办法，所以对于那些远航水手们来说，败血病无疑是一种令人谈之色变的恐怖疾病。1747 年，时任英国皇家海军外科医生的詹姆斯 •林德（James Lind）为了寻求有效的治疗方案，进行了人类历史上的首次临床对照实验。林德在一艘远航的船只上找到 12 个患有严重败血病的海员，并让大家都吃相同的食物，唯一不同的药物是当时传说可以治疗败血病的药方。两个病人每天吃两个橘子和一个柠檬，另两人喝苹果汁，其他人是喝稀硫酸、酸醋、海水，或是一些其他当时被认为对败血病有效的药物。6 天之后，只有吃柑橘水果的两人好转，其他人病情依然。该对照实验不仅证明柑橘类水果确实可以用于治疗败血症，更重要的是它的实验设计思想对后世亦具有深远影响。

在许多研究与实验中，研究者们为了便于比较，通常都会引入对照（或者说控制）组。对照处理的种类很多，但通常对照组是作为一个标准以便能够给其他处理形成参考。例如，考虑到安慰剂效应的存在（即参与实验者不管接受任何合理的治疗都倾向于产生希望看到的响应），在设计这类实验时，需要像对待接受积极治疗的受试者一样，随机指定一些参与者组成对照组。只有当对照组与接受治疗组产生明显差距时，才能认定实验的药物或者疗法显著有效。

在包含对照组（或者说控制组）的实验中，研究者们想知道接受治疗组的平均效果是否不同于控制组。为此，加拿大统计学家查尔斯·邓尼特（Charles Dunnett）提出了一种与对照组进行多重比较的方法，即 Dunnett 检验法。当进行多个实验组与一个对照组均值差别的多重比较，Dunnett 检验统计量定义为：

$$t_D = \frac{|\bar{X}_i - \bar{X}_c|}{\sqrt{MSE\left(\frac{1}{n_i} + \frac{1}{n_c}\right)}}$$

其中，$\bar{X}_i - \bar{X}_c$表示每个处理的均值与对照组均值之差，n_i是每个处理的样本容量，n_c是控制组的样本容量。MSE是残差均方（或称均方误差）。需要说明的是，对比可以是单尾的，也可是双尾的。

下面就以大鼠全肺湿重的数据为例来说明 Dunnett 检验法执行的步骤。由于原题是要研究煤矿粉尘作业环境对尘肺的影响，因此我们将地面办公楼环境作为对照组。首先提出如下原假设和备择假设。

- H_0：$\mu_T = \mu_C$（比较实验组与对照组总体均值相等）
- H_1：$\mu_T \neq \mu_C$（比较实验组与对照组总体均值不等）

为了计算检验统计量，先用数据框将相关数据组织起来，并执行方差分析，由此可以得到均方误差，我们已经在输出结果中用方框标出。

```
> x <- c(4.2, 3.3, 3.7, 4.3, 4.1, 3.3,
+        4.5, 4.4, 3.5, 4.2, 4.6, 4.2,
+        5.6, 3.6, 4.5, 5.1, 4.9, 4.7)
> group <- factor(rep(LETTERS[1:3], each = 6));
> mice <- data.frame(x, group)
> mice.aov  <- aov(x ~ group, data = mice)
> summary(mice.aov)
            Df Sum Sq Mean Sq F value Pr(>F)
group        2  2.528   1.264   4.698  0.026 *
Residuals   15  4.035   0.269
---
Signif. codes:  0 '***' 0.001 '**' 0.01 '*' 0.05 '.' 0.1 ' ' 1
```

控制组均值为$\bar{X}_A = 3.817$，实验组的均值分别为$\bar{X}_B = 4.233$和$\bar{X}_C = 4.733$。于是统计量为：

$$t_D' = \frac{|3.817 - 4.233|}{\sqrt{0.269 \times \left(\frac{1}{6} + \frac{1}{6}\right)}} \approx 1.391$$

$$t_D'' = \frac{|3.817 - 4.733|}{\sqrt{0.269 \times \left(\frac{1}{6} + \frac{1}{6}\right)}} \approx 3.061$$

得到上述结果之后，我们要查询相应的统计表得到临界值，然后将检验统计量与临界值进行比较，从而决定是否拒绝原假设。或者在R中使用 glht()函数来完成 Dunnett 检验。使用该函数需要引用 multcomp 包，下面给出示例代码。从输出中不难发现，被方框标注出来的检验统计量与前面算得的结果是一致的。

```
> library(multcomp)
> mice.Dunnett <- glht(mice.aov, linfct=mcp(group = "Dunnett"))
> summary(mice.Dunnett)

	 Simultaneous Tests for General Linear Hypotheses

Multiple Comparisons of Means: Dunnett Contrasts

Fit: aov(formula = x ~ group, data = mice)

Linear Hypotheses:
           Estimate Std. Error t value Pr(>|t|)
B - A == 0   0.4167     0.2994   1.391   0.3055
C - A == 0   0.9167     0.2994   3.061   0.0147 *
---
Signif. codes:  0 '***' 0.001 '**' 0.01 '*' 0.05 '.' 0.1 ' ' 1
(Adjusted p values reported -- single-step method)
```

上述结果也可以采用图形化手动进行显示，示例代码如下，如图 12-3 所示为绘图结果。

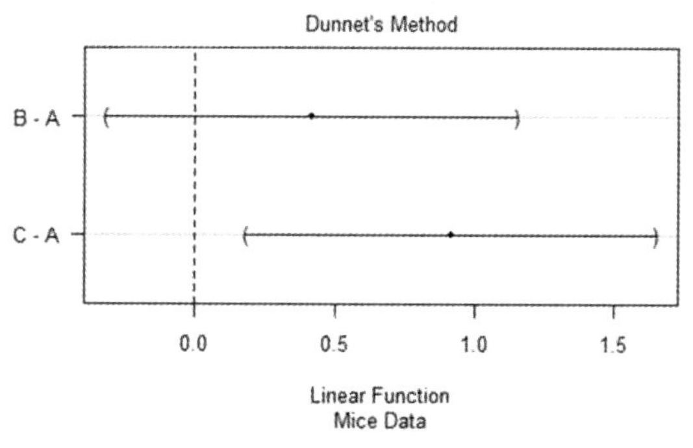

图 12-3　图形化展示 Dunnett 检验结果

```
> windows(width=5,height=3,pointsize=10)
> plot(mice.Dunnett,sub="Mice Data")
> mtext("Dunnet's Method",side=3,line=0.5)
```

从输出结果中可以看出，A组与C组比较$P < 0.05$，按0.05的显著水平拒绝原假设，因此可以认为办公楼中大鼠全肺湿重小于矿井下大鼠全肺湿重；其余对比组之间比较，$P > 0.05$，在0.05的显著水平下，无法拒绝原假设。最终可认为矿井下环境会造成肺功能损害。

12.4.3 Tukey的HSD检验

多重比较方法的一个主要问题是如何控制每一对比较的错误率。除非每一对比较的错误率α都很小，在多重比较中存在至少一对均值不等的概率仍然很高。为了弥补这种缺陷，人们尝试建立了另外一些多重比较方法来控制不同的错误率。

美国统计学家约翰·图基（John Tukey）在 1953 年，提出了利用学生化极差分布（Studentized Range Distribution）的方法。当比较两个以上的样本均值时，要检验最大与最小样本均值，可以使用如下的统计检验量：

$$\frac{\bar{X}_{\max} - \bar{X}_{\min}}{s_p\sqrt{2/n}}$$

其中，n是每个样本的观察值个数，s_p是共同的总体标准差组合估计。这个检验统计量与两个均值比较时的检验统计量十分相似，但它不服从t分布。原因之一是在观察到最大与最小样本均值之前不能确定到底要比较哪两个样本均值。上述统计量服从学生化极差分布。此处不打算讨论该分布的特性，而只是介绍它在 Tukey 多重比较中的应用。

在进行 Tukey 的 HSD 检验法时，首先对g个样本均值进行排序。如果

$$|\bar{X}_i - \bar{X}_j| \geqslant W$$

则两个总体均值μ_i和μ_j不相等，其中：

$$W = q_\alpha(g, \upsilon)\sqrt{MSE/n}$$

其中MSE是自由度为υ的样本组内均方差，$q_\alpha(g, \upsilon)$是比较g个不同总体时学生化极差的上侧尾部临界值，n是每个样本的观察值个数。

下面就结合大鼠全肺湿重的例子来说明 Tukey 的 HSD 检验法的具体执行步骤。从问题描述中，可知我们是在 3 个均值间进行两两比较，即$g = 3$。另外，MSE的自由度其实就等于方差分析中的df_E，所以有$\upsilon = 15$。对于$\alpha = 0.05$的显著水平，可以查表求得临界值$q_\alpha(g, \upsilon)$，或在R中使用如下代码获取临界值

```
> qtukey(0.05, 3, 15, lower.tail = F)
[1] 3.673378
```

于是，每一个样本均值之差的绝对值$|\bar{X}_i - \bar{X}_j|$要与

$$W = q_\alpha(g,v)\sqrt{MSE/n} = 3.673 \times \sqrt{0.269/6} \approx 0.7777$$

做比较。注意，当样本容量相同时 我们并不需要对所有的样本均值进行两两比较，因为所有的比较都应用相同的W，所以采用以下方法将更简便一些。假设已经将所有的样本均值从小到大进行了排序。那么就计算下列样本均值的差：

$$\bar{X}_{\text{1st\_max}} - \bar{X}_{\text{1st\_min}}$$

如果这个差值大于W，就可断言相应的总体均值相互差异显著。接着计算下列样本均值的差：

$$\bar{X}_{\text{2nd\_max}} - \bar{X}_{\text{1st\_min}}$$

并把结果与W相比较。然后继续计算下列差值并与W相比较：

$$\bar{X}_{\text{3rd\_max}} - \bar{X}_{\text{1st\_min}}$$

等，直至发现要么所有的样本均值与$\bar{X}_{\text{1st_min}}$之差均大于W（因此相应的总体均值不相同），要么有一个样本均值与$\bar{X}_{\text{1st_min}}$之差小于W。如果情况是后者的话，我们就停止与$\bar{X}_{\text{1st_min}}$做比较。针对大鼠全肺湿重数据，与$\bar{X}_{\text{1st_min}}$对比的结果如表 12-6 所示。

表 12-6　差值比较结果

比　　较	结　　论
$\bar{X}_{\text{1st\_max}} - \bar{X}_{\text{1st\_min}} = \bar{X}_3 - \bar{X}_1 = 4.733 - 3.817 \approx 0.917$	$> W$；继续
$\bar{X}_{\text{2nd\_max}} - \bar{X}_{\text{1st\_min}} = \bar{X}_2 - \bar{X}_1 = 4.233 - 3.817 \approx 0.417$	$< W$；停止

注意由于样本均值已经被排序，所以这里的$\bar{X}_1$对应的是原来的$\bar{X}_A$，$\bar{X}_2$对应的是原来的$\bar{X}_B$，$\bar{X}_3$对应的是原来的$\bar{X}_C$。现在可以通过下面的图表来概括已经得到的结果：

$$\underline{1\quad 2}\quad 3$$

那些用下画线连起来的总体，其均值与$\bar{X}_1$的差异不显著。注意样本3与样本1的差值大于W，所以没有加下画线。

类似地，再与第二小的样本做比较（即本例中的$\bar{X}_2$），对这种情况沿用与刚才相同的方法可得：

$$1\quad \underline{2\quad 3}$$

综上可得：

$$\underline{1\quad 2}\ \ 3$$

其中那些没有被下画线连接起来的总体表明其均值存在显著差异。而在本例中则有μ_1显著地小于μ_3，所以总体X_A和总体X_C之间是存在显著差异的。即得办公楼中大鼠全肺湿重小于矿井下大鼠全肺湿重。

在R中执行 Tukey 的 HSD 检验的一种方法是使用 TukeyHSD()函数，下面给出示例代码。

```
> posthoc <- TukeyHSD(mice.aov, 'group')
> posthoc
 Tukey multiple comparisons of means
   95% family-wise confidence level

Fit: aov(formula = x ~ group, data = mice)

$group
         diff        lwr      upr     p adj
B-A 0.4166667 -0.3611300 1.194463 0.3699714
C-A 0.9166667  0.1388700 1.694463 0.0203811
C-B 0.5000000 -0.2777967 1.277797 0.2487028
```

前面讲过，两个总体均值μ_i和μ_j不相等，会有：

$$|\bar{X}_i-\bar{X}_j|\geqslant W=q_\alpha(g,v)\sqrt{MSE/n}\Rightarrow q_\alpha(g,v)\leqslant\frac{|\bar{X}_i-\bar{X}_j|}{\sqrt{MSE/n}}$$

于是首先计算检验统计量：

$$W_{\bar{X}_A-\bar{X}_B}=\frac{|4.233-3.817|}{\sqrt{0.269/6}}\approx 1.96785$$

$$W_{\bar{X}_C-\bar{X}_A}=\frac{|4.733-3.817|}{\sqrt{0.269/6}}\approx 4.32925$$

$$W_{\bar{X}_C-\bar{X}_B}=\frac{|4.733-4.233|}{\sqrt{0.269/6}}\approx 2.36140$$

由此可以算得相应的P值为：

```
> ptukey(1.96785, 3, 15, lower.tail = F)
[1] 0.3699654
> ptukey(4.32925, 3, 15, lower.tail = F)
[1] 0.02038061
> ptukey(2.36140, 3, 15, lower.tail = F)
[1] 0.2487027
```

在0.05的显著水平下，只有$0.02038\leqslant 0.05$，所以拒绝原假设，同样得出结论总体X_A和总体X_C

之间是存在显著差异的。

在R中执行 Tukey 的 HSD 检验的另一种方法是使用 HSD.test()函数，它位于 agricolae 包中，使用前需注意先引用该包。函数 HSD.test()的执行结果与我们最初的分析步骤是更为相像的。函数 HSD.test()中的参数 console 用以指示是否要将分析结果输出到控制台上，示例代码如下。

```
> library(agricolae)
> comparison <- HSD.test(mice.aov, 'group', console = T)

Study: mice.aov ~ "group"

HSD Test for x

Mean Square Error:  0.269

group,  means

        x      std r Min Max
A 3.816667 0.4490731 6 3.3 4.3
B 4.233333 0.3932768 6 3.5 4.6
C 4.733333 0.6713171 6 3.6 5.6

alpha: 0.05 ; Df Error: 15
Critical Value of Studentized Range: 3.673378

Honestly Significant Difference: 0.7777967

Means with the same letter are not significantly different.

Groups, Treatments and means
a       C       4.733
ab      B       4.233
b       A       3.817
```

首先注意到，上述输出中被方框标示出来的临界值与我们前面算得的结果是一致的。最终判断结果是采用所谓的“标记字母法”给出的，该方法与我们前面采用的下画线标记法是相通的。利用字母标记法表示的多重比较结果，通常所占篇幅都相对较小，因此在科技文献中比较常见。

标记字母法先将各处理平均数由大到小自上而下排列，然后在最大平均数后标记字母a，并将该平均数与以下各平均数依次相比，凡差异不显著标记同一字母a，注意这里的“差异显著”是指同临界统计量W相比而言的。直到出现某一个差异显著的平均数，则用字母b标注这个差异显著的新平均数。再以标有字母b的平均数为标准，与上方比它大的各个平均数比较，凡差异不显著一律再加标b，直至显著为止；再以标记有字母b的最大平均数为标准，与下面各未标记字母的平均数相比，凡差异不显著，则继续标记字母b，直至某一个与其差异显著的平均数标记c；……如此重复下去，直至最小的平均数被标记比较完毕为止。

各平均数间凡有一个相同字母的即为差异不显著，凡无相同字母的即为差异显著。例如，在上述输出结果中，样本总体A与样本总体C所标记的字母不相同，就表明它们二者之间是存在显著差异的，这与之前的分析结果相一致。如果希望仅输出最终的字母标记结果，可以采用如下代码。

```
> print(comparison$groups)
  trt    means  M
1   C 4.733333  a
2   B 4.233333 ab
3   A 3.816667  b
```

通常，Tukey 的 HSD 检验法要比多重t检验更加保守（即发现较少的显著差异）。之所以这样是因为，尽管两个方法都有实验错误率，但是多重t检验法中每一个比较出错的概率更大。此外，Tukey 方法的局限性在于它要求所有的样本均值来自于容量相等的样本。对于样本容量差别不大的情况，也有学者提出了改进建议。但如果各样本容量相差较大，我们还是建议考虑采用修正的多重t检验法。

12.4.4 Newman-Keuls检验

另外一种常用的多重比较方法是 Newman–Keuls 检验法，有时也称为 Student–Newman–Keuls 检验法，或简称为 SNK 检验法。它适用于多个均值两两之间的全面比较，在功用上与多重t检验类似。更重要的是，SNK 检验法是对 Tukey 的 HSD 检验法的一种修正。为了比较这两个方法，仍然以大鼠全肺湿重的例子来进行演示。将样本均值从小到大排列，如表 12-7 所示。

表 12-7 样本均值排列

样　本	1	2	3
$\bar{X}_i$	3.817	4.233	4.733

Tukey 的 HSD 方法的学生化极差临界值为：

$$q_\alpha(g,v) = q_{0.05}(3,15) \approx 3.673$$

而且对 3 个处理均值的所有两两比较都使用相同的q值。

但在 SNK 方法中，当g个样本均值从小到大排列时，距离r步的均值间的临界值为：

$$W_r = q_\alpha(r,v)\sqrt{MSE/n}$$

在当前讨论的例子中，$\bar{X}_{\text{1st_max}}$与$\bar{X}_{\text{1st_min}}$相差 3 步，要比较它们应该使用：

$$W_3 = q_\alpha(3,v)\sqrt{MSE/n} = q_{0.05}(3,15)\sqrt{0.269/6} \approx 0.7777$$

在 Tukey 的 HSD 方法中，每次比较时所选择的统计量都是相同的，它们都是以所有样本数量为基础算得的。但是在执行比较时，实际参与的样本数量其实是在变化的。所以这里的步长可以理解为当前步骤参与比较的样本数量。例如，（在 HSD 方法中）将所有样本均值与$\bar{X}_{1st_min}$比较完之后，就要开始将所有样本均值与$\bar{X}_{2nd_min}$来进行比较，此时参与比较的样本数量就减少了1个。就当前所讨论的例子而言，此时$r = 2$，即有：

$$W_2 = q_\alpha(2,v)\sqrt{MSE/n} = q_{0.05}(2,15)\sqrt{0.269/6} \approx 0.6382$$

就大鼠全肺湿重的例子而言，我们所需要用到的检验统计量临界值就只有这两个。

SNK 方法在决定观察到的样本差异显著性时，需要依赖这两个样本均值间排序的步宽，它既没有引入实验的错误率，也没有每次比较的错误率。此外错误率是根据均值的相应步宽定义的。由于随着要比较均值的样本数量的减小，临界值W_r也在减小，SNK 方法相对于 HSD 方法来说没有那么保守，因此一般能发现较多的显著差异，这是由于 HSD 方法不管要比较的均值相差几步都使用最大的W值。不难发现，HSD 方法所使用的W临界值其实是W_g，而对所有$r < g$均有$W_r < W_g$。

可以总结 SNK 方法执行的一般步骤如下：将g个样本从小到大排列。对步长为r的两个均量$\bar{X}_i$与$\bar{X}_j$，如果它们满足

$$|\bar{X}_i - \bar{X}_j| \geqslant W_r$$

就认为两者具有显著差异，其中$W_r = q_\alpha(r,v)\sqrt{MSE/n}$，$n$为每个样本观察值个数。特别地，如果参与比较的两个样本容量不等，则有：

$$W_r = q_\alpha(r,v)\sqrt{\frac{MSE}{2}\left(\frac{1}{n_i} + \frac{1}{n_j}\right)}$$

这里的n_i和n_j是相应的处理组之样本容量。MSE是自由度为v的样本组内均方差。$q_\alpha(r,v)$是学生化极差的临界值。在此基础上的比较过程与 HSD 中的方法类似，这里不再赘述。

在R中执行 SNK 检验的方法是使用 SNK.test()函数，该函数位于 agricolae 包中，使用前需注意先引用该包。下面给出一段示例代码。易见其中被方框标示出来的检验统计量临界值与我们前面算得之结果是一致的。

```
> library(agricolae)
> comparison <- SNK.test(mice.aov, "group", console = T)

Study: mice.aov ~ "group"

Student Newman Keuls Test
```

```
for x

Mean Square Error:  0.269

group,  means

        x       std r Min Max
A 3.816667 0.4490731 6 3.3 4.3
B 4.233333 0.3932768 6 3.5 4.6
C 4.733333 0.6713171 6 3.6 5.6

alpha: 0.05 ; Df Error: 15

Critical Range
        2         3
0.6382496 0.7777967

Means with the same letter are not significantly different.

Groups, Treatments and means
a        C       4.733
ab       B       4.233
b        A       3.817
```

判断结果同样是采用“标记字母法”给出的，它的意义前面已经详细讨论过了，这里不再赘言。可见，最终我们得到了与前面分析相一致的结果，即可以认为办公楼中大鼠全肺湿重小于矿井下大鼠全肺湿重。

同样地，我们也可以为每对比较算出一个P值，并据此决定是否接受原假设。此时需要使用的检验统计量为：

$$q = \frac{|\bar{X}_i - \bar{X}_j|}{\sqrt{\frac{MSE}{2}\left(\frac{1}{n_i} + \frac{1}{n_j}\right)}}$$

其中，$\bar{X}_i - \bar{X}_j$表示两两比较的处理组均值之差。与之前相同，MSE是均方误差，n_i和n_j是相应的处理组之样本容量。

在大鼠全肺湿重的例子中，基于如下原假设和备择假设。

- H_0：$\mu_i = \mu_j$（对比组总体均值相等）
- H_1：$\mu_i \neq \mu_j$（对比组总体均值不等）

便可计算相应的统计量如下：

$$q_{\bar{x}_A-\bar{x}_B}=\frac{|3.817-4.233|}{\sqrt{\frac{0.269}{2}\times\left(\frac{1}{6}+\frac{1}{6}\right)}}\approx 1.968$$

$$q_{\bar{x}_A-\bar{x}_C}=\frac{|3.817-4.733|}{\sqrt{\frac{0.269}{2}\times\left(\frac{1}{6}+\frac{1}{6}\right)}}\approx 4.329$$

$$q_{\bar{x}_B-\bar{x}_C}=\frac{|4.233-4.733|}{\sqrt{\frac{0.269}{2}\times\left(\frac{1}{6}+\frac{1}{6}\right)}}\approx 2.361$$

并在R中使用下列代码算得相应的P值。

```
> ptukey(1.968, 2, 15, lower.tail = F)
[1] 0.1843417
> ptukey(4.329, 3, 15, lower.tail = F)
[1] 0.02038771
> ptukey(2.361, 2, 15, lower.tail = F)
[1] 0.1157534
```

从输出结果来看，在0.05的显著水平下，只有0.020388⩽0.05，所以拒绝相应的原假设，同样得出结论总体X_A和总体X_C之间是存在显著差异的。

12.5 方差齐性的检验方法

方差分析的一个前提条件是相互比较的各样本的总体方差相等，即具有方差齐性，这就需要在做方差分析之前，先对数据的方差齐性进行检验，特别是在样本方差相差悬殊时，应注意这个问题。本节介绍两种多样本方差齐性的检验方法：Bartlett 检验法和 Levene 检验法。

12.5.1 Bartlett检验法

对于正态分布总体，可采用 Bartlett 法来检验齐方差性，该检验法得名于英国统计学家莫里斯・史蒂文森・巴特利特（Maurice Stevenson Bartlett）。假设有一个给定的随机变量Y，它的一个容量为N的样本被分成了g个子组，n_i是其中第i个子组的容量，s_i^2是第i个子组的方差。那么相应的统计量定义为：

$$T=\frac{(N-g)\ln s_p^2-\sum_{i=1}^{g}(n_i-1)\ln s_i^2}{1+\frac{1}{3(g-1)}\left[\sum_{i=1}^{g}\left(\frac{1}{n_i-1}\right)-\frac{1}{N-g}\right]}$$

其中，s_p^2是合并方差，它定义为子组方差的加权平均，即：

$$s_p^2 = \sum_{i=1}^{g} \frac{(N_i - 1)s_i^2}{N - g}$$

来考察一下 Bartlett 检验法的基本原理。s_p^2是子组方差的算术平均数，这些子组相应的几何平均数可以记为：

$$GMS = \left[(s_1^2)^{f_1}(s_2^2)^{f_2} \cdots \left(s_g^2\right)^{f_g}\right]^{\frac{1}{f}}$$

其中，$f_i = n_i - 1$，$f = f_1 + f_2 + \cdots + f_g = \sum_{i=1}^{g}(n_i - 1) = N - g$。

由于几何平均数总不会超过算术平均数，所以有$GMS \leqslant s_p^2$，等号成立当且仅当各个s_i^2彼此相等，如果各个s_i^2间的差异越大，则这两个平均数相差也越大。由此可见，如果各总体方差相等，其样本方差间不应相差较大，从而比值s_p^2/GMS接近于1。反之，在比值s_p^2/GMS较大时，就意味着各样本方差差异较大，从而反映各总体方差差异也较大。这个结论对该比值的对数也成立。巴特利特证明，在样本量较大时，有如下近似分布：

$$\begin{aligned}\frac{(N-g)}{C}\left[\ln s_p^2 - \ln GMS\right] &= \frac{(N-g)}{C}\left\{\ln s_p^2 - \frac{1}{f}\ln\left[(s_1^2)^{f_1}(s_2^2)^{f_2} \cdots \left(s_g^2\right)^{f_g}\right]\right\} \\ &= \frac{1}{C}\left[(N-g)\ln s_p^2 - \left(f_1 \ln s_1^2 + f_2 \ln s_2^2 + \cdots + f_g \ln s_g^2\right)\right] \\ &= \frac{1}{C}\left[(N-g)\ln s_p^2 - \sum_{i=1}^{g}(n_i - 1)\ln s_i^2\right] \sim \chi^2(g-1)\end{aligned}$$

其中，

$$C = 1 + \frac{1}{3(g-1)}\left[\sum\nolimits_{i=1}^{g}\left(\frac{1}{n_i - 1}\right) - \frac{1}{N-g}\right]$$

因此作为检验统计量，对于给定的显著水平α，检验的拒绝域为：

$$W = \{T > \chi_{1-\alpha}^2(g-1)\}$$

考虑到这里的卡方分布是近似分布，所以各样本的容量在均不小于5时使用上述检验是比较妥当的。

下面以大鼠全肺湿重的数据为例演示使用 Bartlett 法进行方差齐性检验的基本步骤。首先提出如下原假设和备择假设。

$$H_0: \sigma_1^2 = \sigma_2^2 = \sigma_3^2; \quad H_1: H_0\text{不成立}$$

然后根据上面的公式，可以算得一些中间过程的结果如下：

$$s_1^2 = 0.2017, \quad s_2^2 = 0.1547, \quad s_3^2 = 0.4507$$

$$\ln s_1^2 = -1.6011, \qquad \ln s_2^2 = -1.8665, \qquad \ln s_3^2 = -0.7970$$

$$\sum_{i=1}^{g}(n_i - 1)\ln s_i^2 = \sum_{i=1}^{3}(6-1)\ln s_i^2 = -21.3232$$

$$s_p^2 = \sum_{i=1}^{g}\frac{(N_i - 1)s_i^2}{N-g} = \frac{1}{15}\sum_{i=1}^{3}(6-1)s_i^2 = 0.269$$

$$(N-g)\ln s_p^2 = 15 \times \ln 0.269 = -19.6957$$

$$1 + \frac{1}{3(g-1)}\left[\sum\nolimits_{i=1}^{g}\left(\frac{1}{n_i - 1}\right) - \frac{1}{N-g}\right] = 1 + \frac{1}{6} \times \left(\frac{1}{5} + \frac{1}{5} + \frac{1}{5} - \frac{1}{15}\right) = 1.0889$$

于是可以得出检验统计量：

$$T = \frac{-19.6957 - (-21.3232)}{1.0889} = 1.4947$$

在R中使用下面的代码来算得相应的P值。由于P值远远大于0.05的显著水平，不能拒绝原假设，据此可以认为不同环境下的各组数据是等方差的。

```
> pchisq(1.4947, 2, lower.tail = F)
[1] 0.47362
```

上述计算过程可以使用 R 中提供的函数 bartlett.test()来完成。该函数的调用形式有两种，其一是：

```
bartlett.test(x, g, ...)
```

此处的参数x是数据向量或者列表，g是因子向量，如果x是列表则忽略g。另外一种调用形式为：

```
bartlett.test(formula, data, subset, na.action...)
```

此处 formula 表示方差分析公式；data 指数据集；subset 是可选项，用来指定观测值的一个子集用于分析；na.action 表示遇到缺失值时应该采取的行为。下面的代码演示了这种形式的用法。易见所得之结果与前面的计算结果是相一致的。

```
> bartlett.test(X ~ A, data = my.data)

	Bartlett test of homogeneity of variances

data:  X by A
Bartlett's K-squared = 1.4947, df = 2, p-value = 0.4736
```

12.5.2 Levene检验法

与 Bartlett 检验法比较，Levene 检验法在用于多样本方差齐性检验时，所分析的资料可不具有正态性。对于一个给定的随机变量Y，它的一个容量为N的样本被分成了g个子组，n_i是其中第i个子组的容量。则 Levene 检验统计量定义为：

$$W = (N-g)\sum_{i=1}^{g} n_i(\bar{Z}_i - \bar{Z})^2 \Big/ (g-1)\sum_{i=1}^{g}\sum_{j}^{n_i}\left(Z_{ij} - \bar{Z}_i\right)^2$$

其中Z_{ij}可以是如下 3 个定义中的一个。

- $Z_{ij} = \left|Y_{ij} - \bar{Y}_i\right|$

  这里$\bar{Y}_i$是第i个子组的平均数。

- $Z_{ij} = \left|Y_{ij} - \tilde{Y}_i\right|$

  这里$\tilde{Y}_i$是第i个子组的中位数。

- $Z_{ij} = \left|Y_{ij} - \bar{Y}_i'\right|$

  这里$\bar{Y}_i'$是第i个子组的10%切尾平均数。

美国生物统计学家和遗传学家霍华德 • 莱文（Howard Levene）最初在 1960 年提出该方法时只提出使用平均数。后来在 1974 年，美国生物统计学家莫顿 •布朗（Morton Brown）和艾兰 •福赛思（Alan Forsythe）扩展了原有的 Levene 检验。他们使用蒙特卡洛法进行研究，结果表明如果数据呈现柯西分布（即重尾）时，最好使用切尾平均数。如果数据服从一个χ_4^2分布（即偏态）时，则最好使用中位数。

若检验统计量$W > F_\alpha(g-1, N-g)$，Levene 检验将在显著水平α下，拒绝原假设，即认为数据不满足齐方差性。

观察 Levene 检验统计量的定义式，其实不难发现，该检验的本质就是对由随机变量Y的均值（或中位数，或切位均值）离差构成的新分组数据进行单因素方差分析。因为这些离差反映了原数据的方差分布特性，如果这些离差被认定是等均值的，那么显然就表明原数据是齐方差的。定义式所反映的内容经由如下变化将成为本章前面已经给出的形式：

$$W = \frac{\sum_{i=1}^{g} n_i(\bar{Z}_i - \bar{Z})^2 / (g-1)}{\sum_{i=1}^{g}\sum_{j}^{n_i}\left(Z_{ij} - \bar{Z}_i\right)^2 / (N-g)} = \frac{\sum_{i=1}^{g}\sum_{j=1}^{n_i}(\bar{Z}_i - \bar{Z})^2 / (g-1)}{\sum_{i=1}^{g}\sum_{j}^{n_i}\left(Z_{ij} - \bar{Z}_i\right)^2 / (N-g)}$$

$$= \frac{SS_A/(g-1)}{SS_E/(N-g)} = \frac{MS_A}{MS_E}$$

下面以大鼠全肺湿重的数据为例演示在第一种定义下的 Levene 检验统计量计算步骤。首先，根据公式$Z_{ij} = \left|Y_{ij} - \bar{Y}_i\right|$来计算出由$Y$的均值离差构成的新分组数据，如表 12-8 所示。

表 12-8　分组数据

$\lvert Y_{1j}-\bar{Y}_1\rvert$	0.383	0.517	0.117	0.483	0.283	0.517
$\lvert Y_{2j}-\bar{Y}_2\rvert$	0.267	0.167	0.733	0.033	0.367	0.033
$\lvert Y_{3j}-\bar{Y}_3\rvert$	0.867	1.133	0.233	0.367	0.167	0.033

根据表 12-8 可以算得一些中间过程的结果如下：

$$SS_E=\sum_{i=1}^{g}\sum_{j=1}^{n_i}\left(Z_{ij}-\bar{Z}_i\right)^2$$

$$=\sum_{j=1}^{6}\left(Z_{1j}-0.383\right)^2+\sum_{j=1}^{6}\left(Z_{2j}-0.267\right)^2+\sum_{j=1}^{6}\left(Z_{3j}-0.467\right)^2$$

$$=1.420$$

$$SS_T=\sum_{i=1}^{g}\sum_{j=1}^{n_i}\left(Z_{ij}-\bar{Z}\right)^2=\sum_{i=1}^{3}\sum_{j=1}^{6}\left(Z_{ij}-0.372\right)^2=1.541$$

$$SS_A=SS_T-SS_E=0.121$$

此外，SS_A亦可由下面的过程算得：

$$SS_A=\sum_{i=1}^{g}n_i\,(\bar{Z}_i-\bar{Z})^2$$

$$=6\times(\bar{Z}_1-\bar{Z})^2+6\times(\bar{Z}_2-\bar{Z})^2+6\times(\bar{Z}_3-\bar{Z})^2$$

$$=0.00077+0.06657+0.05377=0.12111$$

于是可得：

$$W=\frac{15\times SS_A}{2\times SS_E}=\frac{15\times 0.121}{2\times 1.420}\approx 0.639$$

上述过程显然只是一个单因素方差分析中的F统计量计算过程，所以可以在R中使用 aov() 函数来完成。

```
> X <- c(0.383, 0.517, 0.117, 0.483, 0.283, 0.517,
+ 0.267, 0.167, 0.733, 0.033, 0.367, 0.033,
+ 0.867, 1.133, 0.233, 0.367, 0.167, 0.033)
> A <- factor(rep(1:3, each=6))
> my.data <- data.frame(X, A)
> my.aov  <- aov(X~A, data = my.data)
> summary(my.aov)
            Df Sum Sq Mean Sq F value Pr(>F)
```

```
A           2 0.1211 0.06056    0.64  0.541
Residuals   15 1.4200 0.09467
```

除此之外，R中还提供了之前进行 Levene 检验的函数。首先我们可以使用 car 包中的函数 leveneTest()，其中参数 center 用以指定使用何种定义的 Levene 检验，其默认值为“median”，即采用由中位数定义的形式。如果将这个参数的值置为“mean”则表示使用均值定义的形式。下面示例代码的输出结果与我们前面算得的结果是一致的。

```
> library(car)
> leveneTest(X ~ A, data = my.data)
Levene's Test for Homogeneity of Variance (center = median)
      Df F value Pr(>F)
group  2  0.5996 0.5617
      15

> leveneTest(X ~ A, data = my.data, center = mean)
Levene's Test for Homogeneity of Variance (center = mean)
      Df F value Pr(>F)
group  2  0.6397 0.5413
      15
```

在 lawstat 包中也提供了一个用于执行 Levene 检验的函数 levene.test()，它的使用与 car 包中的函数 leveneTest()略有不同，读者可以参考下列示例代码来了解它的用法。特别地，用于指示采用何种定义形式的参数 location 可以接受 3 个值，即除了均值、中位数以外，levene.test()函数还可以用于执行切位均值定义下的 Levene 检验。

```
> library(lawstat)
> levene.test(X, A, location="median")

        modified robust Brown-Forsythe Levene-type test based on the
        absolute deviations from the median

data:  X
Test Statistic = 0.5996, p-value = 0.5617

> levene.test(X, A, location="mean")

        classical Levene's test based on the absolute deviations from the
        mean ( none not applied because the location is not set to median )

data:  X
Test Statistic = 0.6397, p-value = 0.5413
```

以上各种方法所得之结果都是一致的，因为P值远大于0.05，我们无法拒绝原假设，所以认为原数据是满足方差齐性的。

第 13 章 聚类分析

聚类是将相似对象归到同一个簇中的方法，这有点像全自动分类。簇内的对象越相似，聚类的效果越好。本章后面所讨论的分类问题都是有监督的学习方式（例如支持向量机、神经网络等），本章所介绍的聚类则是无监督的。具体而言，本章将主要介绍 K 均值方法和 EM 方法及它们的衍生算法。其中，K 均值是最基本、最简单的聚类算法，而 EM 方法中将用到前面介绍过的极大似然估计，读者最好在掌握相关内容的基础上开展本部分的学习。

13.1 聚类的概念

聚类分析试图将相似对象归入同一簇，将不相似对象归到不同簇。相似这一概念取决于所选择的相似度计算方法。后面我们还会介绍一些常见的相似度计算方法。这里需要说明的是，到底使用哪种相似度计算方法取决于具体应用。聚类分析的依据仅仅是那些在数据中发现的描述特征及其关系，而聚类的最终目标是，组内的对象相互之间是相似的（或相关的），而不同组中的对象是不同的（或不相关的）。也就是说，组内的相似性越大，组间差别越大，聚类就越好。

在许多应用中，簇的概念都没有很好地加以定义。为了理解确定簇构造的困难性，考虑如图 13-1 所示的数据集。显然，无论是左图还是右图，左下方的数据集都能够很明显地与右上方的数据集区别开。但是右上方的数据集在左图中又被分成了两个簇。而在右图中则被看成是一个簇，从视觉角度来说，这可能也不无道理。该图表明簇的定义是不精确的，而最好的定义依赖于数据的特性和期望的结果。

聚类（Clustering）分析与其他将数据对象分组的技术相关。聚类也可以看成是一种分类，它用分类（或称簇）标号来标记所创建对象。但正如定义中所谈到的，我们只能从数据入手来设法导出这些标号。相比之下，本书后面章节中所讨论的分类是监督分类（Supervised classification），即使用类标号原本就已知的对象建立的模型，对新的、无标记的对象进行分类标记。因此，有时称聚类分析为非监督分类（Unsupervised classification）。在数据挖掘中，术语

“分类（Classification）”在不加任何说明时，通常指监督分类。总而言之，聚类与分类的最大不同在于，分类的目标事先已知，而聚类则不一样。因为其产生的结果与分类相同，而只是类别没有预先定义，聚类有时也被称为无监督分类。

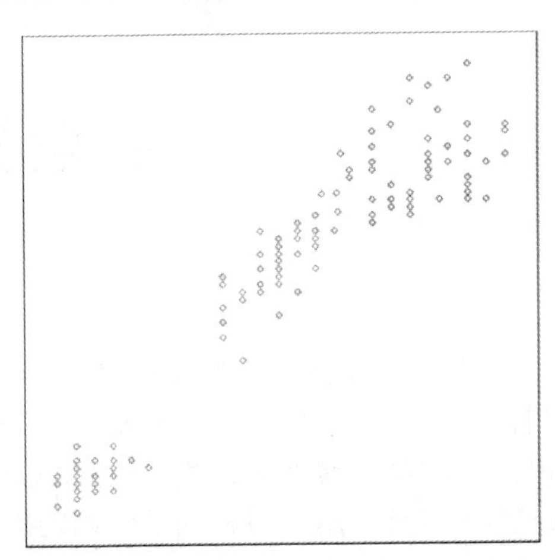
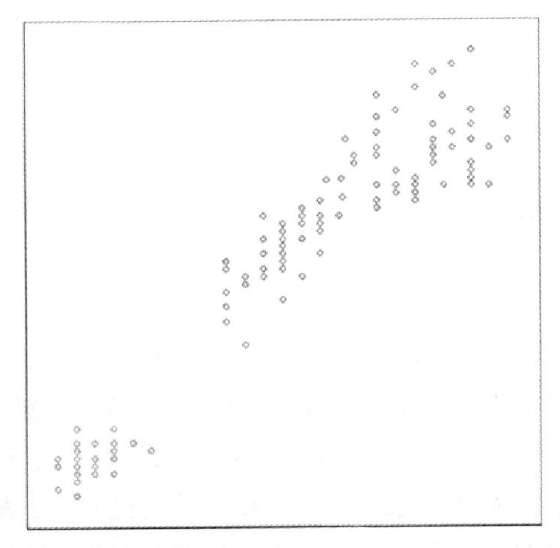

图 13-1　相同点集的不同聚类方法

术语分割（Segmentation）和划分（Partitioning）有时也被用作聚类的同义词，但是这些术语通常是针对某些特殊应用而言的，或者说是用来表示传统聚类分析之外的方法。术语分割在数字图像处理和计算机视觉领域中被用来指代对图像不同区域的分类（例如前景和背景的分割，或者高亮部分和灰暗部分的分割等），例如典型的大津算法等。但我们知道，图像分割中的很多技术都源自机器学习中的聚类分析。

不同类型的聚类之间最常被讨论的差别是：簇的集合是嵌套的，还是非嵌套的；或者用更标准的术语来说，聚类可以分成层次聚类和划分聚类两种。其中，划分聚类（Partitional clustering）简单地将数据集划分成不重叠的子集（也就是簇），使得每个数据对象恰在一个子集中。与之相对应的，如果允许子集中还嵌套有子子集，则我们得到一个层次聚类（Hierarchical clustering）。层次聚类的形式很像一棵树的结构。除叶节点以外，树中每一个节点（簇）都是其子女（子簇）的并集，而根是包含所有对象的簇。通常情况下（但也并非绝对），树叶是单个数据对象的单元素簇。本书不讨论层次聚类的情况。

13.2　K 均值算法

K 均值（K-means）聚类算法是一种最老的、最广泛使用的聚类算法。该算法之所以称为 K 均值，那是因为它可以发现 K 个不同的簇，且每个簇的中心均采用簇中所含数据点的均值计算而成。

13.2.1　距离度量

前面说过，组内元素的相似性越大，组间差别越大，聚类就越好。当要讨论两个对象之间的相似度时，我们同时也是在隐含地讨论它们之间的距离。显然，相似度和距离是一对共生的概念。对象之间的距离越小，它们的相似度就越高，反之亦然。通常用于定义距离（或相似度）的方法也有很多。这里介绍其中最主要的 3 种方法。

- 闵科夫斯基距离

通常n维矢量空间$\boldsymbol{R}_n$，其中任意两个元素$\boldsymbol{x}=[\xi_i]_{i=1}^n$和$\boldsymbol{y}=[\eta_i]_{i=1}^n$的距离定义为：

$$d_2(\boldsymbol{x},\boldsymbol{y})=\left[\sum_{i=1}^{n}|\xi_i-\eta_i|^2\right]^{\frac{1}{2}}$$

上式所定义的就是我们最常用到的欧几里得距离。同样，在$\boldsymbol{R}_n$中还可以引入所谓的曼哈顿距离：

$$d_1(\boldsymbol{x},\boldsymbol{y})=\sum_{i=1}^{n}|\xi_i-\eta_i|$$

而对于更泛化的情况，笔者便可推广出下面的这个所谓的闵科夫斯基距离：

$$d_p(\boldsymbol{x},\boldsymbol{y})=\left[\sum_{i=1}^{n}|\xi_i-\eta_i|^p\right]^{\frac{1}{p}},\qquad p>1$$

- 余弦距离

对于两个n维样本点$\boldsymbol{x}(\xi_1,\xi_2,\cdots,\xi_n)$和$\boldsymbol{y}(\eta_1,\eta_2,\cdots,\eta_n)$，可以使用类似于夹角余弦的概念来衡量它们间的距离（相似程度）。

$$\cos\theta=\frac{\boldsymbol{x}\cdot\boldsymbol{y}}{|\boldsymbol{x}||\boldsymbol{y}|}$$

即

$$\cos\theta=\frac{\sum_{i=1}^{n}\xi_i\eta_i}{\sqrt{\sum_{i=1}^{n}\xi_i^2}\sqrt{\sum_{i=1}^{n}\eta_i^2}}$$

夹角余弦取值范围为$[-1,1]$。夹角余弦越大表示两个向量的夹角越小，夹角余弦越小表示两个向量的夹角越大。当两个向量的方向重合时夹角余弦取最大值1，当两个向量的方向完全相反时夹角余弦取最小值-1。

- 杰卡德相似系数

杰卡德相似系数（Jaccard similarity coefficient）是衡量两个集合的相似度的一种指标。两个集合A和B的交集元素在A和B的并集中所占的比例，称为两个集合的杰卡德相似系数：

$$J(A,B)=\frac{|A\cap B|}{|A\cup B|}$$

与杰卡德相似系数相反的概念是杰卡德距离。杰卡德距离可用如下公式表示：

$$J_\delta(A,B)=1-J(A,B)=\frac{|A\cup B|-|A\cap B|}{|A\cup B|}$$

杰卡德距离用两个集合中不同元素占所有元素的比例来衡量两个集合的区分度。

杰卡德相似系数（或距离）的定义与前面讨论的两个相似度度量的方法看起来很不一样，它面向的不再是两个n维矢量，而是两个集合。本书中的例子不太会用到这种定义，但读者不禁要问，这种相似性定义在实际中有何应用。对此，我们稍作补充。杰卡德相似系数的一个典型应用就是分析社交网络中的节点关系。例如，现在有两个微博用户A和B，$\Gamma(A)$和$\Gamma(B)$分别表示A和B的好友集合。系统在为A或B推荐可能认识的人时，就会考虑A和B之间彼此认识的可能性有多少（假设二者的微博并未互相关注）。此时，系统就可以根据杰卡德相似系数来定义二者彼此认识的可能性为：

$$J(A,B)=\frac{|\Gamma(A)\cap\Gamma(B)|}{|\Gamma(A)\cup\Gamma(B)|}$$

当然，这仅仅是现实社交网络系统中进行关系分析的一个维度，但它的确反映了杰卡德相似系数在实际中的一个典型应用。

13.2.2 算法描述

在 K 均值算法中，质心是定义聚类原型（也就是机器学习获得的结果）的核心。在介绍算法实施的具体过程中，我们将演示质心的计算方法。而且你将看到除了第一次的质心是被指定的以外，此后的质心都是经由计算均值而获得的。

首先，选择 K 个初始质心（这 K 个质心并不要求来自于样本数据集），其中 K 是用户指定的参数，也就是所期望的簇的个数。每个数据点都被收归到距其最近之质心的分类中，而同一个质心所收归的点集为一个簇。然后，根据本次分类的结果，更新每个簇的质心。重复上述数据点分类与质心变更步骤，直到簇内数据点不再改变，或者等价地说，直到质心不再改变。

基本的 K 均值算法描述如下。

1. 选择 K 个数据点作为初始质心。
2. 重复以下步骤，直到质心不再发生变化。
3. 　　将每个点收归到距其最近的质心，形成 K 个簇。
4. 　　重新计算每个簇的质心。

图 13-2 通过一个例子演示了 K 均值算法的具体操作过程。假设我们的数据集如表 13-1 所示。开始时，算法指定了两个质心$A(15,5)$和$B(5,15)$，并由此出发，如图 13-2(a)所示。

表 13-1 初始数据集

x	15	12	14	13	12	16	4	5	5	7	7	6
y	17	18	15	16	15	12	6	8	3	4	2	5

根据数据点到质心A和B的距离对数据集中的点进行分类，此处我们使用的是欧几里得距离，如图 13-2(b)所示。然后，算法根据新的分类来计算新的质心（也就是均值），得到结果$A(8.2,5.2)$和$B(10.7,13.6)$，如表 13-2 所示。

表 13-2 计算新质心

	分类 1							均　值
x	15	12	14	13	12	4	5	10.7
y	17	18	15	16	15	6	8	13.6
	分类 2							均　值
x	16	5	7	7	6			8.2
y	12	3	4	2	5			5.2

根据数据点到新质心的距离，再次对数据集中的数据进行分类，如图 13-2(c)所示。然后，算法根据新的分类来计算新的质心，并再次根据数据点到新质心的距离，对数据集中的数据进行分类。结果发现簇内数据点不再改变，所以算法执行结束，最终的聚类结果如图 13-2(d)所示。

对于距离函数和质心类型的某些组合，算法总是收敛到一个解，即 K 均值到达一种状态，聚类结果和质心都不再改变。但为了避免过度迭代所导致的时间消耗，实践中，也常用一个较弱的条件替换掉“质心不再发生变化”这个条件。例如，使用“直到仅有 1%的点改变簇”。

尽管 K 均值聚类比较简单，但它也的确相当有效。它的某些变种甚至更有效，并且不太受初始化问题的影响。但 K 均值并不适合所有的数据类型。它不能处理非球形簇、不同尺寸和不同密度的簇，尽管指定足够大的簇个数时它通常可以发现纯子簇。对包含离群点的数据进行聚类时，K 均值也有问题。在这种情况下，离群点检测和删除大有帮助。K 均值的另一个问题是，它对初值的选择是敏感的，这说明不同初值的选择所导致的迭代次数可能相差很大。此外，K 值的选择也是一个问题。显然，算法本身并不能自适应地判定数据集应该被划分成几个簇。最后，K 均值仅限于具有质心（均值）概念的数据。一种相关的 K 中心点聚类技术没有这种限制。在 K 中心点聚类中，我们每次选择的不再是均值，而是中位数。这种算法实现的其他细节与 K 均值相差不大，我们不再赘述。

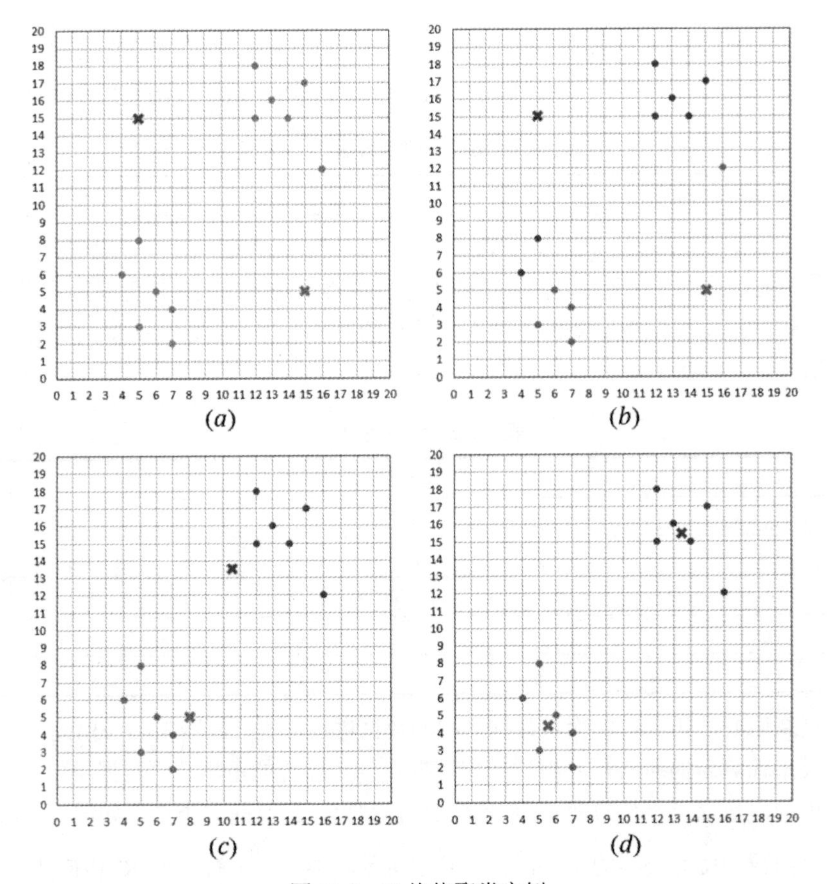

图 13-2　K 均值聚类实例

13.2.3　应用实例

R 语言中实现 K 均值算法的核心函数是 kmeans()，该函数的基本调用格式如下。

```
kmeans(x, centers, iter.max = 10, nstart = 1,
     algorithm = c("Hartigan-Wong", "Lloyd", "Forgy", "MacQueen"))
```

其中，x是要进行聚类分析的数据集；centers 为预设的类别数 K；iter.max 为最大迭代次数，其默认值为 10。参数 nstart 指定了选择随机起始质心的次数，默认值为 1。最后，参数 algorithm 给出了 4 种可供选择的算法，它们本质上仍然是 K 均值算法，只是在具体执行时会有细微差别，读者可不必深究。默认情况下，参数 algorithm 的默认值为“Hartigan-Wong”。

一组来自世界银行的数据统计了 30 个国家的两项指标，我们用如下代码读入文件并显示其中最开始的几行数据。可见，数据共分 3 列。其中第 1 列是国家的名字，该项与后面的聚类分析无关，我们更关心后面两列信息。第 2 列给出的该国第三产业增加值占 GDP 的比重，最后一列给出的是人口结构中年龄大于等于 65 岁的人口（也就是老龄人口）占总人口的比重。

```
> countries = read.csv("c:/countries_data.csv")
> head(countries)
 countries services_of_GDP ages65_above_of_total
1  Belgium       76.7             18
2   France       78.9             18
3  Denmark       76.2             18
4    Spain       73.9             18
5    Japan       72.6             25
6   Sweden       72.7             19
```

为了方便后续处理，下面对读入的数据库进行一些必要的预处理，主要是调整列标签，以及用国名替换掉行标签（同时删除包含国名的列）。

```
> var = as.character(countries$countries)
> for(i in 1:30) dimnames(countries)[[1]][i] = var[i]
> countries = countries[,2:3]
> names(countries) = c("Services(%)", "Aged_Population(%)")
> head(countries)
      Services(%) Aged_Population(%)
Belgium     76.7                18
France      78.9                18
Denmark     76.2                18
Spain       73.9                18
Japan       72.6                25
Sweden      72.7                19
```

如果你绘制这些数据的散点图，不难发现这些数据大致可以分为两组。事实上，数据中有一半的国家是 OECD 成员国，而另外一半则属于发展中国家（包括一些东盟国家、南亚国家和拉美国家）。所以我们可以采用下面的代码来进行 K 均值聚类分析。

```
> my.km <- kmeans(countries, center = 2)
> my.km$center
 Services(%) Aged_Population(%)
1   74.42667    17.133333
2   48.29333     5.533333
> head(my.km$cluster)
Belgium  France Denmark   Spain   Japan  Sweden
     1       1       1       1       1       1
```

对于聚类结果，限于篇幅我们仍然只列出了最开始的几条。但是如果用图形来显示的话，可能更易于接受。下面是示例代码。

```
>  plot(countries, col = my.km$cluster)
>  points(my.km$centers, col = 1:2, pch = 8, cex = 2)
```

上述代码的执行结果如图 13-3 所示。

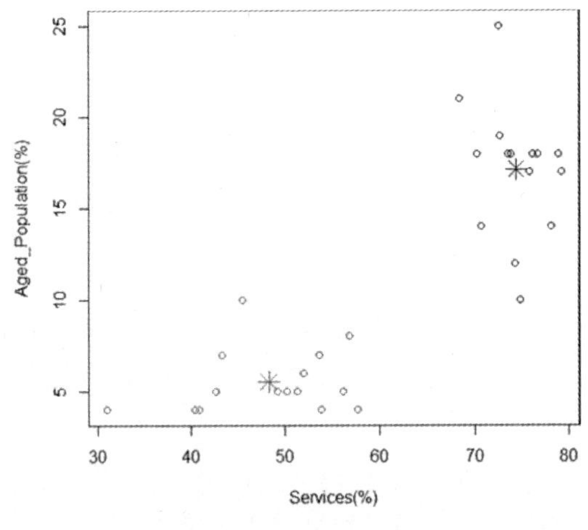

图 13-3 聚类结果

13.3 最大期望算法

K 均值算法非常简单，相信读者都可以轻松地理解它。但下面将要介绍的 EM 算法就要困难许多了，它与第 8 章中介绍的极大似然估计密切相关。

13.3.1 算法原理

不妨从一个例子开始我们的讨论，假设现在有 100 个人的身高数据，而且这 100 条数据是随机抽取的。一个常识性的看法是，男性身高满足一定的分布（例如正态分布），女性身高也满足一定的分布，但这两个分布的参数不同。我们现在不仅不知道男女身高分布的参数，甚至不知道这 100 条数据哪些是来自男性的，哪些是来自女性的。这正符合聚类问题的假设，除了数据本身以外，并不知道其他任何信息。而我们的目的正是推断每个数据应该属于哪个分类。所以对于每个样本，都有两个需要被估计的项，一个就是它到底是来自男性身高的分布，还是来自女性身高的分布。另外一个就是，男女身高分布的参数各是多少。

既然我们要估计知道 A 和 B 两组参数，在开始状态下二者都是未知的，但如果知道了 A 的信息就可以得到 B 的信息，反过来知道了 B 也就得到了 A。所以可能想到的一种方法就是考虑首先赋予 A 某种初值，以此得到 B 的估计，然后从 B 的当前值出发，重新估计 A 的取值，这个过程一直持续到收敛为止。你是否隐约想到了什么？是的，这恰恰是 K 均值算法的本质，所以说 K 均值算法中其实蕴含了 EM 算法的本质。

EM 算法，又称期望最大化（Expectation Maximization）算法。在男女身高的问题里面，可以先随便猜一下男生身高的正态分布参数：比如可以假设男生身高的均值是 1.7 米，方差是 0.1 米。当然，这仅仅是我们的一个猜测，最开始肯定不会太准确。但基于这个猜测，便可计算出每个人更可能属于男性分布还是属于女性分布。例如，有个人的身高是1.75米，显然它更可能属于男性身高这个分布。据此，我们为每条数据都划定了一个归属。接下来就可以根据极大似然法，通过这些被大概认为是男性的若干条数据来重新估计男性身高正态分布的参数，女性的分布用同样方法重新估计。然后，当更新了这两个分布的时候，每个人属于这两个分布的概率又发生了改变，那么就需要再调整参数。如此迭代，直到参数基本不再发生变化为止。

在正式介绍EM算法的原理和执行过程之前，此处首先对边缘分布的概念稍做补充。

随机向量(X,Y)的累计分布函数$F(x,y)$可以完全决定它分量的概率特征。因此，由$F(x,y)$应该能够得出(X,Y)的分量X的分布函数$F_X(x)$，以及分量Y的分布函数$F_Y(y)$。相对于联合分布$F(x,y)$，分量的分布$F_X(x)$和$F_Y(y)$就称为边缘分布函数。由此可得：

$$F_X(x) = P\{X \leqslant x\} = P\{X \leqslant x, Y \leqslant +\infty\} = F(x, +\infty)$$

$$F_Y(y) = P\{Y \leqslant y\} = P\{X \leqslant +\infty, Y \leqslant y\} = F(+\infty, y)$$

若(X,Y)是二维离散随机变量，则：

$$P\{X = x_i\} = P\{X = x_i; \sum_j (Y = y_j)\} = P\{\sum_j (X = x_i; Y = y_j)\}$$

$$= \sum_j P(X = x_i; Y = y_j) = \sum_j p_{ij}$$

若记$p_{i\cdot} = P\{X = x_i\}$，则：

$$p_{i\cdot} = \sum_j p_{ij}$$

同理$p_{\cdot j} = P\{Y = y_i\}$，若记，则：

$$p_{\cdot j} = \sum_i p_{ij}$$

若(X,Y)是二维连续随机变量，并设概率密度函数为$p(x,y)$，则：

$$F_X(x) = \int_{-\infty}^{x} \left\{ \int_{-\infty}^{+\infty} p(x,y)\mathrm{d}y \right\} \mathrm{d}x$$

则X的边缘密度函数为：

$$p_X(x) = \int_{-\infty}^{+\infty} p(x,y)\mathrm{d}y$$

同理可得：

$$p_Y(y) = \int_{-\infty}^{+\infty} p(x,y)\mathrm{d}x$$

基于上述介绍，现在终于可以正式开始 EM 算法的讲解了。

给定训练样本集合$\{x_1, x_2, \cdots, x_n\}$，样本间相互独立，但每个样本对应的类别$z_i$未知（也就是隐含变量）。我们的终极目标是确定每个样本所属的类别z_i使得$p(x_i; z_i)$取得最大。则可以写出似然函数为：

$$\mathcal{L}(\theta) = \prod_{i=1}^{n} p(x_i; \theta)$$

然后对两边同时取对数得：

$$\ell(\theta) = \log \mathcal{L}(\theta) = \sum_{i=1}^{n} \log p(x_i; \theta) = \sum_{i=1}^{n} \log \sum_{z_i} p(x_i, z_i; \theta)$$

注意到上述等式的最后一步，其实利用了边缘分布的概率质量函数公式做了一个转换，从而将隐含变量z_i显示了出来。它的意思是说$p(x_i)$的边缘概率质量就是联合分布$p(x_i, z_i)$中的z_i取遍所有可能取值后，联合分布的概率质量之和。在 EM 算法中，z_i是标准类别归属的变量。例如，在身高的例子中，它有两个可能的取值，即要么是男性，要么是女性。

EM 算法是一种解决存在隐含变量优化问题的有效方法。直接最大化$\ell(\theta)$存在一定困难，于是想到不断地建立$\ell(\theta)$的下界，然后优化这个下界来实现我们的最终目标。目前这样的解释仍然显得很抽象，下面我们将逐步讲述。

对于每一个样本x_i，让Q_i表示该样例隐含变量z_i的某种分布，Q_i满足的条件是（对于离散分布，Q_i就是通过给出概率质量函数来表征某种分布的）：

$$\sum_{z_i} Q_i(z_i) = 1, \qquad Q_i(z_i) \geqslant 0$$

如果z_i是连续的（例如正态分布），那么Q_i是概率密度函数，需要将求和符号换做积分符号。

可以由前面阐述的内容得到下面的公式：

$$\sum_{i=1}^{n} \log p(x_i; \theta) = \sum_{i=1}^{n} \log \sum_{z_i} p(x_i, z_i; \theta)$$

$$= \sum_{i=1}^{n} \log \sum_{z_i} Q_i(z_i) \frac{p(x_i, z_i; \theta)}{Q_i(z_i)} \geqslant \sum_{i=1}^{n} \sum_{z_i} Q_i(z_i) \log \frac{p(x_i, z_i; \theta)}{Q_i(z_i)}$$

这是 EM 算法推导中至关重要的一步，它巧妙地利用了詹森不等式。为了帮助读者理解，下面还是插入一段关于该不等式的介绍。

凸函数是一个定义在某个向量空间的凸子集C（区间）上的实值函数f，而且对于凸子集C中任意两个向量$\boldsymbol{p}_1$和$\boldsymbol{p}_2$，以及存在的任意有理数$\theta \in (0,1)$，则有：

$$f[\theta \boldsymbol{p}_2 + (1-\theta)\boldsymbol{p}_1] \leqslant \theta f(\boldsymbol{p}_2) + (1-\theta) f(\boldsymbol{p}_1)$$

如果f连续，那么θ可以改为(0,1)中的实数。若这里的凸子集θ即某个区间，那么f就为定义在该区间上的函数，$\boldsymbol{p}_1$和$\boldsymbol{p}_2$则为该区间上的任意两点。

如图 13-4 所示为一个凸函数示意图，结合图形，不难分析在凸函数的定义式中，$\theta \boldsymbol{p}_2 + (1-\theta)\boldsymbol{p}_1$可以看作$\boldsymbol{p}_1$和$\boldsymbol{p}_2$的加权平均，因此$f[\theta \boldsymbol{p}_2 + (1-\theta)\boldsymbol{p}_1]$是位于函数$f$曲线上介于$\boldsymbol{p}_1$和$\boldsymbol{p}_2$区间内的一点。而$\theta f(\boldsymbol{p}_2) + (1-\theta) f(\boldsymbol{p}_1)$则是$f(\boldsymbol{p}_1)$和$f(\boldsymbol{p}_2)$的加权平均，也就是以$f(\boldsymbol{p}_1)$和$f(\boldsymbol{p}_2)$为端点的一条直线段上的一点。或者也可以从直线的两点式方程来考察它。已知点(x_1, y_1)和(x_2, y_2)，则可以确定一条直线的方程为：

$$\frac{y - y_1}{y_2 - y_1} = \frac{x - x_1}{x_2 - x_1}$$

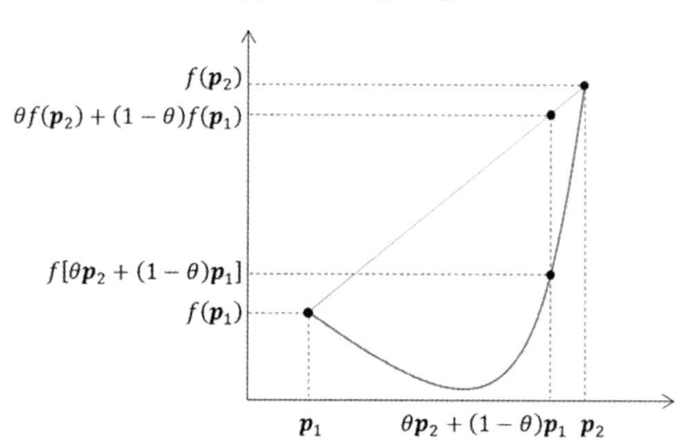

图 13-4　凸函数示意图

现在我们知道直线上的两个点为$[\boldsymbol{p}_1, f(\boldsymbol{p}_1)]$和$[\boldsymbol{p}_2, f(\boldsymbol{p}_2)]$，于是便可根据上式写出直线方程，即：

$$\frac{y - f(\boldsymbol{p}_1)}{f(\boldsymbol{p}_2) - f(\boldsymbol{p}_1)} = \frac{x - \boldsymbol{p}_1}{\boldsymbol{p}_2 - \boldsymbol{p}_1}$$

然后又知道直线上一点的横坐标为$\theta \boldsymbol{p}_2 + (1-\theta)\boldsymbol{p}_1$，代入上式便可求得其对应的纵坐标为$\theta f(\boldsymbol{p}_2) + (1-\theta) f(\boldsymbol{p}_1)$。

从凸函数的这一性质所引申出来的一个重要结论就是詹森（Jensen）不等式：如果f是凸函数，X是随机变量，那么就有$E[f(X)] \geqslant f(E[X])$。特别地，如果$f$是严格的凸函数，那么当且仅当$X$是常量时，上式取等号。

用图形来表示詹森不等式的结论是一目了然的。假设随机变量X有θ的可能性取得值$\boldsymbol{p}_2$，有$(1-\theta)$的可能性取得值$\boldsymbol{p}_1$，那么根据数学期望的定义可知$E[X] = \theta \boldsymbol{p}_2 + (1-\theta)\boldsymbol{p}_1$。同理，

$E[f(X)]=\theta f(\boldsymbol{p}_2)+(1-\theta)f(\boldsymbol{p}_1)$。所以可得：

$$f(E[X])=f(\theta\boldsymbol{p}_2+(1-\theta)\boldsymbol{p}_1)\leqslant\theta f(\boldsymbol{p}_2)+(1-\theta)f(\boldsymbol{p}_1)=E[f(X)]$$

考虑到对数函数是一个凹函数，所以我们需要把上述关于凸函数的结论颠倒一个方向。而且尽管形式复杂，但是还应该注意到下面这个式子：

$$\sum_{z_i}Q_i(z_i)\frac{p(x_i,z_i;\theta)}{Q_i(z_i)}$$

其实就是

$$\frac{p(x_i,z_i;\theta)}{Q_i(z_i)}$$

的数学期望。所以我们就可以运用詹森不等式来进行变量代换，即：

$$f(E[X])=\log\sum_{z_i}Q_i(z_i)\frac{p(x_i,z_i;\theta)}{Q_i(z_i)}\geqslant E[f(X)]=\sum_{z_i}Q_i(z_i)\log\frac{p(x_i,z_i;\theta)}{Q_i(z_i)}$$

这也就解释了上述推导的原理。

上述不等式给出了$\ell(\theta)$的下界。假设θ已经给定，那么$\ell(\theta)$的值就决定于$Q_i(z_i)$和$p(x_i,z_i)$。可以通过调整这两个概率使下界不断上升，以逼近$\ell(\theta)$的真实值，那么什么时候算是调整好了呢？当不等式变成等式时，就说明调整后的概率能够等价于$\ell(\theta)$了。按照这个思路，算法应该要找到等式成立的条件。根据詹森不等式，要想让等式成立，需要让随机变量变成常数值。就现在讨论的问题而言，也就是：

$$\frac{p(x_i,z_i;\theta)}{Q_i(z_i)}=C$$

其中C为常数，不依赖于z_i。所以当z_i取不同的值时，会得到很多个上述形式的等式（只是其中的z_i不同），然后将多个等式的分子分母相加，结果仍然成比例

$$\frac{\sum_{z_i}p(x_i,z_i;\theta)}{\sum_{z_i}Q_i(z_i)}=C$$

又因为

$$\sum_{z_i}Q_i(z_i)=1$$

所以可知：

$$\sum_{z_i}p(x_i,z_i;\theta)=C$$

进而根据条件概率的公式有：

$$Q_i(z_i)=\frac{p(x_i,z_i;\theta)}{C}=\frac{p(x_i,z_i;\theta)}{\sum_{z_i}p(x_i,z_i;\theta)}$$
$$=\frac{p(x_i,z_i;\theta)}{p(x_i;\theta)}=p(z_i|x_i;\theta)$$

到目前为止，我们得到了在给定θ的情况下$Q_i(z_i)$的计算公式，从而解决了$Q_i(z_i)$如何选择的问题。这一步我们还建立了$\ell(\theta)$的下界。下面就需要进行最大化，也就是在给定$Q_i(z_i)$之后，调整θ，从而极大化$\ell(\theta)$的下界。那么一般的 EM 算法步骤便可按如下步骤执行。

> 给定初始值θ，重复循环下列步骤，直到收敛。
>
> （E 步）记对于每个x_i，计算$Q_i(z_i)=p(z_i|x_i;\theta)$
>
> （M 步）计算$\theta:=\arg\max_\theta\sum_{i=1}^n\sum_{z_i}Q_i(z_i)\log\frac{p(x_i,z_i;\theta)}{Q_i(z_i)}$

13.3.2　收敛探讨

如何确定算法是否收敛呢？假设$\theta^{(t)}$和$\theta^{(t+1)}$是算法第t和$t+1$次迭代的结果。如果有证据表明$\ell[\theta^{(t)}]\leqslant\ell[\theta^{(t+1)}]$，就表明似然函数单调递增，那么算法最终总会取得极大值。选定$\theta^{(t)}$之后，通过 E 步计算可得：

$$Q_i^{(t)}(z_i)=p[z_i|x_i;\theta^{(t)}]$$

这一步保证了在给定$\theta^{(t)}$时，詹森不等式中的等号成立，也就是：

$$\ell[\theta^{(t)}]=\sum_{i=1}^n\sum_{z_i}Q_i^{(t)}(z_i)\log\frac{p[x_i,z_i;\theta^{(t)}]}{Q_i^{(t)}(z_i)}$$

然后进入 M 步，固定$Q_i^{(t)}(z_i)$，并将$\theta^{(t)}$看作变量，对上面的$\ell[\theta^{(t)}]$求导后，得到$\theta^{(t+1)}$。同时会有下面的关系成立：

$$\ell[\theta^{(t+1)}]\geqslant\sum_{i=1}^n\sum_{z_i}Q_i^{(t)}(z_i)\log\frac{p[x_i,z_i;\theta^{(t+1)}]}{Q_i^{(t)}(z_i)}$$
$$\geqslant\sum_{i=1}^n\sum_{z_i}Q_i^{(t)}(z_i)\log\frac{p[x_i,z_i;\theta^{(t)}]}{Q_i^{(t)}(z_i)}=\ell[\theta^{(t)}]$$

我们来解释一下上述结果。第 1 个不等号是根据

$$\ell(\theta)=\sum_{i=1}^n\log\sum_{z_i}p(x_i,z_i;\theta)\geqslant\sum_{i=1}^n\sum_{z_i}Q_i(z_i)\log\frac{p(x_i,z_i;\theta)}{Q_i(z_i)}$$

得到的。因为上式对所有的θ和Q_i都成立，所以只要用$\theta^{(t+1)}$替换θ就得到了关系中的一个不等式。

第 2 个不等号利用了 M 步的定义。公式：

$$\theta := \arg\max_{\theta} \sum_{i=1}^{n} \sum_{z_i} Q_i(z_i) \log \frac{p(x_i, z_i; \theta)}{Q_i(z_i)}$$

的意思是用使得右边式子取得极大值的$\theta^{(t)}$来更新$\theta^{(t+1)}$，所以如果右边式子中使用的是$\theta^{(t+1)}$必然会大于等于使用$\theta^{(t)}$的原式子。换言之，在众多$\theta^{(t)}$中，有一个被用来当作$\theta^{(t+1)}$的值，会令右式的值相比于取其他$\theta^{(t)}$时所得出的结果更大。

关系中的最后一个等号由本节的第 2 条公式即可直接得出。

因此，就证明了$\ell(\theta)$会单调增加，也就表明 EM 算法最终会收敛到一个结果（尽管不能保证它一定是全局最优结果，但必然是局部最优）。实践中，收敛的方式可以是似然函数$\ell(\theta)$的值不再变化，也可以是变化非常之小。

13.4 高斯混合模型

高斯混合模型（GMM，Gaussian Mixture Model）可以看成是 EM 算法的一种现实应用。利用这个模型可以解决聚类分析、机器视觉等领域中的许多实际问题。

13.4.1 模型推导

在讨论 EM 算法时，我们并未指定样本来自于何种分布。实际应用中，常常假定样本是来自正态分布之总体的。也就是说，在进行聚类分析时，认为所有样本都来自具有不同参数控制的数个正态总体。例如前面讨论的男性、女性身高问题，我们就可以假定样本数据是来自如图 13-5 所示的一个双正态分布混合模型。这便有了接下来要讨论的高斯混合模型。

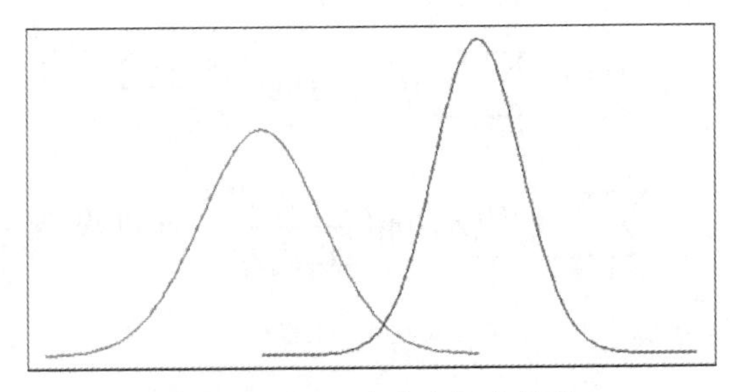

图 13-5 双正态分布混合模型

给定的训练样本集合是$\{x_1, x_2, \cdots, x_n\}$，我们将隐含类别标签用$z_i$表示。首先假定$z_i$满足参数

为ϕ的多项式分布，同时跟 13.3 节所讨论的一致，用

$$Q_i = P(z_i = j) = P(z_i = j|x_i; \phi, \boldsymbol{\mu}, \boldsymbol{\sigma})$$

也就是在 E 步，我们假定知道所有的正态分布参数和多项式分布参数，然后在给定x_i的情况下算一个它属于z_i分布的概率。而且z_i有k个值，即$1, \dots, k$，可以选取，也就是k个高斯分布。在给定z_i后，X满足高斯分布（x_i是从分布X中抽取的），即：

$$(X|z_i = j) \sim N(\mu_j, \sigma_j)$$

回忆一下贝叶斯公式

$$P(A_i|B) = \frac{P(A_i)P(B|A_i)}{P(B)} = \frac{P(A_i)P(B|A_i)}{\sum_{j=1}^{n} P(A_j)P(B|A_j)}$$

由此可得：

$$P(z_i = j|x_i; \phi, \boldsymbol{\mu}, \boldsymbol{\sigma}) = \frac{P(z_i = j|x_i; \phi)P(x_i|z_i = j, \boldsymbol{\mu}, \boldsymbol{\sigma})}{\sum_{m=1}^{k} P(z_i = m|x_i; \phi)P(x_i|z_i = m, \boldsymbol{\mu}, \boldsymbol{\sigma})}$$

而在 M 步，我们则要对

$$\sum_{i=1}^{n} \sum_{z_i} Q_i(z_i) \log \frac{p(x_i, z_i; \phi, \boldsymbol{\mu}, \boldsymbol{\sigma})}{Q_i(z_i)}$$

求极大值，并由此来对参数ϕ、$\boldsymbol{\mu}$、$\boldsymbol{\sigma}$进行估计。将高斯分布的函数展开，并且为了简便，用记号w_j^i来替换$Q_i(z_i = j)$，于是上式可进一步变为：

$$= \sum_{i=1}^{n} \sum_{j=1}^{k} Q_i(z_i = j) \log \frac{p(x_i|z_i = j; \boldsymbol{\mu}, \boldsymbol{\sigma})P(z_i = j; \phi)}{Q_i(z_i = j)}$$

$$= \sum_{i=1}^{n} \sum_{j=1}^{k} w_j^i \log \frac{\frac{1}{(2\pi)^{\frac{n}{2}}|\sigma_j|^{\frac{1}{2}}} \exp\left[-\frac{1}{2}(x_i - \mu_j)\sigma_j^{-1}(x_i - \mu_j)\right] \cdot \phi_j}{w_j^i}$$

为了求极值，对上式中的每个参数分别求导，则有：

$$\frac{\partial f}{\partial \mu_j} = \frac{-\sum_{i=1}^{n} \sum_{j=1}^{k} w_j^i \frac{1}{2}(x_i - \mu_j)^2 \sigma_j^{-1}}{\partial \mu_j}$$

$$= \frac{1}{2} \sum_{i=1}^{n} w_j^i \frac{2\mu_j \sigma_j^{-1} x_i - \mu_j^2 \sigma_j^{-1}}{\partial \mu_j} = \sum_{i=1}^{n} w_j^i (\sigma_j^{-1} x_i - \sigma_j^{-1} \mu_j)$$

令上式等于零，可得：

$$\mu_j = \frac{\sum_{i=1}^{n} w_j^i x_i}{\sum_{i=1}^{n} w_j^i}$$

这也就是 M 步中对$\boldsymbol{\mu}$进行更新的公式。$\boldsymbol{\sigma}$更新公式的计算与此类似，我们不再具体给出计算过程，后面在总结高斯模型算法时会给出结果。

下面来谈参数ϕ的更新公式。需要求偏导数的公式在消掉常数项后，可以化简为：

$$\sum_{i=1}^{n}\sum_{j=1}^{k} w_j^i \log\phi_j$$

而且ϕ_j还需满足一定的约束条件，即$\sum_{j=1}^{k}\phi_j = 1$。这时需要使用拉格朗日乘子法，于是有：

$$\mathcal{L}(\phi) = \sum_{i=1}^{n}\sum_{j=1}^{k} w_j^i \log\phi_j + \beta(-1 + \sum_{j=1}^{k}\phi_j)$$

当然$\phi_j \geqslant 0$，但是对数公式已经隐含地满足了这个条件，可不必做特殊考虑。求偏导数可得：

$$\frac{\partial\mathcal{L}(\phi)}{\phi_j} = \beta + \sum_{i=1}^{n}\frac{w_j^i}{\phi_j}$$

令偏导数等于零，则有：

$$\phi_j = \frac{\sum_{i=1}^{n} w_j^i}{-\beta}$$

这表明ϕ_j与$\sum_{i=1}^{n} w_j^i$成比例，所以再次使用约束条件$\sum_{j=1}^{k}\phi_j = 1$，得到：

$$-\beta = \sum_{i=1}^{n}\sum_{j=1}^{k} w_j^i = \sum_{i=1}^{n} 1 = n$$

这样就得到了β的值，于是最终得到ϕ_j的更新公式为：

$$\phi_j = \frac{1}{n}\sum_{i=1}^{n} w_j^i$$

综上所述，最终求得的高斯混合模型求解算法如下。

重复循环下列步骤，直到收敛。

（E 步）记对于每个i和j，计算

$$w_j^i = P(z_i = j | x_i; \phi, \boldsymbol{\mu}, \boldsymbol{\sigma})$$

（M 步）更新参数：

$$\phi_j := \frac{1}{n}\sum_{i=1}^{n} w_j^i$$

$$\mu_j := \frac{\sum_{i=1}^{n} w_j^i x_i}{\sum_{i=1}^{n} w_j^i}$$

$$\sigma_j := \frac{\sum_{i=1}^{n} w_j^i \left(x_i - \mu_j\right)^2}{\sum_{i=1}^{n} w_j^i}$$

13.4.2　应用实例

软件包 mclust 提供了利用高斯混合模型对数据进行聚类分析的方法。其中函数 Mclust()是进行 EM 聚类的核心函数，它的基本调用格式为：

```
Mclust(data, G = NULL, modelNames = NULL, prior = NULL,
      control = emControl(), initialization = NULL,
      warn = mclust.options("warn"), ...)
```

其中，data 是待处理数据集；G 为预设类别数，默认值为 1～9，即由软件根据 BIC 的值在 1～9 中选择最优值。在第 11 章中也已经利用 BIC（或 AIC）对模型进行选择的方法做过说明。简而言之，就是将 BIC 值作为评价模型优劣的标准时，BIC 值越高模型越优。

下面的示例代码对前面给出的国家数据进行聚类分析，结果仍然显示这些国家被成功地分成了两类，每类包含 15 个国家。

```
> my.em <- Mclust(countries)
> summary(my.em)
----------------------------------------------------
Gaussian finite mixture model fitted by EM algorithm
----------------------------------------------------

Mclust EVI (diagonal, equal volume, varying shape) model with 2 components:

 log.likelihood  n df      BIC       ICL
      -179.2962 30  8 -385.802 -385.8023

Clustering table:
 1   2
15  15
```

如果想获得包括参数估计值在内的更为具体的信息，这可对以上代码稍做修改。注意，我们略去了输出中与上面重复的部分。

```
> summary(my.em, parameters = TRUE)
Mixing probabilities:
```

```
       1         2
0.4999956 0.5000044

Means:
                          [,1]        [,2]
Services(%)          74.42666    48.293568
Aged_Population(%)   17.13340     5.533373

Variances:
[,,1]
                Services(%) Aged_Population(%)
Services(%)          10.1814            0.00000
Aged_Population(%)    0.0000           13.07313
[,,2]
                Services(%) Aged_Population(%)
Services(%)          48.9951           0.000000
Aged_Population(%)    0.0000           2.716653
```

我们也可以利用图形化手段对上述结果进行展示。此时需要用到 mclust 软件包中的函数 mclust2Dplot()，示例代码如下。

```
> mclust2Dplot(countries, parameters = my.em$parameters,
+    z = my.em$z, what = "classification", main = TRUE)
```

上述示例代码所绘制的聚类结果如图 13-6 所示。不同形状和颜色的数据标记表明了数据点所属的类别。此外，如果将上述代码中的参数值"classification"修改成"uncertainty"，那么绘制的结果将变成 13-7 所示的图形。该图所展示的是分类结果的不确定性情况。表示样本数据的圆点，如果颜色越深、面积越大，就表示不确定性越高。显然，所有的数据点都被正确分类了，但是两个簇之间彼此靠近的部分往往是不确定性更高的区域。

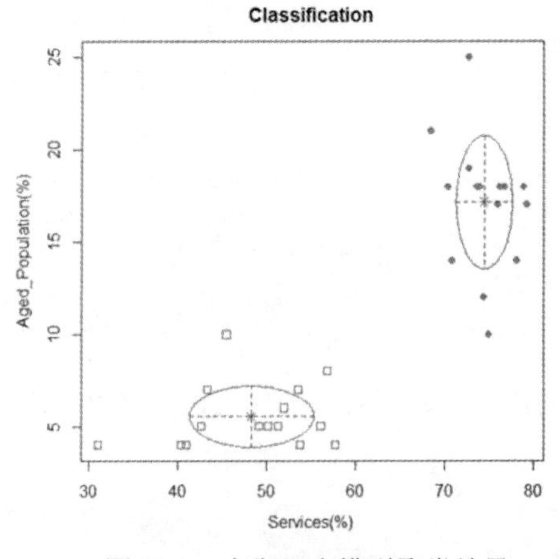

图 13-6　高斯混合模型聚类结果

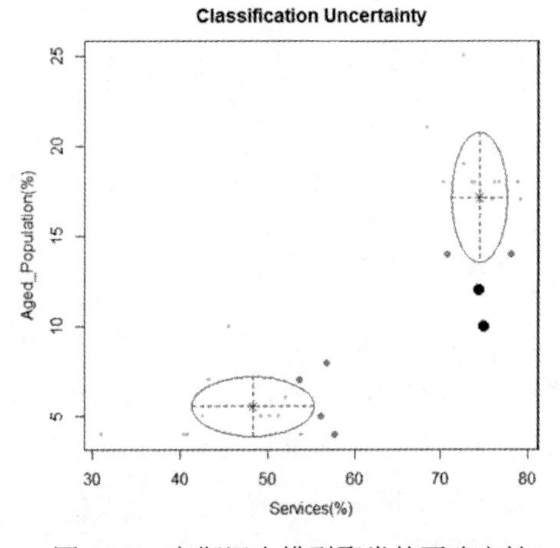

图 13-7　高斯混合模型聚类的不确定性

借助 densityMclust()函数，还可以绘制出高斯混合模型的密度图，下面的代码用于绘制二维的概率密度图，结果如图 13-8 所示。

```
> model_density <- densityMclust(countries)
> plot(model_density, countries, col = "cadetblue",
       nlevels = 25, what = "density")
```

或者也可以使用下面的代码来绘制三维的概率密度图，结果如图 13-9 所示。其中参数 theta 用于控制三维图像水平方向上的旋转角度。

```
> plot(model_density, what = "density", type = "persp", theta = 235)
```

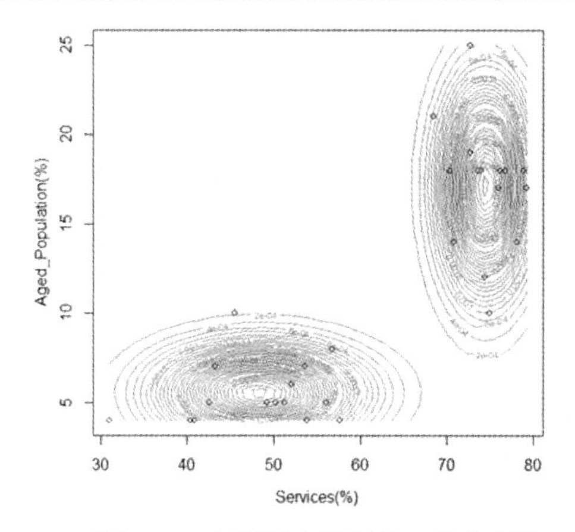

图 13-8　高斯混合模型的二维密度图

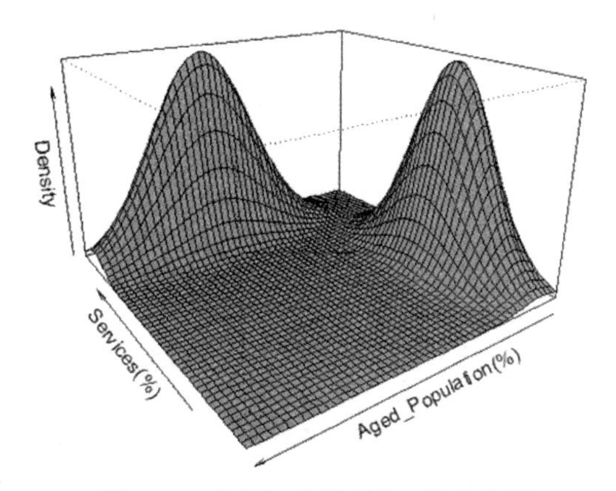

图 13-9　高斯混合模型的三维密度图

第 14 章

支持向量机

支持向量机（Support Vector Machine，SVM）是统计机器学习和数据挖掘中常用的一种分类模型。它在自然语言处理、计算机视觉以及生物信息学中都有重要应用。但另一方面支持向量机所涉及的理论知识又比较复杂，常常令人望而生畏。本章将从Logistic回归方法开始引入对于支持向量机的介绍，这是从线性回归到支持向量机的一个很好的过渡。

14.1 从逻辑回归到线性分类

下面通过一个例子来简单介绍一下Logistic回归的基本方法。为研究与急性心肌梗塞急诊治疗情况有关的因素，现收集了200个急性心肌梗塞的病例，如表 14-1 所示。其中，X_1用于指示救治前是否休克，$X_1 = 1$表示救治前已休克，$X_1 = 0$表示救治前未休克；X_2用于指示救治前是否心衰，$X_2 = 1$表示救治前已发生心衰，$X_2 = 0$表示救治前未发生心衰；X_3用于指示12小时内有无治疗措施，$X_3 = 1$表示没有，否则$X_3 = 0$。最后P给出了病患的最终结局，当$P = 0$时，表示患者生存；否则当$P = 1$时，表示患者死亡。

表 14-1　急性心肌梗塞的病例数据

$P = 0$				$P = 1$			
X_1	X_2	X_3	N	X_1	X_2	X_3	N
0	0	0	35	0	0	0	4
0	0	1	34	0	0	1	10
0	1	0	17	0	1	0	4
0	1	1	19	0	1	1	15
1	0	0	17	1	0	0	6
1	0	1	6	1	0	1	9
1	1	0	6	1	1	0	6
1	1	1	6	1	1	1	6

如果要建立回归模型，进而来预测不同情况下病患生存的概率，考虑用多重回归来做：

$$P=\beta_0+\beta_1X_1+\beta_2X_2+\beta_3X_3$$

则显然将自变量带入上述回归方程，不能保证概率P一定位于 0～1。于是想到用Logistic函数将自变量映射至 0～1。Logistic函数的定义如下：

$$P=\frac{e^Y}{1+e^Y}$$

或

$$Y=\ln\frac{P}{1-P}$$

其函数的图像如图 14-1 所示。

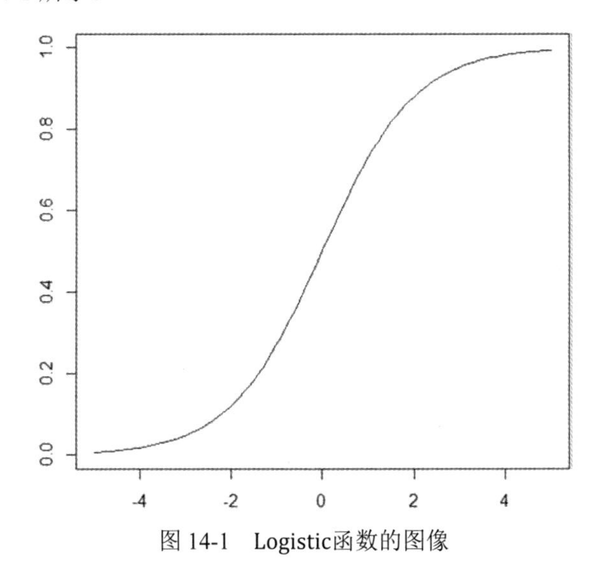

图 14-1　Logistic函数的图像

然后上面的Logistic函数定义式将多元线性回归中的因变量替换得到：

$$\ln\frac{P}{1-P}=\beta_0+\beta_1X_1+\cdots+\beta_nX_n$$

或者

$$P=\frac{e^{\beta_0+\beta_1X_1+\cdots+\beta_nX_n}}{1+e^{\beta_0+\beta_1X_1+\cdots+\beta_nX_n}}$$

或者

$$P=\frac{1}{1+e^{-(\beta_0+\beta_1X_1+\cdots+\beta_nX_n)}}$$

通常采用极大似然估计法对参数进行求解，对于本题而言则有：

$$P(Y=0)=\frac{e^{\beta_0+\beta_1X_1+\cdots+\beta_nX_n}}{1+e^{\beta_0+\beta_1X_1+\cdots+\beta_nX_n}},\qquad P(Y=1)=\frac{1}{1+e^{\beta_0+\beta_1X_1+\cdots+\beta_nX_n}}$$

进而有：

$$\begin{aligned}\mathcal{L}=&\left\{[\frac{\exp(\beta_0)}{1+\exp(\beta_0)}]^{35}[\frac{1}{1+\exp(\beta_0)}]^{4}\right\}\\&\left\{[\frac{\exp(\beta_0+\beta_3)}{1+\exp(\beta_0+\beta_3)}]^{34}[\frac{1}{1+\exp(\beta_0+\beta_3)}]^{10}\right\}\cdots\\&\left\{[\frac{\exp(\beta_0+\beta_1+\beta_2+\beta_3)}{1+\exp(\beta_0+\beta_1+\beta_2+\beta_3)}]^{6}[\frac{1}{1+\exp(\beta_0+\beta_1+\beta_2+\beta_3)}]^{6}\right\}\\=&\prod_{i=1}^{k}\left\{[\frac{\exp(\beta_0+\beta_1X_{1i}+\beta_2X_{2i}+\beta_3X_{3i})}{1+\exp(\beta_0+\beta_1X_{1i}+\beta_2X_{2i}+\beta_3X_{3i})}]^{n_{i0}}\right.\\&\left.[\frac{1}{1+\exp(\beta_0+\beta_1X_{1i}+\beta_2X_{2i}+\beta_3X_{3i})}]^{n_{i1}}\right\}\end{aligned}$$

寻找最适宜的$\hat{\beta}_0$、$\hat{\beta}_1$、$\hat{\beta}_2$、$\hat{\beta}_3$使得$\mathcal{L}$达到最大，最终得到估计模型为：

$$\ln\frac{P}{1-P}=-2.0858+1.1098X_1+0.7028X_2+0.9751X_3$$

或写成：

$$P=\frac{1}{1+e^{-(-2.0858+1.1098X_1+0.7028X_2+0.9751X_3)}}$$

例如，现在有一名患者A没有休克，病发5小时后送医院，而且已出现了症状，即$X_1=0$、$X_2=1$、$X_3=0$，则可据此计算其生存的概率为：

$$P_A=\frac{1}{1+e^{-(-2.0858+0.7028)}}=0.200$$

同理，若另有一名患者B已经出现休克，病发18小时后送医院，出现了症状，即$X_1=1$、$X_2=1$、$X_3=1$，则可据此计算其生存的概率为：

$$P_B=\frac{1}{1+e^{-(-2.0858+1.1098+0.7028+0.9751)}}=0.669$$

前面在对参数进行估计时，我们其实假设了$Y=1$的概率为：

$$P(Y=1|X;\beta)=h_\beta(X)=g(\beta^{\mathrm{T}}X)=\frac{e^{\beta_0+\beta_1X_1+\cdots+\beta_nX_n}}{1+e^{\beta_0+\beta_1X_1+\cdots+\beta_nX_n}}$$

于是还有：

$$P(Y=0|X;\beta)=1-h_\beta(X)=1-g(\beta^{\mathrm{T}}X)=\frac{1}{1+e^{\beta_0+\beta_1X_1+\cdots+\beta_nX_n}}$$

由此，我们便可以利用Logistic回归来从特征学习中得出一个非 0 即 1 的分类模型。当要判别一个新来的特征属于哪个类时，只需求$h_\beta(X)$即可，若$h_\beta(X)$大于 0.5 就可被归为$Y=1$类，反之就被归为$Y=0$类。

下面尝试对Logistic回归进行变型。首先，把用于对二分类结果进行标记的标签由$Y=1$和$Y=0$替换成$y=1$和$y=-1$，然后将$\beta^{\mathrm{T}}X=\beta_0+\beta_1X_1+\cdots+\beta_nX_n$（注意这里相当于$X_0=1$）中的$\beta_0$换成$b$，最后再把剩余的部分$\beta_1X_1+\cdots+\beta_nX_n$替换成$\boldsymbol{w}^{\mathrm{T}}\boldsymbol{x}$。这样一来，就得到了$\beta^{\mathrm{T}}X=\boldsymbol{w}^{\mathrm{T}}\boldsymbol{x}+b$的形式。

这就引出了所谓线性分类器的概念。给定一些数据点，它们分别属于两个不同的类，现在要找到一个线性分类器把这些数据分成两类。如果用x表示数据点，用y表示类别（y可以取1或者-1，分别代表两个不同的类），一个线性分类器的学习目标便是要在n维的数据空间中找到一个超平面，这个超平面的方程可以表示为：

$$\boldsymbol{w}^{\mathrm{T}}\boldsymbol{x}+b=0$$

超平面是直线概念在高维上的拓展。通常直线的一般方程式可以写为$w_1x_1+w_2x_2+b=0$，拓展到三维上，就得到平面的方程$w_1x_1+w_2x_2+w_3x_3+b=0$。所以可以定义高维上的超平面为$\sum_{i=1}^{n}w_ix_i+b=0$。上面给出的超平面方程仅仅是采用向量形式来描述的超平面方程。

在使用Logistic回归来进行分类时，我们认为若$h_\beta(X)>0.5$，就将待分类的属性归为$Y=1$类，反之就被归为$Y=0$类。类似地，此时我们希望把分类标签换成$y=1$和$y=-1$，于是可以规定当$\boldsymbol{w}^{\mathrm{T}}\boldsymbol{x}+b>0$时，$h_{\boldsymbol{w},b}(\boldsymbol{x})=g(\boldsymbol{w}^{\mathrm{T}}\boldsymbol{x}+b)$就映射到$y=1$的类别，否则即被映射到$y=-1$的类别。

接下来就以最简单的二维情况为例来说明基于超平面的线性分类器。现在有一个二维平面，平面上有两种不同的数据，分别用圆圈和方框来表示，如图 14-2 所示。由于这些数据是线性可分的，所以可以用一条直线将这两类数据分开，这条直线就相当于一个超平面（因为在二维的情况下超平面的方程就是一个直线方程），超平面一边的数据点所对应的y全是1，另一边所对应的y全是-1。

这个基于超平面的分类模型可以用$f(\boldsymbol{x})=\boldsymbol{w}^{\mathrm{T}}\boldsymbol{x}+b$来描述，当$f(\boldsymbol{x})$等于零的时候，$\boldsymbol{x}$便是位于超平面上的点，而$f(\boldsymbol{x})$大于零的点对应$y=1$的数据点，$f(\boldsymbol{x})$小于零的点对应$y=-1$的点，如图 14-3 所示。

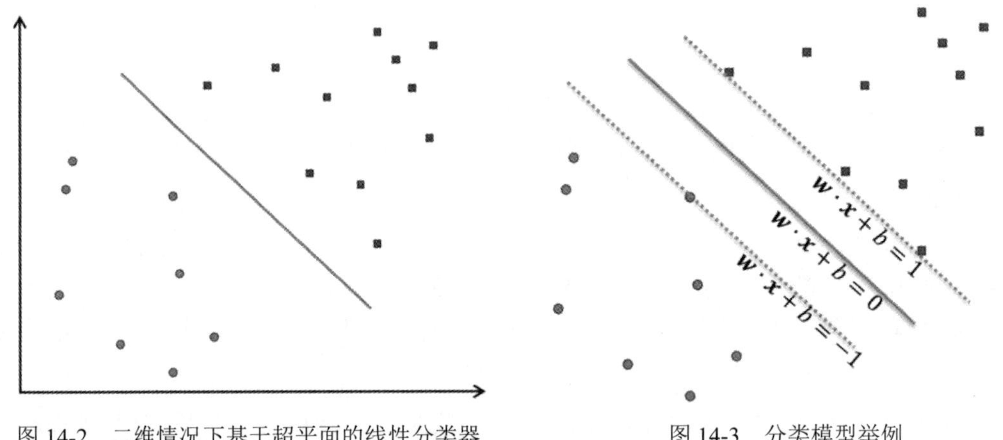

图 14-2　二维情况下基于超平面的线性分类器　　　　图 14-3　分类模型举例

需要说明的是，这里y仅仅是一个分类标签，二分时y就取两个值，严格来说这两个值是可以任意取的，就如同使用Logistic回归进行分类时，我们选取的标签是 0 和 1 一样。但是在使用支持向量机去求解二分类问题时，其目标是求一个特征空间的超平面，而被超平面分开的两个类，它们所对应的超平面的函数值之符号应该是相反的，因此为了使问题足够简单，使用1和-1就成为理所应当的选择了。

14.2　线性可分的支持向量机

构建线性可分情况下的支持向量机所考虑的情况最为简单，我们就以此为始展开对支持向量机的讨论。所谓线性可分的情况，直观上理解，就如同本章前面所给出的各种线性分类器模型中的示例一样，两个集合之间是彼此没有交叠的。在这种情况下，通常一个简单的线性分类器就能胜任分类任务。

14.2.1　函数距离与几何距离

我们已经看到，如果有了超平面，二分类问题就得以解决。那么超平面又该如何确定呢？直观上来看，这个超平面应该是既能将两类数据正确划分，又能使其自身距离两边的数据间隔最大的直线。

在超平面$\boldsymbol{w}^{\mathrm{T}}\boldsymbol{x}+b=0$确定的情况下，数据集中的某一点$\boldsymbol{x}$到该超平面的距离可以通过多种方式来定义。再次强调，这里$\boldsymbol{x}$表示一个向量，如果是二维平面的话，那么它的形式应该是(x_{10}, x_{20})这样的坐标。

首先，分类超平面的方程可以写为$h(\boldsymbol{x})=0$。过点(x_{10}, x_{20})做一个与$h(\boldsymbol{x})=0$相平行的超平面，如图 14-4 所示，那么这个与分类超平面相平行的平面方程可以写成$f(\boldsymbol{x})=c$，其中$c \neq 0$。

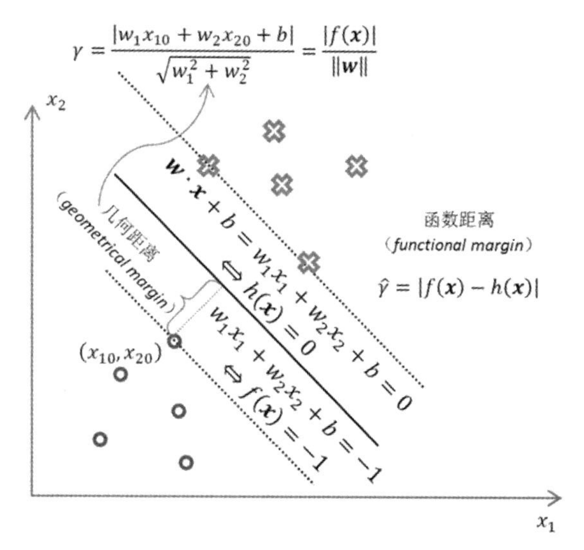

图 14-4　函数距离与几何距离

不妨考虑用$|f(\boldsymbol{x}) - h(\boldsymbol{x})|$来定义点$(x_{10}, x_{20})$到$h(\boldsymbol{x})$的距离。而且又因$h(\boldsymbol{x}) = 0$，则有$|f(\boldsymbol{x}) - h(\boldsymbol{x})| = |f(\boldsymbol{x})|$。通过观察可发现$f(\boldsymbol{x})$的值与分类标记$y$的值总是具有相同的符号，且$|y| = 1$，所以可以用二者乘积的形式来拿掉绝对值符号。由此便引出了函数距离（functional margin）的定义：

$$\hat{\gamma} = yf(\boldsymbol{x}) = y(\boldsymbol{w}^{\mathrm{T}}\boldsymbol{x} + b)$$

但这个距离定义还不够完美。从解析几何的角度来说，$w_1x_1 + w_2x_2 + b = 0$的平行线可以具有类似$w_1x_1 + w_2x_2 + b = c$的形式，即$h(\boldsymbol{x})$和$f(\boldsymbol{x})$具有相同的表达式（都为$\boldsymbol{w}^{\mathrm{T}}\boldsymbol{x} + b$），只是两个超平面方程相差等式右端的一个常数值。

另外一种情况，即$\boldsymbol{w}$和b都等比例地变化时，所得的依然是平行线，例如$2w_1x_1 + 2w_2x_2 + 2b = 2c$。但这时如果使用函数距离的定义来描述点到超平面的距离，结果就会得到一个被放大的距离，但事实上，点和分类超平面都没有移动。

于是应当考虑采用几何距离（geometrical margin）来描述某一点到分类超平面的距离。回忆解析几何中点到直线的距离公式，并同样用与分类标记y相乘的方式来拿掉绝对值符号，由此引出点$\boldsymbol{x}$到分类超平面的几何距离为：

$$\gamma = \frac{|f(\boldsymbol{x})|}{\|\boldsymbol{w}\|} = \frac{yf(\boldsymbol{x})}{\|\boldsymbol{w}\|}$$

易见，几何距离就是函数距离除以$\|\boldsymbol{w}\|$。

14.2.2 最大间隔分类器

对一组数据点进行分类时，显然当超平面离数据点的“间隔”越大，分类的结果就越可靠。于是，为了使得分类结果的可靠程度尽量高，需要让所选择的超平面能够最大化这个“间隔”值。

过集合的一点并使整个集合在其一侧的超平面，就称为支持超平面。如图 14-5 所示，被圆圈标注的点被称为支持向量，过支持向量并使整个集合在其一侧的虚线就是我们所做的支持超平面。后面会解释如何确定支持超平面。但现在从图 14-5 中已经很容易看出，均分两个支持超平面间距离的超平面就应当是最终被确定为分类标准的超平面，或称最大间隔分类器。现在的任务就变成了寻找支持向量，然后构造超平面。注意我们最终的目的是构造分类超平面，而不是支持超平面。

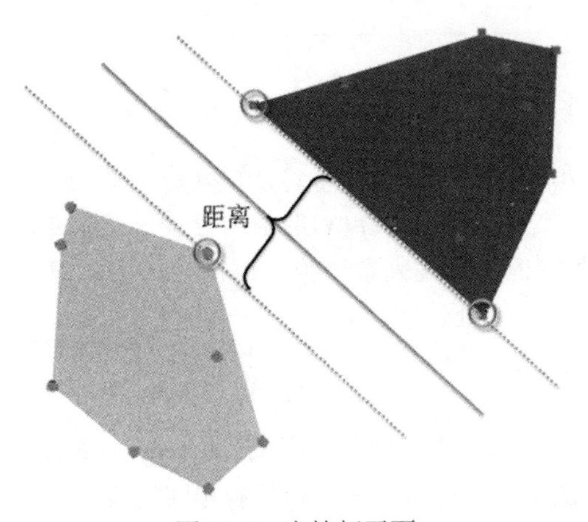

图 14-5 支持超平面

前面已经得出结论，几何距离非常适合用来描述一点到分类超平面的距离。所以，这里要找的最大间隔分类超平面中的“间隔”指的是几何距离。由此定义最大间隔分类器（maximum margin classifier）的目标函数可以为：

$$\underset{\boldsymbol{w},b}{\arg\max}\left\{\frac{1}{\|\boldsymbol{w}\|}\min_{n}\left[y_n(\boldsymbol{w}^{\mathrm{T}}\boldsymbol{x}+b)\right]\right\}$$

来解读一下这个目标函数。现在训练数据集中共有n个点，按照如图 14-6 所示的情况，这里$n=3$。这 3 个点分别是A、B和C。当参数$\boldsymbol{w}$和b确定时，显然我们就得到了一个线性分类器，比如图 14-6 中的l_1。现在可以确定数据集中各个点到直线l_1的几何距离分别为$|AA_1|$、$|BB_1|$和$|CC_1|$。然后我们选其中几何距离最小的那个（从图 14-6 中来看应该是$|BB_1|$）来作为衡量数据集到该直线的距离。然后我们又希望数据集到分类器的距离最大化。也就是说当参数$\boldsymbol{w}$和b取不同值时，可以得到很多个l，例如图中的l_1和l_2。那么到底该选哪条来作为最终的分类器呢？显

然应该选择使得数据集到分类器的间隔最大的那条直线作为分类器。从图 14-6 中可以看出，数据集中的所有点到l_1的几何距离最短的应该是B点，到l_2的几何距离最短的同样是B点。而B点到l_1的距离$|BB_1|$又小于B点到l_2的距离$|BB_2|$，所以选择l_2作为最终的最大间隔分类器就是更合理的。而且在这个过程中，其实也是选定了B来作为支持向量。注意，支持向量不一定只有一个，也有可能是多个，即如果一些点达到最大间隔分类器的距离都是相等的，那么它们就会同时成为支持向量。

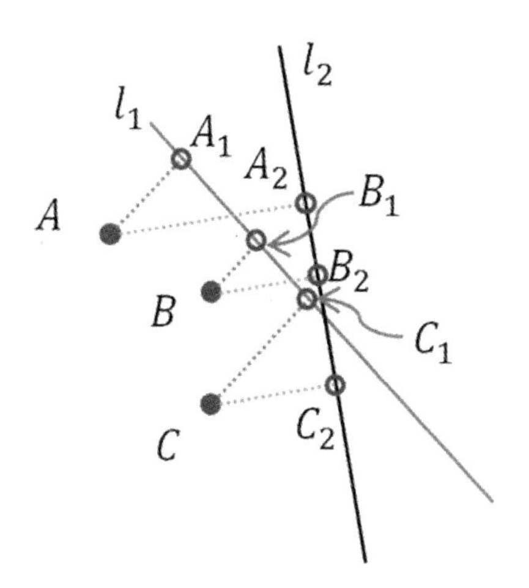

图 14-6　最大间隔分类器

事实上，我们通常会令支持超平面（就是过支持向量且与最大间隔分类器平行的超平面）到最大间隔分类超平面的函数距离为1，如图 14-3 所示。这里需要理解的地方主要有两个。第一，支持超平面到最大间隔分类超平面的函数距离可以通过线性变换而得到任意值。继续使用前面曾经用过的记法，我们知道$h(\boldsymbol{x})=\boldsymbol{w}^{\mathrm{T}}\boldsymbol{x}+b=0$就是最大间隔分类超平面的方程，而$f(\boldsymbol{x})=\boldsymbol{w}^{\mathrm{T}}\boldsymbol{x}+b=c$就是支持超平面的方程。这两个超平面之间的函数距离就是$yf(\boldsymbol{x})=yc$。而我们前面也曾经演示过，通过线性变换，c的取值并不固定。例如，可以将所有的参数都放大两倍，得到$h'(\boldsymbol{x})=2\boldsymbol{w}^{\mathrm{T}}\boldsymbol{x}+2b=0$，因为$f'(\boldsymbol{x})$只要保证是与$h'(\boldsymbol{x})$平行的即可，那么显然$f'(\boldsymbol{x})=2\boldsymbol{w}^{\mathrm{T}}\boldsymbol{x}+2b=2c$，于是两个超平面间的函数距离就变成了$yf'(\boldsymbol{x})=2yc$。可见这个函数距离通过线性变换其实可以是任意值，而此处就选定 1 作为它们的函数距离。第二，之所以选择 1 作为两个超平面间的函数距离，主要是为了方便后续的推导和优化。

若选定 1 作为支持超平面到最大间隔分类超平面的函数距离，其实就指明了支持超平面的方程应为$f(\boldsymbol{x})=\boldsymbol{w}^{\mathrm{T}}\boldsymbol{x}+b=1$或者$f(\boldsymbol{x})=\boldsymbol{w}^{\mathrm{T}}\boldsymbol{x}+b=-1$。而数据集中除了支持向量以外的其他点所确定的超平面到最大间隔分类超平面的函数距离将都是大于 1 的，即前面给出的目标函数还需满足下面的这个条件：

$$y_i(\boldsymbol{w}^{\mathrm{T}}\boldsymbol{x}_i+b)\geqslant 1,\qquad i=1,2,\cdots,n$$

显然它的最小值就是 1，所以原来的目标函数就得到了下面这个简化的表达式：

$$\max \frac{1}{\|\boldsymbol{w}\|}$$

这表示求解最大间隔分类超平面的过程就是最大化支撑超平面到分类超平面两者间几何距离的过程。

14.2.3 拉格朗日乘数法

在得到目标函数之后，分类超平面的建立过程就转化成了一个求极值的最优化问题。在继续后面的推导之前，这里先给出一些必要的数学基础。首先给出几个后面会用到的定义。

定义：设M是线性空间E中的一个集合，如果对于任意的$x, y \in M$且满足$\lambda + \mu = 1$的$\lambda \geqslant 0$、$\mu \geqslant 0$，均有：

$$\lambda x + \mu y \in M$$

则称M是E中的凸集（Convex Set）。

上面的公式亦可以改写为：

$$\lambda x + (1-\lambda) y \in M, \qquad \lambda \in [0,1]$$

直观上来说，凸集是一个点集合，且其中每两点之间的连线点仍然落在该点集合中。例如，区间是实数的凸集。

有一个定义在某向量空间中凸子集X（区间）上的实值函数$f: X \to \mathbf{R}$，而且对于凸子集X中任意两个向量x_1和x_2，以及存在的任意有理数$\theta \in (0,1)$，都有：

$$f[\theta x_1 + (1-\theta) x_2] \leqslant \theta f(x_1) + (1-\theta) f(x_2)$$

则称f是一个凸函数。如果f连续，那么θ可以改为$(0,1)$中的实数。此外，如果$x_1 \neq x_2$，并且将上式中的“$\leqslant$”改成“$<$”，则称f是一个严格的凸函数。

如果这里的凸子集X就是指某个区间，而f是定义在该区间上的一个凸函数，p_1和p_2为该区间上的任意两点。如图 14-7 所示为一个凸函数示意图，结合图形，可以分析在凸函数的定义式中，$\theta p_1 + (1-\theta) p_2$其实就是$p_1$和$p_2$的加权平均。因此，$f[\theta p_1 + (1-\theta) p_2]$是位于函数$f$曲线上介于$p_1$和$p_2$区间内的一点。而$\theta f(p_1) + (1-\theta) f(p_2)$则是$f(p_1)$和$f(p_2)$的加权平均，也就是以$f(p_1)$和$f(p_2)$为端点的一条直线段上的一点。

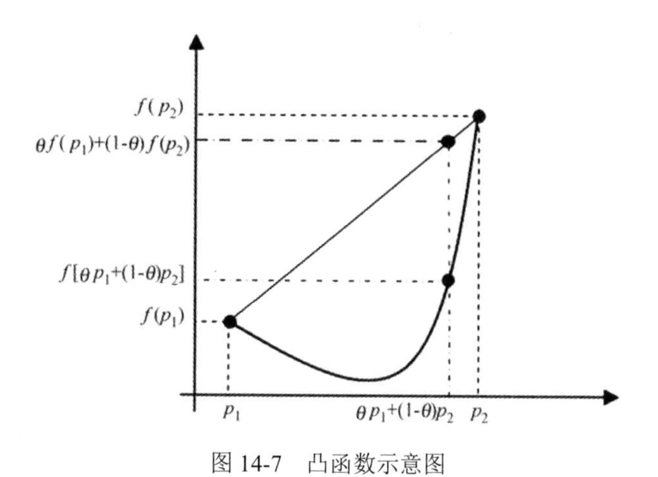

图 14-7　凸函数示意图

通常，我们需要求解的最优化问题主要包含有 3 类。首先是无约束优化问题，可以写为：

$$\min f(x)$$

对于这一类的优化问题，通常的解法就是运用费马定理，即使用求取函数$f(x)$的导数，然后令其为零，可以求得候选最优值，再在这些候选值中进行验证；而且如果$f(x)$是凸函数，可以保证所求值就是最优解。

其次是有等式约束的优化问题，可以写为：

$$\min f(x)$$

$$s.t.\ h_i(x) = 0, \qquad i = 1,2,\cdots n$$

对于此类的优化问题，常常使用的方法就是拉格朗日乘子法，即用一个系数λ_i把等式约束$h_i(x)$和目标函数$f(x)$组合成为一个新式子，称为拉格朗日函数，而系数λ_i称为拉格朗日乘子。即写成如下形式：

$$\mathcal{L}(x,\lambda) = f(x) + \sum_{i=1}^{n} \lambda_i h_i(x)$$

然后通过拉格朗日函数对各个变量求导，令其为零，可以求得候选值集合，然后验证求得最优值。

最后是有不等式约束的优化问题，可以写为：

$$\min f(x)$$

$$s.t.\ h_i(x) = 0, \qquad i = 1,2,\cdots,n$$

$$g_i(x) \leqslant 0, \qquad i = 1,2,\cdots,k$$

统一的形式能够简化推导过程中不必要的复杂性。而其他的形式都可以归约到这样的标准形式。例如，假设目标函数是$\max f(x)$，那么就可以将其转化为$-\min f(x)$。

虽然约束条件能够帮助我们减小搜索空间，但如果约束条件本身就具有比较复杂的形式，那么仍然会显得有些麻烦。于是，我们希望把带有不等式约束的优化问题转化为仅有等式约束的优化问题。为此定义广义拉格朗日函数如下：

$$\mathcal{L}(x,\lambda,v)=f(x)+\sum_{i=1}^{k}\lambda_i g_i(x)+\sum_{i=1}^{n}v_i h_i(x)$$

它通过一些系数把约束条件和目标函数结合在了一起。现在我们令：

$$z(x)=\max_{\lambda\geqslant 0,v}\mathcal{L}(x,\lambda,v)$$

注意上式中，$\lambda\geqslant 0$的意思是向量λ的每一个元素λ_i都是非负的。函数 $z(x)$对于满足原始问题约束条件的那些x来说，其值都等于$f(x)$ 。这很容易验证，因为满足约束条件的x会使得$h_i(x)=0$，因此最后一项就消掉了。而$g_i(x)\leqslant 0$，并且我们要求$\lambda\geqslant 0$，于是$\lambda_i g_i(x)\leqslant 0$，那么最大值只能在它们都取零的时候得到，此时就只剩下 $f(x)$了。所以我们知道对于满足约束条件的那些x来说，必然有$f(x)=z(x)$。这样一来，原始的带约束的优化问题其实等价于如下的无约束优化问题：

$$\min_x z(x)$$

如果原始问题有最优值，那么肯定是在满足约束条件的某个x^*取得，而对于所有满足约束条件的x，$z(x)$和$f(x)$都是相等的。至于那些不满足约束条件的 x，原始问题是无法取到的，否则极值问题无解。很容易验证对于这些不满足约束条件的 x有$z(x)\to\infty$，这也和原始问题是一致的，因为求最小值得到无穷大可以和“无解”看作等同的。

到此为止，我们已经成功地把带不等式约束的优化问题转化为了仅有等式约束的问题。而且，这个过程其实只是一个形式上的重写，并没有什么本质上的改变。我们只是把原来的问题通过拉格朗日方程写成了如下形式：

$$\min_x \max_{\lambda\geqslant 0,v}\mathcal{L}(x,\lambda,v)$$

上述这个问题（或者说最开始那个带不等式约束的优化问题）也称作原始问题（Primal Problem）。相对应的还有一个对偶问题（Dual Problem），其形式与之非常类似，只是把min和max交换了一下，即：

$$\max_{\lambda\geqslant 0,v}\min_x \mathcal{L}(x,\lambda,v)$$

交换之后的对偶问题和原来的原始问题并不一定等价。为了进一步分析这个问题，和刚才的$z(x)$类似，我们也用一个记号来表示内层的这个函数，记为：

$$y(\lambda,v)=\min_x \mathcal{L}(x,\lambda,v)$$

并称$y(\lambda,\upsilon)$为拉格朗日对偶函数。该函数的一个重要性质即它是原始问题的一个下界。换言之，如果原始问题的最小值记为p^*，那么对于所有的$\lambda\geqslant 0$和υ来说，都有：

$$y(\lambda,\upsilon)\leqslant p^*$$

因为对于极值点（实际上包括所有满足约束条件的点）x^*，注意到$\lambda\geqslant 0$，总是有：

$$\sum_{i=1}^{k}\lambda_i g_i(x^*)+\sum_{i=1}^{n}\upsilon_i h_i(x^*)\leqslant 0$$

因此：

$$\mathcal{L}(x^*,\lambda,\upsilon)=f(x^*)+\sum_{i=1}^{k}\lambda_i g_i(x^*)+\sum_{i=1}^{n}\upsilon_i h_i(x^*)\leqslant f(x^*)$$

进而有：

$$y(\lambda,\upsilon)=\min_x \mathcal{L}(x,\lambda,\upsilon)\leqslant\mathcal{L}(x^*,\lambda,\upsilon)\leqslant f(x^*)=p^*$$

那么也就是说

$$\max_{\lambda\geqslant 0,\upsilon} y(\lambda,\upsilon)$$

实际上就是原始问题的下确界。现在记对偶问题的最优解为d^*，那么根据上述推导就可以得出如下性质：

$$d^*\leqslant p^*$$

这个性质叫作弱对偶性（Weak Duality），对于所有的优化问题都成立。其中p^*-d^*被称作对偶性间隔（Duality Gap）。需要注意的是，无论原始是什么形式，对偶问题总是一个凸优化的问题，即如果它的极值存在的话，则必是唯一的。这样一来，对于那些难以求解的原始问题，我们可以设法找出它的对偶问题，再通过优化这个对偶问题来得到原始问题的一个下界估计。或者说我们甚至都不用去优化这个对偶问题，而是（通过某些方法，例如随机）选取一些$\lambda\geqslant 0$和υ，带到$y(\lambda,\upsilon)$中，这样也会得到一些下界（但不一定是下确界）。

另一方面，读者应该很自然地会想到既然有弱对偶性，就势必会有强对偶性（Strong Duality）。所谓强对偶性，就是：

$$d^*=p^*$$

在强对偶性成立的情况下，可以通过求解对偶问题来优化原始问题。后面我们会看到在支持向量机的推导中就是这样操作的。当然并不是所有的问题都能满足强对偶性。

为了对问题做进一步的分析，不妨来看看强对偶性成立时的一些性质。假设x^*和(λ^*,μ^*)分别是原始问题和对偶问题的极值点，相应的极值为p^*和d^*。如果$d^*=p^*$，此时则有：

$$f(x^*) = y(\lambda^*, \upsilon^*) = \min_x \left[f(x) + \sum_{i=1}^{k} \lambda_i^* g_i(x) + \sum_{i=1}^{n} \upsilon_i^* h_i(x) \right]$$

$$\leqslant f(x^*) + \sum_{i=1}^{k} \lambda_i^* g_i(x^*) + \sum_{i=1}^{n} \upsilon_i^* h_i(x^*) \leqslant f(x^*)$$

由于两头是相等的，所以这一系列的式子里的不等号全部都可以换成等号。根据第 1 个不等号我们可以得到x^*是$\mathcal{L}(x, \lambda^*, \upsilon^*)$的一个极值点，由此可以知道$\mathcal{L}(x, \lambda^*, \upsilon^*)$在$x^*$处的梯度应该等于$0$，亦即：

$$\nabla f(x^*) + \sum_{i=1}^{k} \lambda_i^* \nabla g_i(x^*) + \sum_{i=1}^{n} \upsilon_i^* \nabla h_i(x^*) = 0$$

此外，由第 2 个不等式，又显然$\lambda_i^* g_i(x^*)$都是非正的，因此我们可以得到：

$$\lambda_i^* g_i(x^*) = 0, \qquad i = 1,2,\cdots,k$$

另外，如果$\lambda_i^* > 0$，那么必定有$g_i(x^*) = 0$；反过来，如果$g_i(x^*) < 0$，那么可以得到$\lambda_i^* = 0$。这个条件在后续关于支持向量机的讨论中将被用来证明那些非支持向量（对应于$g_i(x^*) < 0$）所对应的系数是为零的。再将其他一些显而易见的条件写到一起，便得出了所谓的 KKT（Karush-Kuhn-Tucker）条件：

$$h_i(x^*) = 0, \qquad i = 1,2,\cdots,n$$

$$g_i(x^*) \leqslant 0, \qquad i = 1,2,\cdots,k$$

$$\lambda_i^* \geqslant 0, \qquad i = 1,2,\cdots,k$$

$$\lambda_i^* g_i(x^*) = 0, \qquad i = 1,2,\cdots,k$$

$$\nabla f(x^*) + \sum_{i=1}^{k} \lambda_i^* \nabla g_i(x^*) + \sum_{i=1}^{n} \upsilon_i^* \nabla h_i(x^*) = 0$$

任何满足强对偶性的问题都满足 KKT 条件，换句话说，这是强对偶性的一个必要条件。不过，当原始问题是凸优化问题的时候，KKT 就可以升级为充要条件。换句话说，如果原始问题是一个凸优化问题，且存在x^*和(λ^*, υ^*)满足 KKT 条件，那么它们分别是原始问题和对偶问题的极值点并且强对偶性成立。其证明也比较简单，首先，如果原始问题是凸优化问题的话，

$$y(\lambda, \upsilon) = \min_x \mathcal{L}(x, \lambda, \upsilon)$$

的求解对每一组确定的(λ, υ)来说也是一个凸优化问题，由 KKT 条件的最后一个式子，知道x^*是$\min_x \mathcal{L}(x, \lambda^*, \upsilon^*)$的极值点（如果不是凸优化问题，则不一定能推出来），亦即：

$$y(\lambda^*, \upsilon^*) = \min_x \mathcal{L}(x, \lambda^*, \upsilon^*) = \mathcal{L}(x^*, \lambda^*, \upsilon^*)$$

$$= f(x^*) + \sum_{i=1}^{k} \lambda_i^* g_i(x^*) + \sum_{i=1}^{n} v_i^* h_i(x^*) = f(x^*)$$

最后一个式子是根据 KKT 条件的第 2 个和第 4 个条件得到。由于y是f的下界，如此一来，便证明了对偶性间隔为零，即强对偶性成立。

14.2.4　对偶问题的求解

接着考虑之前得到的目标函数

$$\max \frac{1}{\|\boldsymbol{w}\|}$$

$$s.t.\ \ y_i(\boldsymbol{w}^{\mathrm{T}}\boldsymbol{x}_i + b) \geqslant 1, \qquad i = 1,2,\cdots,n$$

根据 14.2.3 节讨论的内容，现在设法将上式转换为标准形式，即将求最大值转换为求最小值。由于求$1/\|\boldsymbol{w}\|$的最大值与求$\|\boldsymbol{w}\|^2/2$的最小值等价，所以上述目标函数就等价于：

$$\min \frac{1}{2}\|\boldsymbol{w}\|^2$$

$$s.t.\ \ y_i(\boldsymbol{w}^{\mathrm{T}}\boldsymbol{x}_i + b) \geqslant 1, \qquad i = 1,2,\cdots,n$$

现在的目标函数是二次的，约束条件是线性的，所以它是一个凸二次规划问题。更重要的是，由于这个问题的特殊结构，还可以通过拉格朗日对偶性将原始问题的求解变换到对偶问题的求解，从而得到等价的最优解。这就是线性可分条件下支持向量机的对偶算法，这样做的优点在于：一者对偶问题往往更容易求解；二者可以很自然地引入核函数，进而推广到非线性分类问题。

根据 14.2.3 中所讲的方法，给每个约束条件加上一个拉格朗日乘子α，定义广义拉格朗日函数：

$$\mathcal{L}(\boldsymbol{w}, b, \boldsymbol{\alpha}) = \frac{1}{2}\|\boldsymbol{w}\|^2 - \sum_{i=1}^{k} \alpha_i [y_i(\boldsymbol{w}^{\mathrm{T}}\boldsymbol{x}_i + b) - 1]$$

上述问题可以改写成：

$$\min_{\boldsymbol{w},b} \max_{\alpha_i \geqslant 0} \mathcal{L}(\boldsymbol{w}, b, \boldsymbol{\alpha}) = p^*$$

可以验证原始问题是满足 KKT 条件的，所以原始问题与下列对偶问题等价

$$\max_{\alpha_i \geqslant 0} \min_{\boldsymbol{w},b} \mathcal{L}(\boldsymbol{w}, b, \boldsymbol{\alpha}) = d^*$$

易知，p^*表示原始问题的最优值，且和最初的问题是等价的。如果直接求解，那么一上来便得面对$\boldsymbol{w}$和b两个参数，而α_i又是不等式约束，这个求解过程比较麻烦。在满足 KKT 条件的

情况下，所以可以将其转换到与之等价的对偶问题，问题求解的复杂性被大大降低了。

下面来求解对偶问题。首先固定$\boldsymbol{\alpha}$，要让$\mathcal{L}$关于$\boldsymbol{w}$和b取最小，则分别对二者求偏导数，并令偏导数等于零，即

$$\frac{\partial\mathcal{L}}{\partial\boldsymbol{w}}=0\Rightarrow\sum_{i=1}^{k}\alpha_i y_i x_i=\boldsymbol{w}$$

$$\frac{\partial\mathcal{L}}{\partial b}=0\Rightarrow\sum_{i=1}^{k}\alpha_i y_i=0$$

将上述结果带入之前的$\mathcal{L}$，则有：

$$\begin{aligned}\mathcal{L}(\boldsymbol{w},b,\boldsymbol{\alpha})&=\frac{1}{2}\|\boldsymbol{w}\|^2-\sum_{i=1}^{k}\alpha_i[y_i(\boldsymbol{w}^{\mathrm{T}}\boldsymbol{x}_i+b)-1]\\&=\frac{1}{2}\boldsymbol{w}^{\mathrm{T}}\boldsymbol{w}-\sum_{i=1}^{k}\alpha_i\,y_i\boldsymbol{w}^{\mathrm{T}}x_i-\sum_{i=1}^{k}\alpha_i y_i b+\sum_{i=1}^{k}\alpha_i\\&=\frac{1}{2}\boldsymbol{w}^{\mathrm{T}}\sum_{i=1}^{k}\alpha_i y_i x_i-\sum_{i=1}^{k}\alpha_i y_i\boldsymbol{w}^{\mathrm{T}}x_i-b\sum_{i=1}^{k}\alpha_i y_i+\sum_{i=1}^{k}\alpha_i\\&=-\frac{1}{2}\left(\sum_{i=1}^{k}\alpha_i y_i x_i\right)^{\mathrm{T}}\sum_{i=1}^{k}\alpha_i y_i x_i-b\cdot 0+\sum_{i=1}^{k}\alpha_i\\&=-\frac{1}{2}\sum_{i=1}^{k}\alpha_i y_i(x_i)^{\mathrm{T}}\sum_{i=1}^{k}\alpha_i y_i x_i+\sum_{i=1}^{k}\alpha_i=\sum_{i=1}^{k}\alpha_i-\frac{1}{2}\sum_{i,j=1}^{k}\alpha_i\alpha_j y_i y_j(x_i)^{\mathrm{T}}x_j\end{aligned}$$

易见，此时的拉格朗日函数只包含了一个变量，也就是a_i，求出它便能求出$\boldsymbol{w}$和b。确定了$\boldsymbol{w}$和b，就可以将它们带回原式子然后再关于$\boldsymbol{\alpha}$求最终表达式的极大。

$$\max_{\alpha_i\geqslant 0}\min_{\boldsymbol{w},b}\mathcal{L}(\boldsymbol{w},b,\boldsymbol{\alpha})=\max_{\boldsymbol{\alpha}}\left[\sum_{i=1}^{k}\alpha_i-\frac{1}{2}\sum_{i,j=1}^{k}\alpha_i\alpha_j y_i y_j(x_i)^{\mathrm{T}}x_j\right]$$

$$s.t.\ \sum_{i=1}^{k}\alpha_i y_i=0,\qquad \alpha_i\geqslant 0, i=1,2,\cdots,n$$

将上面的式子稍加改造，就可以得到下面这个新的目标函数，而且二者是完全等价的。更重要的，这是一个标准的、仅包含有等式约束的优化问题。

$$\min_{\boldsymbol{\alpha}}\left[\frac{1}{2}\sum_{i,j=1}^{k}\alpha_i\alpha_j y_i y_j (x_i)^{\mathrm{T}}x_j-\sum_{i=1}^{k}\alpha_i\right]=\min_{\boldsymbol{\alpha}}\left[\frac{1}{2}\sum_{i,j=1}^{k}\alpha_i\alpha_j y_i y_j \left(x_i\cdot x_j\right)-\sum_{i=1}^{k}\alpha_i\right]$$

$$s.t.\ \sum_{i=1}^{k}\alpha_i y_i=0,\qquad \alpha_i\geqslant 0, i=1,2,\cdots,n$$

由此我们可以很容易地求出最优解$\boldsymbol{\alpha}^*$，求出该值之后将其带入：

$$\boldsymbol{w}^*=\sum_{i=1}^{k}\alpha_i^* y_i x_i$$

就能求出$\boldsymbol{w}$，注意x_i和y_i都是训练数据所给定的已知信息。在得到$\boldsymbol{w}^*$后，也就可以由

$$b^*=y_i-(\boldsymbol{w}^*)^{\mathrm{T}}x_i$$

来求得b，其中x_i为任意选定的支持向量。

下面举一个简单的例子来演示分类超平面的确定过程。给定平面上 3 个数据点，其中标记为$+1$的数据点为$x_1=(3,3)$、$x_2=(4,3)$，标记为-1的数据点为$x_3=(1,1)$。求线性可分支持向量机，也就是最终的分类超平面（直线）。

由题意可知目标函数为：

$$\min_{\boldsymbol{\alpha}} f(\boldsymbol{\alpha}),\qquad s.t.\ \alpha_1+\alpha_2-\alpha_3=0,\qquad \alpha_i\geqslant 0, i=1,2,3$$

其中，

$$f(\boldsymbol{\alpha})=\frac{1}{2}\sum_{i,j=1}^{3}\alpha_i\alpha_j y_i y_j\left(x_i\cdot x_j\right)-\sum_{i=1}^{3}\alpha_i$$

$$=\frac{1}{2}(18\alpha_1^2+25\alpha_2^2+2\alpha_3^2+42\alpha_1\alpha_2-12\alpha_1\alpha_3-14\alpha_2\alpha_3)-\alpha_1-\alpha_2-\alpha_3$$

然后，将$\alpha_3=\alpha_1+\alpha_2$带入目标函数，得到一个关于$\alpha_1$和$\alpha_2$的函数：

$$s(\alpha_1,\alpha_2)=4\alpha_1^2+\frac{13}{2}\alpha_2^2+10\alpha_1\alpha_2-2\alpha_1-2\alpha_2$$

对α_1和α_2求偏导数并令其为零，易知$s(\alpha_1,\alpha_2)$在点$(1.5,-1)$处取极值。而该点不满足$\alpha_i\geqslant 0$的约束条件，于是可以推断最小值在边界上达到。经计算当$\alpha_1=0$时，$s(\alpha_1=0,\alpha_2=2/13)=-0.1538$；当$\alpha_2=0$时，$s(\alpha_1=1/4,\alpha_2=0)=-0.25$。于是$s(\alpha_1,\alpha_2)$在$\alpha_1=1/4$、$\alpha_2=0$时取得最小值，此时亦可算出$\alpha_3=\alpha_1+\alpha_2=1/4$。因为$\alpha_1$和$\alpha_3$不等于零，所以对应的点$x_1$和$x_3$就应该是支持向量。

进而可以求得：

$$\boldsymbol{w}^* = \sum_{i=1}^{3} \alpha_i^* y_i x_i = \frac{1}{4} \times (3,3) - \frac{1}{4} \times (1,1) = \left(\frac{1}{2}, \frac{1}{2}\right)$$

即$w_1 = w_2 = 0.5$。进而有：

$$b^* = 1 - (w_1, w_2) \cdot (3,3) = -2$$

因此最大间隔分类超平面为：

$$\frac{1}{2}x_1 + \frac{1}{2}x_2 - 2 = 0$$

分类决策函数为：

$$f(\boldsymbol{x}) = \text{sign}\left(\frac{1}{2}x_1 + \frac{1}{2}x_2 - 2\right)$$

最终构建的支持向量机如图 14-8 所示。可见$x_1 = (3,3)$和$x_3 = (1,1)$是支持向量，分别过两点所做的直线就是支持超平面。与两个支持超平面平行并位于二者正中位置的就是最终确定的最大间隔分类超平面。

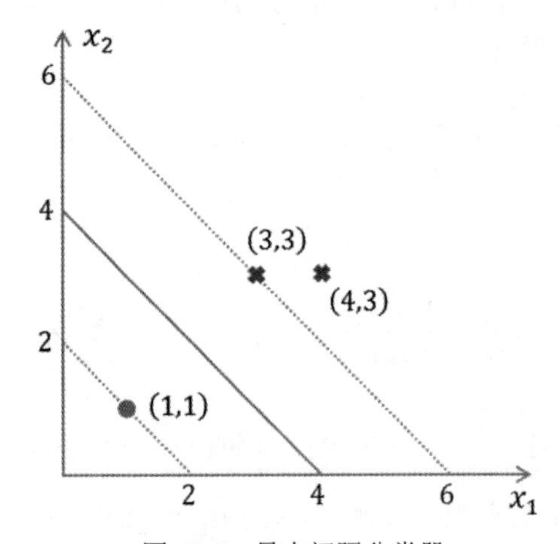

图 14-8　最大间隔分类器

当要利用建立起来的支持向量机对一个数据点进行分类时，实际上是通过把点$\boldsymbol{x}_j$带入到$f(\boldsymbol{x}_j) = \boldsymbol{w}^{\mathrm{T}}\boldsymbol{x}_j + b$，并算出结果，再根据结果的正负号来进行类别划分的。而前面的推导中我们得到：

$$\boldsymbol{w}^* = \sum_{i=1}^{k} \alpha_i^* y_i \boldsymbol{x}_i$$

因此分类函数为：

$$f(\boldsymbol{x})=\left(\sum_{i=1}^{k}\alpha_i^* y_i \boldsymbol{x}_i\right)^{\mathrm{T}}\boldsymbol{x}_j+b=\left(\sum_{i=1}^{k}\alpha_i^* y_i \boldsymbol{x}_i^{\mathrm{T}}\right)\boldsymbol{x}_j+b=\sum_{i=1}^{k}\alpha_i^* y_i\left(\boldsymbol{x}_i,\boldsymbol{x}_j\right)+b$$

可见，对于新点$\boldsymbol{x}_j$的预测，只需要计算它与训练数据点的内积即可，这一点对后面使用 Kernel 进行非线性推广至关重要。此外，所谓支持向量也在这里显示出来——事实上，所有非支持向量所对应的系数都是等于零的，因此对于新点的内积计算实际上只要针对少量的“支持向量”而不是所有的训练数据即可。

为什么非支持向量对应的系数等于零呢？直观上来理解的话，就是那些非支持向量对超平面是没有影响的，由于分类完全由超平面决定，所以这些无关的点并不会参与分类问题的计算，因而也就不会产生任何影响了。如果要从理论上介绍这件事，不妨回想一下前面得到的拉格朗日函数：

$$\mathcal{L}(\boldsymbol{w},b,\boldsymbol{\alpha})=\frac{1}{2}\|\boldsymbol{w}\|^2-\sum_{i=1}^{k}\alpha_i[y_i(\boldsymbol{w}^{\mathrm{T}}\boldsymbol{x}_i+b)-1]$$

注意到如果$\boldsymbol{x}_i$是支持向量的话，因为支持向量的函数距离等于1，所以上式中求和符号后面的部分就是等于零的。而对于非支持向量来说，函数距离会大于1，因此上式中求和符号后面的部分就是大于零的。而α_i又是非负的，为了满足最大化，α_i必须等于零。

14.3　松弛因子与软间隔模型

前面讨论的支持向量机所能解决的问题仍然比较简单，因为我们假定数据集本身是线性可分的。在这种情况下，我们要求待分类的两个数据集之间没有彼此交叠。现在考虑存在噪声的情况。如图 14-9 所示，其实很难找到一个分割超平面来将两个数据集准确分开。究其原因，主要是图 14-9 中存在某些偏离正常位置很远的数据点。例如，方块型$\boldsymbol{x}_i$明显落入了圆圈型数据集的范围内。像这种偏离正常位置较远的点，我们称之为异常点（Outlier），它有可能是采集训练样本的时候的噪声，也有可能是数据录入时被错误标记的观察值。通常，如果我们直接忽略它，原来的分隔超平面表现仍然是可以被接受的。但如果真的存在有异常点，则结果要么是导致分类间隔被压缩得异常狭窄，要么是找不到合适的超平面来对数据进行分类。

为了处理这种情况，我们允许数据点在一定程度上偏离超平面。也就是允许一些点跑到两个支持超平面之间，此时它们到分类面的“函数间隔”将会小于1。如图 14-9 所示，异常点x_i到其对应的分类超平面的函数间隔是ξ_i，同时数据点x_j到其对应的分类超平面的函数间隔是ξ_j。这里的ξ就是我们引入的松弛因子，它的作用是允许样本点在超平面之间的一些相对偏移。

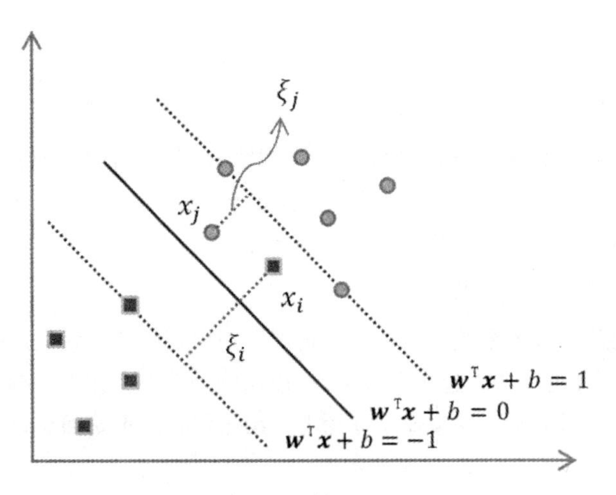

图 14-9　松弛因子

所以考虑到异常点存在的可能性，约束条件就变成了：

$$y_i(\boldsymbol{w}^{\mathrm{T}}\boldsymbol{x}_i+b)\geqslant 1-\xi_i,\qquad \xi_i\geqslant 0,\qquad i=1,2,\cdots,n$$

当然，如果允许ξ_i任意大的话，那么任意的超平面都是符合条件的了。所以，需要在原来的目标函数后面加上一项，使得这些ξ_i的总和也要最小：

$$\min\frac{1}{2}\|\boldsymbol{w}\|^2+C\sum_{i=1}^{n}\xi_i$$

引入松弛因子后，就允许某些样本点到分类超平面的函数间隔小于1，即在最大间隔区间里面，比如图 14-9 中的x_j；或者函数间隔是负数，即样本点在对方的区域中，比如图 14-9 中的x_i。而放松限制条件后，我们需要重新调整目标函数，以对离群点进行处罚，上述目标函数后面加上的第 2 项就表示离群点越多，目标函数值越大，而我们要求的是尽可能小的目标函数值。这里的参数C是离群点的权重，C越大表明离群点对目标函数影响越大，也就是越不希望看到离群点。这时候，间隔也会很小。我们看到，目标函数控制了离群点的数目和程度，使大部分样本点仍然遵守限制条件。注意，其中$\boldsymbol{\xi}$是需要优化的变量（之一），而C是一个事先确定好的常量。完整地写出来是这个样子：

$$\min\frac{1}{2}\|\boldsymbol{w}\|^2+C\sum_{i=1}^{n}\xi_i$$

$$s.t.\ y_i(\boldsymbol{w}^{\mathrm{T}}\boldsymbol{x}_i+b)\geqslant 1-\xi_i,\qquad \xi_i\geqslant 0,\qquad i=1,2,\cdots,n$$

再用之前的方法将限制或约束条件加入到目标函数中，得到新的拉格朗日函数如下：

$$\mathcal{L}(\boldsymbol{w},b,\boldsymbol{\alpha},\boldsymbol{\xi},\boldsymbol{\mu})=\frac{1}{2}\|\boldsymbol{w}\|^2+C\sum_{i=1}^{n}\xi_i-\sum_{i=1}^{n}\alpha_i[y_i(\boldsymbol{w}^{\mathrm{T}}\boldsymbol{x}_i+b)-1+\xi_i]-\sum_{i=1}^{n}\mu_i\xi_i$$

同前面介绍的方法类似，此处先让$\mathcal{L}$对$\boldsymbol{w}$、b和$\boldsymbol{\xi}$最小化，可得：

$$\frac{\partial\mathcal{L}}{\partial\boldsymbol{w}}=0\Rightarrow\sum_{i=1}^{n}\alpha_i y_i x_i=\boldsymbol{w}$$

$$\frac{\partial\mathcal{L}}{\partial b}=0\Rightarrow\sum_{i=1}^{n}\alpha_i y_i=0$$

$$\frac{\partial\mathcal{L}}{\partial\xi_i}=0\Rightarrow C-\alpha_i-\mu_i=0,\qquad i=1,2,\cdots,n$$

将$\boldsymbol{w}$带回$\mathcal{L}$并进行化简得到和原来一样的目标函数：

$$\max_{\boldsymbol{\alpha}}\left[\sum_{i=1}^{n}\alpha_i-\frac{1}{2}\sum_{i,j=1}^{n}\alpha_i\alpha_j y_i y_j x_i^{\mathrm{T}}x_j\right]$$

此外，由于我们同时得到$C-\alpha_i-\mu_i=0$，并且有$r_i\geqslant 0$（注意这是作为拉格朗日乘数的条件），因此有$\alpha_i\leqslant C$，所以完整的对偶问题应该写成：

$$\max_{\boldsymbol{\alpha}}\left[\sum_{i=1}^{n}\alpha_i-\frac{1}{2}\sum_{i,j=1}^{n}\alpha_i\alpha_j y_i y_j x_i^{\mathrm{T}}x_j\right]$$

$$s.t.\ \sum_{i=1}^{k}\alpha_i y_i=0,\qquad 0\leqslant\alpha_i\leqslant C,i=1,2,\cdots,n$$

在这种情况下构建的支持向量机对异常点有一定的容忍程度，我们也称这种模型为软间隔模型。显然，14.2 节中介绍的（没有引入松弛因子的）模型就是硬间隔模型。把当前得到的结果与硬间隔时的结果进行对比，可以看到唯一的区别就是现在限制条件上多了一个上限C。

14.4　非线性支持向量机方法

但是到目前为止，我们的支持向量机的适应性还比较弱，只能处理线性可分的情况，不过，在得到了对偶形式之后，通过 Kernel 推广到非线性的情况其实已经是一件非常容易的事情了。

14.4.1　从更高维度上分类

来看一个到目前为止我们的支持向量机仍然无法处理的问题。考察图 14-10 所给出的二维数据集，它包含方块（标记为$y=+1$）和圆圈（标记为$y=-1$）。其中所有的圆圈都聚集在图

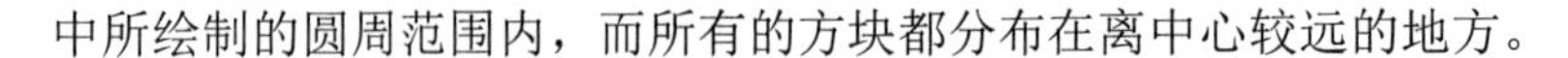

中所绘制的圆周范围内，而所有的方块都分布在离中心较远的地方。

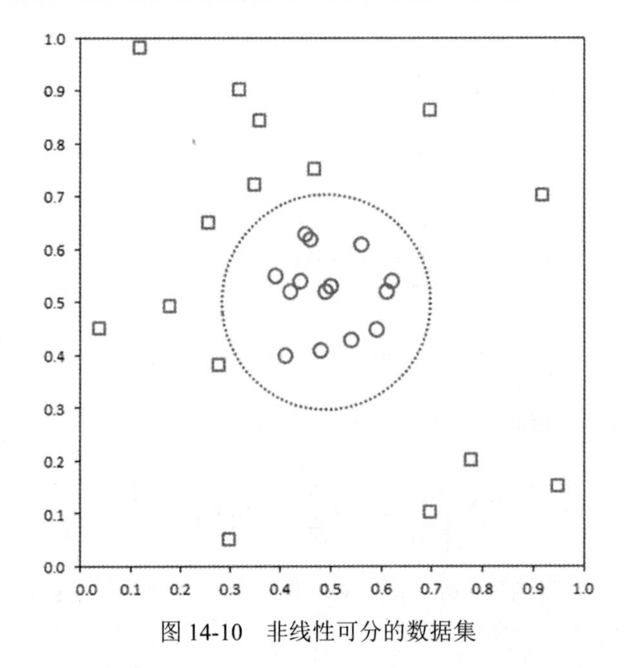

图 14-10 非线性可分的数据集

显然如果用一条直线，无论怎么样我们也不能把两类数据集较为准确地划分开。回想一下在进行回归分析时，如果一元线性回归对数据进行拟合无法达到理想的准确度，彼时，我们会考虑采用多元线性回归，也就是用多项式所表示的曲线来替代一元线性回归模型所表示的直线。此时的思路也是这样。如果采用如图 14-10 所示的那个圆周来作为最大间隔分类器很显然就会得到很理想的效果。所以不妨使用下面的公式对数据集中的实例进行分类：

$$y(x_1,x_2)=\begin{cases}+1, & \sqrt{(x_1-0.5)^2+(x_2-0.5)^2}>0.2\\ -1, & \text{otherwise}\end{cases}$$

这里所采用的分类依据就是下面这个圆周：

$$\sqrt{(x_1-0.5)^2+(x_2-0.5)^2}=0.2$$

这似乎和我们所说的多项式还有些距离，所以将其进一步化简为下面这个二次方程：

$$x_1^2-x_1+x_2^2-x_2=-0.46$$

事实上我们所要做的就是将数据从原先的坐标空间x变换到一个新的坐标空间$\Phi(x)$中，从而可以在变换后的坐标空间中使用一个线性的决策边界来划分样本。进行变换后，就可以应用之前介绍的方法在变换后的空间中找到一个线性的决策边界。就本例而言，为了将数据从原先的特征空间映射到一个新的空间，而且保证决策边界在这个新空间下成为线性的，可以考虑选择如下的变换：

$$\Phi: (x_1, x_2) \to (x_1^2, x_2^2, x_1, x_2, x_1x_2, 1)$$

然后在变换后的空间中，找到参数$\boldsymbol{w} = (w_0, w_1, \cdots, w_5)$，使得：

$$w_5x_1^2 + w_4x_2^2 + w_3x_1 + w_2x_1 + w_1x_1x_2 + w_0 = 0$$

这是一个五维的空间，而且分类器函数是线性的。最初在二维空间中无法被线性分离的数据集，映射到一个高维空间后，就可以找到一个线性的分类器来对数据集进行分割。我们无法绘制出这个五维的空间，但是为了演示得到的分类器在新空间中的可行性，（而且仅仅是为了绘图的方便）还是可以把$x_1^2 - x_1$合并成一个维度（记为x），然后再把$x_2^2 - x_2$作为另外一个维度（记为y）。如此一来，就可以绘制与新生成之空间等价的一个空间，并演示最终的划分效果如图 14-11 所示，其中虚线所示之方程为$x + y + 0.46 = 0$。显然两个数据集在新的空间中已经被成功地分开了。

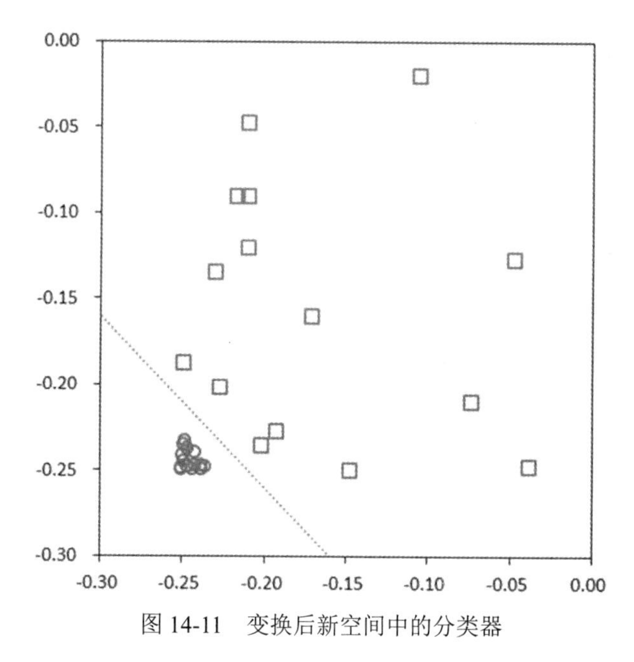

图 14-11　变换后新空间中的分类器

但这种方法仍然是有问题的。在这个例子中，对一个二维空间做映射，选择的新空间是原始空间的所有一阶和二阶的组合，得到了 5 个维度；如果原始空间是三维的，那么最终会得到 19 维的新空间，而且这个数目是呈爆炸性增长的，这给变换函数的计算带来了非常大的困难。14.4.2 节将给出解决之道。

14.4.2　非线性核函数方法

假定存在一个合适的函数$\Phi(x)$来将数据集映射到新的空间。而且在新的空间中，我们可以构建一个线性的分类器来有效地将样本划分到它们各自的属类中去。在变换后的新空间中，线性决策边界具有如下形式$\boldsymbol{w}\cdot\Phi(\boldsymbol{x})+b=0$。

于是非线性支持向量机的目标函数就可以形式化地表述为如下形式：

$$\min\frac{1}{2}\|\boldsymbol{w}\|^2$$

$$s.t.\ y_i[\boldsymbol{w}^{\mathrm{T}}\Phi(\boldsymbol{x}_i)+b]\geqslant 1,\qquad i=1,2,\cdots,n$$

不难发现，非线性支持向量机其实和我们在处理线性支持向量机时的情况非常相似。区别主要在于，机器学习过程是在变换后的$\Phi(\boldsymbol{x}_i)$上进行的，而非原来的$\boldsymbol{x}_i$。采用与之前相同的处理策略，可以得到优化问题的拉格朗日对偶函数为：

$$\mathcal{L}(\boldsymbol{w},b,\boldsymbol{\alpha})=\sum_{i=1}^{k}\alpha_i-\frac{1}{2}\sum_{i,j=1}^{k}\alpha_i\alpha_j y_i y_j\left\langle\Phi(\boldsymbol{x}_i),\Phi(\boldsymbol{x}_j)\right\rangle$$

同理，在得到α_i之后，就可以通过下面的方程导出参数$\boldsymbol{w}$和b的值：

$$\boldsymbol{w}=\sum_{i=1}^{k}\alpha_i y_i\Phi(\boldsymbol{x}_i)$$

$$b=y_i-\sum_{j=1}^{k}\alpha_j y_j\Phi(\boldsymbol{x}_j)\cdot\Phi(\boldsymbol{x}_i)$$

最后，可以通过下式对检验实例进行分类决策：

$$f(\boldsymbol{z})=\mathrm{sign}[\boldsymbol{w}\cdot\Phi(\boldsymbol{z})+b]=\mathrm{sign}\left[\sum_{i=1}^{k}\alpha_i y_i\Phi(\boldsymbol{x}_i)\cdot\Phi(\boldsymbol{z})+b\right]$$

不难发现，上述几个算式基本都涉及变换后新空间中向量对之间的内积运算$\Phi(\boldsymbol{x}_i)$、$\Phi(\boldsymbol{x}_j)$，而且内积也可以被看作相似度的一种度量。单这种运算是相当麻烦的，很有可能导致维度过高而难于计算。幸运的是，核技术或核方法（Kernel Trick）为这一窘境提供了良好的解决方案。

内积经常用来度量两个向量间的相似度。类似地，内积$\Phi(\boldsymbol{x}_i)$、$\Phi(\boldsymbol{x}_j)$可以看成是两个样本观察值$\boldsymbol{x}_i$和$\boldsymbol{x}_j$在变换后新空间中的相似性度量。

核技术是一种使用原数据集计算变换后新空间中对应相似度的方法。考虑 14.4.1 节例子中所使用的映射函数Φ。这里稍微对其进行一些调整，$\Phi:(x_1,x_2)\to\left(x_1^2,x_2^2,\sqrt{2}x_1,\sqrt{2}x_2,\sqrt{2}x_1x_2,1\right)$，但系数上的调整并不会导致实质上的改变。由此，两个输入向量$\boldsymbol{u}$和$\boldsymbol{v}$在变换后的新空间中的内积可以写成如下形式：

$$\Phi(\boldsymbol{u})\cdot\Phi(\boldsymbol{v})=\left(u_1^2,u_2^2,\sqrt{2}u_1,\sqrt{2}u_2,\sqrt{2}u_1u_2,1\right)\cdot\left(v_1^2,v_2^2\sqrt{2},v_1,\sqrt{2}v_2,\sqrt{2}v_1v_2,1\right)$$

$$=u_1^2v_1^2+u_2^2v_2^2+2u_1v_1+2u_2v_2+2u_1u_2v_1v_2+1=(\boldsymbol{u}\cdot\boldsymbol{v}+1)^2$$

该分析表明，变换后新空间中的内积可以用原空间中的相似度函数表示：

$$K(\boldsymbol{u},\boldsymbol{v})=\Phi(\boldsymbol{u})\cdot\Phi(\boldsymbol{v})=(\boldsymbol{u}\cdot\boldsymbol{v}+1)^2$$

这个在原属性空间中计算的相似度函数K称为核函数。核技术有助于处理如何实现非线性支持向量机的一些问题。首先，由于在非线性支持向量机中使用的核函数必须满足一个称为默瑟定理的数学原理，因此我们不需要知道映射函数Φ的确切形式。默瑟定理确保核函数总可以用某高维空间中两个输入向量的点积表示。其次，相对于使用变换后的数据集，使用核函数计算内积的开销更小。而且在原空间中进行计算，也有效地避免了维度灾难。

机器学习与数据挖掘中，关于核函数和核方法的研究实在是一个难于一言以蔽之的话题。一方面可供选择的核函数众多，另一方面具体选择哪一个来使用又要根据具体问题的不同和数据的差异来做具体分析。最后给出其中两个最为常用的核函数。

- 多项式核：$K(x_1,x_2)=(\langle x_1,x_2\rangle+R)^d$，显然刚才我们举的例子是这里多项式核的一个特例（$R=1$，$d=2$）。该空间的维度是$C_{m+d}^d$，其中$m$是原始空间的维度。
- 高斯核：$K(x_1,x_2)=\exp(-\|x_1-x_2\|^2/2\sigma^2)$，这个核会将原始空间映射到无穷维。不过，如果$\sigma$选得很大的话，高次特征上的权重会衰减得非常快，所以实际上也就相当于一个低维的子空间；反过来，如果σ选得很小，则可以将任意的数据映射为线性可分。当然，这并不一定是好事，因为随之而来的可能是非常严重的过拟合问题。但总的来说，通过调控参数，高斯核实际上具有相当高的灵活性，也是使用最广泛的核函数之一。

图 14-12 中的左图是利用多项式核构建的非线性分类器，右图则是利用高斯核构建的非线性分类器。

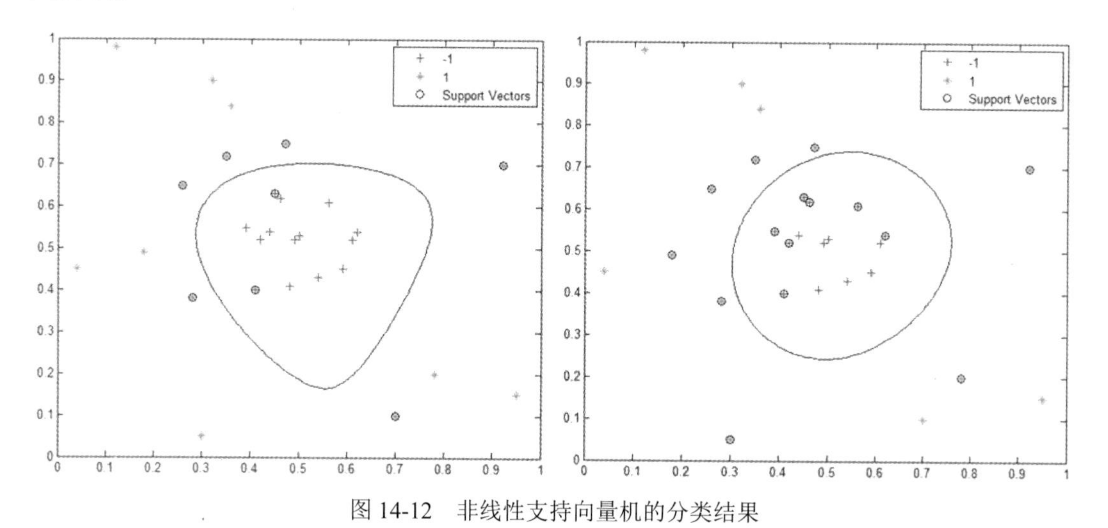

图 14-12　非线性支持向量机的分类结果

14.4.3 默瑟定理与核函数

对非线性支持向量机使用的核函数应该满足的要求是，必须存在一个相应的变换，使得计算一对向量的核函数等价于在变换后的空间中计算这对向量的内积。这个要求可以用默瑟定理（Mercer's Theorem）来形式化地表述。该定理由英国数学家詹姆斯·默瑟（James Mercer）于1909年提出，定理表明正定核可以在高维空间中被表示成一个向量内积的形式。

默瑟定理：核函数K可以表示为$K(\boldsymbol{u},\boldsymbol{v})=\Phi(\boldsymbol{u})\cdot\Phi(\boldsymbol{v})$，当且仅当对于任意满足

$$\int[g(\boldsymbol{x})]^2\mathrm{d}\boldsymbol{x}$$

为有限值的函数$g(x)$，有：

$$\int K(\boldsymbol{x},\boldsymbol{y})g(\boldsymbol{x})g(\boldsymbol{y})\,\mathrm{d}\boldsymbol{x}\mathrm{d}\boldsymbol{y}\geqslant 0$$

满足默瑟定理的核函数称为正定核函数。多项式核函数与高斯核函数都属于正定核。例如，对于多项式核函数$K(\boldsymbol{x},\boldsymbol{y})=(\boldsymbol{x}\cdot\boldsymbol{y}+1)^p$而言，令$g(\boldsymbol{x})$是一个具有有限$L_2$范数的函数，即：

$$\int[g(\boldsymbol{x})]^2\mathrm{d}\boldsymbol{x}<\infty$$

下面我们就来讨论多项式核函数的正定性。

$$\begin{aligned}
&\int(\boldsymbol{x}\cdot\boldsymbol{y}+1)^p g(\boldsymbol{x})g(\boldsymbol{y})\,\mathrm{d}\boldsymbol{x}\mathrm{d}\boldsymbol{y}\\
&=\int\sum_{i=1}^{p}\binom{p}{i}(\boldsymbol{x}\cdot\boldsymbol{y})^i\,g(\boldsymbol{x})g(\boldsymbol{y})\mathrm{d}\boldsymbol{x}\mathrm{d}\boldsymbol{y}\\
&=\sum_{i=1}^{p}\binom{p}{i}\int\sum_{\alpha_1,\alpha_2,\cdots}\{\binom{i}{\alpha_1\alpha_2\cdots}[(x_1y_1)^{\alpha_1}(x_2y_2)^{\alpha_2}\cdots]\\
&g(x_1,x_2,\cdots)g(y_1,y_2,\cdots)\mathrm{d}x_1\mathrm{d}x_2\cdots\mathrm{d}y_1\mathrm{d}y_2\cdots\}\\
&=\sum_{i=1}^{p}\sum_{\alpha_1,\alpha_2,\cdots}\binom{p}{i}\binom{i}{\alpha_1\alpha_2\cdots}\left[\int x_1^{\alpha_1}x_2^{\alpha_2}\cdots g(x_1,x_2,\cdots)\mathrm{d}x_1\mathrm{d}x_2\cdots\right]^2
\end{aligned}$$

注意上述过程中用到了二项式定理。由于积分结果非负，所以多项式核是正定的，即满足默瑟定理。

14.5 对数据进行分类的实践

在R中，可以使用e1071软件包所提供的各种函数来完成基于支持向量机的数据分析与挖

掘任务。请在使用相关函数之前，安装并正确引用 e1071 包。该包中最重要的一个函数就是用来建立支持向量机模型的 svm()函数。我们将结合后面的例子来演示它的用法。

14.5.1　基本建模函数

下面这个例子中的数据源于 1936 年费希尔发表的一篇重要论文。彼时他收集了 3 种鸢尾花（分别标记为 setosa、versicolor 和 virginica）的花萼和花瓣数据。包括花萼的长度和宽度，以及花瓣的长度和宽度。我们将根据这 4 个特征来建立支持向量机模型从而实现对 3 种鸢尾花的分类判别任务。

有关数据可以从 datasets 软件包中的 iris 数据集里获取，下面我们演示性地列出了前 5 行数据。成功载入数据后，易见其中共包含了 150 个样本（被标记为 setosa、versicolor 和 virginica 的样本各 50 个），以及 4 个样本特征，分别是 Sepal.Length、Sepal.Width、Petal.Length 和 Petal.Width。

```
> iris
  Sepal.Length Sepal.Width Petal.Length Petal.Width    Species
1        5.1         3.5         1.4         0.2       setosa
2        4.9         3.0         1.4         0.2       setosa
3        4.7         3.2         1.3         0.2       setosa
4        4.6         3.1         1.5         0.2       setosa
5        5.0         3.6         1.4         0.2       setosa
```

在正式建模之前，我们也可以通过一个图形来初步判定一下数据的分布情况，为此在 R 中使用如下代码来绘制（仅选择 Petal.Length 和 Petal.Width 这两个特征时）数据的划分情况。

```
> library(lattice)
> xyplot(Petal.Length ~ Petal.Width, data = iris, groups = Species,
+ auto.key=list(corner=c(1,0)))
```

上述代码的执行结果如图 14-13 所示，从中不难发现，标记为 setosa 的鸢尾花可以很容易地被划分出来。但仅使用 Petal.Length 和 Petal.Width 这两个特征时，versicolor 和 virginica 之间尚不是线性可分的。

函数 svm()在建立支持向量机分类模型时有两种方式。第 1 种是根据既定公式建立模型，此时的函数使用格式为：

```
svm(formula, data= NULL, subset, na.action = na.omit , scale= TRUE)
```

其中，formula 代表的是函数模型的形式，data 代表的是在模型中包含的有变量的一组可选格式数据。参数 na.action 用于指定当样本数据中存在无效的空数据时系统应该进行的处理。默认值 na.omit 表明程序会忽略那些数据缺失的样本。另外一个可选的赋值是 na.fail，它指示系统在遇到空数据时给出一条错误信息。参数 scale 为一个逻辑向量，指定特征数据是否需要标准化（默认标准化为均值 0、方差 1）。索引向量 subset 用于指定那些将被用来训练模型的采样数据。

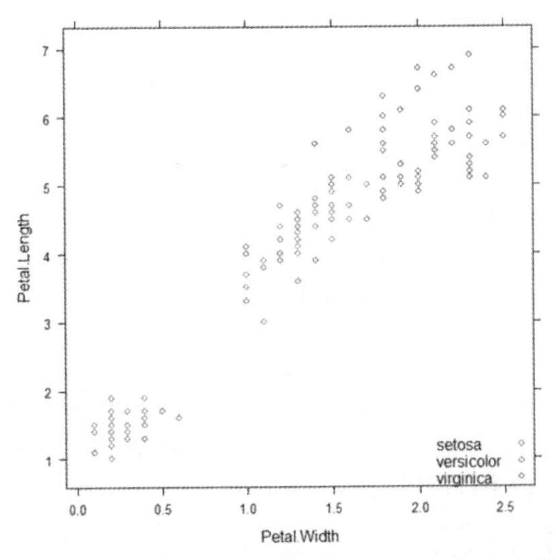

图 14-13　选用花瓣的长度和宽度特征对数据做分类的结果

例如，我们已经知道，仅使用 Petal.Length 和 Petal.Width 这两个特征时标记为 setosa 的鸢尾花 versicolor 是线性可分的，所以可以用下面的代码来构建 SVM 模型。

```
> data(iris)
> attach(iris)
> subdata <- iris[iris$Species != 'virginica',]
> subdata$Species <- factor(subdata$Species)
> model1 <- svm(Species ~ Petal.Length + Petal.Width, data = subdata)
```

然后我们可以使用下面的代码来对模型进行图形化展示，其执行结果如图 14-14 所示。

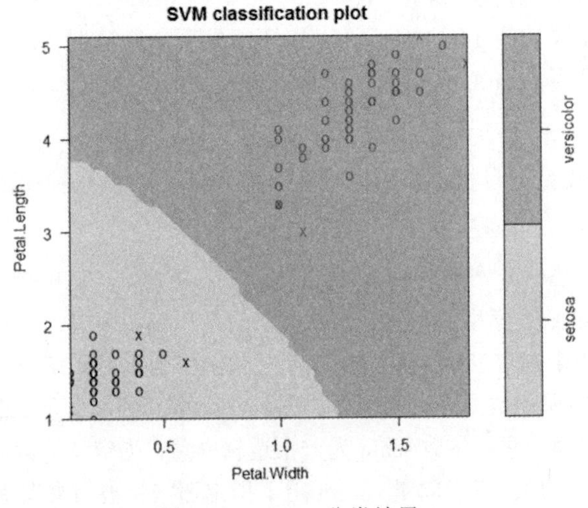

图 14-14　SVM 分类结果 1

```
> plot(model1, subdata, Petal.Length ~ Petal.Width)
```

在使用第 1 种格式建立模型时，若使用数据中的全部特征变量作为模型特征变量时，可以简要地使用“Species~.”中的“.”代替全部的特征变量。例如，下面的代码就利用了全部 4 种特征来对 3 种鸢尾花进行分类。

```
> model2 <- svm(Species ~ ., data = iris)
```

若要显示模型的构建情况，使用 summary()函数是一个不错的选择。来看下面这段示例代码及其输出结果。

```
> summary(model2)

Call:
svm(formula = Species ~ ., data = iris)

Parameters:
   SVM-Type:  C-classification
 SVM-Kernel:  radial
       cost:  1
      gamma:  0.25

Number of Support Vectors:  51

 ( 8 22 21 )

Number of Classes:  3

Levels:
 setosa versicolor virginica
```

通过 summary()函数可以得到关于模型的相关信息。其中，SVM-Type 项目说明本模型的类别为 C 分类器模型；SVM-Kernel 项目说明本模型所使用的核函数为高斯内积函数且核函数中参数 gamma 的取值为 0.25；cost 项目说明本模型确定的约束违反成本为 l。而且我们还可以看到，模型找到了 51 个支持向量：第 1 类包含有 8 个支持向量，第 2 类包含有 22 个支持向量，第 3 类包含有 21 个支持向量。最后一行说明模型中的 3 个类别分别为 setosa、versicolor 和 virginica。

第 2 种使用 svm()函数的方式则是根据所给的数据建立模型。这种方式形式要复杂一些，但是它允许我们以一种更加灵活的方式来构建模型。它的函数使用格式如下（注意我们仅列出了其中的主要参数）。

```
svm(x, y = NULL, scale = TRUE, type = NULL, kernel = "radial",
       degree = 3, gamma = if (is.vector(x)) 1 else 1 / ncol(x),
       coef0 = 0, cost = 1, nu = 0.5, subset, na.action = na.omit)
```

此处，x 可以是一个数据矩阵，也可以是一个数据向量，同时也可以是一个稀疏矩阵。y 是对于 x 数据的结果标签，它既可以是字符向量，也可以是数值向量。x 和 y 共同指定了将要用来建模的训练数据以及模型的基本形式。

参数 type 用于指定建立模型的类别。支持向量机模型通常可以用作分类模型、回归模型或者异常检测模型。根据用途的差异，在 svm()函数中的 type 可取的值有 C-classification、nu-classification、one-classification、eps-regression 和 nu-regression。这 5 种类型中。其中，前 3 种是针对字符型结果变量的分类方式，其中第 3 种方式是逻辑判别，即判别结果输出所需判别的样本是否属于该类别，而后两种则是针对数值型结果变量的分类方式。

此外，kernel 是指在模型建立过程中使用的核函数。针对线性不可分的问题，为了提高模型预测精度，通常会使用核函数对原始特征进行变换，提高原始特征维度，解决支持向量机模型线性不可分问题。svm()函数中的 kernel 参数有 4 个可选核函数，分别为线性核函数、多项式核函数、高斯核函数及神经网络核函数。其中，高斯核函数与多项式核函数被认为是性能最好、也最常用的核函数。

核函数有两种主要类型：局部性核函数和全局性核函数，高斯核函数是一个典型的局部性核函数，而多项式核函数则是一个典型的全局性核函数。局部性核函数仅仅在测试点附近小领域内对数据点有影响，其学习能力强、泛化性能较弱；而全局性核函数则相对来说泛化性能较强、学习能力较弱。

对于选定的核函数，degree 参数是指核函数多项式内积函数中的参数，其默认值为 3。gamma 参数给出了核函数中除线性内积函数以外的所有函数的参数，默认值为 1。coef0 参数是指核函数中多项式内积函数与 sigmoid 内积函数中的参数，默认值为 0。

另外，参数 cost 就是软间隔模型中的离群点权重。最后，参数 nu 是用于 nu-regression、nu-classification 和 one-classification 类型中的参数。

一个经验性的结论是，在利用 svm()函数建立支持向量机模型时，使用标准化后的数据建立的模型效果更好。

根据函数的第 2 种使用格式，在针对上述数据建立模型时，首先应该将结果变量和特征变量分别提取出来。结果向量用一个向量表示，特征向量用一个矩阵表示。在确定好数据后还应根据数据分析所使用的核函数以及核函数所对应的参数值来建立模型，通常默认使用高斯内积函数作为核函数。下面给出一段示例代码。

```
> x = iris[, -5]       #提取 iris 数据中除第 5 列以外的数据作为特征变量
> y = iris[, 5]        #提取 iris 数据中的第 5 列数据作为结果变量
> model3 = svm(x, y, kernel = "radial",
+ gamma = if (is.vector(x)) 1 else 1 / ncol(x))
```

在使用第 2 种格式建立模型时，不需要特别强调所建立模型的形式，函数会自动将所有输入的特征变量数据作为建立模型所需要的特征向量。在上述过程中，确定核函数的 gamma 系数时所使用的代码代表的意思是：如果特征向量是向量则 gamma 值取 1，否则 gamma 值为特征向量个数的倒数。

14.5.2　分析建模结果

在利用样本数据建立模型之后，我们便可以利用模型来进行相应的预测和判别。基于由 svm()函数建立的模型来进行预测时，可以选用函数 predict()来完成相应的工作。在使用该函数时，应该首先确认将要用于预测的样本数据，并将样本数据的特征变量整合后放入同一个矩阵。来看下面这段示例代码。

```
> pred <- predict(model3, x)
> table(pred, y)
          y
pred     setosa  versicolor  virginica
  setosa         50        0         0
  versicolor      0       48         2
  virginica       0        2        48
```

通常在进行预测之后，还需要检查模型预测的准确情况，这时便需要使用函数 table()来对预测结果和真实结果做出对比展示。从上述代码的输出中，可以看到在模型预测时，模型将所有属于 setosa 类型的鸢尾花全部预测正确；模型将属于 versicolor 类型的鸢尾花中有 48 朵预测正确，但将另外两朵错误地预测为 virginica 类型；同样，模型将属于 virginica 类型的鸢尾花中的 48 朵预测正确，但也将另外两朵错误地预测为 versicolor 类型。

函数 predict()中的一个可选参数是 decision.values，我们在此也对该参数的使用做简要讨论。默认情况下，该参数的值为 FALSE。若将其置为 TRUE，那么函数的返回向量中将包含有一个名为“decision.values”的属性，该属性是一个$n \times c$的矩阵。这里，n是被预测的数据量，c是二分类器的决策值。注意，因为我们使用支持向量机对样本数据进行分类，分类结果可能有k个类别。那么这k个类别中任意两类之间都会有一个二分类器。所以，我们可以推算出总共的二分类器数量是$k \cdot (k-1)/2$。决策值矩阵中的列名就是二分类的标签。来看下面这段示例代码。

```
> pred <- predict(model3, x, decision.values = TRUE)
> attr(pred, "decision.values")[1:4,]
  setosa/versicolor setosa/virginica versicolor/virginica
1         1.196203         1.091757            0.6708373
2         1.064664         1.056185            0.8482323
3         1.180892         1.074542            0.6438980
4         1.110746         1.053012            0.6781059
> attr(pred, "decision.values")[77:78,]
   setosa/versicolor setosa/virginica versicolor/virginica
```

```
77        -1.023085       -0.892961         0.8265481
78        -1.099882       -1.034654        -0.0343350
> pred[77:78]
        77         78
versicolor  virginica
Levels: setosa versicolor virginica
```

由于我们要处理的是一个分类问题，所以分类决策最终是经由一个sign(·)函数来完成的。从上面的输出中可以看到，对于样本数据4而言，标签 setosa/versicolor 对应的值大于 0，因此属于 setosa 类别；标签 setosa/virginica 对应的值同样大于 0，以此判定也属于 setosa；在二分类器 versicolor/virginica 中对应的决策值大于 0，判定属于 versicolor。所以，最终样本数据4被判定属于 setosa。依据同样的逻辑，我们还可以根据决策值的符号来判定样本77和样本78，分别是属于 versicolor 和 virginica 类别的。

为了对模型做进一步分析，可以通过可视化手段对模型进行展示，下面给出示例代码，结果如图 14-15 所示。可见，通过 plot()函数对所建立的支持向量机模型进行可视化后，所得到的图像是对模型数据类别的一个总体观察。图 14-15 中的“＋”表示的是支持向量，圆圈表示的是普通样本点。

```
> plot(cmdscale(dist(iris[,-5])),
+    col = c("orange","blue","green")[as.integer(iris[,5])],
+    pch = c("o","+")[1:150 %in% model3$index + 1])
> legend(1.8, -0.8, c("setosa","versicolor","virgincia"),
+    col = c("orange","blue","green"), lty = 1)
```

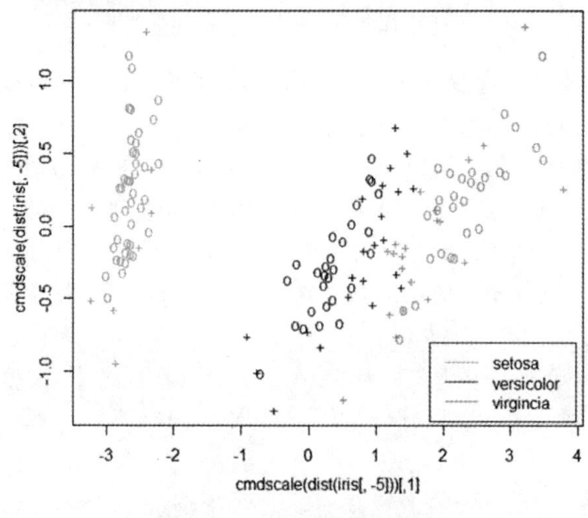

图 14-15　SVM 分类结果 2

在图 14-15 中我们可以看到，鸢尾花中的第 1 种 setosa 类别同其他两种区别较大，而剩下的 versicolor 类别和 virginica 类别却相差很小，甚至存在交叉难以区分。注意，这是在使用了全部 4 种特征之后仍然难以区分的情况。这也从另一个角度解释了在模型预测过程中出现的问题，所以模型误将 2 朵 versicolor 类别的花预测成了 virginica 类别，而将 2 朵 virginica 类别的花错误地预测成了 versicolor 类别，也就是很正常的现象了。

第 15 章

人工神经网络

人工神经网络（Artificial Neural Network，ANN）是一种模仿生物神经网络的结构和功能的数学模型或计算模型，它通过大量人工神经元连接而成的网络来执行计算任务。尽管人工神经网络的名字初听起来有些深奥，但从另外一个角度来说，它仍然是前面介绍过的多元回归模型以及支持向量机的延伸。为了加深读者对人工神经网络的认识，本章将以单个神经元所构成的感知机模型作为开始。希望读者可以在这个过程中结合之前已经学习过的模型，努力建立它们与人工神经网络之间的联系。

15.1 从感知机开始

感知机是生物神经细胞的简单抽象，它同时也被认为是最简形式的前馈神经网络，或单层的人工神经网络。1957 年，供职于 Cornell 航空实验室的美国心理学家弗兰克·罗森布拉特（Frank Rosenblatt）提出了可以模拟人类感知能力的机器，并称之为感知机。他还成功地在一台 IBM 704 机上完成了感知机的仿真，极大地推动了人工神经网络的发展。

15.1.1 感知机模型

人类的大脑主要由被称为神经元的神经细胞组成，如图 15-1 所示，神经元通过叫作轴突的纤维丝连在一起。当神经元受到刺激时，神经脉冲通过轴突从一个神经元传到另一个神经元。一个神经元可以通过树突连接到其他神经元的轴突，从而构成神经网络，树突是神经元细胞体的延伸物。

科学研究表明，在同一个脉冲反复刺激下，人类大脑会改变神经元之间的连接强度，这也就是大脑的学习方式。类似于人脑的结构，人工神经网络也由大量的节点（或称神经元）之间相互连接构成。每个节点都代表一种特定的输出函数，我们称其为激励函数（Activation Function）。每两个节点间的连接都代表一个通过该连接信号的加权值，称之为权重。

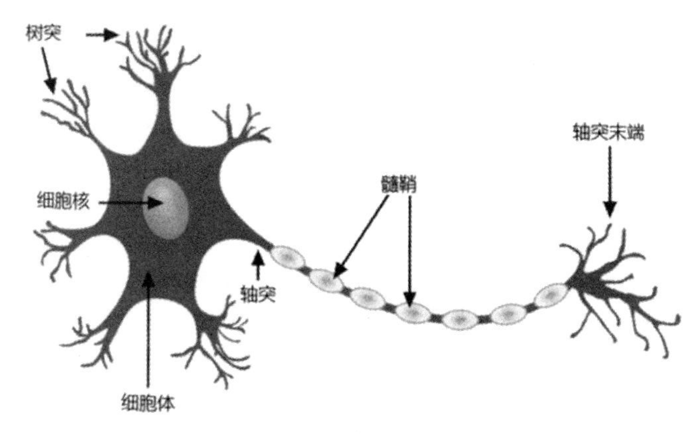

图 15-1　神经元结构

感知机（Perceptron）就相当于是单个神经元。如图 15-2 所示，它包含两种节点：几个用来表示输入属性的输入节点和一个用来提供模型输出的输出节点。在感知机中，每个输入节点都通过一个加权的链连接到输出节点。这个加权的链用来模拟神经元间连接的强度。像生物神经系统的学习过程一样，训练一个感知机模型就相当于不断调整链的权值，直到能拟合训练数据的输入输出关系为止。

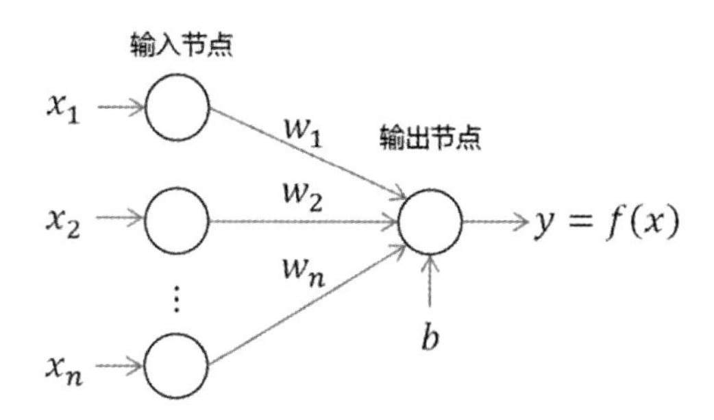

图 15-2　感知机模型

感知机对输入加权求和，再减去偏置因子b，然后考察结果的符号，得到输出值$f(\boldsymbol{x})$。于是可以用从输入空间到输出空间的如下函数来表示它：

$$f(\boldsymbol{x}) = \mathrm{sign}(\boldsymbol{w} \cdot \boldsymbol{x} + b)$$

其中，$\boldsymbol{w}$和b为感知机模型参数，$\boldsymbol{w}$称为权值向量，b称为偏置，$\boldsymbol{w} \cdot \boldsymbol{x}$表示$\boldsymbol{w}$和$\boldsymbol{x}$的内积。sign是符号函数，即：

$$\mathrm{sign}(\alpha) = \begin{cases} +1, & \alpha \geqslant 0 \\ -1, & \alpha < 0 \end{cases}$$

感知机是一种线性分类模型，这与前面介绍过的支持向量机非常相似。所以线性方程$\boldsymbol{w} \cdot \boldsymbol{x} + b = 0$就对应于特征空间中的一个分离超平面，其中$\boldsymbol{w}$是超平面的法向量，$b$是超平面的截距。该超平面将特征空间划分为两个部分。位于两部分的点（特征向量）分别被分为正、负两类。

15.1.2 感知机学习

给定一个训练数据集：

$$T=\{(\boldsymbol{x}_1,y_1),(\boldsymbol{x}_2,y_2),\cdots,(\boldsymbol{x}_N,y_N)\}$$

其中，$\boldsymbol{x}_i\in\mathcal{X}=\boldsymbol{R}^n$，$y_i\in\mathcal{Y}=\{-1,1\}$，$i=1,2,\cdots,N$。那么一个错误的预测结果同实际观察值之间的差距可以表示为：

$$D(\boldsymbol{w},b)=[y_i-\mathrm{sign}(\boldsymbol{w}\cdot\boldsymbol{x}_i+b)]^2$$

显然对于预测正确的结果，上式总是为零的。所以可以定义总的损失函数如下：

$$L(\boldsymbol{w},b)=-\sum_{\boldsymbol{x}_i\in M}y_i(\boldsymbol{w}\cdot\boldsymbol{x}_i+b)$$

其中M为误分类点的集合，即只考虑那些分类错误的点。显然分类错误的点的预测结果同实际观察值y_i具有相反的符号，所以在前面加上一个负号以保证上式中的每一项都是正的。

现在感知机的学习目标就变成了求得一组参数$\boldsymbol{w}$和b以保证下式取得极小值的一个最优化问题：

$$\min_{\boldsymbol{w},b}L(\boldsymbol{w},b)=-\sum_{\boldsymbol{x}_i\in M}y_i(\boldsymbol{w}\cdot\boldsymbol{x}_i+b)$$

其中$\boldsymbol{w}$向量和$\boldsymbol{x}_i$向量中的元素的索引都是从1开始的，为了符号上的简便，可以用w_0来代替b，然后在$\boldsymbol{x}_i$向量中增加索引为0的项，并令其恒等于1。这样可以将上式写成：

$$\min_{\boldsymbol{w}}L(\boldsymbol{w})=-\sum_{\boldsymbol{x}_i\in M}y_i(\boldsymbol{w}\cdot\boldsymbol{x}_i)$$

感知机学习算法是误分类驱动的，具体采用随机梯度下降法（Stochastic Gradient Descent）。首先，任选一个参数向量$\boldsymbol{w}^0$，由此可决定一个超平面。然后用梯度下降法不断地极小化上述目标函数。极小化过程中不是一次使M中所有误分类点的梯度下降，而是一次随机选取一个误分类点使其梯度下降。

假设误分类点集合M是固定的，那么损失函数$L(\boldsymbol{w})$的梯度由下式给出：

$$\nabla L(\boldsymbol{w})=-\sum_{\boldsymbol{x}_i\in M}y_i\boldsymbol{x}_i$$

随机选取一个误分类点$(\boldsymbol{x}_i,y_i)$，对$\boldsymbol{w}$进行更新：

$$\boldsymbol{w}^{k+1} \leftarrow \boldsymbol{w}^{k} + \eta y_i \boldsymbol{x}_i$$

式中η是步长，$0 < \eta \leqslant 1$，在统计学习中又称为学习率。这样，通过迭代便可期望损失函数$L(\boldsymbol{w})$不断减小，直到为零。在感知机学习算法中我们一般令其等于1。所以迭代更新公式就变为了：

$$\boldsymbol{w}^{k+1} \leftarrow \boldsymbol{w}^{k} + y_i \boldsymbol{x}_i$$

图 15-3 更加清楚地表明了这个更新过程的原理。其中左图表示实际观察值为+1，但是模型的分类预测结果为−1。根据向量运算的法则，可知$\boldsymbol{w}^k$和$\boldsymbol{x}_i$之间的角度太大了，于是我们试图将二者之间的夹角调小一点。根据平行四边形法则，$\boldsymbol{w}^k + y_i \boldsymbol{x}_i$就表示知$\boldsymbol{w}^k$和$\boldsymbol{x}_i$所构成之平行四边形的对角线，$\boldsymbol{w}^{k+1}$与$\boldsymbol{x}_i$之间的角度就被调小了。右图表示实际观察值为−1，但是模型的分类预测结果为+1。类似地，可知$\boldsymbol{w}^k$和$\boldsymbol{x}_i$之间的角度太小了，于是设法将二者之间的夹角调大一点。在$\boldsymbol{w}^k + y_i \boldsymbol{x}_i$中，观察值$y_i = -1$，所以这个式子就相当于是在执行向量减法，结果如图 15-3 所示就是把$\boldsymbol{w}^{k+1}$与$\boldsymbol{x}_i$之间的角度给调大一些。

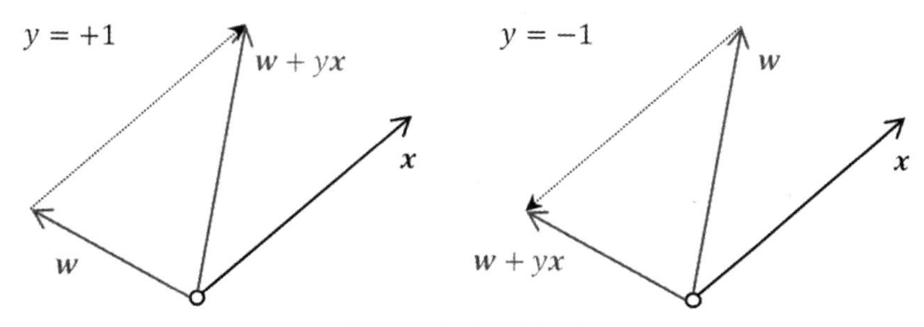

图 15-3 迭代更新过程

综上所述，对于感知机模型$f(\boldsymbol{x}) = \text{sign}(\boldsymbol{w} \cdot \boldsymbol{x})$，可以给出其学习算法如下。

1．随机选取初值$\boldsymbol{w}^{k=0}$；

2．在训练集中选取数据$(\boldsymbol{x}_i, y_i)$；

3．如果$y_i(\boldsymbol{w}^k \cdot \boldsymbol{x}_i) \leqslant 0$，即该点是一个误分类点，则：

$$\boldsymbol{w}^{k+1} \leftarrow \boldsymbol{w}^{k} + y_i \boldsymbol{x}_i$$

4．转至第2步，直到训练集中没有误分类点。

接下来就采用感知机学习算法对 14.2.4 节中所给出的数据集进行分类。该数据集给定了平面上的 3 个数据点，其中，标记为+1的数据点为$\boldsymbol{x}_1 = (3,3)$以及$\boldsymbol{x}_2 = (4,3)$，标记为−1的数据点为$\boldsymbol{x}_3 = (1,1)$。

根据算法描述，首先选取初值$\boldsymbol{w}^0 = (0,0,0)$。此时，对于$\boldsymbol{x}_1$来说有：

$$y_1\left(w_1^0 \cdot x_1^{(1)} + w_2^0 \cdot x_1^{(2)} + w_0^0\right) = 0$$

即没有被正确分类，于是更新：

$$\boldsymbol{w}^1=\boldsymbol{w}^0+y_1(3,3,1)=(3,3,1)$$

得到线性模型：

$$\boldsymbol{w}^1\cdot\boldsymbol{x}=3x^{(1)}+3x^{(2)}+1$$

对于$\boldsymbol{x}_1$和$\boldsymbol{x}_2$，分类结果正确。但对于$\boldsymbol{x}_3$，可得：

$$y_3\left(w_1^1\cdot x_3^{(1)}+w_2^1\cdot x_3^{(2)}+w_0^1\right)<0$$

即没有被正确分类，于是更新：

$$\boldsymbol{w}^2=\boldsymbol{w}^1+y_3(1,1,1)=(2,2,0)$$

得到线性模型：

$$\boldsymbol{w}^2\cdot\boldsymbol{x}=2x^{(1)}+2x^{(2)}$$

如此继续下去，直到$\boldsymbol{w}^7=(1,1,-3)$时，新的分类超平面为：

$$\boldsymbol{w}^7\cdot\boldsymbol{x}=x^{(1)}+x^{(2)}-3$$

对所有数据点$y_i(\boldsymbol{w}^7\cdot\boldsymbol{x}_i)>0$，不再有误分类的数据点，损失函数达到极小。最终的感知机模型就为：

$$f(\boldsymbol{x})=\operatorname{sign}\left(x^{(1)}+x^{(2)}-3\right)$$

注意这一结果同之前采用支持向量机所得之模型是不同的。事实上，感知机学习算法由于采用不同的初值或选取不同的误分类点，解也不是唯一的。

15.1.3 多层感知机

正如同我们在支持向量机中曾经讨论过的那样，简单的线性分类器在使用过程中是具有很多限制的。对于线性可分的分类问题，感知机学习算法保证收敛到一个最优解，如图 15-4 中的(a)和(b)所示，我们最终可以找到一个超平面来将两个集合分开。但如果问题不是线性可分的，那么算法就不会收敛。例如，图 15-4 中的(c)所给出的区域相当于是(a)和(b)中的集合进行了逻辑交运算，所得的结果就是非线性可分的例子。简单的感知机找不到该数据的正确解，因为没有线性超平面可以把训练与实例完全分开。

一个解决方案是把简单的感知机进行组合使用。如图 15-5 所示，事实上是在原有简单感知机的基础上又增加了一层。最终可以将图 15-5 中的双层感知机模型用下面这个式子来表示：

$$G(\boldsymbol{x})=\operatorname{sign}\left[\alpha_0+\sum_{i=1}^{n}\alpha_i\cdot\operatorname{sign}\left(\boldsymbol{w}_i^{\mathrm{T}}\boldsymbol{x}\right)\right]=\operatorname{sign}[-1+g_1(\boldsymbol{x})+g_2(\boldsymbol{x})]$$

注意，其中$\boldsymbol{w}_1$和$\boldsymbol{w}_2$是权值向量（与图 15-2 中的w_1和w_2不同），例如，$\boldsymbol{w}_1$中的各元素依次为$w_{10}, w_{11}, \cdots, w_{1n}$。同时为了符号表达上的简洁，令$x_0 = 1$，这样一来，便可以用$w_{10}$来代替之前的偏置因子$b$。显然，在上式的作用下，只有当$g_1(\boldsymbol{x})$和$g_2(\boldsymbol{x})$都为+1时，最终结果才为+1，否则最终结果就为−1。

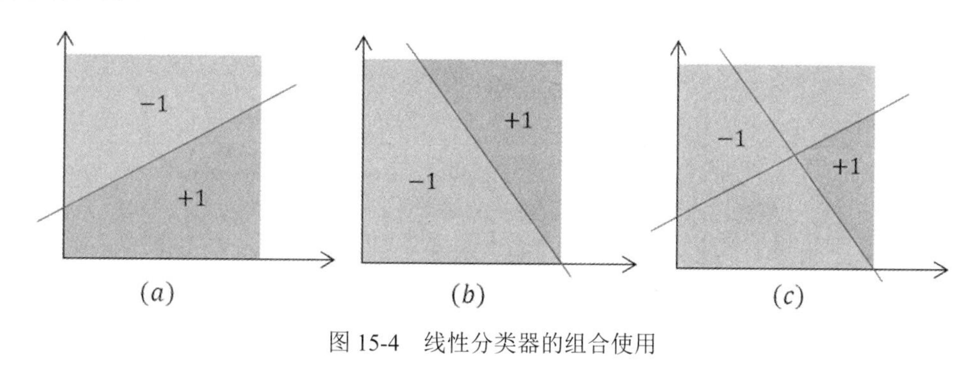

图 15-4 线性分类器的组合使用

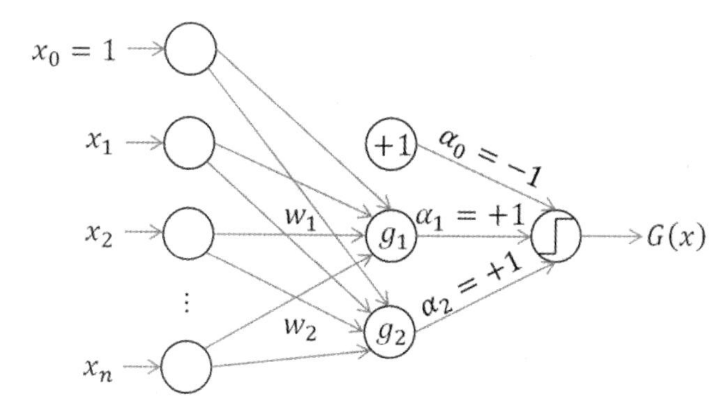

图 15-5 实现交运算的双层感知机

易见，上面这种双层的感知机模型其实是简单感知机的一种线性组合，但是它却非常强大。比如平面上有个圆形区域，圆周内的数据集标记为“+”，圆周外的数据集则标记为“−”。显然用简单的感知机模型，我们无法准确地将两个集合区分开来。但是类似于前面的例子，显然可以用 8 个简单感知机进行线性组合，如图 15-6 中的左图所示，然后用所得的正八边形来作为分类器。或者还可以使用如图 15-6 中的右图所示的（由 16 个简单感知机进行线性组合而成的）正十六边形来作为分类器。理论上来说，只要采用足够数量的感知机，我们最终将会得到一条平滑的划分边界。不仅可以用感知机的线性组合来对圆形区域进行逼近，事实上采用此种方式，我们可以得到任何凸集的分类器。

可见，双层的感知机已经比单层的情况强大许多了。此时，自然会想到如果再加一层感知机呢？作为一个例子，不妨来想想如何才能实现逻辑上的异或运算。从图 15-7 中来看，现在的目标就是得到如图 15-7 中(c)所示的一种划分。异或运算要求当两个集合不同时（即一个标记为“+”，一个标记为“−”），它们的异或结果为“+”；相反，两个集合相同时，它们的异或结果就为“−”。

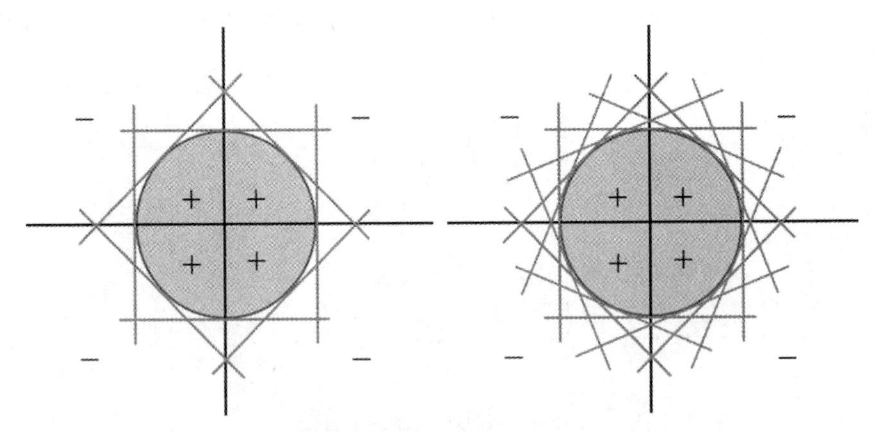

图 15-6　简单感知机的线性组合应用举例

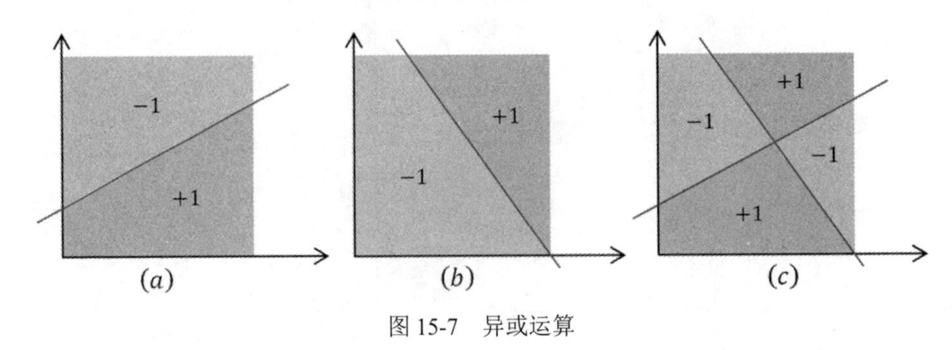

图 15-7　异或运算

根据基本的离散数学知识可得：

$$XOR(g_1, g_2) = (\neg g_1 \wedge g_2) \vee (g_1 \wedge \neg g_2)$$

于是可以使用如图 15-8 所示的多层感知机模型（Multi-layer Perceptrons）来解决我们的问题。也就是先做一层交运算，再做一层并运算。注意交运算中隐含有一层取反运算。这个例子显示出了多层感知机模型更为强大的能力。因为问题本身是一个线性不可分的情况，可想而知，即使用支持向量机来做分类，也是很困难的。

到此为止，我们就得到人工神经网络的基本形式了。而这一切都是从最简单的感知机模型一步步推演而来的。更进一步的内容，我们将留待本章后续进行讲解。

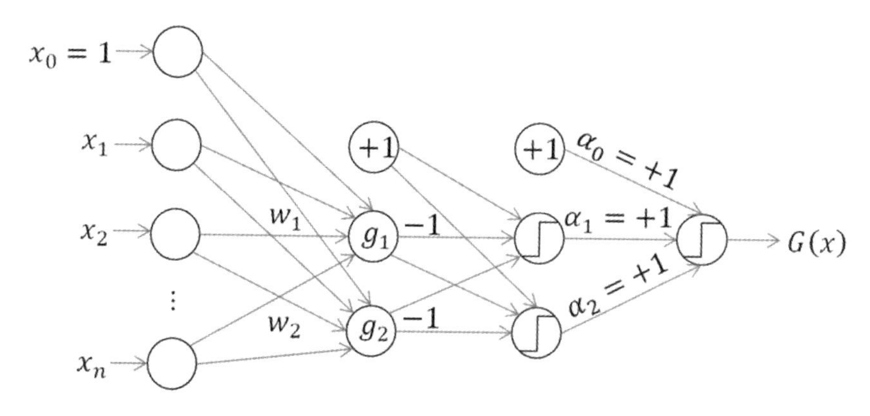

图 15-8 多层感知机模型

15.2 基本神经网络

在 15.1 节中，为了让简单的感知机完成更加复杂的任务，我们设法增加了感知机结构的层数。多层感知机的本质是通过感知机的嵌套组合，实现特征空间的逐层转换，以期在一个空间中不可分的数据集得以在另外的空间中变得可分。由此也引出了人工神经网络的基本形式。

15.2.1 神经网络结构

回顾一下已经得到的多层感知机模型。网络的输入层和输出层之间可能包含多个中间层，这些中间层叫作隐藏层（Hidden Layer），隐藏层中的节点称为隐藏节点（Hidden Node）。这也就是人工神经网络的基本结构。具有这种结构的神经网络也称前馈神经网络（Feedforward Neural Network）。

在前馈神经网络中，每一层的节点仅和下一层的节点相连。换言之，在网络内部，参数从输入层向输出层单向传播。感知机就是一个单层的前馈神经网络，因为它只有一个节点层（输出层）进行复杂的数学运算。在循环的（Recurrent）神经网络中，允许同一层节点相连或一层的节点连到前面各层中的节点。可见，人工神经网络的结构比感知机模型更复杂，而且人工神经网络的类型也有许多种。但在本章中，我们仅讨论前馈神经网络。

除了符号函数外，神经网络中还可以使用其他类型的激活函数，常见的激活函数类型有线性函数、S型函数、双曲正切函数等，如图 15-9 所示。具体应用中，双曲正切函数较为常见，在本章后续的讨论中，我们也以此为例进行介绍。但读者应该明白，这并不是唯一的选择。此外，不难发现，这些激活函数允许隐藏节点和输出节点的输出值与输入参数呈非线性关系。

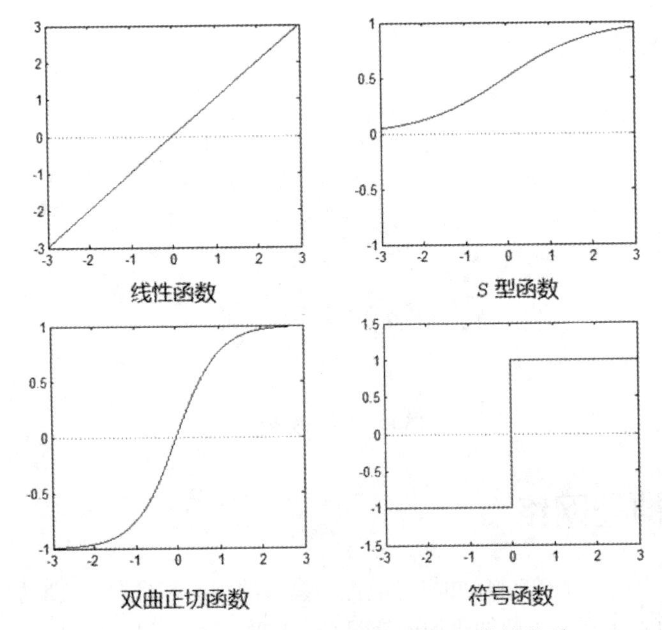

图 15-9　人工神经网络中常用激活函数的类型

15.2.2　符号标记说明

为了方便后续的介绍，此处我们先来整理一下符号记法。假设有如图 15-10 所示的一个神经网络，最开始有一组输入$\boldsymbol{x}=(x_0,x_1,x_2,\cdots,x_d)$，在权重$w_{ij}^{(1)}$的作用下，得到一组中间输出。这组输出再作为下一层的输入，并在权重$w_{jk}^{(2)}$的作用下，得到另外一组中间输出。如此继续下去，经过剩余所有层的处理之后将得到最终的输出。如何标记上面这些权重呢？那么就先要来看看模型中一共有哪些层次。通常，将得到第一次中间输出的层次标记为第1层（亦即图 15-10 中只有 3 个节点的那层）。然后依此类推，（在图 15-8 中）继续标记第2层以及（给出最终结果的）第3层。此外，为了记法上的统一，将输入层（尽管该层什么处理都不做）标记为第0层。

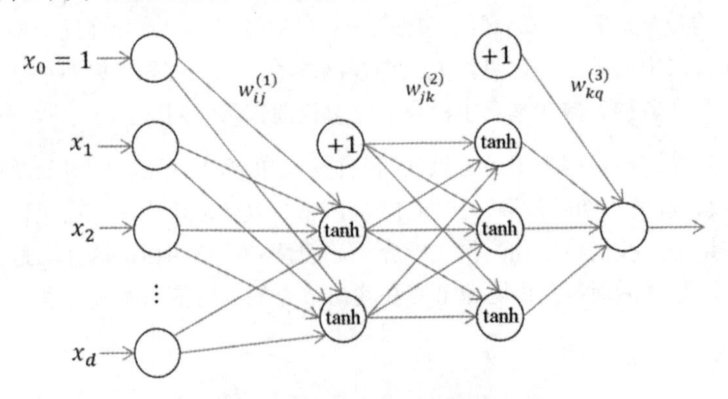

图 15-10　人工神经网络模型

第0层和第1层之间的权重，我们用$w_{ij}^{(1)}$来表示，所以符号中（用于标记层级的）上标ℓ就在$1\sim L$取值，L是神经网络（不计第0层）的层数，在我们的例子中$L=3$。如果用d来表示每一层的节点数，那么第ℓ层所包含的节点数就记为$d^{(\ell)}$。如果将j作为权重$w_{ij}^{(\ell)}$中对应输出项的索引，那么j的取值就介于$1\sim d^{(\ell)}$。网络中间的每一层都需要接受前一层的输出来作为本层的输入，然后经过一定的计算再将结果输出。换言之，第ℓ层所接收到的输入就应该是前一层（即第$\ell-1$层）的输出。如果将i作为权重$w_{ij}^{(\ell)}$中对应输入项的索引，那么i的取值就介于$0\sim d^{(\ell-1)}$。注意，这里索引为0的项就对应了每一层中的偏置因子。综上所述，可以用下式来标记每一层上的权重：

$$w_{ij}^{(\ell)}:=\begin{cases}1\leqslant\ell\leqslant L, & \text{层数}\\0\leqslant i\leqslant d^{(\ell-1)}, & \text{输入}\\1\leqslant j\leqslant d^{(\ell)}, & \text{输出}\end{cases}$$

于是，前一层的输出$x_i^{(\ell-1)}$在权值$w_{ij}^{(\ell)}$的作用下，可以进而得到每层在激励函数（在本例中即tanh）作用之前的分数为：

$$s_j^{(\ell)}=\sum_{i=0}^{d^{(\ell-1)}}w_{ij}^{(\ell)}\cdot x_i^{(\ell-1)}$$

而经由激励函数转换后的结果可以表示为：

$$x_j^{(\ell)}=\begin{cases}\tanh\left[s_j^{(\ell)}\right], & \ell<L\\ s_j^{(\ell)}, & \ell=L\end{cases}$$

其中在最后一层时，我们可以选择直接输出分数。

当每一层的节点数$d^{(0)},d^{(1)},\cdots,d^{(L)}$和相应的权重$w_{ij}^{(\ell)}$确定之后，整个人工神经网络的结构就已经确定了。前面也讲过神经网络的学习过程就是不断调整权值以适应样本数据观察值的过程。具体这个训练的方法，我们将留待后面介绍。假设已经得到了一个神经网络（包括权重），现在就来仔细审视一下这个神经网络一层一层到底在做什么。从本质来说，神经网络的每一层其实就是在执行某种转换，即由下式所阐释的意义：

$$\boldsymbol{\phi}^{(\ell)}(\boldsymbol{x})=\tanh\begin{bmatrix}\sum_{i=0}^{d^{(\ell-1)}}w_{ij}^{(\ell)}\cdot x_i^{(\ell-1)}\\ \vdots\end{bmatrix}$$

也就是说神经网络的每一层都是在将一些列的输入$x_i^{(\ell-1)}$（也就是上一层的输出）来和相应的权重$w_{ij}^{(\ell)}$做内积，并将内积的结果通过一个激励函数处理之后的结果作为输出。那么这样的结果在什么时候会比较大呢？显然，当$\boldsymbol{x}$向量与$\boldsymbol{w}$向量越相近的时候，最终的结果会越大。从向量分析的角度来说，如果两个向量是平行的，那么它们之间就有很强的相关性，那么它们二者的内积就会比较大。相反，如果两个向量是垂直的，那么它们之间的相关性就越小，相应地，它们二者的内积就会比较小。因此，神经网络每一层所做的事，其实也是在检验输入向量$\boldsymbol{x}$与权重向量$\boldsymbol{w}$在模式上的匹配程度如何。换句话说，神经网络的每一层都是在进行一种模式提取。

15.2.3 后向传播算法

当已经有了一个神经网络的时候，即每一层的节点数和每一层的权重都确定时，我们可以利用这个模型来做什么呢？这和之前所介绍的各种机器学习模型是一样的，面对一个数据点（或特征向量）$\boldsymbol{x}_n=(x_1,x_2,\cdots,x_d)$，我们将其投放到已经建立起来的网络中就可以得到一个输出$G(\boldsymbol{x}_n)$，这个值就相当于是模型给出的预测值。另一方面，对于收集到的数据集而言，每一个$\boldsymbol{x}_n$所对应的那个正确的分类结果y_n则是已知的。于是便可以定义模型预测值与实际观察值二者之间的误差为：

$$e_n=[y_n-G(\boldsymbol{x}_n)]^2$$

最终的目标应该是让上述误差最小，同时又注意$G(\boldsymbol{x}_n)$是一个关于权重$w_{ij}^{(\ell)}$的函数，所以对于每个数据点都可算得一个：

$$\frac{\partial e_n}{\partial w_{ij}^{(\ell)}}$$

当误差取得极小值时，上式所示的梯度应该为零。

注意神经网络中的每一层都有一组权重$w_{ij}^{(\ell)}$，所以我们想知道的其实是最终的误差估计与之前每一个$w_{ij}^{(\ell)}$的变动间的关系，这乍看起来确实有点令人无从下手。所以不妨来考虑最简单的一种情况，即考虑最后一层的权重$w_{i1}^{(L)}$的变动对误差e_n的影响。因为最后一层的索引是L，而且输出节点只有一个，所以使用的标记是$w_{i1}^{(L)}$，可见这种情况考虑起来要简单许多。特别地，根据 15.2.2 节的讨论，每层在激励函数作用之前的分数为$s_j^{(\ell)}$，而最后一层我们设定是不进行处理的，所以它的输出就是$s_1^{(L)}$。于是对于最后一层而言，误差定义式就可以写成：

$$e_n=[y_n-G(\boldsymbol{x}_n)]^2=\left[y_n-s_1^{(L)}\right]^2=\left[y_n-\sum_{i=0}^{d^{(L-1)}}w_{i1}^{(L)}\cdot x_i^{(L-1)}\right]^2$$

根据微积分中的链式求导法则可得下式，其中$0\leqslant i\leqslant d^{(\ell-1)}$，

$$\frac{\partial e_n}{\partial w_{i1}^{(L)}}=\frac{\partial e_n}{\partial s_1^{(L)}}\cdot\frac{\partial s_1^{(L)}}{\partial w_{i1}^{(L)}}=-2\left[y_n-s_1^{(L)}\right]\cdot\left[x_i^{(L-1)}\right]$$

同理可以推广到对于中间任一层有：

$$\frac{\partial e_n}{\partial w_{ij}^{(\ell)}}=\frac{\partial e_n}{\partial s_j^{(\ell)}}\cdot\frac{\partial s_j^{(\ell)}}{\partial w_{ij}^{(\ell)}}=\delta_j^{(\ell)}\cdot\left[x_i^{(\ell-1)}\right]$$

其中，$1 \leqslant \ell \leqslant L$，$0 \leqslant i \leqslant d^{(\ell-1)}$，$1 \leqslant j \leqslant d^{(\ell)}$。注意到上式的偏微分链中的第 2 项之计算方法与前面的一样，只是偏微分链中的第 1 项一时还无法计算，所以用符号$\delta_j^{(\ell)} = \partial e_n / \partial s_j^{(\ell)}$来表示每一层激励函数作用之前的分数对于最终误差的影响。而且最后一层的$\delta_j^{(\ell)}$是已经算得的，即：

$$\delta_1^{(L)} = -2\left[y_n - s_1^{(L)}\right]$$

于是现在的问题就变成了如何计算前面几层的$\delta_j^{(\ell)}$。

既然$\delta_j^{(\ell)}$表示的是每层激励函数作用之前的分数对于最终误差的影响，不妨来仔细考察一下每层的分数到底是如何影响最终误差的。从下面的转换过程可以看出，$s_j^{(\ell)}$经过一个神经元的转换后变成输出$x_j^{(\ell)}$。然后，$x_j^{(\ell)}$在下一层的权重$w_{jk}^{(\ell+1)}$之作用下，就变成了下一层中众多神经元的输入$s_1^{(\ell+1)} \cdots s_k^{(\ell+1)}$……如此继续下去直到获得最终输出。

$$s_j^{(\ell)} \overset{\tanh}{\Longrightarrow} x_j^{(\ell)} \overset{w_{jk}^{(\ell+1)}}{\Longrightarrow} \begin{bmatrix} s_1^{(\ell+1)} \\ \vdots \\ s_k^{(\ell+1)} \\ \vdots \end{bmatrix} \Longrightarrow \cdots \Longrightarrow e_n$$

理清上述关系之后，我们就知道在计算$\delta_j^{(\ell)}$时，其实是需要一条更长的微分链来作为过渡的，并再次使用δ标记对相应的部分做替换，即有：

$$\delta_j^{(\ell)} = \frac{\partial e_n}{\partial s_j^{(\ell)}} = \sum_{k=1}^{d^{(\ell+1)}} \frac{\partial e_n}{\partial s_k^{(\ell+1)}} \cdot \frac{\partial s_k^{(\ell+1)}}{\partial x_j^{(\ell)}} \cdot \frac{\partial x_j^{(\ell)}}{\partial}$$

$$= \sum_{k=1}^{d^{(\ell+1)}} \delta_k^{(\ell+1)} \cdot w_{jk}^{(\ell+1)} \cdot \left[\tanh'\left(s_j^{(\ell)}\right)\right]$$

这表明每一个$\delta_j^{(\ell)}$可由其后面一层的$\delta_k^{(\ell+1)}$算得，而最后一层的$\delta_1^{(L)}$是前面已经算得的。于是，从后向前便可逐层计算。这就是所谓的后向传播（Backward Propagation，BP）算法的基本思想。

后向传播算法是一种常被用来训练多层感知机的重要算法。它最早由美国科学家保罗・沃布斯（Paul Werbos）于 1974 年在其博士学位论文中提出，但最初并未受到学术界的重视。直到 1986 年，美国认知心理学家大卫・鲁梅哈特（David Rumelhart）、英裔计算机科学家杰弗里・辛顿（Geoffrey Hinton）和东北大学教授罗纳德・威廉姆斯（Ronald Williams）才在一篇论文中重新提出了该算法，并获得了广泛的注意，进而引起了人工神经网络领域研究的第二次热潮。

后向传播算法的主要执行过程是，首先对$w_{ij}^{(\ell)}$进行初始化，即给各连接权值分别赋一个区间$(-1,1)$内的随机数，然后执行如下步骤。

1．随机选择一个$n \in \{1,2,\cdots,N\}$。

2．前向：计算所有的$x_i^{(\ell)}$，利用$\boldsymbol{x}^{(0)} = \boldsymbol{x}_n$。

3．后向：由于最后一层的$\delta_j^{(\ell)}$是已经算得的，于是可以从后向前，逐层计算出所有的$\delta_j^{(\ell)}$。

4．梯度下降法：$w_{ij}^{(\ell)} \leftarrow w_{ij}^{(\ell)} - \eta x_i^{(\ell-1)} \delta_j^{(\ell)}$。

当$w_{ij}^{(\ell)}$更新到令e_n足够小时，即可得到最终的网络模型为：

$$G(\boldsymbol{x}) = \left\{\cdots \tanh\left[\sum_j w_{jk}^{(2)} \cdot \tanh\left(\sum_i w_{ij}^{(1)} x_i\right)\right]\right\}$$

考虑到实际中，上述方法的计算量有可能会比较大。一个可以考虑的优化思路，就是所谓的 mini-batch 法。此时，我们不再随机选择一个点，而是随机选择一组点，然后并行地计算步骤 1 到步骤 3。然后取一个$x_i^{(\ell-1)} \delta_j^{(\ell)}$的平均值，并用该平均值来进行步骤 4 中的梯度下降更新。实践中，这个思路是非常值得推荐的一种方法。

15.3 神经网络实践

人工神经网络是一个非常复杂的话题，神经网络的类型也有多种。本章所介绍的是其中比较基础的内容。针对不同的神经网络类型，R 中提供的用于建立神经网络的软件包也有很多。本节将介绍其中最为常用的 nnet 软件包，该软件包主要用来建立单隐藏层的前馈人工神经网络模型。

15.3.1 核心函数介绍

实现神经网络的核心函数是 nnet()，它主要用来建立单隐藏层的前馈人工神经网络模型，同时也可以用它来建立无隐藏层的前馈人工神经网络模型（也就是感知机模型）。

函数 nnet()的具体使用格式有两种形式，下面分别介绍该函数的两种使用方式。第 1 类使用格式如下。

```
nnet(formula, data, weights, subset, na.action, contrasts = NULL)
```

其中，formula 代表的是函数模型的形式。formula 的书写规则与多元线性回归时所用到的类似。参数 data 给出的是一个数据框，formula 中指定的变量将优先从该数据框中选取。参数 weights 代表的是各类样本在模型中所占的权重，该参数的默认值为 1，即各类样本按原始比例建立模型。参数 subset 主要用于抽取样本数据中的部分样本作为训练集，该参数所使用的数据格式为一个向量，向量中的每个数代表所需要抽取样本的行数。参数 na.action 指定了当发现有 NA 数据时将会采取的处理方式。

函数 nnet()的第 2 类使用格式如下。

```
nnet(x, y, weights, size, Wts, mask,
    linout = FALSE, entropy = FALSE, softmax = FALSE,
    censored = FALSE, skip = FALSE, rang = 0.7, decay = 0,
```

```
    maxit = 100, Hess = FALSE, trace = TRUE, MaxNWts = 1000,
    abstol = 1.0e-4, reltol = 1.0e-8)
```

其中，x 为一个矩阵或者一个格式化数据集。该参数就是在建立人工神经网络模型中所需要的自变量数据。参数 y 是在建立人工神经网络模型中所需要的类别变量数据。但在人工神经网络模型中，类别变量格式与其他函数中的格式有所不同。这里的类别变量 y 是一个由函数 class.ind() 得到的类指标矩阵。

在第 2 类使用格式中的参数 weights 的使用方式及用途与第 1 类使用格式中的参数 weights 一样。size 代表的是隐藏层中的节点个数。通常，该隐藏层的节点个数应该为输入层节点个数的 1.2～1.5 倍，即自变量个数的 1.2～1.5 倍。如果将参数值设定为 0，则表示建立的模型为无隐藏层的人工神经网络模型。

参数 rang 指的是初始随机权重的范围是[-rang, rang]。通常情况下，该参数的值只有在输入变量很大的情况下才会取到 0.5 左右，而一般对于确定该参数的值是存在一个经验公式的，即要求 rang 与 x 的绝对值中的最大值的乘积大约等于 1。

参数 decay 是指在模型建立过程中，权重值的衰减精度，默认值为 0，当模型的权重值每次衰减小于该参数值时，模型将不再进行迭代。参数 maxit 控制的是模型的最大迭代次数，即在模型迭代过程中，若一直没有达到停止迭代的条件，那么模型将会在迭代达到该最大次数后停止迭代，这个参数的设置主要是为了防止模型陷入死循环，或者是一些没必要的迭代。

前面已经提到了函数 class.ind()，该函数也位于 nnet 软件包中。它是用来对数据进行预处理的。更具体地说，该函数是用来对建模数据中的结果变量进行处理的，也就是前面所说的那样，模型中的 y 必须是经由 class.ind()处理而得的。该函数对结果变量的处理，其实是通过结果变量的因子变量来生成一个类指标矩阵。它的基本格式如下。

```
class.ind(cl)
```

易见，函数中只有一个参数，该参数可以是一个因子向量，也可以是一个类别向量。这表明其中的 cl 可以直接是需要进行预处理的结果变量。为了更好地了解该函数的功能，不妨来看看该函数定义的源代码。

```
class.ind <- function(cl)
{
   n <- length(cl)
   cl <- as.factor(cl)
   x <- matrix(0, n, length(levels(cl)) )
   x[(1:n) + n*(unclass(cl)-1)] <- 1
   dimnames(x) <- list(names(cl), levels(cl))
   x
}
```

所以该函数主要是将向量变成一个矩阵，其中每行还是代表一个样本。只是将样本的类别用 0 和 1 来表示，即如果是该类，则在该类别名下用 1 表示，而其余的类别名下用 0 表示。

15.3.2 应用分析实践

下面以费希尔的鸢尾花数据为例，演示利用 nnet 软件包提供的函数进行基于人工神经网络的数据挖掘方法。我们也已经知道，nnet()函数在建立支持单隐藏层前馈神经网络模型的时候有两种建立方式，即根据既定公式建立模型和根据所给的数据建立模型。接下来我们将具体演示基于上述数据函数的两种建模过程。

根据函数的第一种使用格式，在针对上述数据建模时，应该先确定我们所建立模型所使用的数据，然后再确定所建立模型的响应变量和自变量。来看下面这段示例代码。注意，这里使用的是 iris3 数据集，这与第 14 章中所用到的鸢尾花数据是一致的，但数据格式略有不同。

```
> samp <- c(sample(1:50,25), sample(51:100,25), sample(101:150,25))
> ird <- data.frame(rbind(iris3[,,1], iris3[,,2], iris3[,,3]),
+        species = factor(c(rep("s",50), rep("c", 50), rep("v", 50))))
> ir.nn1 <- nnet(species ~ ., data = ird, subset = samp, size = 2,
+        rang = 0.1, decay = 5e-4, maxit = 200)
```

正如 15.3.1 节中所讲的，在使用第 1 种格式建立模型时，如果使用数据中的全部自变量作为模型自变量时，我们可以简要地使用形如“`species ~ .`”这样的写法，其中的“`.`”代替全部的自变量。

根据函数的第 2 种使用格式，在针对上述数据建立模型时，首先应该将因变量和自变量分别提取出。自变量通常用一个矩阵表示，而对于因变量则应该进行相应的预处理。具体而言，就是利用函数 class.ind()将因变量处理为类指标矩阵。来看下面这段示例代码。

```
> targets <- class.ind( c(rep("s", 50), rep("c", 50), rep("v", 50)))
> ir <- rbind(iris3[,,1],iris3[,,2],iris3[,,3])
> ir.nn2 <- nnet(ir[samp,], targets[samp,], size = 2, rang = 0.1,
+           decay = 5e-4, maxit = 200)
```

在使用第 2 种格式建立模型时，不需要特别强调所建立模型的形式，函数会自动将所有输入到 x 矩阵中的数据作为建立模型所需要的自变量。

在上述过程中，两种模型的相关参数都是一样的，两个模型的权重衰减速度最小值都为 5e-4，最大迭代次数都为 200 次，隐藏层的节点数都为 4 个。需要说明的是，由于初始值赋值的随机性，达到收敛状态时所需耗用的迭代次数并不会每次都一样。事实上，每次构建的模型也不会完全都一致，这是很正常的。

下面通过 summary()函数来检视一下所建模型的相关信息。在输出结果的第 1 行可以看到模型的总体类型，该模型总共有 3 层，输入层有 4 个节点，隐藏层有 2 个节点，输出层有 3 个节点，该模型的权重总共有 19 个。

```
> summary(ir.nn1)
a 4-2-3 network with 19 weights
options were - softmax modelling  decay=5e-04
 b->h1 i1->h1 i2->h1 i3->h1 i4->h1
 13.01   4.40   5.69  -8.00 -10.19
 b->h2 i1->h2 i2->h2 i3->h2 i4->h2
  0.32   0.71   1.71  -2.94  -1.30
 b->o1 h1->o1 h2->o1
 -3.67  11.19  -8.58
 b->o2 h1->o2 h2->o2
 -4.07   2.37   8.72
 b->o3 h1->o3 h2->o3
  7.74 -13.56  -0.13
```

在输出结果的第 2 部分显示的是模型中的相关参数的设定，在该模型的建立过程中，我们只设定了相应的模型权重衰减最小值，所以这里显示出了模型衰减最小值为 5e-4。

接下来的第 3 部分是模型的具体构建结果，其中的 i1、i2、i3 和 i4 分别代表输入层的 4 个节点。hl 和 h2 代表的是隐藏层的两个节点，而 o1、o2 和 o3 则分别代表输出层的 3 个节点。此外，b 就是模型中的常数项。第 3 部分中的数字则代表的是每一个节点向下一个节点的输入值的权重值。

在利用样本数据建立模型之后，接下来就可以利用模型来进行相应的预测和判别。在利用 nnet()函数建立的模型进行预测时，我们将用到 R 软件自带的函数 predict()对模型进行预测。但是在使用 predict()函数时，我们应该首先确认将要用于预测模型的类别。这是因为建立神经网络模型时有两种不同的建立方式。所以利用 predict()函数进行预测时，对于两种模型也会存在两种不同的预测结果，必须分清楚将要进行预测的模型是哪一类模型。

针对第 1 种建模方式所建立的模型，可采用下面的方式来进行预测判别。在进行数据预测时，应注意必须保证用于预测的自变量向量的个数同模型建立时使用的自变量向量个数一致，否则将无法预测结果。而且在使用 predict()函数进行预测时，不用刻意去调整预测结果类型。原数据集中标记为 c、s 和 v 的 3 种鸢尾花的观测样本各有 50 条，在建立模型时，分别从中各抽取 25 条共计 75 条，并用这样一个子集来作为训练数据集。下面的代码则使用剩余的 75 条数据来作为测试数据集。

```
> table(ird$species[-samp], predict(ir.nn1, ird[-samp,], type = "class"))


    c  s   v
 c 25  0   0
 s 0   25  0
 v 1   0   24
```

通过上述预测结果的展示，我们可以看出所有标记为 c 和 s 的鸢尾花都被正确地划分了。有 1 个本来应该被标记为 v 的鸢尾花被错误地预测成了 c 类别。总的来说，模型的预测效果还是较为理想的。需要说明的是，训练集和测试集都是随机采样的，所以也不可能每次都得到跟上述预测结果相一致的矩阵，这是很正常的。

针对第 2 种建模方式所建立的模型，可采用下面的方式来进行预测判别。从输出结果来看，所有标记为 s 和 v 的鸢尾花都被正确地划分了。有 2 个本来应该被标记为 c 的鸢尾花被错误地预测成了 v 类别。总的来说，模型的预测效果还是较为理想的。

```
> pre.matrix <- function(true, pred) {
+       name = c("c","s","v")
+       true <- name[max.col(true)]
+       cres <- name[max.col(pred)]
+       table(true, cres)
+ }

> pre.matrix(targets[-samp,], predict(ir.nn2, ir[-samp,]))
    cres
true  c  s  v
   c 23  0  2
   s  0 25  0
   v  0  0 25
```

参考文献

[1] 贾俊平，何晓群，金勇进．统计学（第 4 版）．北京：中国人民大学出版社，2009.

[2] 盛骤，谢式千，潘承毅．概率论与数理统计（第 4 版）．北京：高等教育出版社，2008.

[3] 汤银才．R 语言与统计分析．北京：高等教育出版社，2008.

[4] 茆诗松，周纪芗．概率论与数理统计（第 2 版）．北京：中国统计出版社，2006.

[5] 徐伟，赵选民，师义民，等．概率论与数理统计（第 2 版）．西安：西北工业大学出版社，2002.

[6] 黄文，王正林．数据挖掘：R 语言实战．北京：电子工业出版社，2014.

[7] 李诗羽，张飞，王正林．数据分析：R 语言实战．北京：电子工业出版社，2014.

[8] 袁建文，李宏，王克林．计量经济学理论与实践．北京：清华大学出版社，2012.

[9] 何晓群，刘文卿．应用回归分析（第 3 版）．北京：中国人民大学出版社，2011.

[10] 易丹辉．非参数统计——方法与应用．北京：中国统计出版社，1996.

[11] 李航．统计学习方法．北京：清华大学出版社，2012.

[12] 刘璋温．赤池信息量准则 AIC 及其意义．数学的实践与认识，1980，第 3 期.

[13] 张文文，尹江霞．AIC 准则在回归系数的主相关估计中的应用与计算．中国现场统计研究会第九届学术年会论文集，1999.

[14] 奥特，朗格内克．张忠占，等译．统计学方法与数据分析引论（第 5 版）．北京：科学出版社，2003.

[15] 古扎拉蒂，波特．费剑平，译．计量经济学基础（第 5 版）．北京：中国人民大学出版社，2011.

[16] 萨尔斯伯格．邱东，等译．女士品茶：20 世纪统计怎样变革了科学．北京：中国统计出版

社，2004.

[17] Allen B. Downey．张建锋，陈钢，译．统计思维：程序员数学之概率统计．北京：人民邮电出版社，2013.

[18] Dawen Griffiths．深入浅出统计学．北京：电子工业出版社，2012.

[19] Mario F. Triola．刘新立，译．初级统计学（第 8 版）．北京：清华大学出版社，2004.

[20] Norman Matloff．陈堰平，等译．R 语言编程艺术．机械工业出版社，2013.

[21] Pang-Ning Tan，Michael Steinbach，Vipin Kumar．范明，等译．数据挖掘导论．北京：人民邮电出版社，2010.

[22] Robert I. Kabacoff．高涛，肖楠，陈钢，译．R 语言实战．北京：人民邮电出版社，2013.

[23] Sheldon M. Ross．郑忠国，等译．概率论基础教程（第 7 版）．人民邮电出版社，2007.

[24] Ann P. Streissguth, Donald C. Martin, Helen M. Barr, Beth MacGregor Sandman, Grace L. Kirchner, Betty L. Darby. Intrauterine alcohol and nicotine exposure: attention and reaction time in 4-year-old children. Developmental Psychology, 20 (4), 1984, pp. 533-541.

[25] Amy Borenstein Graves, Emily White, Thomas D. Koepsell, Burton V. Reifler, Gerald Van Belle, Eric B. Larson. The association between aluminum-containing products and Alzheimer's disease. Journal of Clinical Epidemiology, 43 (1), 1990, pp. 35-44.

[26] Arne Henningsen, Ott Toomet. maxLik: A package for maximum likelihood estimation in R. Computational Statistics 26(3), 2011, pp. 443-458.

博文视点诚邀精锐作者加盟

十载耕耘奠定专业地位

《C++Primer（中文版）（第5版）》、《淘宝技术这十年》、《代码大全》、《Windows内核情景分析》、《加密与解密》、《编程之美》、《VC++深入详解》、《SEO实战密码》、《PPT演义》……

“圣经”级图书光耀夺目，被无数读者朋友奉为案头手册传世经典。

潘爱民、毛德操、张亚勤、张宏江、昝辉Zac、李刚、曹江华……

“明星”级作者济济一堂，他们的名字熠熠生辉，与IT业的蓬勃发展紧密相连。

十年的开拓、探索和励精图治，成就**博**古通今、**文**圆质方、**视**角独特、**点**石成金之计算机图书的风向标杆：博文视点。

“凤翱翔于千仞兮，非梧不栖”，博文视点欢迎更多才华横溢、锐意创新的作者朋友加盟，与大师并列于IT专业出版之巅。

以书为证彰显卓越品质

英雄帖

江湖风云起，代有才人出。
IT界群雄并起，逐鹿中原。
博文视点诚邀天下技术英豪加入，
指点江山，激扬文字
传播信息技术，分享IT心得

• 专业的作者服务 •

博文视点自成立以来一直专注于IT专业技术图书的出版，拥有丰富的与技术图书作者合作的经验，并参照IT技术图书的特点，打造了一支高效运转、富有服务意识的编辑出版团队。我们始终坚持：

善待作者——我们会把出版流程整理得清晰简明，为作者提供优厚的稿酬服务，解除作者的顾虑，安心写作，展现出最好的作品。

尊重作者——我们尊重每一位作者的技术实力和生活习惯，并会参照作者实际的工作、生活节奏，量身制定写作计划，确保合作顺利进行。

提升作者——我们打造精品图书，更要打造知名作者。博文视点致力于通过图书提升作者的个人品牌和技术影响力，为作者的事业开拓带来更多的机会。

联系我们

博文视点官网：http://www.broadview.com.cn　　CSDN官方博客：http://blog.csdn.net/broadview2006/

投稿电话：010-51260888　88254368　　投稿邮箱：jsj@phei.com.cn